海事法規の解説

改訂版

神戸大学海事科学研究科
海事法規研究会 編著

成山堂書店

本書の内容の一部あるいは全部を無断で電子化を含む複写複製（コピー）及び他書への転載は，法律で認められた場合を除いて著作権者及び出版社の権利の侵害となります。成山堂書店は著作権者から上記に係る権利の管理について委託を受けていますので，その場合はあらかじめ成山堂書店（03-3357-5861）に許諾を求めてください。なお，代行業者等の第三者による電子データ化及び電子書籍化は，いかなる場合も認められません。

はしがき

　『海事法規の解説』の初版は，『概説 海事法規（初版2010（平成22）年)』以来改訂を経て，2022（令和4）年に刊行されました。
　世界では，紛争により，紅海（レッドシー）を避けた喜望峰経由での運航や，気候変動に起因する水不足によるパナマ運河の喫水制限等，国際海上輸送の安定がおびやかされている状況にあります。国際海上輸送は世界のサプライチェーンにおいて重要な役割を果たしています。国際海上輸送は，私たちの日常生活に不可欠な製品や電力生産やガス等の原材料を世界中の国や地域に効率的に輸送し，需要と供給をつなぐ役割を果たしています。特に大量の貨物を長距離かつ安価に輸送する国際海上輸送の役割は今後も変わることなく，グローバルなサプライチェーンにおいて欠かせない手段として重要です。世界のサプライチェーンの維持は，海運業界関係者の尽力による賜物と言えます。
　また，海運業界における技術革新は，自動運航船技術，デジタル化とIoT活用，燃料効率向上技術，LNG燃料，アンモニア燃料，電動船舶の導入，水素燃料電池等，船舶の効率化や安全性向上，環境負荷低減の面で凄まじい勢いで進捗しています。このような状況にあり，海事法規の見直しが必要とされる場面が多く，海事法規に関する関心が高まっています。
　本書は，海事法規の初学者，日々の業務等で海事法規に関係する方々など，広く海事に関係される方々への入門書であり学習書です。本書が海事に関係する方々にとってお役に立てれば幸いです。

2025（令和7）年2月

神戸大学大学院海事科学研究科
海事法規研究会代表
藤　本　昌　志

目　次

はしがき　i　　　法令名略称一覧　xviii

第1編　総　論

〔1〕海事法規の意味 …………………………………………………… *1*
〔2〕海事法規の特色 …………………………………………………… *1*
〔3〕海事法規の分類 …………………………………………………… *1*
〔4〕海事法規の沿革と役割 …………………………………………… *2*

第2編　船　舶　法

第1章　船舶法の意義 ………………………………………………… *4*
第2章　船舶法の適用 ………………………………………………… *4*
　第1節　船舶法上の船舶 ……………………………………………… *4*
　第2節　船舶法が適用されない船舶 ………………………………… *4*
　第3節　登録制度の適用を受ける船舶 ……………………………… *5*
　第4節　小 型 船 舶 …………………………………………………… *5*
第3章　船舶の国籍 …………………………………………………… *6*
　第1節　船舶の国籍の意義 …………………………………………… *6*
　第2節　船舶の国籍取得 ……………………………………………… *6*
第4章　日本船舶の特権及び義務 …………………………………… *7*
　第1節　日本船舶の特権 ……………………………………………… *7*
　第2節　日本船舶の義務 ……………………………………………… *7*
第5章　船舶の公示及び識別 ………………………………………… *8*
　第1節　船舶の公示制度 ……………………………………………… *8*
　第2節　船舶の識別 …………………………………………………… *8*
第6章　船舶国籍証書及び仮船舶国籍証書 ………………………… *10*
　第1節　船舶国籍証書 ………………………………………………… *10*
　第2節　仮船舶国籍証書 ……………………………………………… *11*

第3編　船舶安全法

第1章　総則 … 13
- 第1節　法の目的 … 13
- 第2節　適用 … 13
- 第3節　用語の意義 … 14
- 第4節　国際条約との関係 … 16

第2章　安全施設 … 18
- 第1節　概説 … 18
- 第2節　構造及び設備 … 18
- 第3節　復原性 … 22
- 第4節　無線電信及び無線電話 … 22

第3章　航行上の条件 … 26
- 第1節　概説 … 26
- 第2節　航行区域 … 26
- 第3節　従業制限 … 27
- 第4節　最大搭載人員 … 29
- 第5節　制限汽圧 … 29
- 第6節　満載喫水線 … 29

第4章　船舶の検査 … 30
- 第1節　概説 … 30
- 第2節　検査の種類及び時期 … 31
- 第3節　検査の執行 … 36
- 第4節　検査の準備 … 38
- 第5節　検査の省略 … 39
- 第6節　船級船の検査 … 40
- 第7節　再検査 … 41

第5章　検査関係書類 … 41
- 第1節　概説 … 41
- 第2節　船舶検査証書及び船舶検査済票 … 41
- 第3節　臨時航行許可証 … 44
- 第4節　合格証明書及び証印 … 44
- 第5節　船舶検査手帳 … 45

第6節	揚貨装置制限荷重等指定書	45
第7節	昇降機制限荷重等指定書	45
第8節	焼却炉制限温度指定書	45
第9節	コンテナの安全承認板	45
第10節	検査関係書類の取扱い	46
第11節	条 約 証 書	46
第6章	**小型船舶検査機構**	**49**
第1節	総　　説	49
第2節	業　　務	50
第7章	**船舶乗組員の不服申立**	**50**
第1節	設置の理由	50
第2節	成立の要件	50
第3節	不服申立の効果	51
第4節	申立の手続	51
第8章	**航行上の危険防止**	**51**
第9章	**危険物の運送及び貯蔵**	**55**
第1節	総　　則	55
第2節	危険物の運送	56
第3節	危険物の貯蔵	59
第4節	常用危険物	59
第10章	**特殊貨物の運送**	**59**
第1節	概　　説	59
第2節	穀類のばら積み運送	60
第3節	固体貨物のばら積み運送	60
第4節	木材の甲板積み運送	62
第11章	**監　　督**	**62**

第4編　船　員　法

第1章	**序　　説**	**63**
第1節	船員法の意義	63
第2節	船員法の構成	63
第3節	船員法の沿革	64
第4節	船員法の性格	64

第5節　他の労働法規との関係 ……………………………………………… *65*
第2章　総　　　則 ………………………………………………………………… *70*
　第1節　船員法の適用範囲 …………………………………………………… *70*
　第2節　船員法の基本原則 …………………………………………………… *76*
第3章　船長の職務権限及び船内紀律 ………………………………………… *78*
　第1節　船長の権限 …………………………………………………………… *78*
　第2節　船長の義務 …………………………………………………………… *81*
　第3節　船長の職務の代行 …………………………………………………… *88*
　第4節　争議行為の制限 ……………………………………………………… *89*
第4章　雇入契約及び雇用契約 ………………………………………………… *89*
　第1節　雇入契約の当事者 …………………………………………………… *89*
　第2節　雇入契約に対する船員法の効力 …………………………………… *90*
　第3節　雇入契約の締結に関する保護 ……………………………………… *90*
　第4節　雇入契約の届出 ……………………………………………………… *93*
　第5節　雇入契約の終了 ……………………………………………………… *94*
　第6節　雇入契約の終了に伴う保護 ………………………………………… *97*
　第7節　予備船員の雇用契約 ………………………………………………… *99*
　第8節　船員手帳 ……………………………………………………………… *100*
　第9節　勤務成績証明書 ……………………………………………………… *101*
第5章　労働条件 ………………………………………………………………… *101*
　第1節　給料その他の報酬 …………………………………………………… *101*
　第2節　労働時間，休日及び定員 …………………………………………… *105*
　第3節　有給休暇 ……………………………………………………………… *117*
　第4節　食料並びに安全及び衛生 …………………………………………… *120*
　第5節　年少船員 ……………………………………………………………… *124*
　第6節　女子船員 ……………………………………………………………… *125*
　第7節　災害補償 ……………………………………………………………… *128*
　第8節　就業規則 ……………………………………………………………… *132*
　第9節　船員の労働条件等の検査等 ………………………………………… *136*
第6章　監　　　督 ………………………………………………………………… *142*
第7章　雑　　　則 ………………………………………………………………… *145*
第8章　罰　　　則 ………………………………………………………………… *149*
第9章　ILO海上労働条約 ……………………………………………………… *151*

第5編　船舶職員及び小型船舶操縦者法

第1章　総　　則 …………………………………………………… *158*
- 第1節　船舶職員及び小型船舶操縦者法の目的 ……………………… *158*
- 第2節　船舶職員及び小型船舶操縦者法の適用船舶 ………………… *159*
- 第3節　小型船舶の定義 …………………………………………………… *160*
- 第4節　船舶職員と海技士 ………………………………………………… *161*
- 第5節　小型船舶操縦者と小型船舶操縦士 …………………………… *162*

第2章　海技士及び小型船舶操縦士の免許 ……………………… *163*
- 第1節　海技免許 …………………………………………………………… *163*
- 第2節　操縦免許 …………………………………………………………… *163*
- 第3節　海技免許の種類 …………………………………………………… *163*
- 第4節　操縦免許の種類 …………………………………………………… *165*
- 第5節　海技免許の要件 …………………………………………………… *166*
- 第6節　操縦免許の要件 …………………………………………………… *166*
- 第7節　海技免許の申請 …………………………………………………… *167*
- 第8節　操縦免許の申請 …………………………………………………… *167*
- 第9節　海技免状の有効期間 ……………………………………………… *168*
- 第10節　操縦免許証の更新 ………………………………………………… *169*
- 第11節　海技免許の取消し等 ……………………………………………… *169*
- 第12節　操縦免許の取消し等 ……………………………………………… *170*
- 第13節　海技免許の失効 …………………………………………………… *171*
- 第14節　操縦免許の失効 …………………………………………………… *171*

第3章　海技免状及び操縦免許証 ………………………………… *172*
- 第1節　海技免状の種類 …………………………………………………… *172*
- 第2節　操縦免許証の種類 ………………………………………………… *172*
- 第3節　海技免状の交付，返納等 ………………………………………… *172*
- 第4節　操縦免許証の交付，返納等 ……………………………………… *172*

第4章　海技試験及び操縦試験 …………………………………… *172*
- 第1節　海技試験の目的及び種類 ………………………………………… *172*
- 第2節　操縦試験の目的及び種類 ………………………………………… *176*
- 第3節　小型船舶操縦士試験機関 ………………………………………… *179*
- 第4節　海技試験の受験資格 ……………………………………………… *180*

第5節	操縦試験の受験資格	180
第6節	乗船履歴	181
第7節	筆記試験に関する海技試験の受験資格の特則	189

第5章 船舶職員及び小型船舶操縦者 190

第1節	乗組み基準と乗船基準	190
第2節	船舶職員の資格及び員数	190
第3節	小型船舶操縦者の資格及び員数	191
第4節	乗組み基準	191
第5節	乗船基準	192
第6節	船舶職員の資格及び員数の特例	193
第7節	小型船舶操縦者の資格及び員数の特例	193

第6章 遵守事項と再教育講習 193

第1節	総論	193
第2節	小型船舶操縦者の遵守事項	194
第3節	再教育講習	195
第4節	行政処分	196

第7章 監督 196

第1節	航行の差止め	196
第2節	報告等	197
第3節	外国船舶の監督	197
第4節	小型船舶操縦者に係るこの法律の運用	198

第6編 海難審判法

第1章 総則 199

第1節	海難審判法の概念	199
第2節	海難	200
第3節	海難審判法の適用範囲	200
第4節	海難審判所の職務	201

第2章 海難審判所の組織及び管轄 202

第1節	海難審判所の意味	202
第2節	海難審判所の組織	202
第3節	審判機関	203
第4節	海難審判所の管轄	204

第3章　受審人，指定海難関係人，補佐人及び海事補佐人 …… *205*
第1節　受審人 …… *205*
第2節　指定海難関係人 …… *205*
第3節　補佐人（海事補佐人） …… *205*
第4章　審判前の手続 …… *206*
第1節　意義 …… *206*
第2節　調査 …… *206*
第3節　審判開始の申立て …… *207*
第5章　審判 …… *207*
第1節　序論 …… *207*
第2節　審判手続における海難審判所の権限 …… *208*
第3節　審判手続 …… *210*
第4節　評議 …… *212*
第5節　裁決 …… *212*
第6節　決定 …… *212*
第6章　裁決の取消し …… *213*
第1節　裁決の取消しの訴え …… *213*
第2節　裁決の取消し …… *213*
第7章　裁決の執行 …… *213*

第7編　海上衝突予防法

第1章　総説 …… *214*
第1節　本法の沿革 …… *214*
第2節　本法の概要 …… *215*
第3節　本法の適用海域 …… *215*
第4節　本法の適用対象 …… *215*
第5節　用語の意味 …… *216*
第2章　航法 …… *217*
第1節　総説 …… *217*
第2節　あらゆる視界の状態における船舶の航法 …… *217*
第3節　互いに他の船舶の視野の内にある船舶の航法 …… *219*
第4節　視界制限状態における船舶の航法 …… *221*
第3章　灯火及び形象物 …… *221*

第1節 総　説	221
第2節 用語の意味	222
第3節 灯火の視認距離	223
第4節 各　則	223
第4章 音響信号及び発光信号	**225**
第1節 総　説	225
第2節 用語の意味	225
第3節 各　則	226
第5章 補　則	**227**

第8編　海上交通安全法

第1章 総　説	**229**
第2章 総　則	**230**
第3章 交 通 方 法	**231**
第1節 航路における一般的航法	231
第2節 航路ごとの航法	232
第3節 特殊な船舶の航路における交通方法の特則	233
第4節 航路以外の海域における航法	233
第5節 危険防止のための交通制限等	234
第6節 灯火及び標識の表示義務	234
第7節 船舶の安全な航行を援助するための措置	234
第8節 異常気象等時における措置	235
第9節 指定海域への入域における措置	236
第4章 危険の防止	**237**
第1節 工事，作業，工作物の設置に関する規制	237
第2節 海難が発生した場合の措置	237
第5章 雑　則	**237**
第6章 罰　則	**238**

第9編　港則法

第1章 総　説	**239**
第1節 港則制度の変遷	239

第2節	港則法の特色	239
第3節	港則法の執行機関	239
第4節	予防法との関係	240

第2章　各　　則 …………………………………………………… 240
第1節	法律の目的及び用語の定義	240
第2節	入出港及び停泊	241
第3節	航路及び航法	242
第4節	危　険　物	244
第5節	水路の保全	245
第6節	灯火及び信号	245
第7節	雑　　　則	246
第8節	罰　　　則	249

第10編　海洋汚染等及び海上災害の防止に関する法律

第1章　総　　説 …………………………………………………… 250
第2章　法の目的等 ………………………………………………… 253
第1節	法 の 目 的	253
第2節	用語の定義	256

第3章　船舶からの油の排出の規制 ……………………………… 261
第1節	船舶からの油の排出の禁止	261
第2節	油による海洋の汚染の防止のための設備等	262
第3節	タンカーの貨物艙及び分離バラストタンクの設置方法	265
第4節	油及び水バラストの積載の制限	269
第5節	分離バラストの排出方法	270
第6節	油濁防止管理者	270
第7節	油濁防止規程	271
第8節	油濁防止緊急措置手引書	273
第9節	油 記 録 簿	273

第4章　船舶からの有害液体物質等の排出の規制等 …………… 274
第1節	船舶からの有害液体物質の排出の禁止	274
第2節	X類物質等に係る事前処理の確認	276
第3節	有害液体物質による海洋の汚染の防止のための設備等	276
第4節	有害液体汚染防止管理者，有害液体汚染防止規程及び有害液体汚染防止	

	緊急措置手引書 ···	*279*
第5節	有害液体物質記録簿 ···	*281*
第6節	未査定液体物質 ··	*282*
第7節	登録確認機関 ···	*283*

第5章 有害水バラストの排出の規制等 ··· *283*
 第1節 船舶からの有害水バラストの排出の禁止 ·· *283*
 第2節 有害水バラスト処理設備 ·· *284*
 第3節 有害水バラスト汚染防止管理者等 ·· *285*
 第4節 水バラスト記録簿 ·· *285*
 第5節 適 用 除 外 ·· *286*
 第6節 湖, 沼又は河川に関する準用 ·· *286*
 第7節 有害水バラスト処理設備の型式指定等 ·· *286*
 第8節 有害水バラスト処理設備証明書 ·· *287*
 第9節 国土交通省令への委任 ·· *287*

第6章 船舶からの廃棄物の排出の規制 ··· *287*
 第1節 船舶からの廃棄物の排出の禁止 ·· *287*
 第2節 海上保安庁長官による排出計画の確認 ·· *294*
 第3節 船舶発生廃棄物汚染防止規程 ·· *295*
 第4節 船舶発生廃棄物記録簿 ·· *296*
 第5節 船舶発生廃棄物の排出に関して遵守すべき事項等の掲示 ··············· *297*
 第6節 廃棄物排出船 ··· *298*

第7章 海洋施設及び航空機からの油, 有害液体物質及び廃棄物の排出の規制 ··· *298*
 第1節 海洋施設及び航空機からの油, 有害液体物質及び廃棄物の排出の禁止 ··· *298*
 第2節 海洋施設からの廃棄物海洋投入処分の許可等 ································· *300*
 第3節 海洋施設の設置の届出 ·· *300*
 第4節 海洋施設の油記録簿等 ·· *300*
 第5節 海洋施設発生廃棄物汚染防止規程 ·· *301*
 第6節 海洋施設発生廃棄物の排出に関して遵守すべき事項等の掲示 ········· *302*

第8章 船舶からの排出ガスの放出の規制 ··· *302*
 第1節 窒素酸化物の放出量に係る放出基準 ·· *302*
 第2節 放出量確認 ·· *303*
 第3節 原動機取扱手引書 ·· *304*
 第4節 国際大気汚染防止原動機証書 ·· *304*

第5節	原動機の設置	304
第6節	国際大気汚染防止原動機証書等の備置き	305
第7節	原動機の運転	305
第8節	小型船舶用原動機	305
第9節	船級協会の放出量確認等	305
第10節	外国船舶に設置される原動機に関する特例	306
第11節	第二議定書締約国等の政府が発行する原動機条約証書等	306
第12節	燃　料　油	306
第13節	揮発性物質放出規制等	307
第14節	オゾン層破壊物質	308

第9章　船舶及び海洋施設における油，有害液体物質等及び廃棄物の焼却の規制 ………………………………………………………………… 309

第10章　船舶の海洋汚染防止設備等及び海洋汚染防止緊急措置手引書等並びに大気汚染防止検査対象設備及び揮発性物質放出防止措置手引書の検査等 ……………………………………………………… 310

第1節	定　期　検　査	310
第2節	海洋汚染防止証書	311
第3節	中　間　検　査	312
第4節	臨　時　検　査	312
第5節	証書の効力の停止	313
第6節	臨時海洋汚染等防止証書	313
第7節	海洋汚染等防止検査手帳	314
第8節	国際海洋汚染等防止証書	314
第9節	検査対象船舶の航行	314
第10節	海洋汚染等防止証書等の備置き	314
第11節	船級協会の検査	314
第12節	再　検　査	315
第13節	技術基準適合命令等	315
第14節	船舶安全法の準用	316
第15節	外国船舶に関する特例	316
第16節	外国船舶の監督	317
第17節	第一議定書締約国等の政府が発行する海洋汚染防止条約証書等	318
第18節	第一議定書締約国等の船舶に対する証書の交付	319

第11章　廃油処理事業等 …………………………………………………………… 319

第12章 海洋の汚染及び海上災害の防止措置 ……………………………… 320
  第1節 大量の特定油が排出された場合の措置 ………………………… 320
  第2節 特定油以外の油,有害液体物質,廃棄物等が排出された場合の措置 … 325
  第3節 危険物が排出された場合の措置 ………………………………… 327
  第4節 海上火災が発生した場合の措置 ………………………………… 328
  第5節 危険物の排出が生ずるおそれがある場合の措置 ……………… 328
  第6節 海上保安庁長官の権限 …………………………………………… 329
第13章 独立行政法人海上災害防止センター ……………………………… 330
第14章 雑　　則 ……………………………………………………………… 331
  第1節 船舶等の廃棄の規制 ……………………………………………… 331
  第2節 油又は有害液体物質による海洋汚染防止のために使用される薬剤についての使用の規制 ………………………………………… 331
  第3節 海洋汚染物質の輸送方法の基準 ………………………………… 331
  第4節 そ の 他 …………………………………………………………… 332

第11編　水　先　法

第1章 総　　説 ……………………………………………………………… 334
  第1節 法の目的 …………………………………………………………… 334
  第2節 沿　　革 …………………………………………………………… 334
  第3節 法　　源 …………………………………………………………… 336
  第4節 適用範囲及び管轄 ………………………………………………… 336
第2章 水　先　人 …………………………………………………………… 337
  第1節 免　　許 …………………………………………………………… 337
  第2節 水先人試験 ………………………………………………………… 339
  第3節 登録水先人養成施設 ……………………………………………… 339
第3章 水先区,水先人の権利義務及び水先人会 ………………………… 340
  第1節 水先区の名称及び区域並びに水先人の員数 …………………… 340
  第2節 強 制 水 先 ………………………………………………………… 341
  第3節 水先人の権利・義務 ……………………………………………… 342
  第4節 水先人会及び日本水先人会連合会 ……………………………… 344
第4章 監　　督 ……………………………………………………………… 347
  第1節 水先人に対する処分 ……………………………………………… 347
  第2節 水先人に対する業務の改善命令 ………………………………… 348

第3節　水先人会又は日本水先人会連合会に対する勧告 …………… *348*

第12編　検疫法，出入国管理及び難民認定法並びに関税法

第1章　検　疫　法 ………………………………………………… *349*
第1節　総　　　説 ……………………………………………… *349*
第2節　検　　　疫 ……………………………………………… *350*
第2章　出入国管理及び難民認定法 ……………………………… *352*
第3章　関　税　法 ………………………………………………… *357*

第13編　海　商　法

第1章　総　　　論 ………………………………………………… *363*
第1節　商法の内容 ……………………………………………… *363*
第2節　2018年の商法の改正点 ………………………………… *363*
第2章　海上企業の組織 …………………………………………… *367*
第1節　船　　　舶 ……………………………………………… *367*
第2節　海上企業の主体 ………………………………………… *369*
　第1款　船舶所有者 …………………………………………… *369*
　第2款　船舶共有者 …………………………………………… *375*
　第3款　船舶賃借人 …………………………………………… *376*
　第4款　傭船者 ………………………………………………… *377*
第3節　海上企業の人的組織・企業補助者 …………………… *378*
第4節　海上企業金融 …………………………………………… *380*
第3章　海上企業活動 ……………………………………………… *383*
第1節　海上運送契約の対象 …………………………………… *383*
第2節　海上物品運送契約 ……………………………………… *384*
第3節　海上旅客運送 …………………………………………… *405*
第4章　海上企業に伴う危険への対応策 ………………………… *407*
第1節　共同海損 ………………………………………………… *407*
第2節　衝　　　突 ……………………………………………… *410*
第3節　海難救助 ………………………………………………… *414*
第4節　海上保険 ………………………………………………… *417*

第14編　海事国際法

- 第 1 章　国際法の特徴 ……………………………………………… *421*
  - 第 1 節　法　　源 ………………………………………………… *421*
  - 第 2 節　国際法と国内法の相違 ………………………………… *422*
- 第 2 章　沿岸国の主権の拡大と海洋の区分 ……………………… *423*
  - 第 1 節　領　　海 ………………………………………………… *425*
  - 第 2 節　国 際 海 峡 ……………………………………………… *429*
  - 第 3 節　群 島 水 域 ……………………………………………… *431*
  - 第 4 節　接 続 水 域 ……………………………………………… *432*
  - 第 5 節　排他的経済水域 ………………………………………… *432*
  - 第 6 節　大　陸　棚 ……………………………………………… *433*
  - 第 7 節　公　　海 ………………………………………………… *434*
  - 第 8 節　船舶起因の汚染に対する沿岸国の管轄権 …………… *435*
  - 第 9 節　深　海　底 ……………………………………………… *436*
  - 第10節　日本の海洋政策 ………………………………………… *437*
- 第 3 章　海上航行に関する国際規制 ……………………………… *438*
  - 第 1 節　船舶の登録と旗国 ……………………………………… *438*
  - 第 2 節　海上航行の安全のための国際的規制 ………………… *439*
- 第 4 章　海上保安確保のための国際的規制 ……………………… *444*

第15編　国際航海船舶及び国際港湾施設の保安の確保等に関する法律

- 第 1 章　総　　説 …………………………………………………… *448*
- 第 2 章　法の目的等 ………………………………………………… *449*
  - 第 1 節　法 の 目 的 ……………………………………………… *449*
  - 第 2 節　用語の定義 ……………………………………………… *449*
  - 第 3 節　国際海上運送保安指標の設定等 ……………………… *450*
- 第 3 章　国際航海船舶の保安の確保 ……………………………… *451*
  - 第 1 節　日本船舶に関する措置 ………………………………… *451*
  - 第 2 節　船舶保安証書等 ………………………………………… *460*
  - 第 3 節　外国船舶に関する措置 ………………………………… *466*

第4章　国際港湾施設の保安の確保 …………………………………… *468*
第1節　国際埠頭施設に関する措置 ………………………………… *468*
第2節　国際水域施設に関する措置 ………………………………… *474*
第5章　国際航海船舶の入港に係る規定 …………………………… *478*
第6章　雑　　　則 …………………………………………………… *480*
第7章　罰　　　則 …………………………………………………… *480*

参　考　文　献 ……………………………………………………… *481*
執筆者略歴及び担当編 ……………………………………………… *486*

法令名略称一覧

第2編　船舶法
「船舶則」＝船舶法施行細則
「小漁総測政令」＝小型漁船の総トン数の測度に関する政令
「小漁総測省令」＝小型漁船の総トン数の測度に関する省令

第3編　船舶安全法
「安全法」＝船舶安全法
「施規則」＝船舶安全法施行規則
「漁特則」＝漁船特殊規則
「証書令」＝海上における人命の安全のための国際条約等による証書に関する省令
「危規則」＝危険物船舶運送及び貯蔵規則
「特貨則」＝特殊貨物船舶運送規則

第4編　船員法
「船員則」＝船員法施行規則
「労基法」＝労働基準法
「労基則」＝労働基準法施行規則
「商」　　＝商法
「民」　　＝民法
「医衛則」＝船舶に乗り組む医師及び衛生管理者に関する省令
「労安則」＝船員労働安全衛生規則
「漁労則」＝指定漁船に乗り組む海員の労働時間及び休日に関する省令
「検査規則」＝船員の労働条件等の検査等に関する規則

第5編　船舶職員及び小型船舶操縦者法
「職員法」＝船舶職員及び小型船舶操縦者法
「職員令」＝船舶職員及び小型船舶操縦者法施行令
「職員則」＝船舶職員及び小型船舶操縦者法施行規則

第6編　海難審判法
「審判法」＝海難審判法
「審判令」＝海難審判法施行令
「審判則」＝海難審判法施行規則
「海組則」＝海難審判所組織規則
「海事程」＝海難審判事務章程

第7編　海上衝突予防法
「予防法」＝海上衝突予防法
第8編　海上交通安全法
「海交法」＝海上交通安全法
「海交令」＝海上交通安全法施行令
「海交則」＝海上交通安全法施行規則
第9編　港則法
「港施令」＝港則法施行令
「港施則」＝港則法施行規則
第10編　海洋汚染等及び海上災害の防止に関する法律
「海防法」＝海洋汚染等及び海上災害の防止に関する法律
「海防令」＝海洋汚染等及び海上災害の防止に関する法律施行令
「海防則」＝海洋汚染等及び海上災害の防止に関する法律施行規則
「技術基準」＝海洋汚染等及び海上災害の防止に関する法律の規定に基づく船舶の設備等に関する技術上の基準等に関する省令
「検査規則」＝海洋汚染等及び海上災害の防止に関する法律の規定に基づく船舶の設備等の検査等に関する規則
第11編　水先法
「水先令」＝水先法施行令
「水先則」＝水先法施行規則
第12編　検疫法，出入国管理及び難民認定法並びに関税法
「検疫令」＝検疫法施行令
「検疫則」＝検疫法施行規則
「入管難民法」＝出入国管理及び難民認定法
「入管難民則」＝出入国管理及び難民認定法施行規則
第13編　海商法
「国運」　＝国際海上物品運送法
「船責」　＝船舶の所有者等の責任の制限に関する法律
「油濁」　＝船舶油濁損害賠償保障法
第14編　海事国際法
「国連海洋法条約」＝海洋法に関する国際連合条約（United Nations Convention on the Law of the Sea），1982年採択，1994年採択
「領海条約」＝領海及び接続水域に関する条約（Convention on the Territorial Sea and Contiguous Zone）

「公海条約」＝公海に関する条約（Convention on the High Seas）
「生物資源保存条約」＝漁業及び公海の生物資源の保存に関する条約（Convention on Fishing and Conservation of the Living Resources of the High Seas）
「大陸棚条約」＝大陸棚に関する条約（Convention on the Continental Shelf）
「SOLAS条約」＝海上における人命の安全のための国際条約（International Convention for the Safety of Life at Sea）
「公法条約」＝油濁事故の際の公海上における介入権に関する条約（International Convention Relating to Intervention on the High Seas in Cases of Oil Pollution Casualties）
「MALPOL73/78条約」＝船舶による汚染の防止のための国際条約（International Convention for the Prevention of Pollutions from Ships）
「1978 STCW条約」＝1978年の船員の訓練及び資格証明並びに当直の基準に関する国際条約（International Convention on Standards of Training, Certification and Watchkeeping for Seafarers）
「ReCAAP」＝アジアにおける海賊行為及び船舶に対する武装強盗との戦いに関する地域協力協定，アジア海賊対策地域協力協定（Regional Cooperation Agreement on Combating Piracy and Armed Robbery Against Ships in Asia），2006年9月4日発効
「ISPSコード」＝船舶及び港湾施設の保安に関する国際規則（International Ship and Port Facility Security Code）
「SUA条約」＝海上航行の安全に対する不法な行為の防止に関する条約（Convention for the Suppression of Unlawful Acts Against the Safety of Maritime Navigation）

第15編　国際航海船舶及び国際港湾施設の保安の確保等に関する法律
「保安法」＝国際航海船舶及び国際港湾施設の保安の確保等に関する法律
「保安令」＝国際航海船舶及び国際港湾施設の保安の確保等に関する法律施行令
「保安則」＝国際航海船舶及び国際港湾施設の保安の確保等に関する法律施行規則

第1編　総　　論

〔1〕　海事法規の意味
　海事法規とは，海事に関係している法規という意味である。
　海事とは，海と船を舞台にしたグローバルな人間活動が関わるマネジメント（管理運営）・トランスポート（輸送情報）・エネルギー・環境保全などの様々な社会活動領域である。したがって，海事法規とは，海事が関わる様々な社会活動領域に直接関係する法規の総称である。海事法規のことを，日本では海事法規と同じ意味に使用され単に「海法」と呼ぶことがあるが，外国で「海法」とは「海商法」を示すことが多い。

〔2〕　海事法規の特色
　海事法規，すなわち海法は，憲法や民法のように，それ自体一つの独立した法律部門ではない。海法の中には，公法もあれば私法もあり，国内法もあれば国際法もある。あらゆる性質の法律が海法の中に包含され，海法としての固有の法原則がそこに存在しているのではない。しかし，海事に関係のある法規を総称して海法と名づけることには，それ自体意味がある。海事に関係のある法規を総合的に考察することにより，これらの法律の関係を知ることが可能となり個々の法律を解釈するための指針を得ることができる。
　この観点から海事に関係のある法規を総合してみると，そこには，次のような特色を見いだすことができる。
(1)　陸上と異なった特別の危険が，海上には存在し，海事法規は，海上におけるその特別な危険について様々な配慮を行っていること。
(2)　輸送（航海）期間が日数単位と長く，陸上から隔離されて行動するために，陸上とは異なった措置が講じられていること。
(3)　不動産扱いとされる船舶の財産的価値に着目した諸規定（規程）があること。
(4)　物流の中核を担う海運の国際性から，諸規則が国際的に統一されていること。

〔3〕　海事法規の分類
(1)　海事法規は，海事に関係のある各種の法規を総称したものである。その法規の性質は異なるため，種々に分類することができる。まず，国際法である

か否かによって，海事国際法，海事国内法に分けることができる。
(2) 海事法規は，また，公法であるか私法であるかによって，海事私法と海事公法とに分かれる。海事私法とは，海商法及び国際海上物品運送法である。海事公法は，海事に関する公法であって，本書に解説されている法規は，その大部分が，海事公法である。
(3) 海事公法は，さらに，海上労働法，海上交通警察法，その他の法律に分けることができる。船員法は，海上労働法の中に含まれる。海上交通警察法の中には，船舶安全法，船舶職員及び小型船舶操縦者法，港則法，水先法，海難審判法等が含まれる。その他の法律とは，船舶に関する一般法である船舶法，関税の賦課徴収を定めた関税法がこれに属する。

〔4〕 海事法規の沿革と役割

海上取引の行われた古代フェニキア時代から存在していたと考えられる海事法規の役割は，海上交通システムの安全性を確保するとともに，その効率性を高めることである。

概論的な立場から海事法規を見ると，それぞれの要素に関わる海事法規がある。例えば国内法—国際条約から見ると，"ひと"に関わる"船員法"や"船舶職員及び小型船舶操縦者法"—"STCW 条約"，"もの"に関わる"船舶安全法"—"SOLAS 条約"，"まわり"に関わる"海洋汚染等及び海上災害の防止に関する法律"—"MARPOL 条約"，そして，"しくみ"に関わる"船舶法"，"海上衝突予防法"—"COLREG"である。

現在知られている海法としては，紀元前4世紀から3世紀にかけて東地中海の中心的な海運勢力となったロード島民によるロード海法が有名である。これは，船が海難に遭遇したとき，危険を避け損害を軽減する目的で帆柱を切り落としたり，積み荷を海中に投棄（投げ荷）したりする方法により，航海を共にする財貨（積み荷）と船舶の共同の安全が図られたことから，財貨（積み荷）の一部を犠牲にしたり特殊な費用を支出したとき，これを「共同海損（General Average：GA）」とし，それらの損失は救われた財貨（船舶，積み荷等の価格）に応じて公平に分担されなければならないという原則を示したものである。

「投げ荷」に関する我が国の記述は，室町時代に成立したといわれる廻船式目にすでに記され，さらに江戸時代には「振合」，「総振」といった共同海損の概念に基づく損害に対する共同負担の考えが普及していた。

共同海損とは，船舶が事故に遭遇した際に発生する共同の危険を回避する目的で故意かつ合理的に支出した費用又は犠牲となった損害につき，船体・積荷・燃料及び運賃などのうち無事に残った部分を利害関係者間で按分し，損害

を公平に分担するという制度である。

　共同海損という「共同の利益のために生じた損害は共同の分担によって補償されなければならない」とする基本原則は同じでも，これを処理するための慣行や実務は国によって異なった発展を遂げた。このため海運業界に種々の紛糾が生じる結果となった。

　これを解消するため船主，貿易業者，保険業者の間で共同海損の精算について国際的統一を図る検討が行われ，1877年に「ヨーク・アントワープ規則（YAR）」が成立した。以来，数多くの改定（最近の改定は，2004年ヨーク・アントワープ規則〔2004年バンクーバー国際会議〕）を重ね，今日の運送契約にはほぼ例外なくこのルールが採用されるようになった。

第2編　船　舶　法

第1章　船舶法の意義

　船舶法は，明治32（1899）年に施行され，日本の海事法規の中でも長い歴史のある法律である。それは，日本船舶としての国籍要件，船籍港，船舶登録等，日本船舶としての国籍を証明し，船舶の個性を識別する事項を登録，あるいは船舶の所有関係を公示する船舶国籍証書等について規定するものである。

　船舶は，その航行に海上という風潮流の影響や動揺という特別な環境の危険が伴うので，国は，船舶に関する秩序を維持して，人命及び貨物の安全を図り，海洋環境を保護するため，海上を航行する船舶が遵守しなければならない各種の公法上の規制を行っている。これらの規制は，船舶の国籍，種類及び総トン数等が異なることによってその適用を異にしているので，船舶法は，船舶に関する基本法として，海事行政上重要な意義を有している。さらに，船舶法は，日本船舶の国籍取得の要件を定めているので，国際法上の意義もあり，また海運企業に関係する海商法とも密接な関係がある。

第2章　船舶法の適用

第1節　船舶法上の船舶

　船舶法においては，船舶の定義は規定されていないが，日本船舶の国籍取得の趣旨及び船舶法20条の小型船舶の例示から考えて，社会通念上の船舶を指すものであるということができる。

　社会通念上の船舶とは，物の浮揚性を利用して，水上を航行する用に供される一定の構造物をいうとされているが，船舶法及び商法における登記，登録等の義務は，船舶法1条の日本船舶にあっても，推進器，帆装等の自ら航行できる機能（自航性）を有していない船舶には課せられていない。

第2節　船舶法が適用されない船舶

　前節に述べた船舶法及び商法における登記，登録等の義務を課す船舶につい

第2編　船　舶　法

て，日本人の所有に属するものは，すべて船舶法1条の日本船舶であるが，次に掲げる船舶については，船舶法の適用はない。
〔1〕　海上自衛隊の使用する船舶
　自衛隊法109条の規定により，海上自衛隊（防衛大学校を含む。）の使用する船舶には，船舶法の適用はない。（国の所有に属するものは国籍を証明する書類を，その他のものは海上自衛隊の使用するものであることを証明する書類を備え付けることが自衛隊法109条に規定されている。）
〔2〕　小型漁船等
　日本船舶のうち，総トン数20トン未満の船舶及び端舟，ろかい舟等は船舶登記，登録等の制度の適用除外となっている（船舶法20条）。船舶法21条によりこれらのうち総トン数20トン未満の漁船法上の漁船については，総トン数1トン未満の無動力漁船を除き，小型漁船の総トン数の測度に関する政令及び省令により船舶の総トン数の測度及び船名の標示についてのみ適用がある（漁船法22条―船舶法の適用除外，小型総測政令1条―小型漁船の総トン数の測度，小型総測省令4条―船舶の標示）。なお，総トン数20トン以上の船舶については，漁船であっても船舶法の適用を受ける。

> 漁船法22条（船舶法の適用除外）：漁船については，船舶法（明治32年法律第46号）21条の規定に基づく命令（船舶の総トン数の測度及び船名の標示に関する部分を除く。）を適用しない。

第3節　登録制度の適用を受ける船舶

　総トン数20トン以上の日本船舶の所有者は，日本国内に船籍港を定め，船籍港を管轄する管海官庁に総トン数の測度を申請し，船舶の登記及び登録をして船舶国籍証書を受有しなければ，船舶を航行の用に供することができない。

第4節　小　型　船　舶

　総トン数20トン未満の船舶（漁船を除く。以下「小型船舶」という。）の登録及び総トン数の測度に関する事務（以下「登録測度事務」という。）については，船舶法21条に基づき，小型船舶の登録等に関する法律（平成13（2001）年施行）（以下「小型登録法」という。）に規定されている。
　小型船舶の登録測度事務は，小型登録法に基づき，国に代わって小型船舶の検査事務等を行う機関である日本小型船舶検査機構（以下「機構」という。）が

行う（小型登録法21条）。

　機構のホームページ（令和6年12月現在）は https://jci.go.jp/，組織英名は，JCI：The Japan Craft Inspection Organization である。

　このため，小型船舶の所有者は，機構の支部へ登録測度を申請し，小型船舶登録原簿に登録されなければ，これを航行の用に供することはできない。ただし，小型船舶登録原簿に登録前でも，臨時航行許可証の交付を受けている場合等は，この限りでない（小型登録法3条，21条）。令和6（2024）年度3月末現在，その機構における登録小型船舶数は30万4776隻である。

第3章　船舶の国籍

第1節　船舶の国籍の意義

　船舶の国籍とは，その船舶がどの国に帰属するかを明示するものであり，掲げられている国旗に帰属する国（旗国）が管理する対象の船舶を明確に示すことは，国際法上，行政法上及び海商法上重要な意義がある。

第2節　船舶の国籍取得

　国際法上，船舶は，その旗を掲げる権利を有する国（旗国）の国籍を有するとされている。その国と当該船舶との間には真正な関係が存在しなければならないとされているが，船舶の国籍（船籍）の付与，国旗掲揚の権利に関する要件は，国際的には統一されておらず，具体的な条件の決定については，すべて，各国の国内法に委ねられている。

　我が国は所有者主義を採用し，以下の要件を満たす船舶を日本船舶としている（船舶法1条）。

① 　日本の官庁又は公署が所有する船舶
② 　日本国民が所有する船舶
③ 　日本の法令により設立した会社では，その代表者の全員及び業務執行役員の3分の2以上が日本国民である船舶
④ 　上記③以外の法人では，その代表者の全員が日本国民である船舶

第4章　日本船舶の特権及び義務

第1節　日本船舶の特権

〔1〕　国旗掲揚権
　国際法上，国旗の掲揚は，その船舶がその国の国籍を持つことを推定させる効果がある（船舶法2条）。

〔2〕　不開港場への寄港及び沿岸貿易権
　不開港場とは，関税法施行令別表1に掲げる港以外の港である。日本船舶は，日本の不開港場に寄港する権利及び日本の各港間で旅客・貨物を輸送する権利を付与されている。これらの特権を行使するためには，船舶国籍証書の交付を受けていなければならない。不開港場への寄港及び沿岸貿易権を自国船舶にのみ認めているのは，国内海運業を保護するためである（船舶法3条）。

第2節　日本船舶の義務

〔1〕　登記及び登録の義務
　日本船舶の所有者は，日本国内に船籍港を定め，管海官庁に総トン数の測度を申請し，さらに船籍港を管轄する登記所に登記の申請をした後，管海官庁に登録の申請をしなければならない（船舶法4～5条）。そして，この手続きを経て管海官庁から交付された船舶国籍証書は，これを船内に備え置くことが義務づけられている（船員法18条：書類の備置）。

〔2〕　国旗の渇揚及び標示の義務（船舶法7条）
　日本船舶の所有者は，船舶則43条の規定（国旗掲揚義務）により，次の場合には，国旗を船の後部に掲揚しなければならない。
　①　日本国の灯台又は海岸望楼から要求されたとき，
　②　外国での出入港，
　③　外国貿易船が日本で出入港するとき，
　④　法令に別段の規定があるとき，
　⑤　管海官庁から指示があるとき，
　⑥　海上保安庁の船舶又は航空機から要求されたとき。
　さらに，船名，船籍港，番号，総トン数，喫水の尺度その他の事項を船体に標示しなければならない。船名の標示は，船首両舷の外部に船名，船尾外部の見易い場所に船名及び船籍港名を10センチメートル以上の漢字，平仮名，片仮名，アラビア数字，ローマ字又は国土交通大臣の指定する記号によって標示す

ることが規定されている（船舶則44条）。
〔3〕 船舶国籍証書の検認を受ける義務
　日本船舶の所有者は，主務大臣の定める期日（船舶国籍証書を交付した日又は前回の検認を受けた日から総トン数100トン以上の鋼船については4年を経過した日，総トン数100トン未満の鋼船については2年を経過した日，木船については1年を経過した日以後において管海官庁の定める日）までに船舶国籍証書の検認を受けなければならない（船舶法5条の2）。

第5章　船舶の公示及び識別

第1節　船舶の公示制度

　船舶の公示制度は船舶に関する取引の安全を図るため，船舶に関する物権的変動を公示するという本来私法的な制度として発足したものである。しかし，現在では，さらに行政上の取締りのために利用され，公法的な意義が与えられ，船舶の国籍取得のための要件ともなっている。
　我が国は，船舶登記及び船舶登録の二元制度を採用し，船舶登記は船舶に関する権利変動を公示し，取引の安全を図るという私法上の目的とし，登記所（法務省設置法19及び20条の法務局及び地方法務局並びにその支局及び出張所）の管轄に属させ，登録は，船舶の国籍を証明し，行政上の取締り及び管理に資するという公法上の必要から，管海官庁（国土交通省設置法35～37条の地方運輸局（兵庫県にあっては，神戸運輸監理部。以下本書において同じ。）及び特定の運輸支局及び海事事務所，沖縄県にあっては，内閣府設置法47条に基づく沖縄総合事務局並びに宮古及び八重山海運事務所）の官署に属させている。

第2節　船舶の識別

　船舶は，物であり，物としての権利の対象となるが，名称，国籍，船籍港及び総トン数を持つ点において，人的な性質を持っており，これによって船舶の個性を示している。船舶の所有権とその識別を明らかにすることは，国が船舶に対して取締りを行い，又は保護を行うことにおいて，あるいは，私法上の取引関係において，船舶法上，船舶国籍証書の交付を受けるための前提要件となっている。
〔1〕　船　籍　港（port of registry）
　船籍港は，船舶の登録を行い，船舶国籍証書が交付される地を示し，日本船舶の主たる根拠地を意味する。原則として所有者の住所地に定めることとして

いるが，住所が日本にない場合又は住所地が船舶の航行し得る水面に接していない場合その他やむを得ない場合には，住所地以外の地に船籍港を定めることができる（船舶則3条）。

また，船籍港を定めることは，船舶原簿を管轄する管海官庁及び登記簿を管理する登記所を特定するためにも必要である。

我が国の法令上，船籍港は，船舶に関する行政を行う上で重要な意義を有し，また，船長の代理権の範囲を定める標準ともなる（商法708条）。

〔2〕 船舶の総トン数

船舶のトン数の測度について，国際的に統一することが長年にわたる海運界及び造船界の要望であったが，1969（昭和44）年にロンドンにおいて開催された政府間海事協議機構（IMCO：Inter-governmental Maritime Consultative Organization，現 IMO）の主張によるトン数測度に関する国際会議において，「1969年の船舶のトン数の測度に関する国際条約」（以下「条約」という。）が採択された。

トン数の測度基準の統一に関する国際協力を推進する見地から我が国もこの条約に加入することとし，昭和55（1980）年7月17日に IMCO に加入書を寄託した。

我が国が加入したことにより，本条約の発効要件（加入国：25か国以上，加入国の保有船腹量：世界船腹量の65％以上）が充足され，同条約は1982（昭和57）年7月18日から発効し，トン数の測度方法の国際的統一が実現した。

また，条約の受諾に伴い，条約を我が国において実施するとともに，海事に関する制度の適正な運営を確保するため，船舶の総トン数測度方法を，それまでの内包容積を測度する方法から条約に規定されている外板の内側までの容積を測る方法に改めることとし，トン数の測度基準，国際トン数証書の発給等を規定した「船舶のトン数の測度に関する法律（昭和55年5月6日法律40号）」（以下「トン数法」という。）を制定した。

トン数法は，条約が日本国について効力を生ずる日（昭和57年7月18日）から施行され，同時にそれまで，トン数測度方法等を定めていた船舶積量測度法（大正3年3月31日法律34号）は廃止された。

トン数法には，国際総トン数（条約における総トン数），総トン数，純トン数及び載貨重量トン数の4種類のトン数が規定されている（トン数法4条〜7条）。国際トン数及び純トン数は国際トン数証書に，総トン数は船舶国籍証書に記載されるものであり，載貨重量トン数は，造船契約，用船契約等において，広く使用されている。

載貨重量トン数を除く3つのトン数の「トン」は、その船舶の容積に一定の係数をかけたものであり、重量を表す単位ではなく単なる呼称である。

総トン数は、船舶の個性又は同一性を識別するためのものとして、船舶の登記及び登録等を受けるための基礎事項となるのみならず、船舶に関する多くの法令の適用基準や課税及び手数料の徴収基準となっている。

第6章　船舶国籍証書及び仮船舶国籍証書

第1節　船舶国籍証書

〔1〕　船舶国籍証書の意義

船舶国籍証書は、その船舶が日本国籍を有すること及び船舶の個性又は同一性を証明する公文書であり、管海官庁が日本船舶を船舶原簿に登録した後、その所有者に交付される。また、船舶国籍証書は、商法687条の規定（下表参照）により当該船舶の所有権公示制度（第三者対抗要件）の一つとされ、前述のように、日本船舶としての資格は、所有者が日本国籍を有することをもって足りるが、商法686条及び船舶法6条の規定により、船舶国籍証書又は仮船舶国籍証書の交付を受けない限り、日本船舶としての特権を完全に行使することはできない。

〔参考〕—商法

第3編　海商　—第1章　船舶　—第1節　総則

第684条　（定義）

この編（第747条を除く。）において「船舶」とは、商行為をする目的で航海の用に供する船舶（端舟その他ろかいのみをもって運転し、又は主としてろかいをもって運転する舟を除く。）をいう。

第685条　（従物の推定等）

船舶の属具目録に記載した物は、その従物と推定する。

②　属具目録の書式は、国土交通省令で定める。

第2節　船舶の所有　—第1款　総則

第686条　（船舶の登記等）

船舶所有者は、船舶法（明治32年法律第46号）の定めるところに従い、登記をし、かつ、船舶国籍証書の交付を受けなければならない。

②　前項の規定は、総トン数20トン未満の船舶については、適用しない。

第687条　（船舶所有権の移転の対抗要件）

> 舩舶所有権の移転は，その登記をし，かつ，船舶国籍証書に記載しなければ，第三者に対抗することができない。

〔2〕 船舶国籍証書の交付を受けるべき船舶
　船舶国籍証書の交付制度は，船舶登録制度と一体化しており，総トン数20トン以上の日本船舶についてのみ存在する。
　したがって，小型登録法が適用される日本船舶には，任意の申請により国籍証明書が交付され（小型登録法25条），船舶法及び小型登録法が適用されない日本船舶には，所有者が希望した場合に，日本船舶であることの証明書交付規則（平成14年国土交通省告示351号）により，日本船舶であることの証明書が交付される。

〔3〕 トン数証明書としての効果
　我が国の船舶国籍証書は，船舶の国籍の証明と同時に，船舶の総トン数及び尺度を記載し，これらの事項を証明する公文書としての役割を有している。

〔4〕 国旗掲揚及び航行の要件
　船舶の登録制度の適用がある船舶は，船舶所有者が船舶国籍証書又は仮船舶国籍証書の交付を受けた者でなければ，日本の国旗を掲揚することができず，また，原則として船舶を航行の用に供し得ない（船舶法6条）。ただし，船舶安全法に規定する臨時航行許可証等を得たときは，この限りではない。

〔5〕 船舶所有権移転の対抗要件
　船舶所有権の移転につき，第三者に対抗し得るためには，登記をするほか，船舶国籍証書の書換えを行う必要がある（商法687条，船舶法35条）。

〔6〕 船舶国籍証書の記載事項の正確性の確保
　船舶国籍証書の記載内容は，常にその船舶の実際の内容と一致していなければならないものであり，その正確性を確保するためには，記載事項に変更を生じたときは，船舶所有者は，2週間以内に書換えを申請すべきものとしている（船舶法11条）。

第2節　仮船舶国籍証書

〔1〕 仮船舶国籍証書の意義
　仮船舶国籍証書は，その船舶が日本国籍を有すること及び船舶の個性又は同一性を一時的に証明する公文書である。
　仮船舶国籍証書は，その性格から交付に一定の制約がある点及び有効期間がある点が，船舶国籍証書と異なっている。

〔2〕 仮船舶国籍証書の交付要件
　仮船舶国籍証書の交付には，次のような制約がある。
(1)　船舶を取得した場所が，その船舶について定めた船籍港を管轄する管海官庁の管轄地以外の場所である場合に限られ日本で取得したときは取得地を管轄する管海官庁が，外国で取得したときは日本の領事が，これを交付する（船舶法15条，16条1項，32条1項）。
(2)　船舶が外国の港に停泊する間又は外国に航行する途中において，船舶国籍証書又は仮船舶国籍証書を滅失若しくはき損し又は記載事項に変更を生じた場合には，日本の領事がこれを交付する（船舶法13条，19条）。

〔3〕 仮船舶国籍証書の有効期間
　仮船舶国籍証書の交付に際しては，その性質上，必ず有効期間を設けなければならないものとされ，その期間は，外国において交付する場合には1年以内，日本において交付する場合には6月以内と定められており，やむを得ない事由があると認められたときは，再交付される（船舶法17条）。ただし，船舶が船籍港に到着した場合には，有効期間の満了前でも失効する（船舶法18条）。

第3編　船舶安全法

第1章　総　則

第1節　法の目的

　船舶は，水上を単独で長期間にわたり航行することが多く，そのために気象，海象等の変化によっては貴重な人命及び財産を失う危険にさらされている。したがって，船舶には，航行中に通常生じるであろう危険に堪え，安全に航行することができる（堪航性：Seaworthiness）ための施設が必要である。また，たとえ堪航性が十分に確保されているにしても，万が一の事故が発生した場合に人命の安全を保持するための施設も必要となる。

　そこで，本法は第1条において，「日本船舶ハ本法ニ依リ其ノ堪航性ヲ保持シ且人命ノ安全ヲ保持スルニ必要ナル施設ヲ為スニ非ザレバ之ヲ航行ノ用ニ供スルコトヲ得ズ」と規定し，船舶の堪航性及び人命の安全を保持するために必要な施設を施すことにより，人命及び財産の安全を確保することを目的としている。

　本条は，本法の根本精神であり，船舶は，航行中における人命の安全と財産を保護するために十分な堪航性と人命の安全の保持に必要な施設を施さなければ，船舶を航行の用に供してはならないとしている。

第2節　適　用

〔1〕　日本船舶

　船舶安全法は，原則としてすべての日本船舶に適用される。しかし，後述するように，構造や航行水域，用途等により規定の一部の適用が免除される船舶もある。

　日本船舶とは，船舶法1条に定める日本船舶を所有することができる者が所有する船舶をいうが，登記・登録前の船舶であっても本法の適用はある。

　また本法は，属地法であるばかりでなく，属人法的性格をも有しており，日本船舶である限り，外国にあってもこれを遵守する義務は免れない。

〔2〕 外国船舶

　本法は，日本船舶について施設すべき事項及びその標準について定めているが，外国船舶についても本法を適用しなければ海上における安全秩序は確立されず，また日本船舶との間において均衡を失することとなり，法の目的を達成することができない。そこで，日本船舶でない船舶のうち次に掲げるものは，本法の全部又は一部の準用を受けることになっている（安全法29条ノ7）。
　① 本法施行地の各港間又は湖川港湾のみを航行する船舶
　② 日本船舶を所有することができる者の借り入れた船舶であって，本法施行地とその他の地との間の航行に従事するもの
　③ その他本法施行地にある船舶
外国船舶に準用される規定は，次のとおりである（安全法施行令1条，2条）。
　① 上記①，②に掲げる船舶
　　製造検査及び予備検査に関する規定（安全法6条）を除くすべての規定
　② 上記③に掲げる船舶
　　製造検査及び予備検査に関する規定並びに船舶乗組員の不服申立に関する規定（安全法13条）を除くすべての規定
　なお，危険物その他の特殊貨物の運送及び貯蔵，危険の通報等の航行上の危険防止に関する規定（安全法28条）は，準用についての明文の規定を欠いているが，それは，規定上日本船舶のみに限定されていないこと，本法が警察取締法規であることを考えれば，準用規定は立法上その必要がないと認定された結果であって，当然適用されると解すべきである。

〔3〕 船舶所有者及び船長

　船舶安全法及び同法に基づく命令において，船舶所有者に関する規定は，船舶共有の場合に船舶管理人（商法699条）を置いたときは船舶管理人に，船舶貸借（賃貸借，使用貸借）の場合には船舶借入人に適用される。なお，船舶貸借は，裸用船契約に基づく船舶貸借をいい，定期用船契約や航海用船契約等は該当しないと解する。
　また，船長に関する規定は，船長に代わってその職務を行う者に適用される（安全法26条）。

第3節　用語の意義

〔1〕 国際航海

　国際航海とは，1国と他の国との間の航海をいう。この場合，1国が国際関係について責任を有する地域又は国際連合が施政権者である地域は，それぞれ

別個の国とみなされる（施規則1条）。

〔2〕 旅　客　船

　旅客船とは，旅客定員が12人を超える船舶をいう（安全法8条）。したがって，旅客船であるか否かの識別は，船舶検査証書の最大搭載人員の旅客の欄に記載された数によって行われ，実際に旅客を搭載しているか否かは問わない。なお，貨物運送を主とする船舶であっても，旅客定員が13人以上である場合や，臨時に13人以上の旅客を搭載するために臨時変更証の交付を受けた場合であっても旅客船としての扱いを受ける。

〔3〕 漁　　　船

　漁船とは，次に掲げる船舶をいう（施規則1条2項）。

① 専ら漁ろうに従事する船舶（母船式漁業に従事する母船を含む。）

② 漁ろうに従事する船舶であって漁獲物の保蔵又は製造の設備を有するもの（母船式漁業に従事する漁獲物の保蔵又は製造設備を有する母船を含む。）

③ 専ら漁ろう場から漁獲物又はその加工品を運搬する船舶。したがって，漁業の根拠地において各方面の漁ろう場より送られた漁獲物を運搬する船舶又は漁ろう場以外の場所で他船より漁獲物を積み換えて運搬する船舶は，漁船とは認められない。

④ 専ら漁業に関する試験，調査，指導若しくは練習に従事する船舶又は漁業の取締りに従事する船舶であって漁ろう設備を有するもの

〔4〕 危険物ばら積船

　危険物ばら積船とは，危険物船舶運送及び貯蔵規則2条1号の2のばら積み液体危険物を運送するための構造を有する船舶をいう（施規則1条3項）。

〔5〕 特　殊　船

　特殊船とは，原子力船（推進機関に軽水減速軽水冷却型原子炉を使用する船舶），潜水船，水中翼船，エアクッション艇，表面効果翼船，海底資源掘削船，半潜水型又は甲板乗降型の船舶及び潜水設備（内部に人員を搭載するものに限る。）を有する船舶その他特殊な構造又は設備を有する船舶で告示で定めるものをいう（施規則1条4項）。

　現在，告示で定める特殊船として水陸両用船，翼付高速双胴船，小型船舶であって遠隔操縦により人が制御する機能を有するもの，浮体式洋上風力発電施設が告示されている（昭和55年運輸省告示第56号。令和元年6月19日改正　国土交通省告示第183号）。

〔6〕 小 型 船 舶

　小型船舶とは，総トン数20トン未満の船舶をいう（安全法6条ノ6）。

〔7〕 小型兼用船

　小型兼用船とは，漁船以外の小型船舶のうち，漁ろうに従事するものであって，漁ろうと漁ろう以外のこと（例えば旅客がつり等により魚類その他の水産動植物を採捕する遊漁など）を同時にしないものをいう（施規則1条5項）。

第4節　国際条約との関係

　船舶の安全に関する国際条約として IMO（国際海事機関）において作成された国際条約は，次のとおりであり，我が国はこれら国際条約の締約国となっている。

① 1974年の海上における人命の安全のための国際条約（昭和55年5月25日発効）
② 1974年の海上における人命の安全のための国際条約に関する1978年の議定書（昭和56年5月1日発効）
③ 1966年の満載喫水線に関する国際条約（昭和43年7月21日発効）
④ 1972年の海上における衝突の予防のための国際規則に関する条約（昭和52年7月15日発効）……（昭和58年6月1日一部改正発効）
⑤ 安全なコンテナに関する国際条約（昭和52年9月6日発効）……（昭和59年1月1日一部改正発効）
⑥ 1974年の海上における人命の安全のための国際条約に関する1988年の議定書（1997年6月締結　2000年2月3日発効）
⑦ 1966年の満載喫水線に関する国際条約の1988年の議定書（1997年6月締結　2005年1月1日発効）

〔1〕 SOLAS 条約

　海上における人命の安全のための国際条約（SOLAS 条約）は，海上における人命の安全の確保を目的として，船舶の区画及び復原性，機関及び電気設備，防火構造，消防設備，救命設備，無線電信及び無線電話，航行の安全のための設備並びに穀類及び危険物の運送について国際的な統一基準を規定している。SOLAS 条約の歴史は古く，1912年に北大西洋上で発生したタイタニック号の沈没事件が契機となって締結された1929年の SOLAS 条約が最初のものであり，その後時代の変遷，技術の進歩につれて1948年の SOLAS 条約，1960年の SOLAS 条約と順次基準の強化が図られ，現行の1974年の SOLAS 条約（1974年11月1日採択，1980年5月25日発効）及び1974年の SOLAS 条約に関する1978年の議定書（1978年2月17日採択，1981年5月1日発効）に至っている。

1974年のSOLAS条約及び1974年のSOLAS条約に関する1978年の議定書は発効後，1981年11月に構造（区画，復原性，機関，電気設備）及び構造（防火，火災探知，消火）に関する全面改正並びに無線電信及び無線電話，航行の安全及び穀類の運送に関する一部改正，1983年6月に救命設備及び危険物の運送に関する全面改正，1988年4月及び10月にRO/RO旅客船に関する構造（電気設備，貨物の積載用の戸の閉鎖監視装置及び喫水標の標示等）に関する一部改正，1988年11月にGMDSS（海上における遭難及び安全の世界的な制度）に関する無線設備の全面改正，1989年4月に旅客船の構造（水密隔壁の開口要件の強化等）に関する一部改正，1990年5月に貨物船の構造（区画及び損傷時復原性基準の導入）に関する一部改正，1991年5月に構造（防火），航行の安全及び貨物の運送に関する一部改正，1992年4月に構造（防火基準及び現存RO/RO旅客船の損傷時復原性基準）に関する改正，1994年5月及び12月にPSC（ポートステートコントロール）の強化，国際安全管理（ISM）コード及び高速船コードの取り入れに関する改正，及び貨物の積付け及び固定に関するマニュアル等の要件強化に関する改正，1995年5月及び11月に船舶の航路指定及びRO/RO旅客船の安全性の強化の改正，1996年6月及び12月に貨物船の損傷時復原性の強化，救命設備の全面改正及びタンカーの安全通路の設置，防火構造，消防設備の強化のための改正が行われた。

　1997年11月には，ばら積貨物船に係る追加の安全措置のための新章が新設され，2000年12月防火構造・消火設備，航海設備に関する全面改正が行われた。

　さらに，2002年12月には，海事保安（テロ）対策のための新章が創設されるとともに「船舶及び港湾施設の国際保安コード（ISPSコード）」が採択され，2004年7月に発効した。

　以上は，主たる改正であるが，これ以外にもSOLAS条約は，技術的なアップデートを図るため，ほぼ毎年何らかの改正が行われている。

〔2〕 LL条約

　満載喫水線に関する国際条約（LL条約）は，船舶の安全性に関する基本的な要件として，貨物の過載，すなわち乾舷の不足による海難の防止を目的として，船舶の載貨の限度等について国際的な統一基準を規定している。1930年のLL条約が最初のものであり，その後船舶の大型化，造船技術の発展等に伴い，1966年にIMOにおいて改正されている。

　SOLAS条約は，タシットと呼ばれる改正形式を採用しており，採択された改正は，原則一定期間後（約1年半後）に自動的に発効するが，LL条約は，そのような方式がないため，改正されてもなかなか発効しない状況が続いた。

1988年には，LL条約にもタシット方式を導入する議定書が採択され，同議定書が2000年に発効した。2003年6月には，LL条約をほぼ全面改正する改正案が採択され，2005年1月に発効した。

〔3〕 条約の優先効力

船舶の堪航性及び人命の安全に関し，条約に別段の規定があるときはその規定に従うこととなっている（安全法27条）。条約とは，SOLAS条約，LL条約等を指称するが，船舶の堪航性及び人命の安全に関係あるものである限り，将来批准されることがある一切の条約を含むと考えられる。

〔4〕 同等効力

本法施行地にある外国船舶について，当該国の船舶の堪航性又は人命の安全に関する法令を国土交通大臣が相当と認めたときは，当該法令により交付された証書は，船舶安全法により交付された証書と同一の効力を有する旨を規定している（安全法15条）。

第2章　安全施設

第1節　概説

船舶の航行の安全を確保するためには，その構造が堅ろうであり，水密性，凌波性，復原性，操縦性等を有し，適当な推進装置，舵，錨その他航海用具を完備し，無線設備を施設するとともに，人命の安全のため救命，消防，居住，衛生等の諸設備が完備されていることが必要である。そこで，本法及び省令は，これらの事項について技術上の基準を定めている。この基準は，遵守すべき最低のものであって，運航経済上又は使用目的上の理由等によりこれを損なうものであってはならない。

第2節　構造及び設備

〔1〕 適用除外

次に掲げる船舶は，航行水域がきわめて限定されていること，比較的小型であって構造が非常に簡単であること等から考えて，国が画一的に基準を定めて設備等の施設義務や検査の受検義務を課すほどの必要性はないと考えられ，法2条1項の規定の適用が除外されている（安全法2条2項）。

① 櫓櫂のみをもって運転する舟で，6人を超える人の運送の用に供しないもの（施規則2条1項）

② その他主務大臣が特に定める船舶（施規則2条2項）

(i) 推進機関を有する長さ12メートル未満の船舶（危険物ばら積船及び特殊船を除く。）であって一定の要件に適合するもの
(ii) 長さ12メートル未満の帆船（国際航海に従事するもの，沿海区域を超えて航行するもの，推進機関を有するもの（(i)のものを除く。），危険物ばら積船，特殊船及び人の運送の用に供するもの）
(iii) 推進機関及び帆装を有しない船舶（ただし，国際航海に従事するもの，沿海区域を超えて航行するもの，危険物ばら積船，特殊船，推進機関を有する他の船舶に引かれ又は押されて人の運送の用に供するもの（一定の要件に適合するものを除く。），推進機関を有する他の船舶に押されるものであってこれと堅固に結合して一体となる構造を有するもの，及び係留船（多数の旅客が利用することとなる用途として告示で定めるものに供する係留船であって，二層以上の甲板を備えるもの又は当該用途に供する場所が閉囲されているものに限る。）は除く。）
(iv) 災害発生時にのみ使用する救難用の船舶で国又は地方公共団体の所有するもの
(v) 係船中の船舶
(vi) 告示で定める水域のみを航行する船舶

　政令で定める総トン数20トン未満の漁船については，当分の間その適用が猶予される（安全法附則32条）。そのような漁船として，政令では，専ら本邦の海岸から12海里以内の海面又は内水面において従業する漁船が規定されている。
　また海上自衛隊（防衛大学校を含む。）の使用する船舶については，原則として本法の規定の適用が除外される。ただし，自衛艦以外の船舶については，法28条の規定中危険及び気象の通報その他船舶航行上の危険防止に関する規定が適用される（自衛隊法109条及び同法施行令155条）。

〔2〕 施設すべき事項
　船舶及び人命の安全を保持するために必要な構造及び設備は，次に掲げる事項であり，その内容は，船舶の種類，大小等により，一様ではないが，それぞれ関係省令に詳細に規定されており，一定の標準又は規格に適合することを要する（安全法2条1項）。
① 船　体
② 機　関
③ 帆　装
④ 排水設備
⑤ 操舵，係船及び揚錨の設備
⑥ 救命及び消防の設備

⑦　居住設備
⑧　衛生設備
⑨　航海用具
⑩　危険物その他の特殊貨物の積付設備
⑪　荷役その他の作業の設備
⑫　電気設備
⑬　前各号のほか，主務大臣において特に定める事項（昇降設備，焼却設備，コンテナ等前記の事項に該当しないものであって，省令において技術基準が規定されているものをいう。）

〔3〕　**技術上の基準**（関係省令）
　船舶に施設する構造及び設備に関する技術基準を定めた省令のうち主要なものとして，次のものがある。
(1)　船舶の構造に関する規定
　①　船舶構造規則（平成10年運輸省令16号）
　　船舶の船体についての使用材料の材質，強さ及びこれらに対する工作方法と船体各部材の構造，材料，寸法並びにこれらに密接に関係のある設備（例：排水設備等）についての技術基準を定めたものである。
　②　船舶区画規程（昭和27年運輸省令97号）
　　船舶が海難により損傷・浸水した場合，これを最小限に止めて船舶の安全を確保できるように，水密隔壁，損傷時の復原性についての技術基準を定めたものであり，国際航海に従事する旅客船，総トン数500トン以上の貨物船（長さ80m以上），タンカー，総トン数500トン以上の漁船（長さ80m以上）またバルクキャリアに関する特別規定を定めている。
　③　船舶防火構造規則（昭和55年運輸省令11号）
　　船舶における火災の発生及び拡大を防止するために，船舶の構造及び設備についての技術基準を定めたものであり，旅客船，総トン数500トン以上の貨物船，タンカー，車両甲板区域を有する貨物船（国際航海に従事するもの又は遠洋区域若しくは近海区域を航行区域とするものに限る。）等に適用される。
　④　満載喫水線規則（昭和43年運輸省令33号）
　　満載喫水線の標示を要する船舶について満載喫水線の種類並びにその算出方法及び標示方法を定めたものである。
　⑤　船舶機関規則（昭和59年運輸省令28号）
　　船舶の機関，すなわち内燃機関，蒸気タービン，ガスタービン，ボイラ，

圧力容器，補機及びこれらに関係のある管装置について，材料，工作方法，構造，寸法等及びこれらの制御装置についての技術基準を定めたものである。
(2) 船舶の設備に関する規定
　① 船舶設備規程（昭和9年逓信省令6号）
　　船舶に施設する操舵，係船及び揚錨の設備，居住設備，衛生設備，航海用具，危険物その他の特殊貨物の積付設備，荷役設備，潜水設備，電気設備その他国土交通大臣が特に指定した設備についての技術基準を定めたものである。
　② 船舶救命設備規則（昭和40年運輸省令36号）
　　船舶に施設する救命設備の要件，数量及び備付け方法ならびに表示についての技術基準を定めたものである。
　③ 船舶消防設備規則（昭和40年運輸省令37号）
　　船舶に施設する消防設備の要件，数量及び備付け方法についての技術基準を定めたものである。
(3) 特定の船舶に関する特別規定
　① 漁船特殊規程（昭和9年逓信・農林省令）
　　漁船には，その業態の特質上，構造及び設備に関し一般商船に対する関係省令をそのまま適用できない事項又は漁船につき特に施設を要する事項があり，これらについての技術基準を定めたものである。したがって，本規定に定められている事項については，本規定の技術基準が他の法令の規定にかかわらず適用される。
　② 船舶自動化設備特殊規則（昭和58年運輸省令6号）
　　船舶の安全な航行のために必要な，船内における作業を軽減するために船舶に施設される自動化設備についての技術基準を定めたものである。定める自動化設備としては，遠隔制御燃料油注油装置，衛星航法装置，自動衝突予防援助装置，自動操舵装置，遠隔制御係船装置，独立型遠隔制御係船装置，荷役用ホース揚卸装置，遠隔制御ばら積貨物荷役装置，遠隔制御バラスト水張排水装置，動力開閉装置，非常用えい索動力巻取装置，水先人用はしご動力巻取装置，冷凍コンテナ集中監視装置，固定式甲板洗浄装置，海事衛星通信装置がある。
(4) 小型船舶に関する規定
　① 小型船舶安全規則（昭和49年運輸省令36号）
　　小型船舶（総トン数20トン未満又は総トン数20トン以上のものであって，ス

ポーツ又はレクリエーションの用のみに供するものとして告示で定める要件に適合する船体長さが24m未満の船舶であって国際航海に従事する旅客船以外のものをいう。）が施設しなければならない事項及びその技術基準を定めたものであり，船体，機関，排水設備，操舵，係船及び揚錨の設備，救命設備，消防設備，居住及び脱出の設備，航海用具その他の属具，電気設備，復原性，操縦性等についての各省令の特則事項を定めたものである。

② 小型漁船安全規則（昭和49年農林・運輸省令1号）
　船舶安全法第32条の漁船の範囲を定める政令（昭和49年政令258号）で定める漁船以外の総トン数20トン未満の漁船が施設しなければならない事項及びその技術基準を定めたものである。

第3節　復　原　性

〔1〕　復原性の意義
　復原性とは，船舶が横傾斜した場合に元に戻る性質をいう。復原性が悪いと，船舶が航行中波浪により傾斜外力を受けたとき傾斜角が大になり，容易に元に戻らない。また，次に来る波浪によってさらに傾斜角が増大し，上部の開口から海水が浸入したり，遂には限界傾斜角を超えて転覆に至ることがある。
　したがって，このような船舶の転覆を防止するためには，十分な復原性を有することが必要であり，船舶復原性規則（昭和三十一年運輸省令第七十六号）が定められている。

〔2〕　復原性試験
　復原性試験においては，傾斜試験及び動揺試験を行う。ただし，管海官庁が差し支えないと認める船舶にあつては，傾斜試験又は動揺試験を省略することがある。

〔3〕　復原性試験の執行
　復原性試験の実施は，定期検査の時期に行い，その他の検査においては，復原性に関係のある事項に変更を生じた場合で管海官庁が必要と認めたときに行われる。

第4節　無線電信及び無線電話

〔1〕　施設義務船舶の範囲
　船舶は，遠く陸地を離れた海上において孤立して航行することが多く，特異な危険に遭遇することもある。よって，海難の予防及び海難時の救命のための通信手段として無線通信は極めて重要である。海上における電波を用いる無線

通信は、モールス通信設備を主体とするシステムにより行われてきた。しかし、このシステムはモールス通信の専門的知識技能を有する者しか操作できないことや電波の到達距離の問題があり、また突然の転覆等の際に警報を発することができない等問題があった。そこで、これらの問題点を克服し、簡易な操作で、世界中のどの海域にいても常に陸上との通信が行えるよう、当時の無線技術を利用した無線電信や無線電話を主体とする大幅に自動化、機械化された海上無線通信システムが構築された。これを Global Maritime Distress and Safety System という（以下「GMDSS」）。この GMDSS を実施するため、「1974年の海上における人命の安全のための国際条約」が昭和63年11月に改正された。

一方、無線通信技術の開発、普及により、無線設備の低廉化、小型化、操作の簡易化、利用可能周波数の拡大等が図られ、無線設備の施設を義務付ける船舶に関してその対象を拡大するための環境が整ったことなどから、より一層の船舶の航行の安全性の向上を図るため、従来のシステムに代わり、GMDSS の無線設備を強制することとなった。GMDSS は平成4年2月1日から段階的に導入され、平成11年2月1日から完全実施されることになった。無線設備については新たな技術が開発され進歩していることから、直近では2009年に GMDSS の見直しを検討することになり、2022年4月に SOLAS 条約改正案が採択された。これは2024年1月に発効している。

船舶にはその航行する水域に応じて次に掲げる無線電信等（安全法4条1項の「無線電信等」をいう。）を備え付けなければならない。ただし、管海官庁が当該船舶の航海の態様等を考慮して差し支えないと認める場合は、この限りでない（船舶設備規程311条の22）。

表：GMDSS における基本搭載要件

区分＼航行水域		A1	A2	A3	A4	備考
NAVTEX 受信機		要	要	要	要	
EGC		要	要	要	要	NAVTEX 水域のみを航行する船舶には不要
VHF 無線設備	DSC	要	要	要	要	
	DSC 聴守装置	要	要	要	要	
	無線電話	要	要	要	要	A1海域のみを航行する船舶であって、常に陸上との間で通信ができない場合は一般通信用無線電信等を備えなければならない。
	DSC	要	要	要	要	
	DSC 聴					

MF 無線設備	守装置	要	要	要	要	
	無線電話	要	要	要	要	A2海域のみを航行する船舶であって，常に陸上との間で通信ができない場合は条約船一般通信用無線電信等（注）を備えなければならない。
	直接印刷電信			要	要	インマルサット直接印刷電信を備えていれば，MF 直接印刷電信は不要
HF 無線設備	DSC			要	要	A3水域を航行する船舶であって，インマルサット直接印刷電信の設備を備えていれば，HF の DSC は不要
	DSC 聴守装置			要	要	A3水域を航行する船舶であって，インマルサット直接印刷電信の設備を備えていれば，HF の DSC 聴取装置は不要
	無線電話			要	要	インマルサット直接印刷電信の設備を備えていれば，HF の無線電話は不要
	直接印刷電信			要	要	インマルサット直接印刷電信の設備を備えていれば，HF の直接印刷電信は，不要
インマルサット直接印刷電信				要		MF 直接印刷電信，HF 無線電話及び直接印刷電信を備えれば，不要
浮揚型 EPIRB		要	要	要	要	
非浮揚型 EPIRB		要	要	要	要	浮揚型 EPIRB は船橋に積み付ける場合又は船橋から遠隔操作できる場合は省略可
レーダートランスポンダ		各舷に１個（総トン数300トン上500トン未満の非旅客船は１個で可）					
持ち運び式双方向無線電話装置		旅客船及び総トン数500トン以上の非旅客船は３個，総トン数500トン未満の旅客船は２個					
船舶自動識別装置（AIS）		旅客船及び国際航海に従事する総トン数300トン以上の非旅客船，並びに国際航海に従事しない総トン数500トン以上の非旅客船					
船舶航空機間双方向無線電話		旅客船のみ必要					
船舶保安警報装置（SSAS）		国際航海に従事する旅客船，国際航海に従事する総トン数500トン以上の非旅客船					
衛星無線航法装置等（GPS）		国際航海に従事する旅客船，国際航海に従事する総トン数20トン以上の非旅客船，国際航海に従事しない総トン数500トン以上の非旅客船					

注記
1.「条約船」とは次の船舶をいう。
　1. 国際航海に従事する旅客船
　2. 国際航海に従事する総トン数300トン上の非旅客船（漁労のみに従事する漁船を除く。）
2.「一般通信用無線電信等」とは，次のいずれかの設備をいう。
　・(1) HF（短波；High Frequency）直接印刷電信，(2) HF 無線電話，(3) インマルサット直接印刷電信，(4) インマルサット無線電話，(5) MF 直接無線電信，(6) 次の各号の無線電信等であって，常に陸上と連絡可能な直接印刷電信又は無線電話をいう。
　　・ア　次に掲げる周波数帯で運用する船舶局の直接印刷電信又は無線電話

・(1) 中短波帯，(2) 短波帯
・イ 次に掲げる周波数帯で運用する船舶局の無線電話
・(1) 27MHz 帯，(2) 40MHz 帯，(3) 150MHz 帯，(4) 400MHz 帯
・ウ 次に掲げる周波数帯で運用する船舶局の無線電話
・(1) 250MHz 帯，(2) 800MHz 帯
・「条約船一般通信用無線電信等」とは，HF 直接印刷電信，HF 無線電話，インマルサット直接印刷電信，インマルサット無線電話又はデジタル選択呼出装置をいう。
・「DSC」とは，デジタル選択呼出装置をいう。
・「DSC 聴守装置」とは，デジタル選択呼出信号を聴取する装置をいう。
・「浮揚 EPIRB」とは，浮揚型極軌道衛星利用非常用位置指示無線標識装置をいう。
・「非浮揚 EPIRB」とは，非浮揚型極軌道衛星利用非常用位置指示無線標識装置をいう。
・船舶自動識別装置（AIS；Automatic Identification System）
・船舶保安警報装置（SSAS；Ship Security Alert System）
※Ａ１，Ａ２，Ａ３，Ａ４水域の範囲は船舶安全法施行規則１条10項から13項による。

〔２〕 技 術 基 準

　無線電信及び無線電話の技術基準については，電波法に定めるところによるとされている。

〔３〕 無線電信又は無線電話の施設免除

　航海の目的その他の事情により，国土交通大臣が，やむを得ないと認めた場合，又はその必要がないと認めた場合には，無線電信又は無線電話の施設は免除される（安全法４条１項）。

　その施設が免除される船舶は，次のとおりであって管海官庁が許可したものである（施規則４条）。

①　臨時に短期間安全法４条１項の規定の適用を受けることとなる船舶
②　発航港から到達港までの距離が短い航路のみを航行する船舶
③　母船の周辺のみを航行する搭載船
④　推進機関及び帆装を有しない危険物ばら積船，特殊船及び推進機関を有する他の船舶に引かれ又は押されてばら積みの油の運送の用に供するもの
⑤　潜水船，水中翼船，エアクッション艇その他特殊な構造を有する船舶であって，無線電信等を施設することがその構造上困難又は不適当なもの
⑥　無線電信等に代わる有効な通信設備を有する船舶

　無線電信又は無線電話の施設の免除について管海官庁の許可を受ける場合には，無線施設免除申請書に船舶検査証書及び船舶検査手帳を添えて管海官庁に提出することを要する。

〔４〕 無線電信又は無線電話の施設の適用除外

　安全性の確保の観点から無線電信又は無線電話の施設を強制する必要性に乏しいと一律に判断される船舶については，無線電信又は無線電話の施設の強制

の適用が除外されている。無線電信又は無線電話の施設の強制が適用除外される船舶は次のとおりである（安全法2条2項，施規則4条の2）。
① 法2条2項の船舶
② 臨時航行許可証を受有している船舶
③ 試運転を行う場合の船舶
④ 湖川港内の水域（告示で定めるものを除く。）のみを航行する船舶
⑤ 推進機関及び帆装を有しない船舶（危険物ばら積船，特殊船及び推進機関を有する他の船舶に引かれ又は押されて人の運送の用に供するものを除く。）

第3章　航行上の条件

第1節　概　　説

　船舶の堪航性を確保し，安全に航行するためには，船舶ごとにその使用限度を明らかにし，これを超えて船舶を航行の用に供しないようにすることが必要である。本法は，このような観点から定期検査を実施し，検査時において使用限度を定め，これを当該船舶の航行上の条件としている。
　これらの条件には，航行区域（漁船については従業制限），最大搭載人員，制限汽圧，満載喫水線の位置，その他の航行上の条件があり，船舶検査証書に記載することとされている（安全法9条1項，施規則12条）。

第2節　航 行 区 域

〔1〕　種　　別
　航行区域は，平水区域，沿海区域，近海区域及び遠洋区域の4種に区分されている。
　① 平水区域
　　　湖，川及び港内の水域並びに指定された52の水域（施規則1条6項）。
　　　ここで港内とは，港則法に基づく港の区域の定めのあるものにあってはその区域内であるが，ただしこの区域と異なる区域を告示で定めたときは，その区域によることとなる。その他の港にあっては，社会通念上の区域内をいう。
　② 沿海区域
　　　北海道，本州，四国，九州及びその他施行地における特定の島，朝鮮半島並びに樺太本島（北緯50度以北の区域を除く。）から距岸ほぼ20海里以内の水域であって施規則1条7項に定める22の水域。

③　近海区域

東は東経175度，西は同94度，南は南緯11度，北は北緯63度の線により囲まれた水域（施規則1条8項）。

④　遠洋区域

すべての海面を包含する水域（施規則1条9項）。

以上の4種の航行区域は，互いに排他的なものではなく，広い区域は，より狭い区域を包含する。

〔2〕　航行区域の決定

航行区域の決定は，船舶所有者が船舶検査を申請する際に当該船舶によって航行したい航行区域を船舶検査申請書に記載し，検査機関が申請に基づく航行区域に対応する技術基準に適合するかどうかの検査を行い決定する。航行区域は，船舶の構造及び設備に関する技術基準への適合状況のほか，船舶の長さ，最強速力等に応じて決定される。ただし，本邦外の各港間又は湖川港内のみを航行する船舶に対する航行区域は，上記の種類が本邦内について定められている関係から，これに準じて定めることができることになっている（施規則6条）。

第3節　従業制限

〔1〕　種　　別

従業制限は，漁船が一般船舶とその業態が異なるところから，航行区域を限定する代わりに，漁業の種類に応じた操業区域を考慮して，類似の漁場に属する業務の種類を分類し，これを指定することによって航行し得る水域を規制したもので，次のとおり5種に分かれる（漁特則2～7条）。

(1)　第1種従業制限（主として沿岸の漁業）

第2種に掲げる業務を除き，次の業務に従事する漁船の従業制限をいう。

①　一本釣漁業　　②　延縄漁業　　③　流網漁業　　④　刺網漁業
⑤　旋網漁業　　⑥　敷網漁業　　⑦　突棒漁業　　⑧　曳縄漁業
⑨　曳網漁業（トロール漁業を除く。）　　⑩　小型捕鯨業
⑪　主務大臣がこれらの業務に準ずるものと認めた業務，すなわち定置漁業，しいら漬漁業，その他の雑種漁業（昭和32年11月農林・運輸省告示1号）

(2)　第2種従業制限（主として遠洋の漁業）

次の業務に従事する漁船の従業制限をいう。

①　鮪及び鰹竿釣漁業　　②　真鱈一本釣漁業　　③　鮪，旗魚及び鮫浮延縄漁業　　④　真鱈延縄漁業
⑤　連子鯛延縄漁業（搭載漁艇を使用しているものに限る。）

⑥ 機船底曳網漁業（特定の海域で操業するものに限る。）　⑦ 白蝶貝等採取業
⑧ 鮭，鱒及び蟹漁業（母船に付属する漁船によってするものに限る。）
⑨ 主務大臣がこれらの業務に準ずるものと認めた業務，すなわちまぐろ流網漁業，さんご漁業及び本邦外の地を基地として行う延縄漁業（本邦から当該基地まで独力で航行する漁船により行うものに限る。）（前掲告示）
(3) 第3種従業制限（特殊の漁業）
次の業務に従事する漁船の従業制限をいう。
① トロール漁業　　② 捕鯨業（小型捕鯨業を除く。）
③ 母船式漁業に従事する母船の業務
④ 専ら漁猟場より漁獲物又は加工品を運搬する業務
⑤ 漁業に関する試験，検査，指導，練習又は取締業務
(4) 小型第1種従業制限
次の業務に従事する小型漁船の従業制限をいう。
① 採介藻漁業　② 定置漁業　③ 旋網漁業　④ 曳網漁業
⑤ 小型捕鯨業
⑥ ①から⑤まで及び次の(5)①から④までに掲げる業務を除く業務で専ら本邦の海岸から100海里以内の海域において従業するもの
(5) 小型第2種従業制限
次の業務に従事する小型漁船の従業制限をいう。
① 鮭，鱒流網漁業（特定の海域で従業するものに限る。）
② 鮭，鱒延縄漁業（総トン数10トン未満の漁船で従業するものを除く。）
③ 鮪延縄漁業（総トン数15トン未満の漁船で従業するものを除く。）
④ 鰹竿釣漁業（総トン数15トン未満の漁船で従業するもの及び特定の海域で従業するものを除く。）
⑤ ①から④まで及び前記(4)に掲げる業務以外の業務
　第2種の従業制限を有する漁船は，業務の種類に限定がない限り，第1種の従業制限に係る業務に，また，小型第2種の従業制限を有する小型漁船は，小型第1種の従業制限に係る業務に従事することができる（漁特則8条）。

〔2〕 従業制限の決定
　従業制限は，航行区域と同様に検査を行い，漁船の構造及び設備が申請に基づく従業制限に適しているか否かを判断して決定する。なお，その際，漁船の種類，大きさ，構造又は設備等に応じ，管海官庁が必要と認める場合には，業務の種類を限定して決定されることがある。

第4節　最大搭載人員

〔1〕　最大搭載人員の決定

　最大搭載人員とは，船舶及び乗船者の安全性を確保するために搭載を許される最大限度の人員（定員）のことであり，旅客，船員及びその他の乗船者別にそれぞれの数が定められる（安全法9条1項，施規則8条）。

　最大搭載人員は，漁船以外の船舶にあっては船舶設備規程又は小型船舶安全規則に定める基準により，旅客，船員及びその他の乗船者の別に，漁船にあっては漁船特殊規程又は小型漁船安全規則に定める基準により，船員及びその他の乗船者の別に，航行区域又は従業制限，居住設備，救命設備その他の設備に応じ定期検査において決定される。

〔2〕　最大搭載人員の適用

　最大搭載人員に関する規定の適用については，年齢1歳未満の者は算入しないものとし，国際航海に従事しない船舶に限り，年齢1歳以上12歳未満の者2人をもって1人に換算することになっている（施規則9条1項）。

　貨物を旅客室，船員室その他の最大搭載人員を算定した場所に積載した場合は，当該貨物を占める場所に対応する人員が搭載されているものとみなされる（施規則9条2項）。

第5節　制限汽圧

　制限汽圧とは，ボイラの爆発を防止するために，常用し得る蒸気圧力を充分な安全率を見込んだ上で定められた最大限度の使用圧力のことである。

　制限汽圧の決定は，船舶機関規則の定める基準により管海官庁が決定する（安全法9条1項，施規則10条）。

　また，船級協会が船級船の制限汽圧を定めた場合は，管海官庁が定めたものとみなされる（安全法9条6項）。

第6節　満載喫水線

〔1〕　標示船舶の範囲

　満載喫水線とは，載貨による船体の海中沈下が許容される最大限度を示す線をいう。その標示を要する船舶は，次のとおりである（安全法3条）。

　①　遠洋区域又は近海区域を航行区域とする船舶
　②　沿海区域を航行区域とする長さ24メートル以上の船舶
　③　総トン数20トン以上の漁船

　なお，満載喫水線を標示する必要がない船舶は，次のとおりである（施規則

3条)。
① 水中翼船，エアクッション艇その他満載喫水線を標示することがその構造上困難又は不適当である船舶
② 引き船，海難救助，しゅんせつ，測量又は漁業の取締りにのみ使用する船舶その他の旅客又は貨物の運送の用に供しない船舶（漁船を除く。）で，国際航海に従事しないもの（通常は国際航海に従事しない船舶であって，臨時に単一の国際航海に従事するものを含む。）
③ 小型遊漁兼用船であって漁ろうをしない間の航行区域が沿海区域であって長さが24メートル未満のもの，又は漁ろうをしない間の航行区域が平水区域であるもの
④ 臨時変更証を受有している船舶であって次に掲げるもの
　ⅰ）日本船舶を所有することができない者に譲渡する目的で外国に回航される船舶
　ⅱ）船舶の改造，整備若しくは解撤のため又は法による検査，検定等を受けるため，当該場所まで回航されるもの
　ⅲ）平水区域を航行区域とする船舶で沿海区域を航行し他の平水区域に回航されるもの
⑤ 臨時航行許可証を受有している船舶
⑥ 試運転を行う場合の船舶
⑦ 平水区域を航行区域とする旅客船であって，臨時に短期間沿海区域を航行区域とすることとなるもの（ただし④ⅲ）のものを除く。）のうち管海官庁が安全上差し支えないと認めるもの

〔2〕 満載喫水線の位置

満載喫水線の位置は，満載喫水線規則又は船舶区画規程の定めるところにより定められる（安全法9条，施規則11条）。また，船級協会が船級船の満載喫水線の位置を定めた場合は，管海官庁が定めたものとみなされる（安全法9条6項）。

第4章　船舶の検査

第1節　概　　説

船舶の堪航性及び人命安全の確保を確実に保証するためには，個々の船舶について，その構造，設備等の施設が一定の技術基準に適合しているか否かを検査することが必要である。そこで本法は，この基準適合義務の完全な履行を確

保するため船舶所有者又は製造者に対し，安全法2条1項に係る事項，満載喫水線並びに無線電信及び無線電話について，管海官庁の行う一定の検査を受けなければならないと規定している（安全法5条，6条）。

第2節　検査の種類及び時期

　強制検査として，定期検査，中間検査，臨時検査，臨時航行検査及び特別検査並びに製造検査（本法施行地において製造する長さ30メートル以上の船舶に限る。）があり，任意検査として，製造検査（本法施行地において製造する長さ30メートル未満の船舶及び本法施行地以外において製造する船舶に限る。），予備検査，検定及び準備検査がある。

〔1〕　定　期　検　査

　定期検査は，船舶の構造，設備等の全般にわたり行う精密な検査であり，次の場合に受けなければならない（安全法5条1項1号）。

① 船舶をはじめて航行の用に供するとき
② 船舶検査証書の有効期間が満了したとき
③ 安全法2条1項の規定の適用を受けない船舶が新たにその適用を受けるものとなったとき

　定期検査は，運航計画，ドック入りの時期等船舶所有者の都合等を考慮して，船舶検査証書の有効期間の満了前に受けることができる（施規則17条）。

　なお，船舶検査証書の有効期間と定期検査の受検の時期については，後述のとおり施規則36条に規定されている。

〔2〕　中　間　検　査

　中間検査は，定期検査と定期検査との間において行われる検査であって，定期検査において検査を受けた事項についてその現状を確認するための簡易な検査であり，次の3種がある（安全法5条1項2号，施規則18条1項）。

① 第一種中間検査（検査事項は，下記イ，ロ，ハ及びニである。）
② 第二種中間検査（検査事項は，下記ロ及びニである。）
③ 第三種中間検査（検査事項は，下記イ及びハである。）

　イ　船体，機関，排水設備，操舵，係船及び揚錨設備，荷役その他の作業の設備，電気設備，その他国土交通大臣において特に定める設備について行う，船体を上架すること又は管海官庁がこれと同等と認める準備を必要とする検査

　ロ　船体，機関，排水設備，操舵，係船及び揚錨設備，荷役その他の作業の設備，電気設備，その他国土交通大臣において特に定める設備につい

て行う，船体を上架すること又は管海官庁がこれと同等と認める準備を必要としない検査
　ハ　帆装，居住設備，衛生設備について行う検査
　ニ　救命及び消防設備，航海用具，危険物その他の特殊貨物の積付設備，満載喫水線並びに無線電信等について行う検査

　安全法10条1項ただし書に規定する船舶以外の船舶（船舶検査証書の有効期間が5年である船舶）の中間検査の時期は，表Ⅰのとおりである（施規則18条2項）。

表Ⅰ　船舶検査証書の有効期間が5年である船舶の中間検査

船舶の区分	中間検査の種類	検査の時期
1．国際航海に従事する旅客船（総トン数5トン未満のもの並びに原子力船及び高速船を除く。）	第一種中間検査	検査基準日の3月前から検査基準日までの間
2．原子力船	第一種中間検査	定期検査又は第一種中間検査に合格した日から起算して12月を経過した日
3．旅客船（総トン数5トン未満のものを除く。），潜水船，水中翼船及び長さ6メートル以上のエアクッション艇であって1，2に掲げる船舶以外のもの並びに高速船	第一種中間検査	検査基準日の前後3月以内
4．国際航海に従事する長さ24メートル以上の船舶（1～3に掲げる船舶及び専ら漁ろうに従事する船舶を除く。）	第二種中間検査	検査基準日の前後3月以内
	第三種中間検査	定期検査又は第三種中間検査に合格した日からその日から起算して36月を経過する日までの間
5．潜水設備を有する船舶（1～4に掲げる船舶を除く。）	第一種中間検査	船舶検査証書の有効期間の起算日から21月を経過する日からその日から起算して39月を経過する日までの間
	第二種中間検査（潜水設備に係るものに限る。）	検査基準日の前後3月以内（ただし，その時期に第一種中間検査を受ける場合を除く。）
6．1～5に掲げる船舶以外の船舶	第一種中間検査	船舶検査証書の有効期間の起算日から21月を経過する日から39月を経過する日までの間

備考　「検査基準日」とは，船舶検査証書の有効期間が満了する日に相当する毎年の日をいう。

　安全法10条1項ただし書に規定する船舶（船舶検査証書の有効期間が6年である船舶）の中間検査の時期は，表Ⅱのとおりである（施規則18条4項）。

第3編　船舶安全法

表Ⅱ　船舶検査証書の有効期間が6年である船舶の中間検査

船舶の区分	中間検査の種類	検査の時期
旅客船を除き平水区域を航行区域とする船舶又は総トン数20トン未満の船舶（危険物ばら積船，特殊船及びボイラーを有する船舶を除く。）	第一種中間検査	船舶検査証書の有効期間の起算日から33月を経過する日から39月を経過する日までの間

　表Ⅰによる区分を異にする船舶に変更した場合の次回の中間検査の種類及び時期は，前回の検査の時期，内容等を考慮して管海官庁が指定する（施規則18条3項）。

　中間検査は，運航計画，ドック入りの時期等船舶所有者の都合等を考慮して，その時期を繰り上げて受けることができる（施規則18条6項）。この場合において，その時期を繰り上げて受けた中間検査に合格した次表第1欄に掲げる船舶の次回以降の中間検査の時期の指定等については，次表第2欄の規定における次表第3欄に掲げる字句は，次表第4欄に掲げる字句と読み替える。

表Ⅰの1．に掲げる船舶	表Ⅰの備考	船舶検査証書の有効期間が満了する日	時期を繰り上げて受けた第一種中間検査に合格した日の前日
表Ⅰの3．に掲げる船舶	表Ⅰの備考	船舶検査証書の有効期間が満了する日	時期を繰り上げて受けた第一種中間検査に合格した日から起算して3月を経過した日
表Ⅰの4．上欄に掲げる船舶	表Ⅰの備考	船舶検査証書の有効期間が満了する日	時期を繰り上げて受けた第二種中間検査に合格した日から起算して3月を経過した日
表Ⅰの5．上欄に掲げる船舶	表Ⅰの5．右欄	船舶検査証書の有効期間の起算日から21月を経過する日から39月を経過する日までの間	時期を繰り上げて受けた第一種中間検査に合格した日から起算して39月を経過する日
	表Ⅰの備考	船舶検査証書の有効期間が満了する日	時期を繰り上げて受けた第二種中間検査に合格した日から起算して3月を経過した日
表Ⅰの6．に掲げる船舶	表Ⅰの6．右欄	船舶検査証書の有効期間の起算日から21月を経過する日から39月を経過する日までの間	時期を繰り上げて受けた第一種中間検査に合格した日から起算して39月を経過する日

| 表Ⅱに掲げる船舶（法第10条第1項ただし書に規定する船舶） | 表Ⅱの右欄 | 船舶検査証書の有効期間の起算日から33月を経過する日から39月を経過する日までの間 | 時期を繰り上げて受けた第一種中間検査に合格した日から起算して39月を経過する日 |

　管海官庁又は日本の領事官は，申請により，表Ⅲの右欄に掲げる範囲内においてその指定する日まで表Ⅰの1．に掲げる船舶の中間検査の時期を延期することができる（施規則46条の2・1項）。

表Ⅲ

1．表Ⅰの1．に掲げる船舶であって，中間検査の時期を経過する際外国の港から本邦の港又は中間検査を受ける予定の外国の他の港に向け航海中となる船舶（2に掲げる船舶を除く。）	検査基準日の翌日から起算して3月を超えない範囲内
2．表Ⅰの1．に掲げる船舶（航海を開始する港から最終の到着港までの距離が1,000海里を超えない航海に従事するものに限る。）であって，中間検査の時期を経過する際航海中となる船舶	検査基準日から起算して1月を超えない範囲内

〔3〕　臨時検査

　臨時検査は，定期検査又は中間検査等の時期以外の時期において，船舶の改造又は修理を行ったときなどに行う検査であり，次の場合に受けなければならない（安全法5条1項3号，施規則19条）。

① 　安全法2条1項に係る事項又は無線電信若しくは無線電話について，船舶の堪航性又は人命の安全の保持に影響を及ぼすおそれのある改造又は修理を行うとき

② 　船舶検査証書に記載された航行区域，最大搭載人員，制限汽圧，満載喫水線の位置又はその他の航行上の条件の変更を受けようとするとき

③ 　特定の事項について指定を受けた臨時検査を受けるべき時期に至ったとき

④ 　その他施行規則19条に定めるとき

　指定を受けた臨時検査の時期は，船舶所有者の都合により，その時期を繰り上げて受けることができる（施規則19条5項）。

　臨時検査を受けるべき場合に定期検査，第一種中間検査又は第二種中間検査（臨時検査を受けるべき事項が第二種中間検査の検査事項のみである場合に限る。）又は

第三種中間検査（臨時検査を受けるべき事項が第三種中間検査の検査事項のみである場合に限る。）を受けるときは，臨時検査を受けることを要しない（施規則19条6項）。

〔4〕 臨時航行検査

臨時航行検査は，未だ船舶検査証書を受有していない船舶，船舶検査証書の有効期間が満了した船舶及び安全法10条3項の規定により船舶検査証書の効力が停止されている船舶等を臨時に航行の用に供する場合に行う検査であり（安全法5条1項4号），次の場合に行われる（施規則19条の2）。

① 日本船舶を所有することができない者に譲渡する目的で外国に回航するとき

② 改造，解撤，検査，総トン数の測度等のため，船舶を所要の場所に回航するとき

③ その他船舶検査証書を受有しない船舶を，やむを得ない理由（例えば係船中の船舶の係船地の変更）によって臨時の航行の用に供するとき

〔5〕 特 別 検 査

特別検査は，一定の範囲の船舶について，事故が著しく生じている等の理由により，材料，構造，設備又は性能が，技術基準に適合していないおそれがあると国土交通大臣が認めた場合に行う検査であって（安全法5条1項5号），特別検査を行うに当たっては，検査を受けるべき船舶の範囲，検査事項，検査期間等が公示される（施規則20条1項，2項）。

該当する船舶であっても，検査期間内に定期検査を申請した船舶等については，特別検査は免除される（施規則20条3項）。

〔6〕 製 造 検 査

製造検査は，船舶の製造に着手したときから完成に至るまでの間，その工程に応じて行う検査である（安全法6条）。

製造検査は，次に掲げる船舶を除き，本法施行地において製造する長さ30メートル以上の船舶に強制される（安全法6条1項，施規則21条）。

① 平水区域のみを航行する船舶であって旅客船，危険物ばら積船及び特殊船以外のもの

② 推進機関及び帆装を有しない船舶（危険物ばら積船，特殊船及び推進機関を有する他の船舶に引かれ又は押されて人の運送の用に供するもの及び係留船を除く。）

③ 外国の国籍を取得する目的で製造に着手した後日本の国籍を取得する目的で製造することとなった船舶であって，管海官庁が検査を行うことが困難であると認めるもの

本法施行地において製造する長さ30メートル未満の船舶及び本法施行地外において製造する船舶については，製造者の申請により，製造検査が行われる（安全法6条2項）。

〔7〕 予 備 検 査

船舶の所要施設に係る特定の物件は，これを備え付ける船舶が特定していなくても，製造者等の申請により検査を行うことができる。これを予備検査というが，製造又は改造，修理若しくは整備の際に検査を受けることができる（安全法6条3項，施規則22条）。

〔8〕 準 備 検 査

船舶の所要施設に関する規定（安全法2条1項）が適用されていない船舶又は当該船舶に備え付ける物件について，定期検査又は予備検査に準じてあらかじめ任意に受けることができる検査をいう。

〔9〕 コンテナに関する検査の特例

法による検査又は検定に合格したコンテナであって安全承認板が取り付けられており，かつ，一定の期間ごとに点検を行い異状がないコンテナについては，定期検査，中間検査等の際に検査を受けることを要しない（施規則19条の3）。

第3節 検査の執行

〔1〕 検査の執行機関

船舶の検査を執行する官庁は原則として次表のとおりである。しかし，申請により，他の管海官庁への検査の引継ぎ又は委嘱が認められる（安全法7条1項，施規則15条）。

検査の種類	検査執行官庁
製造検査，定期検査，中間検査，臨時検査又は特別検査（原子力船に係る検査を除く。）	当該船舶の所在地を管轄する地方運輸局長（注）（船舶の所在地が本邦外にある場合にあっては関東運輸局長）
原子力船に係る上記検査	国土交通大臣
予備検査	当該物件の所在地を管轄する地方運輸局長（注）（物件の所在地が本邦外にある場合にあっては関東運輸局長）
準備検査	当該船舶又は物件の所在地を管轄する地方運輸局長（注）

（注） 運輸監理部長を含み，またその所在地を管轄する運輸支局，海事事務所又は沖縄総合事務局に置かれる事務所で地方運輸局において所掌することとされている事務を分掌するものがある場合は，その運輸支局の長，その海事事務所の長又はその沖縄総合事務局に置かれる事務所の長を含む。

小型船舶（総トン数20トン未満の船舶をいう。以下同じ。）に係る検査事務（特別検査及び再検査を除くすべての検査。ただし，国際航海に従事する旅客船，遠洋区域又は近海区域を航行区域とする船舶，総トン数20トン以上の漁船，危険物ばら積船，特殊船，推進機関を有する他の船舶に押されるものであって当該推進機関を有する船舶と堅固に結合して一体となる構造を有する船舶，同構造の船舶で推進機関を有するもの，係留船，本邦外にある船舶については，管海官庁が検査を行う（施規則14条）。）は，小型船舶検査機構が行う。ただし，天災その他の事由によりこれらの者が円滑に検査事務を行うことができなくなった場合で国土交通大臣が必要と認めたときは，管海官庁が行う（安全法7条の2）。

〔2〕 検査の申請主義

船舶検査は，予備検査及び準備検査を除き検査を受けることを義務づけられている。しかし，船舶は通常広範な水域を航行しており，その所在地が定まらないことが多く，管海官庁が一方的に検査を執行することは不可能である。そこで船舶検査を受けるに当たっては，当該船舶所有者があらかじめ申請書を提出し，受検日時や受検地，航行上の条件等を検査を執行する機関に通知しておくことで検査を執行するのである。

各検査における申請者は次表のとおりである。

検査の種類	申　請　者
定期検査，中間検査，臨時検査，臨時航行検査又は特別検査	船舶所有者，船舶管理人又は船舶借入人（安全法5条，26条）
製造検査	船舶の製造者（安全法6条1項，2項）
予備検査	限定なし（安全法6条3項）

〔3〕 検査申請の手続

定期検査，中間検査，臨時検査又は特別検査を受けようとする者は，船舶検査申請書に，次表の書類を添えて管海官庁に提出することを要する（施規則31条）。

検査の種類	申請書の様式	提出すべき書類
第1回定期検査	船舶検査申請書	建造仕様書等，施規則32条1項1号に定める書類
2回目以降の定期検査	船舶検査申請書	船舶検査証書，船舶検査手帳等，施規則32条1項2号に定める書類
中間検査・臨時検査	船舶検査申請書	
臨時航行検査	臨時航行検査申請書	船舶検査手帳（交付されている場合）等，施規則32条1項3号に定める書類
特別検査	船舶検査申請書	船舶検査証書，船舶検査手帳等，施規則32

		条1項4号に定める書類
予備検査	予備検査申請書	製造仕様書等，施規則32条1項5号に定める書類
準備検査	次の事項を記した申請書 1．検査を受けようとする船舶の船名及び長さ又は物件の名称及び数 2．検査を受けようとする船舶又は物件の製造者又は所有者の氏名及び住所 3．検査を受けようとする期日及び場所 4．その他必要な事項	

　船級船について定期検査又は中間検査を受けようとする者は，船級協会の船級の登録を受けている旨の証明書を管海官庁に提示することを要する（施規則32条2項）。

　揚貨装置に係る法5条の検査（船級船にあっては，特別検査に限る。）を受けようとする者は，荷役設備検査記録簿を管海官庁に提示することを要する（施規則32条3項）。

　昇降設備に係る法5条の検査を受けようとする者は，昇降設備検査記録簿を管海官庁に提示することを要する（施規則32条4項）。

　焼却設備に係る法5条の検査を受けようとする者は，焼却設備検査記録簿を管海官庁に提示することを要する（施規則32条5項）。

　管海官庁は，検査のため必要があると認めた場合は，必要な書類の提出を求めることができ，また書類の一部の提出を免除することができる（施規則32条6項）。

第4節　検査の準備

　検査を受けるときは，その円滑かつ完全な執行を図るため，検査申請者は，あらかじめ検査を受けるべき事項について，定められた適当な準備をしておくことが必要である（施規則23条）。

　検査の準備の内容は，検査の種類に応じ詳細に定められている（施規則24条〜29条）。また，管海官庁は，施規則24条から29条までの規定にかかわらず，必要と認める準備を指示することができるとともに，準備の一部を追加又は省略することができる（施規則30条）。

第5節　検査の省略

〔1〕　製造検査又は予備検査の省略

製造検査又は予備検査に合格した事項については，安全法5条の検査（特別検査を除く。）及び製造検査（予備検査に合格した事項に限る。）が，次のとおり省略される（安全法6条4項）。

① 安全法5条の検査の省略は，製造検査又は予備検査に合格した後最初に行う同法5条の検査において当該製造検査又は予備検査に合格した事項について行う（施規則16条1項）。

② 製造検査の省略は，予備検査に合格した後最初に行う製造検査において当該予備検査に合格した事項について行う（施規則16条2項）。

〔2〕　製造認定事業場及び改造修理認定事業場

船舶又は安全法2条1項各号に掲げる事項に係る物件の製造工事又は改造修理工事の能力について事業場ごとに行う国土交通大臣の認定を受けた者が当該認定に係る製造工事又は改造修理工事を行い，かつ，その製造工事又は改造修理工事が命令で定められた技術上の基準に適合していることを確認（自主検査）したときは，その製造工事又は改造修理工事について同法5条の検査（特別検査を除く。）及び6条の検査が省略される（安全法6条の2）。

認定の対象となる船舶又は物件は，小型船舶，強化プラスチック製船体，蒸気タービン，船内外機，ボイラー，膨脹式救命いかだ，消火器等57品目である（船舶安全法の規定に基づく事業場の認定に関する規則3条）。

認定は，事業場の施設及び設備等を勘案して行い，その有効期間は5年以内である（同規則5条，7条）。

なお，認定は，改造又は修理の工事の別，船舶又は物件の範囲その他の事項について必要な限定をして行われることもある。

〔3〕　整備認定事業場

船舶又は安全法2条1項各号に掲げる事項に係る物件の製造者がその船舶又は物件の整備（定期的な保守点検，臨時検査事由には該当しない簡易な小修理等をいう。）について整備規程を定め国土交通大臣の認可を受けた場合に，当該整備規程に従い整備を行う能力について事業場ごとに行う国土交通大臣の認定を受けた者がその船舶又は物件の整備を行い，かつ，その整備が当該整備規程に適合してされたことを確認（自主検査）したときは，その後30日以内に行う定期検査又は中間検査が省略される。ただし，その期間内に臨時検査事由の生じた船舶又は物件については，省略されない（安全法6条の3）。

定期検査又は中間検査の省略は，確認が行われた後30日以内に最初に行う定

期検査（はじめて航行の用に供するときに行うものを除く。）又は中間検査において当該確認に係る整備を行った事項について行う（施規則16条3項）。

整備規程の認可は，小型船舶の船体，船内外機，膨脹式救命いかだ等21品目について，整備方法がおおむね同一であると認められる類型ごとに行う（船舶安全法の規定に基づく事業場の認定に関する規則13条）。

また，整備規程の認可を受けた者は，整備事業者に対し当該整備規程を供与しなければならない。

認定は，認定を受けた整備規程に係る船舶又は物件の類型ごとに，その整備の能力について行い，その有効期間は5年以内である（同規則19条，23条）。

事業場の認定に関する国土交通大臣の職権は，事業場の所在地を管轄する地方運輸局長に委任される（同規則29条）。

〔4〕 型式承認制度

船舶又は安全法2条1項各号に掲げる事項に係る物件について国土交通大臣の型式承認を受けた製造者が，当該型式承認に係る船舶又は物件を製造し，検定を受けこれに合格したときに，当該検定に合格した事項について，検定に合格した後最初に行う安全法5条の検査（特別検査を除く。）及び6条の検査が省略される（安全法6条の4・1項，施規則16条4項）。

検定の業務は，当該船舶又は物件を製造する事業場の所在地を管轄する管海官庁，国土交通大臣の登録を受けた登録検定機関，小型船舶検査機構の三者で区分して行われる（安全法6条の4・1項，7条3項）。

型式承認を受け，かつ，当該型式承認に係る船舶又は物件の製造工事の能力について国土交通大臣の認定を受けた者が，当該船舶又は物件を製造し，かつ，当該船舶又は物件が承認を受けた型式に適合したものであることを確認（自主検査）したときは，検定に合格したものとみなされる（安全法6条の4・2項）。

型式承認の対象となる船舶又は物件は，船舶等型式承認規則別表に定められており，型式承認には有効期限は付されていない（船舶等型式承認規則3条）。

検定に合格した船舶に対しては検定合格証明書を交付し，かつ証印を付することとなっており，検定に合格した物件に対しては証印を付することとなっている（同規則15条）。

第6節 船級船の検査

国土交通大臣の登録を受けた船級協会の検査を受け，船級の登録をした非旅客船は，当該船級を有する間は，安全法2条1項各号に掲げる事項及び満載喫水線に関し，管海官庁の検査（特別検査を除く。）に合格したものとみなされる

（安全法8条）。

　船級の登録を受けた非旅客船が，旅客船になり，又は船級の登録を抹消されたときは，当該船舶の受有している船舶検査証書の有効期間は満了する（安全法10条4項）。この場合は，新たに管海官庁の検査を受けなければならない。

第7節　再検査

　管海官庁（登録検定機関の行った検定及び小型船舶検査機構の行った検査又は検定については，これらの機関）の行った船舶の検査又は検定に不服があるときは，検査又は検定の結果に関する通知を受けた日の翌日から起算して30日以内に，検査申請者又は検定申請者は，検査又は検定に対し不服のある事項及びその理由を記載した再検査申請書を，その検査又は検定を行った管海官庁を経由して国土交通大臣に提出し，再検査又は再検定を申請することができる（安全法11条1項，施規則49条）。

　再検査又は再検定を申請したときは，国土交通大臣の認可を受けないで，船舶の関係部分の原状を変更することは許されない（安全法11条2項）。

　再検査又は再検定に対し不服があるときは，その取消しの訴を裁判所に提起することができる（安全法11条1項）。

　船舶の検査又は検定に対し不服がある場合の争いは，船舶の検査又は検定が専門的技術的であることに鑑み，行政不服審査法の規定は適用されず，上記の方法によってのみ行うことができる（安全法11条3項）。

第5章　検査関係書類

第1節　概　　説

　管海官庁は，船舶又は物件の検査又は審査が終了したときは，その合格又は処分を証明する証書及び次回の検査に必要な書類を作成して，船舶又は物件の所有者に交付することになっている。これらの検査に関する書類には，船舶検査証書，船舶検査済票（小型船舶に限る。），臨時航行許可証，臨時変更証，合格証明書，船舶検査手帳，揚貨装置制限荷重等指定書，昇降機制限荷重等指定書及び焼却炉制限温度指定書並びに条約証書などがある。

第2節　船舶検査証書及び船舶検査済票

〔1〕　証書の性格

　定期検査に合格した船舶に対して，管海官庁が交付するもの（安全法9条1

項）であり，船舶の航行権を保証する性格を有する。すなわち，有効な証書を受有していない船舶を航行の用に供することは，検査又は型式承認試験の執行として旅客及び貨物を搭載せずに試運転を行う場合を除き，罰則の対象となる（安全法18条1項1号，施規則44条）。

この場合において，「有効な証書を受有していない」とは，次の状態をいう。
① 新たに，安全法2条1項の適用船舶となった船舶で，未だ証書の交付を受けていないとき
② 証書の有効期間が満了したとき
③ 安全法10条3項の規定により証書の効力を停止されているとき

また，船舶検査証書は，船舶の航行上の条件を示す性格を有している。すなわち，証書に記載される事項に違反して船舶を航行の用に供することは，罰則の対象となる（安全法18条1項2号～6号，8号）。

船舶検査証書は，施規則14条各号にあげるものを除く小型船舶と当該小型船舶等以外の船舶の区分により様式が定められている（施規則33条）。

〔2〕 **証書の効力**

船舶検査証書の有効期間は，交付の日から起算して5年（安全法10条1項ただし書に規定する船舶にあっては6年）を経過する日までの間とする。

ただし，船舶（原子力船を除く。）が，「船舶検査証書の有効期間が満了する日の3月前から当該期間が満了する日までの間に定期検査に合格した場合」又は「船舶検査証書の有効期間が満了する日以降に定期検査に合格した場合」（改造，修理等の管海官庁がやむを得ないと認める場合を除く。）は，「交付の日」から「当該船舶検査証書の有効期間が満了する日の翌日から起算して5年を経過する日」までの間とする。

本証書の有効期間は，次の場合に満了したものとみなされる（施規則36条）。
① 有効期間の満了前に定期検査を受けた場合
② 安全法10条1項ただし書に規定する船舶が同項ただし書に規定する船舶以外の船舶となった場合又はその逆になった場合（証書の有効期間が6年の船舶が5年の船舶となった場合又は5年の船舶が6年の船舶となった場合）

中間検査，臨時検査又は特別検査を受けてこれに合格しない場合には，合格するまでの期間は，本証書の効力は停止される（安全法10条3項）。

管海官庁又は日本の領事官は，申請により，次表の右欄に掲げる範囲内においてその指定する日まで船舶検査証書の有効期間を延長することができる（施規則46条の2・1項）。

1．第18条第2項の表第1号上欄に掲げる船舶であつて、同号下欄に掲げる時期及び同条第3項に規定する時期を経過する際外国の港から本邦の港又は中間検査を受ける予定の外国の他の港に向け航海中となる船舶（次号に掲げる船舶を除く。）	検査基準日（第18条第2項の表備考第2号（同条第7項の規定により読み替えて適用する場合を含む。）に規定する検査基準日をいう。次号において同じ。）の翌日から起算して3月を超えない範囲内
2．第18条第2項の表第1号上欄に掲げる船舶（航海を開始する港から最終の到着港までの距離が1000海里を超えない航海に従事するものに限る。）であつて、同号下欄に掲げる時期及び同条第3項に規定する時期を経過する際航海中となる船舶	検査基準日から起算して1月を超えない範囲内
3．国際航海に従事する船舶（高速船（第18条第2項の表備考第1号に規定する高速船をいう。以下この表において同じ。）を除く。）であつて、船舶検査証書の有効期間が満了する際外国の港から本邦の港又は定期検査を受ける予定の外国の他の港に向け航海中となる船舶（第5号に掲げる船舶を除く。）	当該船舶検査証書の有効期間が満了する日の翌日から起算して3月を超えない範囲内
4．国際航海に従事する高速船であつて、船舶検査証書の有効期間が満了する際外国の港から本邦の港又は定期検査を受ける予定の外国の他の港に向け航海中となる船舶	当該船舶検査証書の有効期間が満了する日の翌日から起算して1月を超えない範囲内
5．国際航海に従事しない高速船であつて、船舶検査証書の有効期間が満了する際定期検査を受ける予定の港に向け航海中となる船舶	
6．国際航海に従事する船舶（航海を開始する港から最終の到着港までの距離が1000海里を超えない航海に従事するものに限る。）であつて、船舶検査証書の有効期間が満了する際航海中となる船舶（高速船を除く。）	当該船舶検査証書の有効期間が満了する日から起算して1月を超えない範囲内
7．国際航海に従事しない船舶（高速船を除く。）であつて、船舶検査証書の有効期間が満了する際航海中となる船舶	

〔3〕 船舶検査済票

　船舶検査済票は、定期検査に合格した小型船舶に対して、船舶検査証書とともに交付される（安全法9条1項）。

　交付を受けた船舶検査済票は、両船側の船外から見やすい場所にはりつけておかなければならない（施規則42条3項）。ただし、両船側にはりつけることが困難な場合には管海官庁が適当と認める場所にはることをもって代えることができる。

　小型船舶の所有者は、小型船舶が安全法2条1項の規定の適用を受けないこととなったとき、船舶検査証書の有効期間が満了したとき等の場合には、船舶

検査済票を取り除かなければならない（施規則42条4項）。

第3節　臨時航行許可証

　本証書は、船舶検査証書を受有しない船舶を臨時に航行の用に供するとき（例えば、定期検査を受けるため船舶を検査地へ回航するような場合）に、臨時航行検査に合格した船舶に対して臨時の航行の許可を証するものとして交付される（安全法5条1項、9条2項、施規則19条の2）。

第4節　合格証明書及び証印

〔1〕　製造検査合格証明書

　製造検査合格証明書は、管海官庁が製造検査に合格したことを証明する書類であり、製造検査に合格した船舶に対して必ず交付され、かつ証印が付される。

　ただし、当該船舶の最初の定期検査の申請が、当該製造検査を行った管海官庁に対して行われている場合は、交付が省略される（安全法9条3項、施規則45条2項）。

　交付を受けている場合は、当該船舶の定期検査の際に管海官庁に提出しなければならない（施規則32条1項1号）。

〔2〕　予備検査合格証明書

　予備検査合格証明書は、管海官庁が予備検査に合格したことを証明する書類であり、予備検査を受けた者の任意の申請により交付される（安全法9条3項、施規則45条4項）。

　予備検査合格した物件に対しては証印が付される。

　交付を受けている場合は、予備検査に合格した物件を船舶に備え付ける場合に行われる安全法5条の検査の際に、管海官庁に提出する（施規則32条6項）。

〔3〕　検定合格証明書

　検定合格証明書は、船舶又は物件について、管海官庁、登録検定機関又は小型船舶検査機構が検定に合格したことを証明する書類であり、検定に合格した船舶に対しては必ず交付され、検定に合格した物件に対しては検定を受けた者の任意の申請により交付される（安全法9条4項、船舶等型式承認規則15条2項、4項）。

　また、検定に合格した船舶又は物件に対しては証印が付される。

　交付を受けている場合は、検定に合格した物件を船舶に備え付ける場合に行われる安全法5条の検査の際に管海官庁に提出する（施規則32条1項、6項）。

〔4〕整備済証明書

　整備済証明書は，安全法6条ノ3の規定に基づき，整備認定事業場において，整備主任者が船舶又は物件の整備が整備規程に適合して行われたことを確認した書類であり，整備を依頼した者に必ず交付される（船舶安全法の規定に基づく事業場の認定に関する規則24条2項）。

　整備を行った後30日以内に行う定期検査，中間検査又は臨時検査の際に提出する（施規則32条1項2号）。

第5節　船舶検査手帳

　船舶の検査に関する事項を記録するために，最初の定期検査に合格した船舶に交付され，定期検査，中間検査又は臨時検査が結了した後必要な事項が記入される（安全法10条ノ2）。

　船舶所有者は，船舶の検査の時期以外の時期にドック入り又は上架の記録及び保守の記録等を記載しておかなければならない（施規則46条3項）。

　また船長は，船舶検査証書とともに船内に備えておかなければならない（施規則46条4項）。

第6節　揚貨装置制限荷重等指定書

　管海官庁が荷重試験を行った揚貨装置について指定した制限荷重，制限角度又は制限半径を記載したものであり，安全法5条の検査に合格したときに交付される（施規則56条）。

第7節　昇降機制限荷重等指定書

　管海官庁が荷重試験を行った昇降機について指定した制限荷重及び定員を記載したものであり，安全法5条の検査に合格したときに交付される（施規則56条の2）。

第8節　焼却炉制限温度指定書

　管海官庁が温度試験を行った焼却炉について指定した制限温度を記載したものであり，安全法5条の検査に合格したときに交付される（施規則56条の3）。

第9節　コンテナの安全承認板

　管海官庁が材料試験及び荷重試験を行ったコンテナについて指定した最大総重量，最大積重ね荷重，ラッキング試験荷重値，端壁強度及び側壁強度を記載

したものであり，検査又は検定に合格したときに管海官庁の証印を受け，当該コンテナに取り付けておくものである（施規則56条の4）。

第10節　検査関係書類の取扱い

〔1〕　書換え，再交付及び返納

　船舶所有者は，船舶検査証書の記載事項に変更を生じた場合又はこれを変更しようとする場合は，書換申請書に船舶検査証書及び船舶検査手帳を添えて，管海官庁に提出し，その書換えを受けなければならない。ただし，その変更が臨時的なものであるときは，書換えに代えて臨時変更証が交付される。その場合には，臨時変更証の有効期間中は，臨時変更証に記載された事項に対応する船舶検査証の記載事項は臨時変更証に記載されたとおり書き換えられたものとみなされる（施規則38条）。

　船舶所有者（合格証明書にあっては受有者）は，船舶検査証書，臨時変更証，船舶検査済票，臨時航行許可証，製造検査・予備検査・検定合格証明書及び船舶検査手帳を滅失又はき損した場合は，再交付申請書に必要な書類を添付して，管海官庁に提出し，その再交付を受けられる（施規則39条1項，42条2項，43条，45条5項，46条7項，船舶等型式承認規則15条5項）。

　船舶所有者は，船舶が滅失し，沈没し，又は解撤されたとき，船舶が安全法2条1項の規定の適用を受けないこととなったとき，証書の有効期間が満了したとき等の場合には，船舶検査証書及び臨時変更証を管海官庁に返納しなければならない（施規則41条）。

〔2〕　掲示及び備置き

　船長は，船舶検査証書及び臨時変更証を船内に備えておかなければならない（施規則40条）。

　また，船長は，船舶検査手帳を，船内に備えておくことを要する（施規則46条4項）。

第11節　条約証書

〔1〕　概　　説

　船舶検査証書を受有する船舶で国際航海に従事するものは，SOLAS条約及びLL条約により，各種の条約証書を受有することを要するが，これらの発給等については，「海上における人命の安全のための国際条約等による証書に関する省令」に詳細に規定されている。

〔2〕 SOLAS条約関係証書及びLL条約関係証書

　管海官庁は，国際航海に従事する船舶（推進機関を有しない船舶等を除く。）の船舶所有者に対し，申請により，受有することを要する次表に掲げる条約証書を交付する。

船舶の種類	証書の種類
旅客船（原子力船を除く。）	旅客船安全証書
原子力旅客船	原子力旅客船安全証書
総トン数500トン以上の貨物船 （ここで貨物船とは，旅客船及び専ら漁ろうに従事する漁船以外の船舶をいう。）	貨物船安全構造証書，貨物船安全設備証書及び貨物船安全無線証書又は貨物船安全証書
総トン数300トン以上500トン未満の貨物船	貨物船安全無線証書
照射済核燃料等運送船	国際照射済核燃料等運送船適合証
液化ガスばら積船	国際液化ガスばら積船適合証書
液体化学薬品ばら積船	国際液体化学薬品ばら積船適合証書
高速船	高速船安全証書及び高速船航行条件証書
旅客船又は総トン数500トン以上の貨物船（要件の一部又は全部を免除されたとき）	免除証書
旅客船又は総トン数300トン以上の貨物船 （臨時航行許可証の交付を受け又は臨時に短期間無線設備を施設すべき船舶となる場合であって管海官庁が許可したとき。）	
旅客船又は貨物船であって長さ24メートル以上のもの	国際満載喫水線証書
主務大臣において特に満載喫水線を標示する必要がないと認められた船舶（潜水船，船舶安全法施行規則第3条第1項第1号及び第2号に規定する船舶並びに臨時航行許可証の交付を受けた船舶，船舶設備規程，満載喫水線規則又は船舶構造規則の定めるところにより国際満載喫水線証書に係る要件の一部又は全部を免除された船舶）	国際満載喫水線免除証書
極海域航行船	極海域航行船証書
国際航海に従事する国際総トン数400トン以上の船舶 （国際航海に従事しない場合も申請可）	国際防汚方法証書

〔3〕 条約証書の有効期間

条約証書の有効期間は，その交付の日からそれぞれ次表に掲げる日までとする。

証書の種類	有効期間
旅客船安全証書，極海域航行船証書（旅客船（原子力船を除く。）に係るものに限る。）	当該証書の交付の日後最初に行われる中間検査に係る検査基準日又は船舶検査証書の有効期間の満了する日のいずれか早い日
原子力旅客船安全証書，極海域航行船証書（旅客船（原子力船に限る。）に係るものに限る。）	当該証書の交付の日後最初に行われる中間検査の日又は船舶検査証書の有効期間が満了する日のいずれか早い日
貨物船安全構造証書，貨物船安全設備書，貨物船安全無線証書，貨物船安全証書，国際照射済核燃料等運送船適合証書，国際液化ガスばら積船適合証書，国際液体化学薬品ばら積船適合証書，高速船安全証書及び高速船航行条件証書，極海域航行船証書（旅客船に係るものを除く。）並びに国際満載喫水線証書	船舶検査証書の有効期間が満了する日
旅客船安全証書に係る要件の一部又は全部を免除する免除証書	当該証書の交付の日後最初に行われる中間検査に係る検査基準日又は船舶検査証書の有効期間の満了する日のいずれか早い日
貨物船安全構造証書，貨物船安全設備書，貨物船安全無線証書又は貨物船安全証書に係る要件の一部又は全部を免除する免除証書及び国際満載喫水線免除証書	船舶検査証書の有効期間が満了する日

管海官庁又は日本の領事官は，条約証書（原子力旅客船安全証書を除く。）の有効期間が満了する際，外国の港から本邦の港又は安全法5条1項の検査を受ける予定の外国の他の港に向け航海中となる船舶について，申請により，当該条約証書の有効期間が満了する日の翌日から起算して3月（高速船にあっては1月）を超えない範囲内においてその指定する日まで当該条約証書の有効期間を延長することができる（海上における人命の安全のための国際条約等による証書に関する省令（以後，証書令）5条1項）。

前記の場合を除き，管海官庁又は日本の領事官は，条約証書の有効期間が満了する際航海中となる船舶について，申請により，当該条約証書の有効期間が満了する日から起算して1月を超えない範囲内においてその指定する日まで当該条約証書の有効期間を延長することができる（証書令5条2項）。

〔4〕 条約証書の取扱い

　条約証書の書換え，再交付及び返納については，船舶安全法施行規則と同様の規定が置かれている（証書令7条，8条，9条）。

　船長は，条約証書を備え置かなければならない（証書令10条）。

　SOLAS条約及びLL条約等の締約国の外国政府が発行する当該条約に基づく条約証書（国際満載喫水線免除証書を除く。）の交付を受けようとする場合には，最寄りの日本の領事官を通じて申請しなければならない。この場合において，交付を受けた条約証書は，この省令の規定により管海官庁が交付したものとみなされる（証書令13条）。

　管海官庁は，SOLAS条約及びLL条約等の締約国の政府の要請があった場合には，当該国の船舶に対して条約証書を交付することができる（証書令14条）。

第6章　小型船舶検査機構

第1節　総　　説

〔1〕 小型船舶検査機構の設立

　船舶の安全のための検査は，本来国の責任において行われるべきものであるが，小型船舶の増加に伴う安全対策の要望を背景に，検査の対象が小型船舶にまで拡張され，検査対象船舶がぼう大な数に及ぶこととなった。

　そこで，小型船舶については，国と別の機関である小型船舶検査機構が昭和49年に設立され，同機構が国に代わり検査を執行することとなった。

　このような機構を設立して，検査の代行をさせるのは，小型船舶の大部分は，構造が比較的簡単であり，航行する水域も限定されていることから，定期的に検査が実施できること，またこれまでも，これらの小型船舶の点検，整備等については，民間の能力が活用されていた実情を考慮したものである。

〔2〕 小型船舶検査機構の構成

　小型船舶検査機構は，法人格を持ち，国土交通大臣の認可を受けて全国で1つだけ設立される（安全法25条の3，25条の4）。

　小型船舶検査機構に役員として，理事長，理事及び監事を置く。役員の選任及び解任は，国土交通大臣の認可を必要とする（安全法25条の16～25条の20）。

　運営に関する重要事項を審議する機関として評議員会を置く。評議員会は評議員20人以内で組織する（安全法25条の23）。

第2節　業　　務

〔1〕　業　　務

小型船舶検査機構の業務は，次のとおりである（安全法25条の27）。
① 　小型船舶の検査事務
② 　小型船舶及び小型船舶に係る物件の安全法6条ノ4・1項に規定する検定に関する事務
③ 　小型船舶の堪航性及び人命の安全の保持に関する調査，試験及び研究
④ 　海洋汚染等防止法19条の10・1項に規定する小型船舶用原動機放出量確認等事務
⑤ 　小型船舶登録法21条1項に規定する登録測度事務
⑥ 　上記に掲げる業務に附帯する業務その他必要な業務

小型船舶検査機構は，業務方法書並びに検査事務規程及び検定事務規程を作成し，国土交通大臣の認可を受けなければならない（安全法25条の28，25条の29，25条の32）。

小型船舶検査機構は，小型船舶検査事務を行う事務所ごとに，国土交通省令で定めるところにより，検査設備を備えなければならない（安全法25条の31）。

〔2〕　小型船舶検査員

小型船舶検査機構は，小型船舶検査事務を行う場合，小型船舶が安全法2条1項の命令に適合するかどうかの判定に関する業務を，小型船舶検査員に行わせなければならない（安全法25条の30・1項）。

小型船舶検査員は，船舶の検査又はこれに準ずる業務に関する知識及び経験に関する要件を備える者のうちから選任される（同条2項）。

第7章　船舶乗組員の不服申立

第1節　設置の理由

船舶の堪航性，居住設備，衛生設備その他の人命の安全の保持に必要な施設の確保については，前述の船舶検査制度があるが，このような管海官庁の取締りのみでは，航行中の安全確保に万全を期し得ないことが多い。このため，先進海運国の例にならって，乗組員の不服申立の制度が設けられ，乗組員の意見を聞き，適当な措置を講ずる道が開かれている。

第2節　成立の要件

不服申立が成立するためには，次の要件が備わっていることを要する（安全

法13条)。
   ① 申立人の員数
      船舶乗組員20人未満の船舶にあってはその過半数，20人以上の船舶にあっては10人以上。この員数制限は，制度の濫用を防ぐためのものである。
   ② 申立事項の範囲
      船舶の堪航性又は居住設備，衛生設備その他の人命の安全に関する設備につき重大な欠陥がある場合に限られる。

第3節　不服申立の効果

　申立があった場合は，管海官庁は，当事者の出頭を求め，又は船舶に臨検して，その事実の調査を行い，申立が正当であると認める場合には，船舶の航行停止，改善命令その他の行政処分を行うことになる（安全法13条）。

　なお，この制度はその乱用を防止しなければ船舶の運航上多大の障害となるおそれがあるので，船舶乗組員が虚偽の申立をし，管海官庁にその調査を行わせた場合には，これらの乗組員に対しての罰則規定も設けられている（安全法23条）。

第4節　申立の手続

　乗組員は，次に掲げる事項を記載した申立書に申立事項に対する船長の意見書を添えて，管海官庁に提出することを要する（施規則50条）。
   ① 申立をしようとする乗組員の職務及び氏名
   ② 重大な欠陥があると思われる事項及びその現状
   ③ 申立をするに至った経過

第8章　航行上の危険防止

　船舶の安全を確保するためには，安全施設の保持のほかに，航行上予想される危険に備えて種々の予防措置を講じておくことにより一層の安全の確保につながる。

　危険物，特殊貨物の運送及び貯蔵等，船舶航行上の危険防止に関することを定めている（安全法28条）。主な内容は次のとおりである。

〔1〕　復原性資料の供与

　船舶所有者は，船舶が十分な復原性を保持するために必要な資料であって管海官庁の承認を受けたもの（損傷時の復原性に関する事項を含むもの。）を船長

供与しなければならない。当該船舶を改修したこと等により当該資料の内容を変更しようとするときも同様である（施規則51条）。

〔2〕 旅客船に対する資料の供与

　船舶所有者は、旅客船について以下の資料を作成し、管海官庁の承認を受けたものを船長に供与しなければならない。当該船舶を改修したこと等により当該資料の内容を変更しようとするときも同様である（施規則51条）。

① 推進機関又は帆装を有している旅客船は、当該船舶の操縦性をわかりやすく記載した資料

② 国際航海に従事する旅客船は、当該船舶の航行上の制限をわかりやすく記載した資料、非常の際の当該船舶の安全の確保のために必要な資料及び非常の際の海上保安機関との連絡を適確に行うために必要な資料

〔3〕 ローディングマニュアルの供与

　船舶所有者は、遠洋区域又は近海区域を航行区域とする長さ100メートル以上の船舶（満載喫水線の標示をすることを要しないもの、貨物を積載しないもの及び貨車航送船その他の貨物の積付けが一定であるものを除く。）について、当該船舶の貨物及びバラストの積付けにより船舶の構造に受け入れられない応力が発生することを防止するため、当該積付けの調整に必要な資料を作成し、管海官庁の承認を受けたものを船長に供与しなければならない。当該船舶を改修したこと等により当該資料の内容を変更しようとするときも同様である（施規則51条）。

〔4〕 載貨固定マニュアルの供与

　船舶所有者は、ばら積み以外の方法で貨物を積載する船舶であって国際航海に従事する船舶（専ら漁ろうに従事する船舶を除く。）について、当該船舶における貨物の積付け及び固定の方法をわかりやすく記載した資料を作成し、管海官庁の承認を受けたものを船長に供与しなければならない。当該船舶を改修したこと等により当該資料の内容を変更しようとするときも同様である（施規則51条）。

〔5〕 係留船に対する資料の供与

　船舶所有者は、係留船について、当該船舶における火災等の災害の発生及び拡大を防止するために必要な資料を作成し、管海官庁の承認を受けたものを船長に供与しなければならない。当該船舶を改修したこと等により当該資料の内容を変更しようとするときも同様である（施規則51条）。

〔6〕 潜水船等に対する資料の供与

　船舶所有者は、潜水船又は潜水設備を有する船舶について、潜水作業を安全に行うために必要な資料を作成し、管海官庁の承認を受けたものを船長に供与

しなければなうない。当該船舶を改修したこと等により当該資料の内容を変更しようとするときも同様である（施規則51条）。

〔7〕 特殊な船舶に対する資料の供与

船舶所有者は，水中翼船，エアクッション艇，表面効果翼船及び半潜水型又は甲板昇降型の船舶並びに自動化船について，当該船舶の操縦を適確に行うために必要な資料を作成し，管海官庁の承認を受けたものを船長に供与しなければならない。当該船舶を改修したこと等により当該資料の内容を変更しようとするときも同様である（施規則51条）。

〔8〕 原子力船に対する資料の供与

船舶所有者は，原子力船について，当該船舶の原子炉施設の操作及び安全の確保のために必要な資料ならびに安全説明書を作成し，管海官庁の承認を受けたものを船長に供与しなければならない。当該船舶を改修したこと等により当該資料の内容を変更しようとするときも同様である（施規則51条）。

〔9〕 高速船に対する資料の供与

船舶所有者は，1974年の海上における人命の安全のための国際条約附属書第10章第1規則に規定する高速船コードに従っている高速船について，国土交通大臣が高速船コードに従って告示で定める基準に基づいて作成された次に掲げる資料を作成し，管海官庁の承認を受けたものを船長に供与しなければならない。当該船舶を改修したこと等により当該資料の内容を変更しようとするときも同様である（施規則51条）。

① 当該船舶の構造をわかりやすく記載した資料
② 当該船舶の設備の操作を適確に行うために必要な資料
③ 当該船舶の航行の安全のために必要な資料
④ 当該船舶の維持及び管理を適確に行うために必要な資料

〔10〕 揚貨装置等に関する規制

船舶所有者は，揚貨装具の制限荷重を決定し，揚貨装具試験成績書を作成の上，揚貨装置の見やすい箇所に制限荷重等を標示しなければならない（施規則57条，58条）。

また揚貨装置及び揚貨装具は，制限荷重を超える荷重を負荷して使用してはならず，使用前及び一定の期間ごとに所要の点検をしなければならない（施規則59条，60条）。

船舶所有者は，揚貨装置及び揚貨装具について，荷役設備検査記録簿を作成し，これを船内に保管し，点検等を行ったときはその旨を記入しなければならない（施規則51条）。

〔11〕 昇降機に関する規制

　船舶所有者は，昇降機の見やすい箇所に指定を受けた制限荷重及び定員を標示しなければならない（施規則58条の2）。

　船舶所有者は，一定の期間ごとに所要の点検をしなければならない（施規則60条の2）。

　船舶所有者は，昇降設備について，昇降設備検査記録簿を作成し，これを船内に保管し，点検を行ったときは，その旨を記入しなければならない（施規則61条の2）。

〔12〕 焼却設備に関する規制

　船舶所有者は，焼却炉の見やすい箇所に指定を受けた制限温度を標示しなければならない（施規則58条の3）。

　船舶所有者は，一定の期間ごとに所要の点検をしなければならない（施規則60条の3）。

　船舶所有者は，焼却設備について，焼却設備検査記録簿を作成し，これに焼却炉制限温度指定書を添付し船内に保管し，点検を行ったときは，その旨を記入しなければならない（施規則61条の3）。

〔13〕 コンテナに関する規制

　コンテナを船舶による運送に使用するため直接提供する者は，当該コンテナが検査等を受け合格したこと等及び当該コンテナの総重量が指定を受けた最大総重量を超えていないことを証する書類を船舶所有者又は船長に提出しなければならない（施規則55条の2）。

　検査等に合格したコンテナ以外のコンテナを積載した車両は，船舶により運送してはならない（施規則59条の2）。

　コンテナには，最大積載重量を超える総重量の貨物を収納してはならない（施規則59条の2）。

　船長は，コンテナに最大積重ね荷重を超える荷重を負荷していないことを確認しなければならない（施規則59条の2）。

　安全承認板の取り付けられたコンテナの所有者は，一定の期間ごとに所要の点検をしなければならない（施規則60条の4）。

　コンテナの所有者は，安全承認板の取り付けられたコンテナの保守点検の方法について管海官庁の承認を受けなければならない（施規則60条の4）。

　コンテナ所有者は，保守点検に関する事項を記載した書類をコンテナごとに作成し，保存しておかなければならない（施規則62条）。

〔14〕 救命信号

　危険の通報について，救命施設，海上救助隊並びに捜索及び救助業務に従事している航空機と遭難船舶又は遭難者との間の通信に使用する信号並びに航空機が船舶を誘導するために使用する信号の方法並びにその意味を告示で定めている（施規則63条）。

〔15〕 水先人用梯子等の使用制限

　水先人用梯子及び水先人用昇降機は，やむを得ない場合のほか，水先人及び関係職員の乗下船以外に使用してはならない（施規則64条）。

第9章　危険物の運送及び貯蔵

第1節　総　　則

　船舶による危険物の運送又は貯蔵は，船舶の安全と危険物の安全な運送及び貯蔵の確保を図るため，危険物船舶運送及び貯蔵規則に規定する一定の条件に従って行うことを要する（安全法28条）。

〔1〕 規則の適用船舶

　日本船舶は，その種類，大小，検査対象船舶であるか否かを問わず，すべての船舶に適用される。

　外国船舶については，船舶安全法施行地内にある限り適用される。

〔2〕 危険物の範囲

　危険物は，SOLAS条約に準拠して次のとおり分類され，その数は約2500種にわたっている。

　①火薬類　　②高圧ガス　　③引火性液体類　　④可燃性物質類
　⑤酸化性物質類　⑥毒物類　　⑦放射性物質等　⑧腐食性物質
　⑨有害性物質

〔3〕 船内持込の制限

　危険物を運送し又は貯蔵するために持ち込む場合には，法令で定める場合（警察官等の弾薬携帯等），常用危険物を持ち込む場合以外は，何人たりとも，告示で定める危険物につき船長の許可を受けた場合を除き，危険物を船内に持ち込むことは許されない（危険物船舶運送及び貯蔵規則（以後，危規則）4条）。

〔4〕 工事等の制限

　火薬類を積載又は貯蔵している船舶においては，工事をしてはならない。また，火薬類以外の危険物又は引火性若しくは爆発性の蒸気を発する物質を積載又は貯蔵している船倉若しくは区画又はこれらに隣接する場所においては工事

をしてはならない（危規則5条1項，2項）。
　火薬類，可燃性物質類又は酸化性物質類を積載若しくは貯蔵していた船倉又は区画において工事する場合は，工事施行者は，あらかじめ，当該危険物の残渣による爆発又は火災のおそれがないことについて，船舶所有者又は船長の確認を受けなければならない（危規則5条3項）。
　引火性液体類又は引火性若しくは爆発性の蒸気を発する物質を積載若しくは貯蔵していた船倉若しくは区画又はこれらに隣接する場所においては，次に該当する場合を除き，工事等の作業を行ってはならない（危規則5条4項）。
① 当該船倉又は区画の引火性若しくは爆発性の蒸気が新鮮な空気で置換されている場合であって，工事等の作業施行者があらかじめ，ガス検定を行い，爆発又は火災のおそれがないことについて船舶所有者又は船長の確認を受けた場合
② 当該船倉又は区画内のガスの状態が不活性となっている場合であって，地方運輸局長が工事方法等を考慮して差し支えないと認めた場合
　高圧ガス，引火性液体類，毒物又は腐食性物質で人体に有毒なガスを発生するものを積載し，又は貯蔵していたタンカー，タンク船又ははしけのタンク内において工事，清掃その他の作業を行う場合，工事その他の作業の施行者はあらかじめ，ガス検定を行い，タンク内に危険な量のガスがないことを確認しなければならない（危規則5条6項）。

第2節　危険物の運送

〔1〕　荷送人に対する規制
　危険物を運送しようとするときは，荷送人は，輸出入その他特定の場合を除き，告示（放射性物質等については危規則2章10節）で定める容器及び包装を施し，かつ，その見やすい場所に標札又は標識を付することを要し，また容器又は包装に危険物の品名及び国連番号を表示しなければならない（危規則8条～11条）。
　危険物を沿海区域外において運送しようとするとき又はコンテナで運送しようとするときは，あらかじめ，船長又は船舶所有者に危険物明細書又はコンテナ危険物明細書を提出することを要する（危規則17条，30条）。

〔2〕　運送人に対する規制
　船長又はその職務を代行する者は，危険物を船積み又は陸揚げするときは，その荷役に立ち会い，かつ，容器，包装，標札，品名等が規則に適合しているか否かを確認することを要する（危規則5条の4，19条）。
　船長は，危険物を運送する場合，特定の場合を除き，告示（放射性物質等につ

いては危規則2章10節）で定める積載方法又は特定の積載方法により積載することを要する（危規則8条，13条，20条）。この場合において，特定の危険物は，相互に隔離しなければならない（危規則21条）。

船長は，危険物を運送する場合において，船舶に積載した危険物について，危険物積荷一覧書を2通作成し，1通はその運送が終了するまで船内に保管し，他の1通は船舶所有者に交付し，船舶所有者は陸上の事務所に1年間保管することを要する（危規則22条）。

火薬類，高圧ガス，毒物，放射性物質等，引火性液体類又は有機過酸化物を積載した船舶が，湖川港内を航行し，又は停泊する場合は，他船その他に注意をうながす標識として，昼間は赤旗，夜間は赤灯を，マストその他の見やすい場所に掲げることを要する（危規則5条の7）。

特定の火薬類，高圧ガス等を運送する船舶及び引火性液体を運送するタンカー等の所有者は，これらの危険物の性状，作業の方法等を記載した危険物取扱規程を作成し，当該船舶の船長に供与しなければならないとともに，船長はこれを作業員に周知させ遵守させなければならない（危規則5条の8）。

船長は，危険物を運送中災害が発生しないように充分注意するとともに，万一ばら積み以外の方法で運送される危険物の排出があった場合又は排出のおそれがある場合には，直ちに最寄りの海上保安機関に通報しなければならない。ただし，他の法令によりすでに報告した場合にはこの限りではない（危規則5条の9，5条の10）。

〔3〕 **危険物を運送する船舶の要件**

危険物（病毒をうつしやすい物質，放射性物質等を除く。）を積載する貨物区域（危険物をばら積みする区域を除く。）を有する船舶（小型船舶（総トン数20トン未満の船舶であって，国際航海に従事する旅客船以外のものをいう。）を除く。）には，運送する危険物の分類又は項目及び危険物を積載する貨物区域の種類に応じ，防火等の措置（火災探知装置の備付け等）を講じなければならない。ただし，船舶の所在地を管轄する地方運輸局長（本邦外にある船舶については，関東運輸局長）が安全上差し支えないと認める場合は，この限りでない（危規則37条）。

船舶の所在地を管轄する地方運輸局長は，安全法5条の検査を受け，前記の要件に適合した船舶に対し，危険物運送船適合証を交付するものとする（危規則38条1項）。

船長は，危険物運送船適合証の交付を受けていない船舶により危険物を運送してはならない（危規則38条3項）。

〔4〕 放射性物質等に対する特別規制

一定以上の放射能を有するか又は臨界の観点からの安全確保が要求されるもの等に対し，容器・包装及び運送方法の基準適合性につき国土交通大臣又は地方運輸局長の確認を受けなければならず，特定の放射性物質等を運送する場合，港則法により許可を受けた場合を除き，船長は，発航港を管轄する管区海上保安本部長に放射性物質等運送届を提出しなければならない（危規則87条，99条，106条）。

〔5〕 積付設備

特定の火薬類は，A型火薬庫及び非開放型火薬庫のうち，いずれかに積載することを要する（危規則51条）。

高圧ガス，液化石油ガス，腐食性物質，毒物又は引火性液体類をばら積み運送する場合のタンク船又はタンクを据え付けたはしけのタンクの据付，構造，材料，付属品，表示等について詳細な規定が設けられている（危規則138条〜365条）。

〔6〕 積付検査

船長は，特定の火薬類，高圧ガス，毒物，放射性物質等又は有機過酸化物を運送しようとする場合は，積載方法その他積付けについて船積地を管轄する地方運輸局長又は登録検査機関の検査を受けなければならない（危規則111条1項）。

上記に掲げる危険物を運送する場合であっても，外国で船積みして運送する場合，運送区域が平水区域内である場合又は特定の船舶が使用するためにその船舶で運送する場合等においては，積付検査が免除される（危規則111条2項）。ただし，平水区域内において運送する場合は，港則法により許可を受けた場合等を除き，船長は，最寄りの海上保安官署に危険物運送届を提出することを要する（危規則115条）。

〔7〕 収納検査

火薬類，高圧ガス，腐食性物質，毒物，放射性物質，引火性液体類又は有機過酸化物をコンテナに収納して運送する場合は，荷送人（船舶所有者が当該危険物をコンテナに収納する場合は，当該船舶所有者）は，船積み前に，当該危険物のコンテナへの収納方法について，船積地を管轄する地方運輸局長又は登録検査機関の検査を受けなければならない（危規則112条1項）。

〔8〕 容器検査

告示で定める危険物を運送しようとする場合は，荷送人は，当該危険物を収納する容器及び包装について，地方運輸局長又は登録検査機関の検査を受けたもの若しくは外国政府による検査を受けたもので効力を有する表示を付された

ものを使用しなければならない（危規則8条3項，113条1項）。

第3節　危険物の貯蔵

　船舶に危険物を貯蔵する場合における容器，包装及び標札，貯蔵船の構造，設備等について基準が定められている。

第4節　常用危険物

　常用危険物とは，船舶の航行又は人命の安全を保持するため船内において使用される危険物をいい，これらの容器，包装及び積載方法について基準が定められている（危規則4編）。

第10章　特殊貨物の運送

第1節　概　　説

　船舶により特殊貨物を運送しようとする場合は，特殊貨物船舶運送規則に規定する一定の条件に従って積載することを要する（安全法28条）。
〔1〕　特殊貨物の範囲
　特殊貨物は，船舶航行上の危険を防止するため特別な注意を必要とする貨物（貨物ユニットに収納されるものを含む。）であり，穀類又は固体貨物のばら積み及び木材の甲板積みが含まれる。
〔2〕　資料の提出
　特殊貨物を運送する場合，荷送人は，荷送人等の氏名又は名称及び住所，貨物の品名及び特性，貨物の質量を記載した資料を船長に提出しなければならない（特殊貨物船舶運送規則（以後，特貨則）1条の2の2）。
〔3〕　ガス検知器等の備付
　有毒なガス又は引火性を有するガスを発散するおそれのある貨物をばら積みして運送する船舶には，当該ガスの濃度を計測できるガス検知器であって有効なものを備えなければならない。また，区画室において酸素の欠乏を引き起こすおそれのある貨物をばら積みして運送する船舶には，酸素含有率を計測できる装置であって有効なものを備えなければならない（特貨則1条の3）。
〔4〕　特殊貨物の積付け及び固定
　特殊貨物は，全航海を通じて人命及び船舶に対する危害並びに貨物の流失が生じないように積み付け，かつ，固定しなければならない（特貨則1条の4）。

第2節　穀類のばら積み運送

〔1〕　穀類の定義

穀類とは，小麦，とうもろこし，えん麦，ライ麦，大麦，米，豆及び種子並びにこれらの加工されたものであってその性状が加工前の性状に類似しているものをいう（特貨則2条）。

〔2〕　適用船舶

次の場合を除き，すべての船舶に適用される（特貨則1条の5）。

①　本邦各港間を沿海区域を超えないで航行する場合
②　ばら積みして運送する穀類の質量が当該船舶について満載喫水線規則を適用した場合において定まる乾げんに対応する排水量の1パーセント以下の場合

〔3〕　資料の提出

荷送人は，第1節〔2〕のほか，穀類の積付率及び荷繰りの方法を記載した資料を船長に提出しなければならない（特貨則3条）。

〔4〕　積付基準

穀類をばら積みする場合の積付方法及び積付場所，フィーダー及び縦通荷止板の構造及び設備，穀類運搬船への積付方法等積付基準については，SOLAS条約の規定に準拠して定められている（特貨則4条～15条）。

〔5〕　穀類積載資料等

船舶に穀類をばら積みして運送する場合には，地方運輸局長の承認を受けた穀類積載図に記載してある積載方法に従って積載している場合を除き，地方運輸局長又は告示で定める国（1974年SOLAS条約の締約国）の政府の承認を受けた穀類積載資料に基づいて計算した船舶の復原性が一定の要件に適合していなければならない（特貨則7条）。

船長は，船舶に穀類をばら積みし，及び運送する間は，穀類積載資料を船内に保管しておかなければならない（特貨則9条）。

第3節　固体貨物のばら積み運送

〔1〕　固体貨物の範囲

船舶に固体貨物をばら積みする場合で，これには液状化物質及び固体化学物質のばら積みが含まれる。

〔2〕　適用船舶

原則としてすべての船舶に適用されるが，次の場合には規定の一部が適用除外される（特貨則15条の2）。

① 国際航海に従事しない船舶が航行する場合
② 本邦各港間を沿海区域を超えないで航行する場合
③ ばら積みして運送する固体貨物の質量が当該船舶について満載喫水線規則を適用した場合において定まる乾げんに対応する排水量の1パーセント以下の場合

〔3〕 資料の提出
　荷送人は，第1節〔2〕のほか，固体貨物の積付率及び荷繰りの方法を記載した資料を船長に提出しなければならない（特貨則15条の3）。

〔4〕 荷　繰　り
　固体貨物をばら積みして運送する場合，荷崩れを最小限にとどめ，船舶が全航海を通じて十分な復原性を維持できるように荷繰りを行わなければならない（特貨則15条の4）。

〔5〕 液状化物質のばら積み運送
　1．液状化物質の定義
　液状化物質とは，浮遊選鉱により得られる精鉱その他の航行中に液状化するおそれのある微細な粒状物質であって国土交通大臣が定めるものをいう（特貨則16条）。

　2．資料の提出
　荷送人は，第3節〔3〕のほか，水分管理手順書承認書の写し，運送許容水分値測定表，水分測定表，ばら積みされる液状化等物質が水分値の高い層を形成する可能性を示す書類を船長に提出しなければならない（特貨則16条の2）。

　3．運送許容水分値等の測定
　船長は，特定の場合を除き，当該液状化物質の所在地を管轄する地方運輸局長又は登録検査機関が，運送許容水分値又は水分の測定を行った液状化物質以外の液状化物質を，船舶にばら積みして運送してはならない（特貨則17条1項）。
　船長は，液状化物質をばら積みし，及び運送する間，運送許容水分値測定表及び水分測定表を，船内に保管しておくことを要する（特貨則17条5項）。

　4．ばら積みの制限
　水分が運送許容水分値を超える液状化物質は，旅客船にばら積みして運送してはならない。含水液状化物質は，地方運輸局長が一定の要件に適合していると認定した船舶（含水液状化物質運搬船）以外の船舶に，ばら積みして運送してはならない（特貨則18条）。
　含水液状化物質をばら積みして運送する場合は，一定の算式により算定された乾げんを全航海を通じて維持することができるように，積載量を制限するこ

とを要する。ただし，含水液状化物質運搬船については，満載喫水線規則を適用した場合に定まる乾げんまで積載することができる（特貨則19条）。

5．積付基準

含水液状化物質をばら積みする場合の積付方法及び積付場所，縦通隔壁又は縦通荷止板の構造及び配置等の積付基準が定められている（特貨則21条〜24条）。

6．積付検査

船長は，特定の場合を除き，液状化物質をばら積みして運送しようとする場合は，その積載方法その他積付について，船積地を管轄する地方運輸局長又は登録検査機関の検査を受けることを要する（特貨則25条1項）。

船長は，積付検査に合格した場合に交付される液状化物質積付検査証を，液状化物質を運送する間，船内に保管しておくことを要する（特貨則25条4項）。

〔6〕 固体化学物質のばら積み運送

1．資料の提出

荷送人は，第3節〔3〕のほか，固体化学物質の化学的性質を記載した資料を船長に提出しなければならない（特貨則28条）。

第4節 木材の甲板積み運送

上甲板又は船楼甲板の暴露部に積載する木材を積み付ける場合の積付基準については，LL条約の規定に準拠して定められている（特貨則29条〜31条の2）。

第11章 監 督

船舶安全法の施行に関する監督官庁は，管海官庁であり，次の権限を有する（安全法12条）。

① いつでも船舶検査官等の職員を船舶に臨検させること。
② 船舶所有者，船長又は関係事業者に対し，船舶の堪航性及び人命の安全に関し届出を命ずること。
③ 船舶安全法の違反船舶に対し，船舶の航行停止その他の行政処分をすること。

また，国土交通大臣は，登録検定機関等の行う検査が，事実上管海官庁の行う検査を代行することにかんがみ，これら機関に対し，必要な監督を行うことができる（施規則47条〜47条の31）。

> # 第4編　船　員　法

第1章　序　説

第1節　船員法の意義

　海上において多くの危険にさらされ，家庭生活から離れて生活をする船員の労働は，陸上の労働にはない特殊性がある。船員法は，こうした船員労働の特殊性を考慮し，一般の陸上労働者に適用される労働法の多くを適用除外したうえで，賃金，労働時間など，船員の労働条件に関する労働者保護規定をおいている。また，同法は，陸上労働者の労働法とは異なり，船長の職務権限及び船内規律に関する規定など，船舶航行の安全確保を目的とした規定も含んでいる。

第2節　船員法の構成

　船員法は，総則，船長の職務及び権限，紀律，雇入契約等，給料その他の報酬，労働時間，休日及び定員，有給休暇，食料並びに安全及び衛生，年少船員，女子船員，災害補償，就業規則，船員の労働条件等の検査等，登録検査機関，監督，雑則，罰則の17章からなる（船員の労働条件等の検査等と登録検査機関の章は，後掲第9章で紹介するILO海上労働条約が日本で効力を生ずる平成26年8月5日から施行された）。大別すると，船長の職務権限や船内規律（船員法においては紀律と表現されていた）に関する規定と，船員の労働法といえる船員の労働条件に関する規定とに分かれている。

　また，船員法を補う命令が各種存在する。具体的には，政令として，船員法第1条第2項第2号の港の区域の特例に関する政令や船員法第1条第2項第3号の漁船の範囲を定める政令等があり，省令（国土交通省令）として，船員法施行規則，船舶料理士に関する省令，船員労働安全衛生規則等がある。命令は，その草案について公聴会を開いて，船員及び船舶所有者のそれぞれを代表する者並びに公益を代表する者の意見を聴かなければならないうえ（船員法121条），法律の制定，改正と同様，原則として交通政策審議会の議を経て，改正されなければならない（船員法60条4項，73条，79条の2等）。

第3節　船員法の沿革

　船長の命令に反した場合の違約金規定などは，明治12（1879）年の「西洋形商船海員雇入雇止規則」にも存在したが，最初の船員法は，明治32（1899）年に制定された。これは，陸上労働者の保護立法に先がけて制定されたものである。しかし，船主の管理手段が乏しかった当時，同法は，国家が刑罰をもって，船主の経営管理を代行しようとする側面が強かった。例えば，海員が「上長ニ対シ尊敬又ハ従順ノ道ヲ失」ったときに，船長は監禁（禁錮），上陸禁止など厳しい懲戒権を行使できたことがその一例である。同法は，船員の管理に関する規定が多く，同年に成立した当時の商法「海商」編の方が，船員の保護規定を多く設けていた。

　船員法は，その後，昭和12（1937）年に改正され，海商法中の船員に関する規定が移されるとともに，2，3の国際労働条約が採り入れられた。また，戦後，新憲法の制定に伴い，昭和22（1947）年に全面改正が行われ，近代的な労働者保護法として整備された。同法は戦後数次の改正が行われているが，とりわけ，昭和57（1982）年のSTCW条約の国内法化の実施及び船員制度の近代化を目的とした改正，昭和60（1985）年の女子差別撤廃条約の批准に伴う改正，そして，昭和63（1988）年の労基法の改正に伴う労働時間規定の抜本的な改正は重要なものであった。さらに，最近では，平成20（2008）年施行の船員法の改正や，平成25（2013）年ILO海上労働条約の批准に伴う改正などが行われている（後掲第6節参照）。

第4節　船員法の性格

　法律の中には，公法的な法規と私法的な法規とが存在し，条文の解釈あるいは適用の際，その性格は重要な意味を持つ。例えば，刑事法は，罪刑法定主義（憲法31条）の観点から類推解釈が禁止されている。

　船員法は，法違反者に対し，行政による監督や罰則を予定している。このため，全体として公法的な性格を持つ。例えば，同法における船長の職務権限や義務に関する規定は，公法的な観点から船長に付与されたものである（船長の私法的な権限・義務は，基本的には海商法において規定されている）。沿革的にみると，船員法8条（航海成就義務），11条（在船義務），18条（書類の備置）などは，私法に属する海商法にあったものを船員法制定の際に採り入れたものであるが，現在はこれに罰則がついていることから，これも公法上の規定と理解できる。

　これに対し，船舶所有者等が，船員の労働条件に関する諸規定に違反した場合，行政による監督や罰則が予定されている一方で，こうした規定は，法の最

低基準に達しない雇入契約等の内容を私法上無効とする効力を有している（船員法31条）。

第5節　他の労働法規との関係
〔1〕　労基法あるいは労働組合法等の一般の労働諸法規

　船員法は，船員に関する賃金規制，労働時間規制など，船員に特化した労働者保護規定を有しているため，労基法の多くが適用除外されているが，116条1項において，同法1条から11条まで（労働憲章），116条2項（同居の親族の適用除外規定），117条から119条まで（労働憲章に関する罰則）及び121条（両罰規定）の規定は船員にも適用があるとしている（船員法6条も参照）。

　また，平成20（2008）年3月1日から労働契約法が施行されたが，これは雇用契約（労働契約）の内容や終了を規制する新たな労働法である（同法は平成24（2012）年8月10日にも改正され，平成25（2013）年4月1日から施行された。後述の条項は改正後のものを挙げる）。同法20条は，船員法の中に就業規則に関する規定（97条，98条及び100条）や有期契約の解除に関する特別の規定（40，41条）があることを考慮して，同法12条や17条から20条までを船員については適用除外するとともに，就業規則に関する規定を船員法の規定（100条等）に読み替えるとしている。しかし，労働契約法のそれ以外の規定は船員にも適用がある。

　船員の最低報酬については最低賃金法の適用があるが，船員については特例措置がとられ，同法において厚生労働大臣，労働局長，労働基準監督官等に与えられている権限は，国土交通大臣，地方運輸局長（運輸監理部長を含む）又は船員労務官に与えられ，最低賃金審議会（最低賃金法25条）の権限は交通政策審議会（最低賃金専門部会）が担当するとしている（同法35条から37条）。また，同法16条において地域別最低賃金を上回ることが求められる特定最低賃金（産業別最低賃金）は，通常の労働者については，違反に対する罰則が予定されていないが，船員については50万円以下の罰金が予定されている（同法41条1号）。なお，船員については，船員の最低賃金に関する省令（昭和34年7月10日運輸省令35号。2010年7月時点の最終改正平成20年9月1日国土交通省令77号）が存在する。

　雇用の分野における男女の均等な機会及び待遇の確保等に関する法律（雇用機会均等法）は，31条において船員に関する特例を置いているが，読み替え規定を置くだけで，多くの規定は船員にも適用がある。また，育児休業，介護休業等育児又は家族介護を行う労働者の福祉に関する法律（育児介護休業法。現行法は2010年6月30日施行）も，60条の船員の特例規定において，一部の規定を適用除外しているが，育児や介護の休業の権利等の規定は船員にも適用がある。

船員も，憲法28条の「勤労者」として労働基本権（団結権，団体交渉権，団体行動権）を有するとともに，陸上の労働者と同様，労働組合法や労働関係調整法の適用を受ける。このため，船員が労働組合を結成し，運営する場合，陸上の労働者と同様，正当な組合活動や争議行為に対する特別な保護（1条2項の刑事免責や8条の民事免責），労働協約の締結（14～18条），不当労働行為制度による保護（7条。使用者の不利益取扱，正当な理由のない団体交渉の拒否あるいは労働組合への支配介入を禁じている制度）を受けることができる（労働組合法19条の3）。なお，船員の争議行為については，船員法30条に特別の制限規定が存在する（後掲第3章第4節）。

船員の社会保険は一般の労働者と同様の制度があり，従来，医療保険，労災保険，雇用保険に該当する給付は，一括して船員保険制度に基づいて支給されていた（根拠法は船員保険法）。しかし，船員保険は，被保険者数の減少などもあり，平成22（2010）年1月1日から，医療保険給付のみを対象とすることになり，船員は，同日から陸上の労働者を対象としてきた労災保険や雇用保険からその支給を受けることになった。

〔2〕 船員職業安定法

(1) 概　　要

陸上の労働者については職業安定法が用意されているが，同法62条1項は，船員を適用除外している。このため，船員に関しては，船員職業安定法が制定されている。

同法の目的は，海上労働力の需給の規制にある。同法は，職業紹介の政府独占を原則としていたが，平成17（2005）年4月に施行された改正法により，常用型船員派遣制度を初めて導入するなど大幅に改正された。以下では，同法のポイントを紹介しておくことにする。

第1に，同法は，船員労働力の需給システムを調整するため，船員の職業紹介を地方運輸局の責務としたうえで，すべての求人を受け付け，適切な紹介に努めることなどを規定する（15条以下）。

第2に，同法は，船員職業紹介が，事業を実施する者により中間搾取が行われ，船員の労働環境を悪化させた経験を考慮し，原則として政府以外の職業紹介を禁じているが（33条），例外も用意する。すなわち，①事業が営利を目的としない無料職業紹介（34条。ただし，大臣の許可が必要で，各種規制を受ける），②学校が行う無料職業紹介（40条。ただし，大臣への届出が必要）である。このように，同法は，有料職業紹介はもちろん，無料職業紹介でさえ原則として許していない。

第3に，有料職業紹介と同様の理由から，船員労務供給事業も禁じている（50条）。船員労務供給事業とは，供給元事業者と船員との間に雇用関係あるいは支配関係があり，かつ，供給先事業者と船員との間にも雇用関係を成立させるものである（図1参照）。後述する船員派遣とは，「供給先」の事業者と船員との間に雇用関係が成立している点が異なる。別会社への出向も二重の雇用関係が成立するという意味で類似するが，出向は「業」（営利目的）として行うものでない点において異なる。ただし，この船員労務供給事業の禁止原則にも例外があり，大臣の許可があれば労働組合の無料の船員労務供給事業（51条）が認められる。

　第4に，船員派遣は従来禁じられていたが，派遣事業の許可の審査を受け，かつ，各種義務を履行することを条件に現在は認められている。許可は，国土交通大臣が，同法56条の欠格事由の該当性あるいは57条に列挙された雇用管理や個人情報の管理を適正に行うに足りる能力があることの審査をして与えられるものであるが，許可する前に，交通政策審議会の意見を聴かなければならない（同55条5項）。

　船員派遣の解禁は，平成15（2003）年船員職業安定法の改正によって実現したものであるが，国内物流の多くを担う内航貨物海運の活性化を目的としていた。ただし，こうした改正は，「船員労務供給事業及び船員職業紹介事業に係る規制改革のあり方に関する報告」（平成14年7月15日）や総合規制改革会議第3次答申（2003年）に基づいて行われたことにも留意する必要がある。

　なお，船舶所有者又は裸傭船者（以下「船舶所有者等」とする）との船舶管理契約に基づいて，自己が雇用する船員を船舶に配乗する船舶管理会社は，原則として船員労務供給事業や違法な船員派遣事業（以下「船員労務供給事業等」とする）には該当しない。しかし，①船舶管理契約が締結されていること，②船舶管理行為を実態として行っていること，③船員を雇用していること，④船員を指揮命令していることの4つの要件を満たさない場合，船員労務供給事業等に該当する。

(2)　船員派遣制度

　船員派遣をした場合，派遣元事業主（船員派遣会社。以下「派遣元」とする）と船員との間に雇用関係があるが，派遣先事業主（以下「派遣先」とする）と船員との間には指揮命令関係しか存在しない（図1，図2参照）。したがって，船員の雇用に関する責任を負うのは原則として派遣元である。また，船員派遣は，陸上の労働者派遣と異なり，常用型派遣しか認められていない（これ

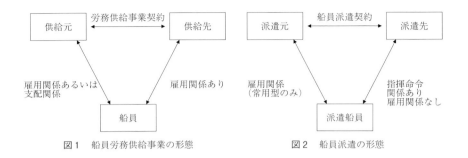

図1　船員労務供給事業の形態　　　図2　船員派遣の形態

に対し，陸上の労働者派遣法においては，呼び出された場合に限り雇用関係が成立する登録型が一定の要件の下に認められている）。常用型の場合，派遣先が見つからない場合でも派遣元と船員との間には雇用関係が成立しているので，派遣元は賃金支払義務等の責任を果たさなければならない。

　船員職業安定法は，主として雇用責任を負う派遣元を中心に，派遣元（69条～78条）と派遣先（79条～88条）の双方に責任を振り分けている（「派遣元が講ずべき措置に関する指針」及び「派遣先が講ずべき措置に関する指針」に詳細が規定されている）。例えば，派遣元は，派遣船員を雇用する場合，あらかじめ船員に詳細な就業条件等を明示して契約を締結するか，あるいは，すでに雇用している船員を船員派遣する場合，船員に就業条件等を明示し，その同意を得なければならない。しかし，同法は派遣先にも特別の責任を課しており，この中で注目しなければならないのは，3年を超えて派遣先が船員を使用する場合，自ら雇用することを申し込む義務があるとしていることである（84条）。これは，常用船員の代替を防ぐことを目的とした規定である。また，派遣先は，船員派遣契約を締結する際，派遣先船員を選別するために事前面接や履歴書の送付要請，あるいは年齢の限定等を行うことのないよう努めなければならない（「特定行為の避止」の努力義務。先述の派遣先の指針第二の三）。これは，派遣先が船員を直接採用する行為と同視できるため，派遣制度の仕組みを脱法していると評価されるからである。

〔3〕　労働安全衛生法

　労働安全衛生法は，船員を適用除外している（同法115条2項）。船員については，船員法81条や船員労働安全衛生規則等が用意されている（後掲第5章第4節参照）。

〔4〕 働き方改革関連法

　政府が働き方改革を唱えたため，陸上の労働法では，いくつかの法律が改正された。具体的には，「働き方改革関連法」（「働き方改革を推進するための関係法律の整備に関する法律」。2018年成立）である。

　この「働き方改革関連法」は船員には適用がないが，例えば，ハラスメント防止のために，2019年に「女性の職業生活における活躍の推進に関する法律等の一部を改正する法律案」が成立し，労働施策総合推進法（「働き方改革関連法」により，雇用対策法から名称が変わった。「パワハラ防止法」と呼ばれる）30条の2が新設された。その条文では，「事業主は，職場において行われる優越的な関係を背景とした言動であって，業務上必要かつ相当な範囲を超えたものによりその雇用する労働者の就業環境が害されることのないよう，当該労働者からの相談に応じ，適切に対応するために必要な体制の整備その他の雇用管理上必要な措置を講じなければならない」と規定されている。この法律は船員にも適用があり，大企業では2020年4月，中小企業では2022年4月施行とされている。

　「船員の働き方改革」については，先ず，船舶所有者が船員の労働時間の状況を把握し，適切な措置を講じる仕組みが構築され，2022年（令和4年）4月から施行された。次に，船員の働き方改革第2弾として，労働時間規制の範囲の見直しや船員の健康確保に関する制度が2023年（令和5年）4月から施行された。船員の労務管理の適正化としては，船舶所有者は，船員の労務管理を行う主たる事務所に記録簿を備え置かねばならず船員の労働時間の状況を把握しなければならないこととなった（法67条）。船舶所有者は，労務管理責任者を選任し，労務管理責任者は，船員の労働時間，作業による心身への負荷その他の船員の状況に鑑み，労働時間の短縮，休日又は有給休暇の付与，乗り組む船舶の変更，その他国土交通省令で定める措置を講ずる必要があるときは，船舶所有者に対しその旨の意見を述べることとしている（法67条の2）。また，労働時間規制範囲の見直しとしては，上長の職務上の命令により作業に従事する時間を労働時間として明確化し（法第4条第2項），労働時間制度上の例外的な取扱いを見直し，防火操練，救命艇操練その他これらに類似する作業および航海当直の通常の交代のために必要な作業は労働時間となった（法第68条）。さらに船員の健康確保として，健康証明書の項目が増加し（施行規則55条），船舶所有者（常時50人以上の船員を使用する船舶所有者に限る）は，船員の健康管理等（①健康検査の結果に基づく船員の健康を保持するための措置②過重労働対策③メンタルヘルス対策）を行わせるため，労働安全衛生法に規定する要件を備えた医師のうちから産業医を選任しなければならない（船員労働安全衛生規則第10条の2）。

第2章　総　　則

第1節　船員法の適用範囲

〔1〕　船員の意義

　船員法は，船員に適用される。船員とは，同法1条において，日本船舶又は日本船舶以外の国土交通省令の定める船舶に乗り組む船長及び海員並びに予備船員をいう，と定義されている。以下では，この文言の意義について詳述する。

(1)　日本船舶の意義

　　船員法上の日本船舶とは，船舶法1条に規定する日本船舶（日本船籍を持つ船舶）を意味する。したがって，後掲(2)のような例外を除き，日本の官庁・公署，日本国民及び日本の会社等の所有に属する船舶に乗船する船員に限って，日本の船員法が適用される（詳細は本書第2編参照）。

　　日本船舶の外航船は，昭和47（1972）年に1580隻あったが，2000年代に入り100隻前後で推移し，再び増加に転じている（令和2（2020）年は270隻）。日本の船社は，パナマ，リベリアなどの海外子会社に船舶を保有させ，親会社が傭船して運航する形態（便宜置籍船）を利用しているが，この場合は外国船舶ということになる。

(2)　日本船舶以外の適用範囲

　　日本船舶以外の国土交通省令の定める船舶とは，①船舶法1条3号及び4号に掲げる法人以外の日本法人が所有する船舶，②日本船舶を所有することができる者及び①に掲げる者が借り入れ，又は国内の港から外国の港まで回航を請け負った船舶，③日本政府が乗組員の配乗を行っている船舶，④国内各港間のみを航海する船舶である（船員則1条1項）。

(3)　漁船に対する適用

　　船員法は，制定当初，総トン数30トン未満の漁船には適用されなかったが，昭和37（1962）年の法改正により政令で定める総トン数20トン以上の漁船及び政令で定めるまき網漁業に従事する漁船の附属漁船に適用されることになった。漁船に対する適用範囲は，数次の政令改正により拡大し，次に掲げる漁船を除き，船員法が適用されている（船員法1条2項3号〔後掲（8）〕，船員法1条2項3号の漁船の範囲を定める政令〔昭和38年3月25日政令54号，最終改正令和2年7月8日政令217号〕）。ただし，船員法が原則として適用される漁船についても，労働時間の規律は適用除外されている。第5章第2節〔10〕を参照。

①　推進機関を備える総トン数30トン未満の漁船で，専ら定置漁業，区画漁

業又は共同漁業に従事するもの。
② 特定の内湾等で漁業に従事する推進機関を備える漁船及び海岸から5海里以遠の海面（特定の内湾等を除く）で漁業に従事する期間が年間30日未満の推進機関を備える漁船であって総トン数10トン以上20トン未満のもの。ただし，漁業法52条1項の指定漁業及び漁業法66条2項の小型さけ・ます流し網漁業並びに同条同項の中型まき網漁業又は小型機船底びき網漁業であって，特定の内湾等以外の海面で営むものに従事する漁船を除く。
③ 推進機関を備える総トン数10トン未満の漁船であって，専ら漁業法52条1項の指定漁業等の漁業以外の漁業に従事するもの並びに同項の指定漁業等に従事するもののうち専ら特定の内湾等で営む漁業に従事するもの及び海岸から5海里以遠の海面（特定の内湾等を除く）において営む漁業に従事する期間が年間30日未満であると地方運輸局長が認定したもの。
④ 推進機関を備えない総トン数30トン未満の漁船であって，専ら漁業法52条1項の指定漁業を定める政令1項6号の大中型まき網漁業に従事する等の漁船の附属漁船以外のもの。

なお，漁船については，2007（平成19）年にILO漁業労働統合条約（188号，Work in Fishing Convention）と同勧告（199号）が採択された。日本は現時点で同条約を批准していないが，条約には，海上における労働安全衛生や健康と安全のために必要な十分な休息（労働時間規制）等の規定が置かれている。日本が同条約を批准する場合，船員法や指定漁船に乗り組む海員の労働時間及び休日に関する省令〔後掲第5章第2節〔2〕2〕の改正だけでなく，漁業労働者には，労基法など陸上の労働法が適用されることも少なくないため，多くの関連法令等の整備が必要となる。

(4) 「乗り組む」の意義

船員法の適用範囲を規定する1条は，船舶に「乗り組む」ことを要件として課している。これは，単に物理的に乗船することではなく，航海をするために船舶内で組織される人的組織に継続的に参加することを意味すると解されている。したがって，船内作業組織の一員となる場合を含む船舶職員及び小型船舶操縦者法上の「乗り組む」とは意味が異なり，船内で貨物の積み卸し等の作業に従事する者などを含まない。したがって，水先人（pilot）もごく短期間船舶内で勤務するにすぎないため，船員法が適用されない。

(5) 海　員

海員とは，船内で使用される船長以外の乗組員で，労働の対償として給料その他の報酬を支払われる者をいう（船員法2条1項）。すなわち，直接，運

航業務に従事しなくとも，船舶内の酒屋，売店及び事務室内で働く労働者も海員に含まれる。

海員には，職員と部員があり，職員とは，航海士，機関長，機関士，通信長，通信士，運航士，事務長及び事務員，医師，その他航海士，機関士又は通信士と同等の待遇を受ける者をいい（船員法3条1項，船員則2条），部員とは，職員以外の海員をいう（船員法3条2項）。

(6) 予備船員

予備船員（かつては予備員と呼ばれた）とは，船員法の適用を受ける船舶に乗り組むため雇用されている者で，現に船舶に乗り組んでいないものを意味する（船員法2条2項）。具体的には，自宅待機員，新造船のぎ装員，出勤待機員等を意味するが，休職中の者や傷病のため下船療養中の者も，船舶所有者との間に雇用関係が存する限り，予備船員に該当する。これに対し，行政解釈（昭和25年2月23日員基第22号）によれば，船舶に乗り組むための雇用には当たらないような陸上勤務者は，予備船員には当たらず，労基法の適用を受ける。

(7) 船　長

船舶職員法は，船舶職員及び小型船舶操縦者法3章5節の規定（船員法120条の2。船員法23条の36から23条の38まで。本書第5編第6章参照）を適用しないとする一方，各種権限や義務を船長に付与している。従前の船員法では，船長に労働時間規制は適用しないとする扱いがなされていたが，ILO海上労働条約（後掲第9章参照）の批准に伴い，この扱いは削除された。ただし，船員法は，海員や予備船員と異なり，船長の定義規定を置いていない。海事に関する諸法規の中では，船長という概念（なかには「船舶の長」という概念の場合もある）が使用されることが多いが，その定義規定はないことがほとんどである。現行港則法の前身である開港港則（明治31年139号）21条においては，「船長ト称スルハ其名称ノ何タルヲ問ハス船舶ヲ指揮監督スル者ノ義」と規定されていたが，現行港則法はこの点について何も規定していない。

これに対し，国際条約や外国の船員法には，船長の定義規定を置くものがある。例えば，ILO「海員の雇入契約に関する条約（22号）」2条は，船長と称するは，水先人を除き，船舶の指揮及び監督に任ずる一切の者を含むと規定されている。また，ドイツ船員法2条1項も，船長とは船舶所有者等に任命された船舶の指揮者をいう，と定義している。

こうした国際条約や他国の法律を参考にする限り，船員法における船長も，水先人を除き，船舶の指揮監督者であると考えれば足りる。ただし，通常の

船長だけではなく，船長が選任する職務代行者（商法709条），代行船長（船員法20条）あるいは船員法11条に基づいて委任を受けた船長職務代行者など船舶を指揮する一切の者を含みうるかが問題となる。この点，船員法134条は，14章の罰則のうち船長に関する諸規定は，「船長に代わってその職務を行う者にこれを適用する」としているので，同法20条の代行船長だけでなく，同法11条の船長職務代行者（これに商法709条の船長の職務代行者も含まれる）も，船員法の諸規定が適用される（昭和38年6月7日員基100号）。

(8) 適用除外

船員法は，次の船舶を適用除外している（1条2項）。すなわち，①総トン数5トン未満の船舶，②湖，川又は港のみを航行する船舶，③政令の定める総トン数30トン未満の漁船（⑶の①～④に掲げる漁船），④船舶職員及び小型船舶操縦者法2条4項に規定する小型船舶であって，スポーツ又はレクリエーションの用に供するヨット，モーターボートその他のその航海の目的，期間及び態様，運航体制等からみて船員労働の特殊性が認められない船舶として国土交通省令の定めるものである（船員則1条2項）。これらの船舶の労働者の実態は，陸上の労働者に近いからである。

(9) 家族船員の取扱い

船舶所有者の家族で，労働の対象として報酬が支払われない者は，雇用関係がないと解されるため，海員には該当しない。同居の親族は，血縁や愛情に基礎を置く人間関係であり，そこで発生する労使紛争は，愛憎に絡む問題であり，扶養や相続等に関連する問題であることも多いので，労働法規の適用が除外されている（労基法116条2項，労働契約法21条2項，最低賃金法2条1号など）が，船員法についても同様の取扱いがなされている。ただし，この場合でも，船員法の第2章（船長の職務及び権限）や第3章（紀律）の規定は適用がある。

これに対し，家族船員であっても，報酬を支払われ，雇用関係のある者は海員に該当する。ただし，同居の親族のみを使用する船舶の海員には，雇用関係があっても，船員法は，第2章や第3章などを除き適用がない（昭和25年3月25日員基33号。この通達には第2章と第3章以外の規定が明示されていないが，第12章〔監督〕，雑則〔第13章のうち113条，117条の2から120条の2及び121条から121条の4〕あるいは第14章〔罰則〕などは適用がある）。同法6条は，「同居の親族のみを使用する事業及び家事使用人について」は労基法を適用しないとする116条2項の適用を認めているが，労基法には労働関係に関する規制しか置かれていないため，適用除外されるのは船員法の労働関係に関するものに

限定されるのである。

こうした家族船と混同されることが少なくないのは，同居していない叔父が乗り組むなど，同居の親族以外の者が乗り組む場合である。この場合は，船に乗り組んだ同居の親族も含めて，船員法が全面的に適用される。家族船についての取扱いは誤解も多いといわれており，運用は厳格になされている。

なお，船員法は，79条，85条あるいは88条の8において，同一の家庭に属する者のみを使用する船舶を適用除外している。79条は有給休暇の章を適用除外する旨，85条は最低年齢の規定を適用除外する旨，及び88条の8は女子船員の保護規定を適用除外する旨規定したものである。こうした規定の「同一の家庭に属する者」という概念は，「同居の親族」よりも範囲が広いとされている。

(10) 港の範囲

船員法は港のみを航行する船舶を適用対象から除外しているが（1条2項2号），この港とは，船舶が発着する一定の水域をいい，その区域は，港則法（本書第9編）の定める港の区域による。ただし，港則法の港の区域によることが適当でない港については，港の区域の特例に関する政令に基づき，国土交通大臣が交通政策審議会又は地方交通審議会の議を経て特別の定をすることができ（船員法第1条第2項第2号の港の区域の特例に関する政令），港則法と異なる船員法上の港の区域が定められている。

〔2〕 船舶所有者

船員法は労働関係を規律する規定を含む。このため，船舶所有者は，船員法においては，船舶の所有権者を意味するのではなく，船舶において労務の提供を受けるため船員を雇用している者を意味する。したがって，船舶共有の場合には船舶管理人に，船舶貸借（マルシップ）の場合には船舶借入人に，船舶所有者の規定が適用される（船員法5条。ILO海上労働条約（後掲第9章参照）が日本で効力を生じた平成26年8月5日からは，後述する同5条2項が新しく施行され，同5条1項となった）。判例の中には，船員と船舶所有者ではなく，船舶借入人が船員の賃金支払義務を負うことの理由として，旧商法704条1項（事件当時は556条）をあげたものもあったが（大審院判昭8.5.23民集12巻13号1283頁），現在は船員法に根拠がある。

また，船舶所有者，船舶管理人及び船舶借入人以外の者でも，船舶内で，売店，散髪屋，洗濯屋等を経営し，売店の売子，理髪人，洗濯夫等を使用している場合，その使用者には，船員法の船舶所有者の規定が適用される。さらに，船舶所有者が法人形態をとる場合，役員等ではなく法人がこれに該当するが，

両罰規定（労基法121条，船員法135条）に基づき罰金刑が科されることもある。なお，旗国検査関係の規定については，船舶所有者の義務は，船舶共有の場合には船舶管理人に，船舶貸借の場合には船舶借入人（マルシップの場合には海外法人）に適用される（ILO海上労働条約（後掲第9章参照）が日本で効力を生じた平成26年8月5日から施行された船員法5条2項）。

〔3〕 国及び公共団体に対する適用

　国，都道府県，市町村その他これに準ずるものも，船員を使用している限り，船員法は原則として適用される（船員法120条。公船の所有者たる市町村等が船舶所有者となる）。

　国家公務員法（国公法）は，非現業一般職の公務員に限り，船員法が一応適用除外されるとしながら（国公法附則16条），国家公務員に関する諸規定と矛盾しない範囲で，船員法の大部分を準用するとの扱いをしている（同法の第1次改正法律附則3条1項）。さらに，給与，雇入，送還については船員法との調整を図るための規定を有した法律がある。

　防衛省の職員〔自衛隊法108条により船員法の一部が適用〕を除き，国公法2条5項は同条3項に掲げられた特別職職員には別段の定めがない限り国公法の適用がないとしているが，別段の定めはないので，船員（労働者）であると認められれば，労基法及び船員法が適用される。ただし，一般職と同様の調整規定がある。

　地方公務員法（地公法）において一般職の非現業公務員は，労働組合法や労働関係調整法の適用を除外しているが，一部の規定を除き，船員法や労基法の適用はある（地公法58条3項）。特別職については，船員（労働者）であると認められれば，地公法4条2項により労基法及び船員法が原則として適用される。

　現業職にあたる地方公営企業職員及び単純労務職員は，地方公営企業労働関係法（地公労法）39条1項（同項により地公法58条が適用除外される）により労基法及び船員法が適用される。

　特定独立行政法人の職員は，特定独立行政法人等の労働関係に関する法律37条1項1号に基づく国公法附則16条の適用除外により，特定地方独立行政法人の職員は，地方独立行政法人法53条1項1号に基づく地公法58条の適用除外により，労基法及び船員法が適用される。

〔4〕 適用法規の決定

　日本の裁判所に裁判管轄がある場合でも，どの国の法規を適用するかが問題となることがある。日本の裁判所が管轄しても，外国法が適用法規となることもあるのである。

まず，船員法や労基法などの罰則に関する規定など公法規範は，属地主義の原則に基づき，日本国内の労働者（船員）と使用者に適用される。刑法1条1項が「日本国内において罪を犯したすべての者に適用する」との定めをおいているように，刑罰法規については属地主義が妥当するからである。船員については，船籍国の法律が適用法規となり，日本船籍に日本の船員法が適用される。
　これに対し，私法規範の適用は，従来，法例に基づいて判断されてきたが，現在は，法例を全面改正し，2007年1月に施行された，「法の適用に関する通則法」に基づいて判断される。同法では，当事者自治の原則が維持される一方，労働契約について特別の規定（12条）が設けられた。それによれば，労働契約に最も密接な関係のある地の法（最密接関係地法）に重要な位置づけが与えられ，当事者が明示的に準拠法を選択した場合でも，労働者が最密接関係地法の強行規定の適用を主張したときには，強行規定が適用されることが明確になっている（同法12条1項）。この最密接関係地法は，労務提供地法であると推定され（同条2項），当事者が準拠法を選択しなかった場合にも労務提供地法が適用される（同条3項）。したがって，船員については，特段合意をしていない場合，陸上にいる場合を除き，船上で労務を遂行するため，船籍国の法律が適用される。

第2節　船員法の基本原則

　船員労働の特殊性を考慮して，船員には，労基法が適用されず，船員法が適用されるが，船員も，陸上の労働者と保護法益は大きく異ならない。そこで船員法は，労基法中，人たるに値する生活の保障，労働の自由と平等の保障，公民権行使の保障等いわゆる労働憲章的規定（労基法1条～11条及びその罰則規定である117条～119条）は，船員についても適用があるとしている（船員法6条）。

〔1〕　労働条件の原則

　労基法1条1項は，労働条件は，労働者（船員）が人たるに値する生活を営むための必要を満たすことができるものでなければならない，と定めている。同法は，使用者（船舶所有者）が労働者（船員）を雇用する場合の労働条件の最低基準を定めたものとしているため（同条2項前段），この基準と異なる労働条件であっても，最低基準を上回っている限り，船舶所有者は責任を問われない。ただし，船舶所有者は，この基準を下回っていなくとも，船員法の基準を理由として，従来高い労働条件で雇用していたものを，船員法の基準まで引き下げてはならず，常にその向上を図るように努めなければならないとされている（同項後段）。

〔2〕 労働条件の決定

　労基法2条1項は，労働条件は，労働者と使用者が，対等な立場において決定すべきものである，としている。こうした原則を労使対等原則というが，こうした理念は，現在では労働契約法にも反映されており，同法は労使が対等の立場で合意に基づいて締結することを求めている（3条1項など）。

　また，労基法2条2項は，労働組合と船舶所有者との間で締結された労働協約，船舶所有者の定めた就業規則や船舶所有者と船員との間で締結された労働契約を互いに尊重し，遵守しなければならない，としている。

〔3〕 均等待遇，男女同一賃金の原則

　すべて国民は，法の下において平等であるから，船舶所有者は，船員の国籍，信条又は社会的身分を理由として，賃金，労働時間その他の労働条件について，差別的取扱をしてはならない（労基法3条）。信条とは，宗教，思想，政治的意見など内心の考え方を広く対象とする。

　また，船舶所有者は，船員が女性であることを理由として，賃金について男性と差別的取扱をしてはならない（4条）。この規定は，男女の賃金差別のみを対象としているが，賃金以外の性差別（性を理由とする採用，配置，昇進等に関する差別）は，雇用機会均等法において禁止の対象となっている。

　上記の均等待遇あるいは男女同一賃金の規定に違反した船舶所有者は，6カ月以下の懲役又は30万円以下の罰金に処せられる可能性がある（労基法119条）。また，差別禁止規定の違反については，法律行為である場合は無効の効果が生じ，事実行為の場合は他の要件の充足を条件として不法行為に基づく損害賠償請求権を成立させる。

〔4〕 強制労働の禁止

　船舶所有者は，暴行，脅迫，監禁その他精神又は身体の自由を不当に拘束する手段によって，船員の意思に反して労働を強制してはならない（労基法5条）。この規定に違反し，強制労働をさせた船舶所有者は，最も重い刑罰が科されており，1年以上10年以下の懲役又は20万円以上300万円以下の罰金に処せられる（労基法117条）。

〔5〕 中間搾取の排除

　何人も，船員職業安定法等の法律に基づいて許される場合のほか，業として他人の就業に介入して利益を得てはならない（労基法6条）。この規定に違反した者は，1年以下の懲役又は50万円以下の罰金に処せられる（労基法118条）。これは，労働ブローカーの存在を否定し，また，船員に渡される報酬が第三者により中間搾取されることを禁止したものである。したがって，船員職業安定

法に違反する有料職業紹介事業（33条等）や船員労務供給事業（50条等）は、労基法6条違反となる可能性がある。2005年4月から船員職業安定法に導入された船員派遣制度（54条以下）は、同法を遵守していれば、労基法6条の「法律に基づいて許される場合」に該当し、同条の違反とならない。

〔6〕 公民権行使の保障

船舶所有者は、船員が労働時間中に、国会や地方議会等の議員の選挙等法令により国民に保障されている公民としての権利を行使し、又は国会議員、地方議員等の職務、証人としての裁判所への出頭等、公の職務を執行するために必要な時間を請求した場合、これを拒んではならない。ただし、船舶所有者は、権利の行使又は公の職務の執行に妨げがない限り、請求された時刻を変更することができる（労基法7条）。この規定に違反した船舶所有者は、6カ月以下の懲役又は30万円以下の罰金に処せられる（労基法119条）。

第3章　船長の職務権限及び船内紀律

　船員法は、船舶の責任者としての船長に、一定の権限を与え、又は義務を課すことによって、船舶の安全確保を図ろうとしている。船員法におけるこうした権限や義務に関する規定は、船舶航行の安全を図る見地から基本的には公法上定められたものであるため、船長が義務を怠った場合には罰則を予定している。

　船員法における船長の権限や義務に関する諸規定は、船員その他旅客は、一定の時間船舶内で共同生活を営みながら、一つの社会を形成し、海上の危険を独力で克服してゆかなければならないとの考え方に基づいて正当化されてきた。これは「船舶共同体論」と呼ばれている（石井照久「海上労働に関する法的規整の発達」法律時報13巻1号5頁参照）。こうした考え方は、日本では船員法の規制内容を正当化する有力な論拠の一つとなってきた。しかし、共同体という見地から権利や義務が生ずると解することは、海員の義務を無制限に拡大するおそれがあるため問題がある。

　以下では、船長の権限と義務とに分類したうえで、その内容を解説することにしたい。

第1節　船長の権限

〔1〕　船舶権力

　船長は、海員を指揮監督し、かつ、船内にある旅客その他の者に対し、その

職務を行うにつき，必要な命令をすることができる（船員法7条）。したがって，船内の秩序をみだす海員に対しては懲戒権を有し（船員法22条），その他一定の強制権を行使しうる（船員法25条～28条）。ただし，その権力の濫用に対しては，罰則の適用（2年以下の懲役）がある（船員法122条）。

〔2〕 懲戒権と船内規律
(1) 意義と内容

　　船員法の第3章（21条～30条）には「紀律」（船員法では「紀律」という用語が使用されている）に関する規定が置かれ，①海員が遵守すべき規律内容，②規律に違反した場合の船長の懲戒権及び懲戒に対する規制（22条～24条），③船長の強制権（25条～28条。後掲〔3〕参照），④行政庁に対する援助の請求（29条。後掲〔4〕参照）及び⑤争議行為の制限規定（30条。後掲第4節参照）が置かれている。このうち，①から④は，船員法第2章における規定とともに，船長の権限（ただし①は海員の義務）に属する。なお，「紀律」の章に⑤が含まれるのは適切とはいえないが，明治32（1899）年の船員法に導入されて以来残存している。

(2) 海員の規律遵守事項と船長の懲戒権

　　船長は，船内規律を守らない海員を懲戒することができる（船員法22条）。船内規律の内容は，船員法21条において規定されており，海員の同条に違反する行為は懲戒の対象となる。具体的には，海員については，①職務命令の遵守，②職務怠慢・職務妨害の禁止，③指定時乗船，④無許可下船・上陸・脱船の禁止，⑥属具の無許可使用の禁止，⑦食料・淡水の濫費の禁止，⑧電気，火気の無許可使用や許可されていない場所での喫煙の禁止，⑨粗暴な行為の禁止あるいは⑩その他船内秩序を乱す行為の禁止が規定されている。

　　懲戒手段は，上陸禁止と戒告の2種しか許されていない。上陸禁止の期間は，初日を含めて10日以内で，その期間には，停泊日数のみが算入される（船員法23条）。

　　船長は，手続的な公正を期すため，海員を懲戒しようとするときは，3人以上の海員を立ち会わせて本人及び関係人を取り調べた上，立会人の意見を聴かなければならない（船員法24条）。

(4) 海員への罰則規定

　　海員が上長に対し暴行又は脅迫したときは，船長の懲戒権の対象となるだけでなく，刑罰の対象となり，3年以下の懲役又は100万円以下の罰金に処せられるとしている（船員法127条）。また，海員が次のいずれかに該当するときも，刑罰の対象となり，1年以下の懲役または禁錮（③の場合）に処せ

られる（船員法128条，128条の2）。
① 船舶に急迫した危険のある場合，船舶が衝突した場合又は他の遭難船舶の救助をする場合（船員法12～14条に規定する場合）に，船長が人命，船舶，航空機又は積荷の救助に必要な手段をとるに当たり，上長の命令に服従しなかった場合。
② 自己の乗り組む船舶が沈没，滅失した場合又は全く運航に堪えなくなった場合（船員法39条3項）において，人命，船舶又は積荷の応急救助のために必要な作業に従事しなかった場合。
③ 外国において脱船した場合（ただし，脱船とは，船舶を離脱する目的をもって船舶を去ることであって，船舶における一時的な不在とは異なる）。

〔3〕 強 制 権

船員法は，船長に船内強制権を付与している。これは，船内の安全を保持することを目的として船長に付与されたもので，刑法上（刑法235条や236条の窃盗・強盗罪など）あるいは民事上（民法709条の不法行為）の違法性が阻却されることを明確にしたものである。

(1) 船長は，海員，旅客その他船内にある者が，凶器，爆発又は発火しやすい物，劇薬その他の危険物を所持するときは，その物につき保管，放棄その他の必要な処置をすることができ，また，船内にある者の生命若しくは身体又は船舶に危害を及ぼすような行為をしようとする海員その他船内にある者に対し，その危害を避けるのに必要な処置をすることができる（船員法25～27条）。

(2) 船長は，海員が雇入契約の終了の届出があった後船舶を去らないときは，その海員を強制して船舶を去らせることができる（船員法28条）。

〔4〕 行政庁に対する援助の請求

船長は，海員，旅客その他船内にある者が，人命や船舶に危害を及ぼしたり，船内の秩序を著しく乱すような場合，その判断により必要があると認めたときは，行政庁の援助を求めることができる（船員法29条）。行政庁には，国の行政官庁のほか，地方公共団体の機関が含まれる。

〔5〕 司法警察員としての職務

遠洋区域，近海区域又は沿海区域を航行する総トン数20トン以上の船舶の船長は，船内における犯罪につき，司法警察職員（刑事訴訟法189条2項）として，犯罪の捜査，犯人の逮捕等の行為を行うことが認められている（刑事訴訟法190条，司法警察官吏及司法警察官吏ノ職務ヲ行フヘキ者ノ指定等ニ関スル件―勅令）。

〔6〕 船内死亡者に対する処置
　船長は，船舶の航行中船内にある者が死亡したときは，命令の定める一定の条件のもとに，これを水葬に付することができる（船員法15条，船員則4条，5条）。条件を欠いたまま死体を水葬に付した船長は，30万円以下の罰金に処せられる（船員法126条）。

〔7〕 戸籍吏の職務
　航海中に出生又は死亡があったときには，船長は戸籍吏の職務を担当する（戸籍法55条，93条）。具体的には，一定事項を航海日誌に記載し，その謄本を市町村長に送付するといった事務を行う。

第2節　船長の義務

〔1〕 発航前の検査
　船舶は，いったん出航すれば外部の援助が期待できないゆえ，出航前に堪航能力を検査することは船舶の安全にとって不可欠である。船員法は，このため，船長は，船舶の始発港の発航前のみならず，各寄航地の発航前に，航海に支障がないか，船舶の堪航能力の検査をするほか，航海に必要な準備が整っているかについて検査しなければならない，としている（船員法8条）。この検査義務に違反した船長は，30万円以下の罰金に処せられる（船員法126条）。検査すべき事項は，船員則2条の2に規定された次の事項である。
① 船体，機関及び排水設備，操舵設備，係船設備，揚錨設備，救命設備，無線設備その他の設備が整備されていること。
② 積載物の積付けが船舶の安全性をそこなう状況にないこと。
③ 喫水の状況から判断して船舶の安全性が保たれていること。
④ 燃料，食料，清水，医薬品，船用品その他の航海に必要な物品が積み込まれていること。
⑤ 水路図誌その他の航海に必要な図誌が整備されていること。
⑥ 気象通報，水路通報その他の航海に必要な情報が収集されており，それらの情報から判断して航海に支障がないこと。
⑦ 航海に必要な員数の乗組員が乗り組んでおり，かつ，それらの乗組員の健康状態が良好であること。
⑧ ①から⑦までに掲げるもののほか，航海を支障なく成就するため必要な準備が整っていること。
　ただし，①のうち操舵設備に係る事項については12時間以内に，①のうち操舵設備に係る事項以外の事項並びに④及び⑤については，24時間以内に検査し

ている場合には，あらためて検査する必要はない（船員則2条の2）。

なお，船長が発航前検査義務を怠り，船舶に不堪航性がある場合，船員は，行政官庁，船員労務官にその事実を申告することができる（船員法112条）。

〔2〕 航海の成就

船長は，航海の準備が終ったときは，遅滞なく発航（発航義務）し，かつ，必要がある場合を除いて，予定の航路を変更しないで到達港まで航行（航行義務）しなければならない（船員法9条）。この規定に違反して予定の航路を変更した船長は，30万円以下の罰金に処せられる（船員法126条）。

本条の規定は，もともとは商法典に存在したが，昭和22（1947）年の改正の際に船員法に移されたものである。船の安全の観点からすれば，遅滞なく発航すると規定するのではなく，「準備が終了するまで出航してはならない」と規定する方が適当であろうが，運送人の責任を考慮する商法の観点が重視された表現が残存したままとなっている。

〔3〕 甲板上の指揮

船長は，船舶が港を出入するとき，船舶が狭い水路を通過するとき，その他船舶に危険のおそれがあるときは，甲板上にあって，自ら船舶を指揮しなければならない（船員法10条）。港湾の出入又は狭い水路の通過は常に危険があるものと法律上推定し，現実に危険があると否とにかかわらず，船長にこのような義務を課すことで船舶の安全を確保しようとしたものである。この甲板上の指揮義務に違反した船長は，30万円以下の罰金に処せられる（船員法126条）。

なお，水先人に運航指揮を委ねる場合，船長の甲板上の指揮義務がどのようになるかが問題となる。この点，水先法17条は，船長は，正当な事由がある場合を除いて水先人に水先させなければならないとするが，船長の責任を解除し，又は権限を侵すものと解釈してはならないとしている。したがって，水先人はあくまでも船長の運航補助者として位置づけられ，船長の義務が解除されるのではない。

〔4〕 在船義務

船長は，船舶の責任者として，常に船内にあって自ら船舶を指揮する必要がある。このため，船員法は，船長が，やむを得ない場合を除いて，自己に代わって船舶を指揮すべき者にその職務を委任した後でなければ，荷物の船積及び旅客の乗込のときから荷物の陸揚及び旅客の上陸のときまで，自己の指揮する船舶を去ってはならない旨を規定している（船員法11条）。ここで規定された在船義務は，船長が単に船内にいるだけでなく，船内において職務をとることを意味している。在船義務の規定に違反した船長は，30万円以下の罰金に処せ

られる（船員法126条）。

　船長が職務代行者に委任して船舶を去った場合においても，当該代行者は，後任の船長となるのではない。ただし，船員法134条によれば，船長職務代行者にも罰則等の規定は適用があるとされている。

〔5〕　船舶に危険がある場合における処置

　船長は，自己の指揮する船舶に急迫した危険があるときは，人命の救助並びに船舶及び積荷の救助に必要な手段を尽くさなければならない（船員法12条）。この規定は，以前，船舶に急迫した危険があるときは，船長は，人命，船舶及び積荷の救助に必要な手段を尽くし，かつ，旅客，海員その他船内にいる者を去らせた後でなければ，自己の指揮する船舶を去ってはならないと，船長の在船義務，指揮義務を明記していたが，昭和45（1970）年の改正法により，前述のように改められた。改正前の12条の規定が誤解を招き，船長が船舶と運命を共にするという弊害を生じやすかったために改正されたものである。この規定に違反して人命及び船舶の救助に必要な手段を尽くさなかった船長は，5年以下の懲役に処せられる（船員法123条）。

〔6〕　船舶が衝突した場合における処置

　船長は，船舶が衝突したときは，互いに人命及び船舶の救助に必要な手段を尽くし（救助義務），かつ，船舶の名称，所有者，船籍港，発航港及び到達港を告げなければならない（告知義務）。ただし，この規定には例外があり，自己の指揮する船舶に急迫した危険があるときは，この限りでない（船員法13条）。

　救助義務違反の場合は3年以下の懲役又は100万円以下の罰金，告知義務違反の場合は30万円以下の罰金に処せられる（船員法124条，126条）。

〔7〕　遭難船舶等の救助

　船長は，他の船舶又は航空機の遭難を知ったときは，人命の救助に必要な手段を尽くさなければならない。ただし，自己の指揮する船舶に急迫した危険がある場合及び国土交通省令の定める一定の場合は，この限りでない（船員法14条）。国土交通省令には，①遭難者の所在に到着した他の船舶から救助の必要ない旨の通報があったとき，②遭難船舶の船長又は遭難航空機の機長が，遭難信号に応答した船舶中適当と認める船舶に救助を求めた場合に，当該救助を求められた船舶のすべてが救助に赴いていることを知ったとき，③やむを得ない事由で救助に赴くことができないとき，又は，特殊事情により救助に赴くことが適当でないときが挙がっているが，③の場合には海上保安機関又は救難機関（日本近海では海上保安庁）への通報義務が課されている（船員則3条）。

　遭難船舶等の救助義務に違反した船長は，2年以下の懲役又は50万円以下の

罰金に処せられる（船員法125条）。

〔8〕 異常気象等の通報

　無線電信又は無線電話の設備を有する船舶（船員則3条の2第1項）の船長は，航行に危険を及ぼすおそれのある暴風雨，強風，漂流物・流氷・氷山，沈没物等に遭遇したときは，その日時，位置，風向，風力等について，附近の船舶及び海上保安機関（日本近海では海上保安庁）に通報しなければならない。ただし，予報又は警報が出ている場合及び港則法，航路標識法，水路業務法，気象業務法又は海上交通安全法の規定による報告を行ったときは，海上保安庁に対する通報を行わなくてもよいとされている（船員法14条の2，船員則3条の2第2項）。

〔9〕 非常配置表の作成及び掲示

　①旅客船（旅客定員13人以上のものをいい，平水区域を航行区域とする旅客船については，国土交通大臣の指定する航路に就航するものに限る），②旅客船以外の遠洋区域又は近海区域を航行区域とする船舶，③特定高速船，④専ら沿海区域において従業する漁船以外の漁船の船長は，衝突，火災，浸水等の非常の場合における海員の作業に関し非常配置表を定め，船員室その他適当な場所に掲示しておかなければならない（船員法14条の3第1項，船員則3条の3第1項）。また，国内各港間のみを航海する旅客船以外の旅客船の非常配置表の様式は，当該船舶の運航管理の事務を行う事務所の所在地を管轄する地方運輸局長の承認を受けたものでなければならない（船員則3条の3第7項）。この義務に違反した船長は，30万円以下の罰金に処せられる（船員法126条）。

　非常配置表には，非常の際に的確な緊急作業を行わせることを目的とするもので，防水作業，消火作業，救命艇等及び救助艇作業，救命設備の操作，旅客の安全確保，船倉，タンクその他の密閉された区画（密閉区画）における救助のための作業について各海員の配置その他が定められなければならない（船員則3条の3第2～6項）。

〔10〕 操練の実施及び旅客に対する避難要領等の周知

　非常配置表を作成し，掲示しなければならない船舶の船長は，防火操練，救命艇等操練，救助艇操練，防水操練，非常操舵操練，密閉区画における救助操練及び損傷制御操練を実施しなければならない（船員法14条の3第2項，船員則3条の4第1項）。操練の方法及び回数は，国土交通省令により定められている（船員則3条の4第1～7項）。

　旅客船の船長は，旅客が避難する場合の要領並びに救命胴衣の格納場所及び着用方法について，旅客の見やすい場所に掲示するほか，旅客に対して周知徹底を図るために必要な措置を講じなければならない（船員法14条の4，船員則3

条の10)。この義務は，操練の実施義務の有無にかかわらず課されている。
〔11〕　航海当直の実施と巡視制度
　平水区域を航行区域とする船舶又は専ら平水区域若しくは船員法1条2項3号の漁船の範囲を定める政令別表の海面において従事する漁船以外の船舶の船長は，告示で定められた航海当直基準に従って，適切に航海当直を実施するための措置をとらなければならない（船員則3条の5）。現在妥当している航海当直基準（平成8年12月24日運輸省告示704号）は，1995年に改正された1978年STCW条約に準拠して定められたもので，平成9（1997）年2月1日から施行されている。これには，例えば，航海当直をすべき職務を有する者が十分に休養し，かつ，適切に業務を遂行することができる状態とするために，次の事項が掲げられている。
　①　人命，船舶若しくは積荷の安全を図るため又は人命若しくは他の船舶を救助するため緊急を要する作業，防火操練，救命艇操練等その他これらに類似する作業その他の船舶の航海の安全を確保するための作業に従事する場合を除いて，24時間について10時間以上休息させること。
　②　③に規定する場合を除き，①に規定する休息時間は，2回に分けて与えることができるが，この場合において，そのうち一回の休息時間は，少なくとも6時間の連続した休息時間とすること。
　③　①の規定にかかわらず，2日を限度として少なくとも6時間の連続した休息時間とすることができるが，しかし，当該2日を含む1週間について少なくとも70時間休息させること。
　また，旅客船の船長は，船舶の火災の予防のための巡視制度を，ロールオン・ロールオフ旅客船の船長は，ロールオン・ロールオフ貨物区域等における貨物の移動又は当該区域への関係者以外の者の立入りを監視するための巡視制度を設けなければならない（船員法14条の4，船員則3条の6）。
〔12〕　水密の保持
　船長は，船舶の浸水を防止するため，水密隔壁の水密戸の発航前閉鎖，一定の舷窓の水密閉鎖，その他の船内開口の水密閉鎖を行い，船舶の水密を保持するとともに，海員がこれを遵守するよう監督しなければならない（船員法14条の4，船員則3条の7）。なお，旅客船の船長には，このほか，点検及び作動の義務が課されている（船員則3条の8）。
〔13〕　非常通路及び救命設備の点検整備
　船長は，非常の際に脱出する通路，昇降設備及び出入口並びに救命設備を毎月1回以上，点検，整備しなければならない（船員則3条の9第1項）。

また，船長は，救命設備のうち，①救命艇等及び救助艇並びにそれらの進水装置の目視点検，②救命艇等及び救助艇（国内航海船等に備え付けられているものを除く）の内燃機関の始動及び前後進操作による点検，③旅客招集信号の使用点検を毎週1回行わなければならない（船員則3条の9第2項）。

〔14〕 船上教育等

非常配置表の作成等を義務づけられた船舶の船長は，海員に対し，当該船舶の救命設備及び消火設備の使用方法に関する船上教育及び船上訓練，海上における生存方法に関する船上教育並びに進水装置用救命いかだの使用方法に関する船上訓練を一定の間隔で実施しなければならない（船員則3条の11～12）。船上訓練を行ったときは，その概要を航海日誌の第5表に記載しなければならない（船員則11条2項6号）。また，船長は，当該船舶の救命設備の使用方法及び海上における生存方法に関する手引書を食堂等の適当な場所に備え置かなければならない（船員則3条の13）。

〔15〕 操舵設備の作動

2つ以上の動力装置を同時に作動することができる操舵設備を有する船舶の船長は，船舶に危険のおそれがある海域を航行する場合には，当該2以上の動力装置を作動させておかなければならない（船員則3条の14）。

〔16〕 自動操舵装置の使用

船長は，自動操舵装置の使用に関し，これを長時間使用したとき，又は船舶に危険のおそれがある海域を航行しようとするときは，手動操舵について検査すること，船舶に危険のおそれがある海域を航行する場合には直ちに手動操舵を行うことができるようにしておくなど一定の事項を遵守しなければならない（船員則3条の15）。

〔17〕 船内遺留品の処置

船長は，船内にある者が死亡し，又は行方不明となったときは，法令に特別の定がある場合を除いて，船内にある遺留品について，国土交通省令の定める方法で，保管その他必要な処置をしなければならない（船員法16条，船員則6条，7条）。船長がこの規定に違反したときは，30万円以下の罰金に処せられる（船員法126条）。

〔18〕 在外国民の送還義務

船長は，外国に駐在する日本の領事官が，国の援助等を必要とする帰国者に関する領事官の職務等に関する法律の規定に基づいて，日本国民の送還を命じたときは，正当な理由がなければ，これを拒むことができない（船員法17条）。この規定に違反して送還を拒んだ船長は，30万円以下の罰金に処せられる（船

第4編 船員法

員法126条)。ただし，このような規定はあるものの，航空機によって送還が行われることが多い。

〔19〕 **船舶書類備置義務**

　船長は，(1) 船舶国籍証書（船舶法6条）若しくは仮船舶国籍証書（船舶法13条，15条又は16条），航行認可書（船舶法施行細則4条）又は船籍票（小型船舶の船籍及び総トン数の測度に関する政令1条）若しくは小型船舶臨時航行許可証（同政令8条の3），(2) 海員名簿，(3) 航海日誌，(4) 旅客名簿，(5) 積荷に関する書類，(6) 海上運送法26条3項に規定する証明書を，船内に備え置かなければならない（船舶法18条，船員則9～13条）。(6)は平成20（2008）年改正によるもので，海上運送法26条3項による場合とは，公共の安全の維持等のために国土交通大臣が航海を命じた場合の証明書のことである。ただし，① 旅客船以外の船舶，② 平水区域を航行区域とする船舶，③ 国内各港間において，本邦の海岸から比較的近距離にある航路として国土交通大臣が告示で定める航路を航行する船舶，④ 離島航路（離島航路整備法2条1項に規定する離島航路のうち当該航路の航海距離，本邦の海岸からの距離その他の事情を勘案して国土交通大臣が告示で定める航路を除く）を航行する船舶，⑤ 国内各港間を航海する船舶であって，当該船舶に関し，一定の措置が講じられているものについては，旅客名簿を備え置かなくてもよい（船員則12条3項）。これらの書類を備え置かず，又は海員名簿，航海日誌，旅客名簿に記載すべき事項を記載せず，若しくは虚偽の記載をした船長は，30万円以下の罰金に処せられる（船員法126条）。

〔20〕 **航行に関する報告**

　船長は，次の場合には，地方運輸局等の事務所，指定市町村長（船員法104条の規定に基づき国土交通大臣の事務を行う市町村長をいう）並びに日本の領事官にその旨を報告し，かつ，航海日誌を提示しなければならない（船員法19条，船員則14～15条，71条3号）。ただし，滅失その他やむを得ない事由があるときは航海日誌の提示は必要でない。

① 船舶の衝突，乗揚，沈没，滅失，火災，機関の損傷その他の海難が発生したとき。
② 人命又は船舶の救助に従事したとき。
③ 無線電信によって知ったときを除いて，航行中他の船舶の遭難を知ったとき。
④ 船内にある者が死亡し，又は行方不明となったとき。
⑤ 予定の航路を変更したとき。
⑥ 船舶が抑留され，又は捕獲されたとき，その他船舶に関し著しい事故が

あったとき。

　船長が報告した事実（船舶所有者が上記の手続に準じて報告をした事実を含む）については，船長又は船舶所有者は，航海日誌を提示して地方運輸局長又は領事官に対し，証明を求めることができる（船員則15条，71条4号）。指定市町村長が条例により航行に関する報告の証明事務を行っている場合，指定市町村長に対しても，証明を求めることができる。

　所定の報告をせず，又は虚偽の報告をした船長は，30万円以下の罰金に処せられる（船員法126条）。

第3節　船長の職務の代行

　船員法は，船長が死亡したとき，船舶を去ったとき，又はこれを指揮することができない場合において他人を選任（「代行船長」の選任。商法709条はやむを得ない事由により職務を行えないときは船長が他の船長を選任できるとしている）しないときは，運航に従事する海員は，その職掌の順位に従って船長の職務を行うこととしている（船員法20条）。これは「代行船長」と呼ばれている。船員法11条の船長職務代行者の規定が，船長の短期間の不在を想定した規定であるのに対し，同法20条の代行船長の規定は船長が長期間不在になる場合を想定したものである。

　代行船長には，運航に従事する海員，すなわち甲板部及び機関部の海員が，その職掌の順位に従ってなる。代行すべき船長の職務とは，船長の義務のみならず，船長の権限の一切をいう。代行船長には，船長に適用される罰則の規定も適用される（船員法134条）。

　船員法11条の船長職務代行者は，商法709条の船長職務代行者を含む広い概念である。これに対し，船員法20条における船長が「船舶を去ったとき」とは，同法11条の船長職務代行者に職務を委任して船舶を去ったときは含まれず，「他人を選任しないとき」とは，代行船長の選任をしない場合のみを意味する。また，船長職務代行者に委任した場合，代行船長の規定が働く場合はないので，船員法20条は，船長職務代行者に委任がなされない同法11条違反の場合にはじめて適用がある。ただし，同法11条の委任は，あらかじめ船長職務代行者を指定し，船長の下船の際に特に明示しなくとも委任があったと解することを妨げないので，通常は，同法11条違反が生ずることはない（昭和38年6月7日員基100号）。

第4節　争議行為の制限

　労働者の争議権は，憲法（28条）の団体行動権の一環として保障されている。しかし，船員法は，船員労働の特殊性を考慮し，労働関係に関する争議行為は船舶が外国の港にあるとき，又はその争議行為により人命若しくは船舶に危険が及ぶようなときは，これをしてはならない旨規定している（船員法30条）。これは，船舶の安全が害されるおそれのある争議行為は，法的保護を受ける争議行為とはいえないと考えたからである。また，船舶が外国の港にあるときの争議行為の禁止は，対等の条件で争議の解決について話し合うことができないことなどを考慮したものだと解されている。しかし，団体行動権保障の趣旨に照らし，これらの規定の適用範囲は適切に限定されなければならない。

　争議行為の制限禁止規定に違反してなされた争議行為につき，罰則規定は設けられていない。しかし，「正当」な争議行為でないと判断された場合，刑事法上あるいは民事法上の責任が免責されなくなる（労働組合法1条2項，8条）。

第4章　雇入契約及び雇用契約

　雇入契約とは，船舶所有者と船員の間で締結されるもので，船舶を特定して船員を雇い入れ，乗船に関する労務を約した一種の乗船契約を意味する。船員として労働する社員は，入社してから雇用終了時まで，船舶所有者と雇用契約（労働契約）を締結するとともに，乗船中に限り，雇入契約を締結するのである。船員法は，この雇入契約を届出制など行政のコントロール下に置いたうえで，船員の保護のために契約内容への介入を企図した規定を置いている。

第1節　雇入契約の当事者

　雇入契約の当事者は，船舶所有者及び船員である。後述するように，船長が雇入契約を届け出ることも許されているが，契約の当事者はあくまでも船舶所有者である。

　船員法は，未成年者（満20歳未満の者）が雇入契約を締結する場合につき特別の規定を設けている。すなわち民法によれば，未成年者が義務を伴う契約を締結するには，その法定代理人（親権者又は後見人）の同意を得なければならない（民法4条1項）。これに対し，船員法は，未成年者が船員となるには，法定代理人の許可を受けなければならないとし（船員法84条1項），いったん船員となることにつき法定代理人の許可を受けた未成年者は，雇入契約又は雇用契約を締結する場合に成年者と同一の行為能力を有するとしている（同条2項）。

第2節　雇入契約に対する船員法の効力

　船員法で定める労働条件の基準は，船舶所有者が船員を使用する場合の最低基準であるから，この法律で定める基準に達しない労働条件を定める雇入契約は，その部分については，無効となる（強行的効力）。この場合には，雇入契約は，その無効の部分については，船員法で定める基準に達する労働条件を定めたものとみなされ（船員法31条），船員法で定める基準で契約内容が補充される（直律的効力）。

　船員法のこうした強行的直律的効力は，雇入契約だけでなく，予備船員の雇用契約にも適用がある（船員法31条）。

第3節　雇入契約の締結に関する保護

〔1〕　雇入契約の締結前の説明事項と雇入届出時の提示書類

(1)　ILO 海上労働条約（後掲第9章参照）の批准に伴い，従前，労働条件明示義務が定められていた条項が改正され，雇入契約の締結前に説明を要するとして，次のように定められた。まず，船舶所有者は，船員の雇入れに際し，自らの名称（氏名）や住所とともに，様々な労働条件について書面を交付することにより，説明しなければならない（船員法32条1項）。船舶所有者が雇入契約の内容を変更しようするときも同様とする（同3項）。この労働条件としては，①雇用の期間，②乗り組むべき船舶の名称，総トン数，用途及び就航航路又は操業海域に関する事項，③職務に関する事項，④給料その他の報酬の決定方法及び支払いに関する事項，⑤船員法58条に定められた歩合給制度，⑥基準労働期間，労働時間，休息時間，休日及び休暇に関する事項並びに交代乗船制等特殊の乗船制をとる場合における当該乗船制に関する事項，⑦災害補償，⑧退職，解雇，休職及び制裁に関する事項，⑨送還，⑩予備船員制度が定められたが，従来の明示事項に加え，新たに⑦と⑨が加わったことに注意を要する（船員則16条）。

(2)　船舶所有者は，船員の雇入れに際し，適切に許可等を受けた職業紹介機関を利用しなければならないことが新たに定められた（船員法32条の2）。適切に許可等を受けた職業紹介機関には，地方運輸局，船員雇用促進センター，船員職業安定法に基づき，船員職業事業の許可を受けた者，委託募集の許可を受けた者，船員職業紹介事業の届け出を行った学校が該当する。これにより，船舶所有者は，①船員職業安定法44条1項の許可を受けずに日本国内で募集受託者に行わせた船員（船員法32条の2第1項），②船員職業安定法34条1項の許可を受け，又は同40条1項の届出をして船員職業紹介事業を行う者

以外の者（船員雇用促進センターを除く）が日本国内で紹介した求職者（船員法32条の2第2項）に加え，ILO海上労働条約（後掲第9章参照）が日本で効力を生じた平成26年8月5日からは，③当該船舶所有者が，外国において，当該外国における船員の募集を適確に実施することができるものとして国土交通省令で定める基準に適合しない募集受託者に行わせた募集に応じた船員（同3項），④外国において，当該外国における船員職業紹介事業を適確に実施することができるものとして国土交通省令で定める基準に適合しない者が紹介した求職者（同4項）を雇い入れてはならない。国土交通省令で定める基準とは，ILO海上労働条約の締約国においては，当該国の法令の規定により免許又は登録等の処分を受けていることや，条約の非締約国においては，条約の要件に適合していることについて，国土交通大臣の定める方法により船舶所有者の確認を受けていることを意味する（平成26年8月5日に施行された船員則16条の2）。

(3) 船舶所有者は，雇入契約が成立したときは，遅滞なく，労働条件等（船員法32条1項各号に掲げられた事項。前掲(1)参照），船員の氏名・住所・生年月日，契約締結場所・年月日を記載した書面（雇入契約書）を一定の様式で定めたうえで，双方が署名した雇入契約書を2部作成し，1部を船員に交付し，他の1部を船員の死亡又は雇入契約の終了の日から3年を経過する日までの間，主たる船員の労務管理の事務を行う事務所に備え置かなければならない（船員法36条1項，船員則16条の3第1項。ILO海上労働条約（後掲第9章参照）が日本で効力を生じた平成26年8月5日からは，船員則16条の3は同16条の4になった）。雇入契約書交付後に契約内容に変更があった場合も，雇入契約を変更する必要がある（船員法36条2項）。この雇入契約書（写し）は船内に備え置かなければならず（同3項），国際航海に従事する船舶の船舶所有者は，英語以外の言語で作成された場合には，英語による訳文も船内に備え置かなければならない（船員則16条の4第3項）。

雇入契約書の記載は，就業規則を引用して記載することも可能であり，この場合は雇入契約書とともに，就業規則の引用部分も交付する必要がある。ただし，給与については，ILO海上労働条約で額などの記載を求めていることから，雇入契約書に具体的な額を記載しなければならない。

なお，船長（または船舶所有者）は，これを利用して雇入届出することができる（船員法37条。後掲第4節参照）。

〔2〕 賠償予定の禁止

船員の契約違反について，過大な額の賠償予定がなされると，船員の身分的

従属や退職の自由の制限などの弊害を招くため，船員法は，船舶所有者が，雇入契約の不履行について違約金を定め，又は損害賠償額を予定する契約をすることを禁じている（33条）。こうした規定は，労基法（16条）にも存在する。本条の規定に違反した船舶所有者は，6カ月以下の懲役又は30万円以下の罰金に処せられる（船員法130条）。

ただし，あくまでも本条で禁止の対象となっているのは賠償額の「予定」である。したがって，船舶所有者が，船員の債務不履行や不法行為により現実に発生した損害を請求することは妨げられていない。

〔3〕 強制預金の禁止

船舶所有者は，雇入契約に附随して，貯蓄の契約をさせ，又は貯蓄金を管理する契約をしてはならない（船員法34条1項）。貯蓄の契約とは，第三者たる金融機関に預金をさせることである。強制貯金は，かつて労働者や船員を拘束する足止め策となったことから，労基法（18条1項）や船員法は，強制預金を禁じているのである。

船舶所有者は，船員の委託を受けてその貯蓄金を管理しようとするときは，使用する船員の過半数で組織する労働組合（労働組合がないときは過半数を代表する者）と書面による協定をし，これを所轄地方運輸局長（主たる船員の労務管理の事務を行う事務所の所在地を管轄する地方運輸局長をいう）に届け出なければならない（船員法34条2項，船員則16条の3第1項，2項）。また，貯蓄金の管理が預金の受入れ，すなわち，船舶所有者がその貯蓄金を運用するときの下限利率は，国土交通省令で定められている利率又は年5厘のうちいずれか高い方の利率としなければならない（船員法34条3項，船員則16条の3第3項）。船員は，船舶所有者に管理を委託した貯蓄金については，いつでも返還の請求をすることができる（船員法34条4項）。

〔4〕 相殺の制限

船員に対する債権と給料との相殺を許すことは船員の足止め策となり，船員に大きな不利益をもたらすおそれがあるため，船員法においては，船舶所有者は，船員に対する債権と給料の支払の債務とを相殺してはならない，としている（35条）。労基法（17条）にも同様の規定がある。ただし，相殺の額が，給料の額の3分の1を超えないとき及び船員の犯罪行為による損害賠償の請求権をもってするときは，この限りでない。例外を認めたのは，長期の航海の準備や留守家族の生活等のために要する費用につき，船舶所有者から融資を受けやすくするためであり，また，犯罪を犯した船員まで保護する必要はないからである。

第4節　雇入契約の届出

　雇入契約の成立，終了，更新又は変更があったときは，船長は，遅滞なく，国土交通大臣（地方運輸局長等又は領事官）に届け出なければならない（船員法37条1項，103条）。かつては公認制であったが，指定市町村でも審査を行っているうえ，海員名簿，船員手帳を提示しても，これらの写しが行政官庁に残らないため，2005（平成17）年4月より届出制に変更した。

　労働協約若しくは就業規則の変更に伴い労働条件が変更された場合には（就業規則については，船員法97条の規定により届出されたものに限る），届出の必要はない（船員則18条但書）。船長が届出の申請をすることができないときは，船舶所有者が船長に代わって届出をしなければならない（船員法37条2項）。

(1)　公認制の制度趣旨は，雇入契約の締結の有無や内容を国が審査し，国が後見的に監督することで，船員を保護しようとするものであった。現在は届出制に変更されたが，こうした趣旨に変更はない。

　届出は，公認と異なり，行政の認定行為を要しないが，行政の受理を必要とする。ただし，届出義務は公法上課されているものであり，届出をしなかったときは，罰則の適用はあるが（後掲（5）参照），雇入契約の成立，終了，更新又は変更の法律上の効果は，届出をしなかったという理由で，無効となるものではない。

(2)　地方運輸局長等は，雇入契約の届出があった場合，その雇入契約が航海の安全に関する法令（主として船舶職員及び小型船舶操縦者法を指す）又は船員の労働関係に関する法令に違反することがないか，また，当事者の合意が充分であるかを確認しなければならない（船員法38条）。ただし，形式的に法令等に違反がなければ受理するものとされている。

(3)　船長は，届出に際し，①海員名簿，②船員手帳，③海技免状その他の資格証明書を受有することを要する船員については海技免状その他の資格証明書を提示して，最寄りの地方運輸局等の事務所又は日本の領事官の事務所において提出しなければならない（船員則19条1項）。ただし，雇入契約の終了の届出の申請には，海技免状その他の資格証明書の提示は必要でない。なお，海員名簿に労働条件を記載する場合は，災害補償や送還の記載も要する。

(4)　地方運輸局長などは，雇入契約の確認のため必要があるときは，労働協約，就業規則，船員派遣契約の契約内容を記載した書類，妊産婦の船員を船内で使用することができることを証する書類その他の船員の労働関係に関する事項を証する書類，漁船の従業する区域を証する書類又は船舶国籍証書，船舶検査証書その他の船舶に関する事項を証する書類（海上労働証書など）の提示

を求めることができる（船員則19条2項）。
(5) 航路，漁法その他の事由により，同一の船舶所有者に属している2隻以上の船舶相互の間で船員の乗組みを頻繁に変更させる必要がある場合，船舶所有者は，所轄地方運輸局長の許可を受けて，許可を受けた船舶に乗り組んでいる船員の雇入契約が，個々の船舶ではなくて，これらすべての船舶について存するものとして，一括して届出をすることができる（船員則22条1項）。例えば，2以上の船舶を短距離の航路に頻繁に就航させている場合，まき網漁業のように船員を集団的に漁業に従事させる場合等である。この場合には，届出は，所轄地方運輸局長の指定する地方運輸局等の事務所において行うこととされ（同22条4項），また，海員名簿は船内に備え置かず，所轄地方運輸局長が指定した場所に備え置かれることになる（同10条4項）。
(6) 雇入契約の届出をしなかった者又は詐偽その他の不正行為をもって雇入契約の届出をした者は，30万円以下の罰金に処せられる（船員法133条）。

第5節　雇入契約の終了

　雇入契約は，契約期間の満了，船員の死亡により当然に終了するが，船員法は，雇入契約の性質上（当事者の意思表示ではなく）法律の規定により当然に終了する事由を定めるとともに，当事者が雇入契約を解除できる事由を限定している。

〔1〕　雇入契約の法律上の終了事由
(1) 雇入契約は，①船舶が沈没又は滅失したとき，②船舶が全く運航に堪えなくなったときは，終了する（船員法39条1項）。雇入契約は，特定の船舶において労務を提供することを約する契約であるから，労務を提供する場所たる特定の船舶が沈没若しくは滅失し，又は全く運航に堪えなくなったときは，もはや契約を履行することができず，雇入契約を存続することはできないからである。

　なお，船舶の存否が1カ月間分からないときは，船舶は，滅失したものと推定され（船員法39条2項），雇入契約は終了する。ただし，推定であるから，反証を挙げて覆すこともできる。
(2) 相続その他の包括承継（権利義務を一括して承継すること。相続のほかに会社の合併等の場合がある）の場合を除いて，船舶所有者の変更があったときは，雇入契約は，当然に終了する（船員法43条1項）。ただし，雇入契約の終了のときから，船員と新船舶所有者との間に従前と同一条件の雇入契約が締結されたものとみなされる。この場合には，船員は，24時間以上の期間を定めて

書面で解除の申入をすることができ，その期間が満了したときに契約は終了する（船員法43条2項）。この規定は，船舶所有者の変更をもって一律に雇入契約が法律上当然に終了するとした代わりに，新船舶所有者に雇用関係を強制する点に大きな特徴がある。一般に，事業譲渡（営業譲渡）の場合，当事者の合意や事業の実質的同一性が存在しない限り，雇用契約（労働契約）は当然には承継されないと解されているが，船員法は，船舶所有者の変更に際し，新船舶所有者に雇入契約が当然に承継されるとの効果を付与し，船員の雇用の安定を図ろうとしたのである。

〔2〕 雇入契約の解除

(1) 船舶所有者は，次のいずれかの事由に該当する場合には，雇入契約を（即時）解除することができる（船員法40条）。こうした事由は，期間の定めのない契約の場合はもちろん，期間の定めがある場合にも適用がある。したがって，同条は，「やむを得ない事由」がなければ有期雇用契約を解除できないと規定する民法628条あるいは労働契約法17条の例外規定となっている（労働契約法20条1項は，このため同法17条を船員については適用除外している）。⑥の場合には，船舶所有者は，直ちに雇入契約を解除しなければならない。

① 船員が著しく職務に不適任であるとき。
② 船員が著しく職務を怠ったとき，又は職務に関し船員に重大な過失のあったとき。
③ 海員が船長の指定するときまでに船舶に乗り込まないとき。
④ 海員が著しく船内の秩序をみだしたとき。
⑤ 船員が負傷又は疾病のため職務に堪えないとき。
⑥ 船員が健康証明書を受けることができないとき（船員法83条，後掲第5章第4節〔5〕を参照）。
⑦ その他やむを得ない事由のあるとき。
　やむを得ない事由のあるときとは，船舶所有者側に存するやむを得ない事由のほかに，①から⑥までのいずれにも該当しないが，船員が非難を受けてもやむを得ない船員側の事由も含まれる。

(2) 次のいずれかの事由に該当する場合，船員は，雇入契約の期間の定めの有無にかかわらず，即時に（㈡の場合は別）解除することができる（船員法41条）。同条は，有期契約期間途中について，特別の解約事由を認めるものであるから，有期契約期間途中の退職について「やむを得ない事由」を求める民法628条の特別法である。

(イ) 船舶が雇入契約の成立のときにおける国籍を失ったとき。

(ロ)　雇入契約により定められた労働条件と事実とが著しく相違するとき。
　(ハ)　船員が負傷又は疾病のため職務に堪えないとき。
　(ニ)　船員が国土交通省令の定めるところにより教育を受けようとするとき。
　　(ニ)については，学校教育法による学校，独立行政法人海技教育機構並びに独立行政法人水産大学校の教育を受けようとする場合に，船員は雇入契約を解除することができるものとし，この場合には，少なくとも7日以前に船舶所有者に書面で申入をしなければならないとしている（船員則17条）。
　　船舶が外国の港からの航海を終了した場合において，その船舶に乗り組む船員が，24時間以上の期間を定めて書面で雇入契約の解除の申入をしたときは，その期間が満了したときに，その者の雇入契約は終了する（船員法41条2項）。
(3)　期間の定めのない雇入契約は，船舶所有者又は船員が24時間以上の期間を定めて書面で解除の申入をしたときは，その期間が満了したときに終了する（船員法42条）。

〔3〕　雇入契約の延長
　前記〔1〕及び〔2〕で述べたところにより，雇入契約が終了する場合においても，船員労働の特殊性から，次の場合には，雇入契約は延長される。
(1)　船舶の沈没等により，雇入契約は終了するが，その場合においても，船員は，人命，船舶又は積荷の応急救助のために必要な作業に従事しなければならない（船員法39条3項）。この場合には，従前の雇入契約は，その作業が終了するまで存続する。
　　また，船員がその応急作業に引き続いて，遺留品若しくは積荷の保全，船員の送還等の残務の処理に従事する場合も，雇入契約は，その処理が終了するまで存続する（船員法39条4項）。ただし，残務処理に従事している期間中，船舶所有者又は船員は，いつでも，その雇入契約を解除することができる（船員法39条5項）。
(2)　雇入契約が終了したときに船舶が航行中の場合，次の港に入港してその港における荷物の陸揚及び旅客の上陸が終わるときまで，雇入契約が終了したときに船舶が停泊中の場合には，その港における荷物の陸揚及び旅客の上陸が終わるときまで，その雇入契約は，存続するものとみなされる（船員法44条1項）。
　　また，船舶所有者は，雇入契約が適当な船員を補充することのできない港において終了する場合には，適当な船員を補充することのできる港に到着して荷物の陸揚及び旅客の上陸が終わるときまで，雇入契約を存続させること

ができる。ただし，本節〔2〕(2)(イ)から(ハ)に該当する事由により船員が雇入契約を解除したときは，船舶所有者は雇入契約を存続させることができない（船員法44条2項）。

第6節　雇入契約の終了に伴う保護

　予備船員制度のない場合，雇入契約の終了により船員は職を失うが，予備船員制度のある場合には，予備船員となる。そこで，船員法は，雇入契約の終了の原因が船員の責に帰すべき事由でない場合に，失業手当，雇止手当の支給，船舶所有者の送還義務について定めている。しかし，予備船員となると，報酬は減少するが，予備船員としての報酬を受けるので，その限度においてこれらの手当は調整される（後掲第7章〔2〕を参照）。

〔1〕　失業手当

　船舶所有者は，船舶が沈没若しくは滅失し，又は全く運航に堪えなくなったため雇入契約が終了したときは（船員法39条1項），その翌日（行方不明となった船員についてはその生存が知れた日）から，2カ月（行方不明手当の支払を受ける船員については，行方不明の期間を控除する）の範囲内において，船員の失業期間中毎月1回その失業日数に応じ給料の額と同額の失業手当を支払わなければならない（船員法45条）。船舶所有者が失業手当を支払わなかったときは，6カ月以下の懲役又は30万円以下の罰金に処せられる（船員法130条）。

〔2〕　雇止手当

　船舶所有者は，次のいずれかに該当する場合，遅滞なく，船員に1月分の給料の額と同額の雇止手当を支払わなければならない（船員法46条）。

(1)　やむを得ない事由により船舶所有者が雇入契約を解除したとき（船員法40条6号）。

(2)　船舶が雇入契約の成立のときにおける国籍を失ったため，又は雇入契約により定められた労働条件と事実とが著しく相違するため，船員が雇入契約を解除したとき（船員法41条1項1号，2号）。

(3)　雇入契約が期間の定のない場合に，船舶所有者が24時間以上の期間を定めて書面で解除の申入をし，雇入契約が終了したとき（同42条）。

(4)　相続その他の包括承継の場合を除いて，船舶所有者の変更があったため雇入契約が終了したとき（船員法43条1項）。

(5)　船員が健康証明書を受けることができないため雇入契約が解除されたとき（船員法83条）。

　船舶所有者が雇止手当を支払わなかったときは，6カ月以下の懲役又は30万

円以下の罰金に処せられる（船員法130条）。

〔3〕送　　還

　船舶所有者は，下記の①から⑧の事由に該当する場合，遅滞なくその費用で，船員の希望により，雇入港，又は雇入港までの送還に要する費用の範囲内で船員の希望する地まで，送還（repatriation）しなければならない。その船員が雇入のため雇入港に呼び寄せられた者である場合又は未成年者である場合には，送還地は，雇入港若しくは雇入契約の成立のときにおけるその船員の居住地又はこれらのいずれかの地までの送還に要する費用の範囲内で船員の希望する地となる。いずれの場合においても，船舶所有者は，送還に代えてその費用を支払うことができる（船員法47条）。船舶所有者の負担すべき船員の送還の費用は，送還中の運送賃，宿泊費及び食費並びに雇入契約の終了のときから遅滞なく出発するときまでの宿泊費及び食費である（船員法48条）。さらに，船員法47条1項によって船員を送還する場合や送還に代えてその費用を支払う場合には，船員の送還に要する日数に応じ給料の額と同額の送還手当を支払わなければならない（船員法49条）。

① 船舶が沈没若しくは滅失し，又は全く運航に堪えなくなったため雇入契約が終了したとき（船員法39条1項）。
② 船員が著しく職務に不適任であるため，又はやむを得ない事由により船舶所有者が雇入契約を解除したとき（船員法40条1号，6号）。
③ 船員が負傷又は疾病により職務に堪えないため，船舶所有者又は船員が雇入契約を解除したとき（船員法40条5号，41条1項3号）。ただし，船員の職務外の負傷又は疾病につき船員に故意又は重大な過失のあったときは，この限りでない。
④ 船舶が雇入契約の成立のときにおける国籍を失ったため，又は雇入契約により定められた労働条件と事実とが著しく相違するため，船員が雇入契約を解除したとき（船員法41条1項1号，2号）。
⑤ 雇入契約が期間の定のない場合に，船舶所有者が24時間以上の期間を定めて書面で解除の申入をし，雇入契約が終了したとき（船員法42条）。
⑥ 船舶所有者の変更があった場合に，船員と新所有者との間に存在するとみなされる雇入契約を船員が解除したとき（船員法43条2項）。
⑦ 雇入契約が期間の満了により船員の本国以外の地で終了したとき。
⑧ 船員が健康証明書を受けることができないため雇入契約が解除されたとき（船員法83条）。

　また，ILO海上労働条約（後掲第9章参照）の批准に伴い，送還については，

船員の側に責任がある場合であっても，船舶所有者が雇入契約を解除した時に，船員が自己の負担で希望の目的地まで移動することができない場合は，原則として，船員の希望する交通手段により送還しなければならないことが定められた（同2項，3項）。ただし，この場合，送還に係る費用については，送還後に船員に請求できることになった（同4項。しかし，船員法49条は同47条1項に限定しているため，送還手当の支払いの必要はない。）。

船舶所有者が送還の規定に違反したときは，6カ月以下の懲役又は30万円以下の罰金に処せられる（船員法130条）。

〔4〕 送還手当

船舶所有者は，船員の送還に要する日数に応じ，給料と同額の送還手当を支払わなければならない。送還に代えてその費用を支払うときも同様である（船員法49条）。船舶所有者が送還手当を支払わなかったときは，6カ月以下の懲役又は30万円以下の罰金に処せられる（船員法130条）。

第7節　予備船員の雇用契約

船員法は，乗船している船員の雇入契約を中心に規整を加えているが，下記のとおり，予備船員（前掲第2章第1節〔1〕(6)参照）に関する保護規定も有している。

〔1〕 雇用契約の締結に関する保護

予備船員の雇用契約は，雇入契約の場合と同様，船員法に違反した場合にはその部分については無効となる。

〔2〕 傷病船員等の解雇制限

船舶所有者は，船員が職務上の負傷又は疾病により休業する期間，女子の船員が船員法87条1項又は2項の規定により休業する期間（妊娠中，産後8週間及びこれらの期間に引き続く30日間）は，その船員を解雇することはできない（船員法44条の2・1項。罰則〔130条〕付き）。

解雇が制限される期間中は，雇入契約は解除されても（船員法40条。産前産後の場合には雇入契約の解除が許されない場合がある）雇用関係は継続することになる。ただし，療養のための休養期間が3年を超えるとき，又は天災事変などやむを得ない理由で事業の継続が不可能となり，所轄地方運輸局長の認定を受けたときは，この雇用関係を終了することができる。

〔3〕 解雇の予告

船舶所有者は，予備船員を解雇しようとする場合，①少なくとも30日前に解雇の予告を行うか，②予告をしないときは1月分の給料の額と同額の予告手当

を支払うか，③予告日数が30日に満たないときは，短縮しようとする日数に応じた予告手当を支払わねばならない（船員法44条の3第1項，2項。罰則〔130条〕付き）。これは，予備船員が新たな職を求める期間の生活を保障しようとするもので，労基法20条と同様の規定である。ただし，天災事変などやむを得ない事由のために事業の継続が不可能となった場合又は予備船員の責に帰すべき事由がある場合に所轄地方運輸局長の認定を受けたときには，この解雇予告制度は適用されない（船員法44条の3第1項後段，3項）。

第8節 船員手帳

　船員は，船員手帳を受有しなければならない（船員法50条1項）。船員手帳は，船員の身分証明書であって，船員の履歴関係，有給休暇の付与関係，船員保険関係，健康証明等の事項が記載される書類である（船員則38条，16号書式）。したがって，船員手帳は，船員の保護のための重要な書類となる。また，船員手帳は，船員の身分を証明するものであることから，外国に航海する船員にとっては，旅券の代わりとなる。

　船員手帳は，地方運輸局等の事務所において交付されるが，その申請手続，船員手帳の訂正・再交付，返還は，船員法施行規則（28～37条）に規定されており（船員法50条4項），船長は，雇入契約の成立等があったときは，遅滞なく，船内における職務，雇入期間その他の船員の勤務に関する事項を船員手帳に記載しなければならない（同3項，船員則27条の2）。また，船員手帳の有効期間は，日本人船員の場合，原則として交付，再交付又は書換えから10年である。ただし，航海中にその期間が経過したときは，その航海が終了するまで，有効である（船員則35条1項）。これに対し，外国人の場合は5年であるが，地方運輸局長が5年以内の期間を定めた場合，その期間になると定められている（船員則35条2項）。なお，沖縄の復帰前に沖縄の船員法の規定により交付されている船員手帳は，船員法の規定により交付されている船員手帳とみなされる。衛生管理者適任証書（後掲第5章第4節〔4〕）及び救命艇手適任証書（前掲第3章第2節）についても同様である（沖縄の復帰に伴う運輸省関係法令の適用の特別措置等に関する政令10条）。

　船長は，海員の乗船中その船員手帳を保管しなければならない（船員法50条2項）。船員手帳には，船員の履歴関係が記載されているので，船員又は船員であった者は，船員手帳に記載されている届出又は船長の就退職等の証明を受けた事項について，地方運輸局長の証明を受けることができる（船員則39条）。

　自己の船員手帳を棄損した者，船員手帳の交付，訂正，書換え及び返還に関

する命令に違反した者，詐偽その他の不正行為によって船員手帳の交付，訂正又は書換えを受けた者，他人の船員手帳を行使した者は，30万円以下の罰金に処せられる（船員法133条）。また，海員の乗船中その船員手帳を保管しなかった船長は30万円以下の罰金に処せられる（船員法126条）。

第9節　勤務成績証明書

　海員は，船長に対し勤務の成績に関する証明書の交付を請求することができる（船員法51条）。これは，海員が，転職等新たに就業しようとする場合の便宜を図ることを企図した規定である。同条は，予備船員については特に何も書いていないが，予備船員については乗り組んでいた当時の船長に請求することができる。

第5章　労 働 条 件

第1節　給料その他の報酬

〔1〕　給料その他の報酬の定義

　船員法は，報酬について特別の定を置いているが（法52～59条），この報酬とは，名称の如何を問わず，労働の対償として船舶所有者が船員に支払うすべてのものをいう。陸上労働者に適用される労基法は，賃金という概念を使用しているが，賃金と報酬とは同義である。したがって，船舶所有者が船員に支給する利益は，それが労働の対償性を有する限り，すべて報酬に該当する。これに対し，福利厚生又は労働協約，就業規則若しくは労働契約（雇入契約，予備船員の雇用契約）等により支給を義務づけられていない，恩恵的支給は，原則として，労働の対償性を有しないから，報酬ではないと解されている。なお，船員法上，給料とは，船舶所有者が船員に対し一定の金額により定期に支払う報酬のうち，基本となるべき固定給をいう（法4条）。

〔2〕　給料その他の報酬の定め方

　労働条件は，船員が人たるに値する生活を営むための必要を充たすことができるものでなければならないが，船員法は，特に給料その他の報酬は，船員労働の特殊性に基づき，かつ，船員の経験，能力及び職務の内容に応じて定めるべきものとしている（52条）。

〔3〕　給料その他の報酬の支払方法

　給料その他の報酬は，原則として，通貨で直接船員に全額を支払わなければならない（船員法53条1項）。また，国土交通省令の定める報酬を除いて，給料

その他の報酬は，毎月1回以上，一定の期日に支払わなければならない（同2項）。さらに，ILO海上労働条約（後掲第9章参照）の批准に伴い，船舶所有者が，給料その他の報酬の支払に関する事項を記載した書面を交付しなければならないことも明記された（同3項）。対象となるのは，給料の額及び内訳，後述する通貨払の原則の例外として通過以外で支払うこととした額，直接払の原則の例外として船員法56条に基づき同居の親族などに渡された額，全額払の原則の例外として控除された額（船員則40条の2）に加え，支払に係る通貨・換算率があらかじめ合意されたものと異なる場合はその通貨の種類・外国為替相場等（平成25年2月28日国海運156号）となっている。

報酬の額は，労働協約や就業規則など，労使の自治を通じて決定するものであり，法律に特段の規定が設けられているわけではない（ただし，後述する最低報酬の規定などは存在する）。これに対し，報酬の支払方法は，法律の規制対象となっており，通貨払の原則，直接払の原則，全額払の原則，一定期日払の原則の4つが定められている（報酬支払方法の4原則）。同様の規制が，陸上の労働者の賃金に関する労基法（24条）にも存在するが，後述するように，船員法は，労基法と少し異なる点がある。

船舶所有者が報酬支払方法の原則の規定に違反した場合，30万円以下の罰金に，船長が55条の規定（船内での手渡しに関する規定）に違反した場合，30万円以下の罰金に処せられる（船員法131条，126条）。

1 通貨払の原則

報酬は，通貨で支払わなければならない。通貨とは，強制通用力のある貨幣をいう。これは，現物給与を禁止し，通貨で支払わせることにより，船員生活の安定の確保を企図したものである。

通貨払の原則には幾つかの例外が認められている。第1に，船舶所有者は，船員の同意を得た場合，給料その他の報酬及び退職手当の支払について当該船員が指定する銀行その他の金融機関に対する当該船員の預金又は貯金への振込みによることができ，また退職手当の支払については，一定の条件をみたした小切手を当該船員に交付するという方法を採ることもできる（船員則39条の2）。

第2に，法令又は労働協約に特別の定がある場合には，通貨以外のもので支払うことが許される（ただし，現在，これに当たる法令はない）。

2 直接払の原則

報酬は，直接船員に支払わなければならない。支払を受けるべき船員以外の者に対しては，その者が当該船員の親権者，法定代理人，船員の委任を受けた任意代理人であったとしても，これに報酬を支払うことはできない。たとえ，

これらの者に支払っても、船員に対し報酬を支払ったことを意味しないと解されている。

直接払の原則にも例外が存在する。第1に、船員の中には家庭を離れ、長期の航海に従事する者もいるため、船員法は、船員から請求があったときは、船舶所有者は、船員に支払われるべき給料その他の報酬を、その同居の親族（6親等内の血族、配偶者、3親等内の姻族〔民法725条〕）又は船員の収入によって生計を維持する者に渡さなければならないとしている（船員法56条。同131条による罰則付き）。第2に、海員の報酬が船内で支払われるときは、船長が直接船員に手渡さなければならず、やむを得ない事由のある場合に限り、他の職員に手渡すことができる、としている（船員法55条）。

3　全額払の原則

報酬は、その全額を支払わなければならない。これは、報酬からの天引きや相殺を防止し、生活の糧である報酬が船員に確実に支払われることを保障しようとした規定である。したがって、積立金、貯蓄金等があり、船員が船舶所有者に対し金銭を支払う必要のある場合でも、船舶所有者が報酬からその金銭を差し引いて支払うことは、原則として認められない。

しかし、法令又は労働協約に特別の定がある場合には、全額払の原則の例外が認められる（全額払の原則の例外として、法令又は過半数組合あるいは過半数代表者が締結する労使協定〔書面による協定〕を予定する労基法24条とは異なる）。具体的にこれに該当するのが、① 所得税法による所得税の控除、② 船員保険法等の保険料の控除、③ 船員法35条但書の規定により給料の3分の1以内を限度として認められている、船舶所有者に対する債権と報酬の相殺及び ④ 労働協約に基づく組合費の天引き（チェックオフ）等である。

4　一定期日払の原則

報酬は、国土交通省令の定める報酬を除き、毎月1回以上、一定期日に支払わなければならない。支払回数や期日については、毎月25日に支払うなど、1月間隔で支払う必要があるのである。

この原則にも例外が存在する。すなわち、(1) 給料、(2) 家族手当、職務手当、乗船を事由として支払われる報酬及び船舶、航海又は積荷の態様により支払われる報酬、(3) その他の固定給（算定の基礎となる期間が1月を超えるものを除く）以外のものである（船員則40条）。

船舶所有者は、支払期日を遵守しなければ船員法違反となるが、船員も期日以前に報酬の支払を請求することはできない。ただし、支払期日前でも、(1) 船員が解雇され又は退職したとき、(2) 船員、その同居の親族又は船員の収入

によって生計を維持する者が結婚，葬祭，出産，療養又は不慮の災害の復旧に要する費用に充てようとする場合において，船員から請求があったとき，船舶所有者は，遅滞なく，船員が職務に従事した日数に応じ，毎月支払わなければならない一定の報酬を支払わなければならない（船員法54条）。船舶所有者が，この規定に違反したときは，30万円以下の罰金に処せられる（船員法131条）。

〔3〕 傷病中の給料請求権

給料その他の報酬は，船員が船舶所有者に対し提供した労務の対価として支払われる。このため，船員は，原則として，労務を提供しなかった期間については報酬請求権を持つことはない。しかし，船員は，負傷又は疾病につき船員に故意又は重大な過失があった場合を除き，負傷又は疾病のため職務に従事しない期間については，雇入契約存続中，給料及び一定の手当（家族手当，職務手当，乗船を事由として支払われる報酬及び船舶，航海又は積荷の態様により支払われる報酬並びにその他の固定給であって，算定の基礎となる期間が1月を超えないもの。船員則41条）を請求することができる（船員法57条）。

〔4〕 歩合給制度

歩合給制とは，労務の提供を受けて，事業が一定の期間中に挙げた利益や成果を，あらかじめ定められた配分率（歩合）により，分配するという給与形態である。歩合給制には，利益が僅少であっても一定金額の報酬を保証し，それ以上の部分について歩合に基づいて支払う固定給付歩合給制と，報酬の全部を歩合に基づいて支払う全部歩合給制とがある。歩合給制は，その性質上，事業収益に影響されるが，特に全部歩合給制の場合には，報酬が，提供した労務の量にかかわりなく，全く事業収益の如何に左右され，利益が全くなかったときは，船員は全くその労働に対する報酬が支払われず，生活に困窮するおそれが生じる。そこで，船員法は，船員の報酬が歩合によって支払われる場合には，その歩合による毎月の額が雇入契約に定める一定の額に達しないときでも，その報酬の額は，その一定額を下回ってはならないものとして，歩合給制の場合に最低額を保証することを求めている（船員法58条1項）。この規定に違反した船舶所有者は，30万円以下の罰金に処せられる（船員法131条）。

なお，歩合給制の場合，船員法35条（給料の相殺の制限），同57条（傷病中の給料請求権）の適用にあたっては，前記の一定の保証額が給料とみなされ，同44条の3（予告手当），同45条（失業手当），同46条（雇止手当），同49条（送還手当），同78条（有給休暇中の報酬）の適用にあたっては，前記の一定の保証額を超える範囲内で雇入契約に定める額が1月分の給料の額とみなされる（船員法58条2，3，4項）。

〔5〕 報酬支払簿

　船舶所有者は，報酬支払簿をその事務所に備え置き，船員に対する給料その他の報酬の支払に関する事項を記載しなければならない（船員法58条の2，船員則42条）。報酬支払簿には，各船員に，計算期間，乗船船名，職務，報酬額，控除額，現金支給額，家族渡額等が記載される。船舶所有者が報酬支払簿を備え置かない場合，30万円以下の罰金に処せられる（船員法131条）。

〔6〕 最低報酬

　かつては大臣が必要があると認めるときは，船員労働委員会の議を経て，給料その他の報酬の最低額を定めることができ，この場合においては，船舶所有者は，その最低額に達しない額の給料その他の報酬で，船員を使用してはならないと規定されていた。しかし，最低賃金法の制定により，この規定は改められ，最低賃金に関しては最低賃金法の定めるところとなった（船員法59条）。最低賃金法には，船員に関する特例措置（35~37条）が置かれている（詳細は前掲第1章第5節参照）。

第2節　労働時間，休日及び定員

〔1〕 労働時間の定義

　従前の船員法は，労働時間とは，上長の職務上の命令に基づき航海当直その他の作業に従事する時間と定義していた。しかし，ILO海上労働条約（後掲第9章参照）の批准に伴い，これまでの船員法において労働時間規制が適用除外されてきた船長，機関長，医師なども労働時間規制の対象にすると変更された。このため，これらの者が時間外労働等を行った場合，割増手当を支給しなくてはならない。これは，大きな意味のある改正である。

　船長など船員を対象とすることになり，定義規定も修正され（船員法4条1項に給料の定義規定を置いたうえで，同法4条2項を新設し，労働時間の定義とした），「船員が職務上必要な作業に従事する時間（海員にあっては，上長の職務上の命令により作業に従事する時間に限る。）をいう」と定められた。

〔2〕 船員の労働時間

　1　法定労働時間の上限

(1)　船員の1日当たりの労働時間は8時間以内であり，1週間当たりの労働時間は，基準労働期間について平均40時間以内となっている（船員法60条1，2項）。

(2)　かつては甲板部と機関部とで異なる規定が置かれ，航海当直を行う者については1週56時間以内（停泊中あるいは非航海当直者は1週48時間以内）とされ

ていた。しかし，昭和63（1988）年の改正の際（施行は平成元〔1989〕年4月）に部門別労働時間制は廃止され，基準労働期間制（及び補償休日制）が導入されるとともに，労働時間の上限の削減が決定された。また，かつては小型内航船（総トン数700トン未満）については，「小型船に乗り組む海員の労働時間及び休日に関する省令」が存在したが，平成4（1992）年に，内航小型船に関する例外規定（旧法71条1号）が削除されるとともに，同省令も廃止されている。さらに，平成17（2005）年の改正により，ILO180号条約における基準を採り入れ，時間外労働や補償休日労働を含め，1週間当たり72時間，1日当たり14時間の上限規制が置かれ，平成20（2008）年の改正により休息時間の規制（法65条の3）などが新設された。

(3) 船員法60条が採用する，基準労働期間中の平均による規制は，労基法（32条）の規制と異なるが，労基法（32条の2，32条の4）における変形労働時間制（1月以内あるいは1年以内の週平均労働時間40時間以内とする制度）に類似する。基準労働期間制が導入されたのは，先述のとおり昭和63（1988）年の改正船員法が施行されたときである。労働時間の短縮（時短）が大きな政策課題となり，昭和62（1987）年に労基法が1週40時間制を実現する方向で改正されたが（昭和63年に施行された後，しだいに労働時間の上限が削減され，実際に40時間制を実施したのは平成9（1997）年4月1日），その1年後，船員法も48時間制となり，その後，40時間制に向けて法定労働時間の上限を削減していった。ただし，船員の場合，限られた定員で航行しなければならないため，航行中は連続して勤務に就くことが要求される一方で，停泊時間は短縮傾向にあるので，乗船中の時短は困難であった。そこで，乗船中の期間と非乗船中の期間とを併せた平均の労働時間規制，すなわち基準労働期間制を導入したのである。

(4) 基準労働期間とは，陸上勤務，法定の有給休暇，傷病療養等の期間を除いた期間中に補償休日を付与することにより，その期間を平均して週40時間制とするための期間である。

(5) 基準労働期間の長さについては，「船舶の航行区域，航路その他の航海の期間及び態様に係る事項を勘案して国土交通省令で定める」こととしており（船員法60条3項），現在，1月から1年の範囲内で下記①～⑤のように定められている（船員則42条の2第1項）。
① 遠洋区域又は近海区域を航行区域とする船舶（国内各港間のみを航海するものを除く）（基準労働期間1年）
② 遠洋区域又は近海区域を航行区域とする船舶であって国内各港間のみを

航海するもの（③を除く）及び沿海区域を航行区域とする船舶（④を除く）（同9カ月）
③　遠洋区域又は近海区域を航行区域とする船舶であって国内各港間のみを航海するもののうち定期航路事業（海上運送法2条3項に規定する定期航路事業をいう）に従事するもの（同6カ月）
④　沿海区域を航行区域とする船舶であって国内各港間のみを航海するもののうち定期航路事業に従事するもの及び平水区域を航行区域とする船舶（⑤を除く）（同3カ月）
⑤　平水区域を航行区域とする総トン数700トン以上の船舶であって定期航路事業に従事するもの（同1カ月）

　船舶所有者が就業規則その他これに準ずるものにより当該期間の範囲内においてこれと異なる期間を定めた場合，又は労働協約により1年以下の範囲内においてこれらと異なる期間が定められた場合には，それぞれの定めた期間による（船員法60条3項）。
(6)　基準労働期間の起算日は乗船日等とされているが，就業規則その他これに準ずるものにより定められた日を起算日とすることができることとなっている（船員則42条の2第2項，3項）。
　また，当該期間は，ひとたび開始すれば定められた期間継続するものであり，乗下船の状況により途中で伸縮するものではなく，起算日から所定の期間を経過した日が陸上勤務等の期間中であっても，その日が終了日となる。
(7)　従前の船員法においては，航海当直をするなどの必要がある場合，船長は一定時間（1日1時間以内など）まで海員の労働時間を延長することができる（すなわち，労働時間として扱わない）との規定（旧法60条2項）があった。しかし，こうした規定は廃止され，現在に至っている。

2　指定漁船に乗り組む海員の労働時間

(1)　指定漁船に乗り組む海員の労働時間に関しては，船員法73条に基づき，「指定漁船に乗り組む海員の労働時間及び休日に関する省令（漁労則）」（昭和43年10月1日運輸省令49号。最終改正令和2年12月23日国土交通省令第98号）が定められている。これによれば，操業期間を除き1日について8時間以内，1週間について40時間以内となっている（漁労則3条）。また，同省令には，休日（8条），時間外労働（9，10条）等の規定が置かれている。
　指定漁船とは，漁業法52条1項の許可に係る沖合底びき網漁業，以西底びき網漁業，遠洋底びき網漁業，大中型まき網漁業，大型捕鯨業，母船式捕鯨業，遠洋かつお・まぐろ漁業，近海かつお・まぐろ漁業（総トン数10トン以上

20トン未満の動力漁船によるものを除く），中型さけ・ます流し網漁業，北太平洋さんま漁業又はいか釣り漁業（総トン数139トン未満の動力漁船によるものを除く）に従事する漁船と，これらの漁業による漁獲物又はその製品を漁場から運搬する漁船である（漁労則2条1項）。
(2) 同省令には，「操業期間」という概念が使用されている。操業期間とは，操業を指揮する者が指定する操業開始の日から操業終了の日までをいうと定義されている（漁労則2条2項）。操業期間中には，(1)の労働時間制は適用されないが，その代わりに，休息時間の規制が置かれている。すなわち，
① 遠洋底びき網漁業に従事する総トン数1000トン以上の漁船又は母船式捕鯨業に従事する漁船に乗り組む海員は，操業期間中1日について少なくとも10時間これを休息させるものとし，この休息時間の中には，少なくとも6時間の連続した休息時間を含まなければならない（漁労則5条1，2項）。ただし，臨時の必要があるときは，船長は，休息時間を2日について18時間にまで短縮することができ，この場合には，4時間の連続した休息時間を2回含ませるとともに，2日以内に，短縮された休息時間を通常の休息時間以外に与えなければならない（同条3〜5項）。
② ①以外の指定漁船に乗り組む海員は，操業期間中1日について少なくとも8時間休息させるものとし，ただし，臨時の必要があるときは，休息時間を2日について少なくとも16時間とすることができる（漁労則6条）。
③ 操業期間中は，このように休息時間の規制が行われているが，このような規制だけでは長時間労働は解消されず，また休息時間も十分であるとはいえないので，船舶所有者の義務として，操業期間中の労働時間の短縮に努めるとともに，操業期間中以外においても，労働時間の短縮，休日又は休暇の付与その他の方法により，海員に十分な休息を与えるように努めなければならないとされている（漁労則7条）。
(3) 漁船については，2007年にILO漁業労働統合条約と同勧告が採択されている。日本は現時点でこの条約を批准していないが，この条約（13条）には24時間内に10時間及び7日内に77時間の休息時間を求める規定等が置かれている。

〔3〕 休　　日

　船舶所有者は，船員に対し，基準労働期間について1週間当たり平均1日以上の休日を与えなければならない（船員法61条）。
　基準労働期間について1週間当たり平均1日以上とは，陸上勤務，法定の有給休暇，傷病療養等の期間を除いた期間を平均し，休日が週1日以上であるこ

とをいう。

　従前の船員法においては，停泊中の航海当直の原則禁止や，停泊中（入出港日を除く）に限り，航海当直を行う者を除き，停泊中1週間当たり1日の休日を付与することが規定されていた。いずれも，停泊中に多くの海員に休養を与えるための規定であった。しかし，前者は廃止され，後者は全海員に対し平等に休日を付与する義務があるとの規定に変更され，現在に至っている。前者は，ILO57号条約に依拠したものであったが，その後，入出港日以外の停泊日の減少等があり，規制の意義が失われたため，ILO76号条約や109号条約においても，入港中の休息規定だけが置かれ，航海当直の禁止規定はなくなっている。

〔4〕　補償休日
(1)　船舶所有者は，船員の労働時間（時間外労働を除く）が1週間において40時間を超える場合又は海員に1週間において少なくとも1日の休日を与えることができない場合，その超える時間において作業に従事すること又はその休日を与えられないことに対する補償としての休日を，当該1週間に係る基準労働期間内にその者に与えなければならない（船員法62条1項）。この制度は，基準労働期間内の超過労働分の休日を確実に船員に付与することを目的としたもので，昭和63（1988）年改正の際に導入された船員法特有の制度である。
　補償休日は，労働協約に特別の定めがある場合を除き，船舶に乗り組んでいる期間以外において与える陸上休日又は停泊中の休日である（船員則42条の3）。船舶が航海の途中にあるときなど，国土交通省令（船員則42条の4）で定めるやむを得ない事由があるときは，その事由の存する期間，補償休日を与えることを延期することができる（船員法62条但書）。
(2)　補償休日の日数は，超過時間の合計8時間当たり又は少なくとも1日の休日が与えられない1週間当たり1日を基準として，国土交通省令で定める算定方法により算定される日数とし，その付与の単位は1日（国土交通省令で定める場合にあっては1日未満）である（船員法62条1項，船員則42条の5）。
(3)　与えられた補償休日を含む1週間に係る(1)の適用については，当該補償休日はそれを与えられた海員が作業に従事した日であって，休日以外のものとみなし，その労働時間は8時間（補償休日が1日未満の単位で与えられた場合は4時間）とみなされる（船員法62条3項，船員則42条の6）。
(4)　船舶所有者は，補償休日を与えるべき船員が当該補償休日を与える前に解雇され，又は退職したときは，補償休日の日数に応じ，国土交通省令で定める補償休日手当を支払わなければならない（船員法63条，船員則42条の7，42条の8）。船舶所有者がこの規定に違反したときは，6カ月以下の懲役又は30

万円以下の罰金に処せられる（船員法130条）。
(5) 船舶所有者は，船員の労務管理を行う主たる事務所に記録簿を備え置いて，船員の労働時間及び休息時間並びに船員に対する休日及び有給休暇の付与に関する事項を記載しなければならない（船員法67条2項，船員則45条の2）。

〔5〕 時間外労働及び補償休日及び休息時間の労働

　船舶所有者が，船員法で定める労働時間の限度を超えて船員を労働させ，あるいは休日に労働させることは，原則として船員法の規定に違反するが，下記の3つの場合に限っては例外的に適法となる。この場合とは，①安全臨時労働の場合，②特別の必要がある場合，③労使協定による場合である。このうち，労使協定による場合は，平成17（2005）年改正の際に大幅に変更された。すなわち，従来の船員法においては，公衆の不便を避けるために，1日の労働時間の制限を超えて海員を作業に従事させる必要があると認められる沿海区域又は平水区域を航行区域とする総トン数700トン未満の船舶で，国内各港間のみを航海するもののうち定期航路事業に従事し，一定の条件を充たした旅客船に乗り組む海員に限って，労使協定に基づく時間外労働が認められるにすぎなかった（旧法64条の2）。労基法（36条）と異なり，海員全員について，労使協定を締結することによって時間外労働を認めるという制度がなかったのである。しかし，労基法上の制度も参考にして，労使協定がない限り，安全臨時労働の場合や特別の必要がある場合を除き，時間外労働を認めない（すなわち，1週間当たり56時間〔＝1日8時間×7日〕を労働時間の上限とする）一方で，労使協定が締結された場合には，時間外労働や補償休日労働を認める制度を導入した。

(1) 安全臨時労働の場合の時間外，補償休日及び休息時間の労働

　　船長は，航海の安全を確保するため臨時の必要がある場合（安全臨時労働の場合），前掲〔2〕（船員法60条1項）若しくは後掲〔11〕（船員法72条の国土交通省令の規定）の1日の労働時間の制限を超えて自ら作業に従事し，若しくは海員を作業に従事させ，又は補償休日（前掲〔4〕）若しくは休息時間（後掲(4)）において，自ら作業に従事し，海員を作業に従事させることができる（船員法64条1項）。ただし，「臨時の必要がある場合」は，「客観的に是認されうる」ことが必要とされている（昭和50年11月8日員基第317号）。なお，この場合に特化した労働時間の限度は特に設けられていない。このため，船長は，船舶の運航の安全の確保に支障を及ぼさない限りにおいて，当該作業の終了後できる限り速やかに休息をし，又は休息をさせるよう努めなければならないと定められている（船員法64条3項）。

(2) 特別の必要がある場合の時間外労働

船長は，船舶が狭い水路を通過するため航海当直の員数を増加する必要がある場合その他国土交通省令で定められた特別の必要がある場合においても，1日の労働時間の制限を超えて所定の時間，自ら作業に従事し，若しくは海員を作業に従事させることができる（船員法64条2項，船員則42条の9）。特別の必要がある場合とは，次の事項を意味し，それぞれ限度時間が定められている。

① 船舶が港を出入りするとき，船舶が狭い水道を通過するときその他の場合において航海当直の員数を増加するとき（4時間）。
② 通関手続，検疫等の衛生手続その他の法令に基づく手続のために必要な作業に従事するとき（2時間）。
③ 事務部の部員が調理作業その他の日常的な作業以外の一時的な作業に従事するとき（2時間）。

(3) 労使協定による時間外労働及び補償休日労働

　船舶所有者は，その使用する船員の過半数で組織する労働組合があるときはその労働組合，船員の過半数で組織する労働組合がないときは船員の過半数を代表する者と書面による協定を締結することによって，時間外労働あるいは補償休日労働を命じることが許される（船員法64条の2，65条）。ただし，海員に関しては，「特別の必要がある場合」の時間外労働分も含め，労働時間の総数が，1週間当たり72時間，1日当たり14時間を超えてはならない（船員法65条の2。航海当直をしない機関長や医師なども海員と同じと解されているが，船長は労使協定を締結し，届け出ることで，この労働時間の総数を超えて労働させることも許される）。

　労使協定を締結する場合，①時間外労働をさせる必要がある具体的事由（補償休日の労働をさせる必要がある具体的事由），②対象となる海員の職務及び員数，③作業の種類，④労働時間の制限を超えて作業に従事させることができる期間及び時間数の限度並びに当該限度を遵守するための措置を必ず記載したうえで（船員則42条の9の2第2項），当該協定書と届出書を国土交通大臣（具体的には所轄地方運輸局長）に届け出なければならない（同1項）。当該協定は，労働協約の性質を併せ持つ場合でない限り，有効期間の定めをおく必要がある（同3項）。ILO海上労働条約の批准に伴う船員法の改正によって，船長なども規制の対象となったが，船長のみを対象とする労使協定を作成する必要はなく，既存の労使協定に船長を追加する変更を行えば足りる。

　また，船舶所有者は，その使用する船員の過半数で組織する労働組合があるときはその労働組合，船員の過半数で組織する労働組合がないときは船員

の過半数を代表とする者との書面による協定をし，これを国土交通大臣（具体的には所轄地方運輸局長）に届け出た場合，その協定で定めるところにより，補償休日等の日数の3分の1の日数を限度として，補償休日に船員を作業に従事させることができる（船員法65条，船員則42条の10，42条の11）。

　この補償休日労働に関する労使協定についても，時間外労働に関する労使協定と同様，記載内容，届出義務あるいは有効期間について規制がなされている（船員則42条の10）。

　なお，平成20（2008）年改正の際，「国土交通大臣は，労働時間の延長を適正なものとするため，前項の協定で定める労働時間の延長の限度その他の必要な事項について，船員の福祉，時間外労働の動向その他の事情を考慮して基準を定めることができる」こと（船員法64条の2第2項），「船舶所有者及び労働組合又は船員の過半数を代表する者は，当該協定で労働時間の延長を定めるに当たり，当該協定の内容が前項の基準に適合したものとなるようにしなければならない」こと（同3項），及び「国土交通大臣は，・・・協定をする船舶所有者及び労働組合又は船員の過半数を代表する者に対し，必要な助言及び指導を行うことができる」（同4項）ことが明記されている。

(4) 休息時間

　平成20（2008）年改正により，休息時間に関する規制が新たに設けられた。ILO条約（船員の労働時間及び船舶の定員に関する条約（180号），海上労働条約（後掲第9章参照））の基準を採り入れたものである。具体的には，「船舶所有者は，休息時間を1日について3回以上に分割して海員に与えてはならない」（船員法65条の3第1項）としたうえで，「船舶所有者は，前項に規定する休息時間を1日について2回に分割して海員に与える場合において，休息時間のうち，いずれか長い方の休息時間を6時間以上としなければならない」（同2項）としている。ここでいう休息時間とは，休憩時間とは区別されたもので，労働時間と労働時間の合間の時間を意味する。

　これに対し，船長と海員は，労使協定を締結し，国土交通大臣に届け出ることを条件に，1日の休息時間について3回以上に分割するか，又は2回に分けた場合の長い方の休息時間を6時間未満とすることも認められている（船員法65条の3第3項）。ただし，海員にこれが認められるのは，①船舶が狭い水路（出入港時又は狭水路通貨時など）を通過するため航海当直の員数を増加する必要がある場合その他の国土交通省令で定める特別の安全上の必要がある場合か，又は②定期的に短距離の航路に就航するため入出港が頻繁である船舶その他のその航海の態様が特殊であるため，休息時間付与の原則（同

条1項, 2項）によることが著しく不適当な職務に従事することとなると認められる船舶（タグボート, 離島航路就航船など）に限られる。また, 船舶所有者が所轄地方運輸局長に届出書を提出しなければならないことや, 労使協定に含まなければならない事項も, 船員法施行規則42条の13に定められている。なお, 常時航海当直に入る船長については, 航海当直基準に従って休息時間を付与する必要があるため, 1日10時間の休息が必要となる（航海当直基準については, 前掲第3章第2節〔11〕を参照）。

(5) 割増手当

　船舶所有者は, 前掲(1)～(3)の時間外労働及び補償休日労働に対し, 国土交通省令で定める割増手当を支払わなければならない（船員法66条, 船員則43, 44条）。現在, この割増手当の割増率の最低基準は, 時間外労働については通常の労働時間又は労働日の報酬の3割, 補償休日労働については4割と規定されている（船員則43条）。すなわち, 時間外労働について2割5分, 休日労働について3割5分とする労基法の基準（平成12年6月7日政令309号）よりも割増率の最低基準は高くなっている（ただし, 平成22〔2010〕年4月から, 労基法〔37条1項但書〕においては, 1月の時間外労働時間が60時間を超えた場合の割増率は5割となった）。

　また, 割増手当の計算の基礎となる, 通常の労働時間又は労働日の報酬の計算額については船員法施行規則44条に定めがあり, 例えば月給制の場合, 月によって定められた報酬についてはその金額を月における所定労働時間数で除した金額（ただし, 月によって所定労働時間数が異なる場合には1年における1カ月平均所定労働時間数で除した金額）とされている。

　ILO海上労働条約の批准に伴い対象に加えられた船員については, 既に船長手当を支払っており, これを時間外手当とみなせるかも問題となる。この点, 管理職手当相当分については時間外手当とみなせないが, それ以外は許されるだろう。

〔6〕 通常配置表の掲示

　船長は, 通常の場合にも, 船員の船内作業の時間帯及び作業内容に関し, 通常配置表を定め, これを船員室その他適当な場所に掲示しておかなければならない（船員法66条の2）。通常配置表には, 船員の職名, 作業の種類及び作業に従事する時間, 船員の1日及び1週間当たりの労働時間の限度（安全臨時労働の場合の時間外労働時間を除く）を定めなければならない（船員則44条の2）。船長等も対象となったため, こうした者についても記載し, 掲示しなければならない。

〔7〕 記録簿等の備置き

　船舶所有者は，国土交通省令で定めるところにより，船員の労務管理を行う主たる事務所に記録簿を備え置いて，船員の労働時間及び休息時間並びに船員に対する休日及び有給休暇の付与に関する事項を記載しなければならない（船員法67条1項）。また，船舶所有者は，国土交通省令で定めるところにより，船員に対し，前項の記録簿の写しを交付しなければならない（船員法67条2項，船員則45条3項）。船長等も労働規制の対象となったことから，こうした者の労働時間等も記載しなければならないことに留意しなければならない。

〔8〕 労働時間に算入しない労働

　前掲〔2〕から〔7〕までの規定（船員法60条〜67条）と後掲〔11〕（船員法72条）の規定は，船員が人命，船舶若しくは積荷の安全を図るため又は人命若しくは他の船舶を救助するため緊急を要する作業に従事する場合（海員にあつては，船長の命令により当該作業に従事する場合に限る。）には適用されない（船員法68条1項）。

　船長は，補償休日又は休息時間において，これらの作業に自ら従事し，又は海員を従事させたときは，船舶の運航の安全の確保に支障を及ぼさない限りにおいて，当該作業の終了後できる限り速やかに休息をし，又は休息をさせるよう努めなければならない（同2項）。

　労基法上は，災害その他避けることのできない事由による労働も労働時間（かつ労働契約上も対価の発生する労働）と扱われていることと対比すると，本条は，船員労働の特殊性が考慮された規定である。しかし，労基法との均衡を考慮し，緊急を要する作業は制限的に解する必要がある（昭和44年12月23日員基第586号）。したがって，入出港，狭水路の通過のための総員配置や濃霧のための総員配置も，通常は「緊急を要する作業」に当たらず，本条の適用を受けない（昭和38年6月7日員基100号）。

　なお，以前は，防火操練，救命艇操練その他これらに類似する作業，航海当直の通常の交代のために必要な作業，欠員に伴って増加された作業，通関手続又はその他衛生手続のため必要な作業，船舶の正午位置の測定のため必要な作業も労働時間に参入しない事項としてあがっていたが，現在では廃止されている。

〔9〕 定　　員

(1) 労働時間に関する制限規定を遵守させるには，必要な員数の海員を乗り組ませる必要がある。そこで，船員法は，船舶所有者は，労働時間の規定を遵守するために必要な海員の定員を定めて，その員数の海員を乗り組ませなけ

ればならず，航海中海員に欠員を生じたときは，遅滞なくその欠員を補充しなければならない，としている（69条）。

しかし，以下の①から④の場合には，船舶所有者は，定員数の海員を乗り組ませないことも許されている（ただし，欠員を生じたことにより他の海員の労務が過重となる場合における欠員手当の支給については，労働協約の定めるところによる，としている。船員則46条1項）。

① 船舶が日本国外において定員に欠員ができて国内の港まで帰港するとき。
② 他船にひかれて航行するとき。
③ 入きょ，修繕又はその他の事由によって船舶を航行の用に供しないとき。
④ その他やむを得ない場合において最寄りの地方運輸局長の許可を受けたとき。

なお，上記①ないし③の場合において定員数の海員を乗り組ませないときは，船舶所有者は，最寄りの地方運輸局長に，遅滞なくその旨を届け出なければならない。この場合において地方運輸局長は必要があると認めるときは，欠員の補充を命ずることができる（同2項）。

船舶所有者が，定員規定に違反したときは，6カ月以下の懲役又は30万円以下の罰金に処せられる（船員法130条）。

(2) 船舶所有者は，(1)によるほか，航海当直その他の船舶の航海の安全を確保するための作業を適切に実施するために必要な員数の海員を乗り組ませなければならない（船員法70条）。「船海当直その他の船舶の航海の安全を確保するための作業」とは，航海当直の実施，船内保守整備，荷役及び荷役準備作業等である。また，「航海当直の実施」とは，船員法14条の4の航海当直の実施であり，「航海当直を適切に実施する」とは，船員法施行規則3条の5の規定に基づく航海当直基準に従い航海当直を実施することを意味する。船員法69条と異なり，本条違反については罰則が科されていない。

かつては，総トン数700トン以上の船舶の甲板部員に限り定員が具体的に定められていたが（旧法70条），平成4（1992）年の改正で，「航海の安全を確保するために必要となる員数の海員を乗り組ませること」と改められ，様々なケースにおける具体的な定員数は行政通達（船員法の定員規制について）に定められることになった（平成4年12月25日海基252号，平成6年，平成9年，平成17年改正）。

〔10〕 **労働時間規制の適用除外**

船員法は，船舶の種類あるいは特定の職員について，労働時間規制の適用除外を認めている。

①漁船、②船員が断続的作業に従事する船舶で船舶所有者が国土交通大臣の許可を受けた者には適用されない（船員法71条）。従前の船員法には、帆船も適用除外対象に挙がっていたが、ＩＬＯ海上労働条約（後掲第9章参照）の批准に伴い、これは削除された。

　なお、船員法73条は、同60条から69条に規定する労働時間の規定が適用除外される船員について、国土交通大臣が必要があると認める場合、労働時間、休日及び定員に関し必要な国土交通省令を発することができるとしている。船舶所有者がこの国土交通省令に違反したときは、6カ月以下の懲役又は30万円以下の罰金に処せられる（船員法130条）。この船員法73条の規定に基づき制定されているのが前述の「指定漁船に乗り組む海員の労働時間及び休日に関する省令」である。

〔11〕 労働時間の特例

　航海の実態によっては、以上のような労働時間規制の適用が適切でないと認められる船舶があり、定期的に短距離の航路に就航するため入出港が頻繁である船舶その他のその航海の態様が特殊であるため、労働時間規制によることが著しく不適当な職務に従事することとなると認められる船舶の船員については、国土交通省令で定める一定の期間を平均した1日当たりの労働時間が8時間を超えず、かつ、1日当たりの労働時間が14時間を超えない範囲内において、船員の1日当たりの労働時間について、次のような特例が認められている（船員法72条）。

　具体的には、第1に、①定期短距離船のうち国土交通大臣が指定するものに乗り組む海員と②旅客の接遇の充実を図るため、食堂、娯楽施設等を有し、かつ、旅客の接遇に関する業務に相当数の船員が従事する旅客船（大型クルーズ船）のうち国土交通大臣が指定するものに乗り組む船員は、1月以内の一定の期間と定められた（船員則48条の2第1項）。ただし、①の船員のうち沿海区域又は平水区域を航行区域とする総トン数700トン未満の船舶で国内各港間のみを航海するもの（小型船）に乗り組むものについては、3カ月以内の一定の期間となっている。また、この場合の船員の1日当たりの労働時間は12時間以内であり、一定の期間について1月当たり平均5日以上の休日を与えなければならない（同2項、3項）。ただし、1週間当たりの労働時間は、平均40時間以内でなければならない。

　第2に、海底資源掘削船のうち、国土交通大臣が指定するものに乗り組む船員は、6週間を一定の期間と定められた（船員則48条の3第1項）。この船員の1日当たりの労働時間は11時間以内であり（同2項）、船舶所有者は、この6週

間について14日以上の連続した休日を与えなければならない（同3項）。

　第3に，船員の日ごとの業務に著しい繁閑の差が生ずることが多い船舶のうち国土交通大臣が指定するものに乗り組む船員は，1週間を一定の期間とすると定められた（船員則48条の4第1項）。この船員の1日当たりの労働時間は12時間以内であり，この1週間の労働時間は，56時間以内（当該1週間の労働日数が6日以下の場合にあっては，48時間以内）としなければならない（同2項）。さらに，船舶所有者は，この船員に対し，この労働時間の特例が初めて適用された初日から起算して3月以内に15日以上の休日を与えなければならない（同3項）。また，船舶所有者は，この1週間の各日の労働時間を遅くとも当該1週間の開始する前に船員に通知しなければならない（同4項）。ただし，やむを得ない事由がある場合には，速やかに当該船員に通知することにより，あらかじめ通知した労働時間を変更することができる。

第3節　有給休暇

　船員法（74条以下）は，船舶所有者に対し，一定の期間乗船した船員に一定の期間内に有給休暇を与えることを義務づけている。これは，労基法上の有給休暇制度（39条）とは異なっている。船員が，航海中，連続労働を余儀なくされ，下船後にまとめて休暇を取得せざるを得ないという事情を考慮したものである。

　なお，漁船及び船舶所有者と同一の家庭に属する者のみを使用する船舶については，有給休暇の規定は適用されない（船員法79条）。漁船に乗り組む船員については，船員法79条の2に基づき，国土交通大臣が，必要があると認めるときは，交通政策審議会の決議により国土交通省令を発することになっており，「指定漁船に乗り組む船員の有給休暇に関する省令」（平成7年1月20日運輸省令4号。最終改正令和2年11月30日国土交通省令96号）が制定されている。

〔1〕　有給休暇の発生要件及び付与日数

(1)　船舶所有者は，船員が同一の事業に属する船舶においてはじめて6カ月連続して勤務（船舶のぎ装中又は修繕中の勤務を含む）に従事したときは，その6カ月の経過後1年以内に(2)に掲げる日数の有給休暇を与えなければならず（船員法74条1項），当該6カ月の経過後引き続き同一の事業に属する船舶において1年間連続して勤務に従事したときは，その1年の経過後1年以内に(2)に掲げる日数の有給休暇を与えなければならない（船員法74条2項）。

　　ただし，船舶が航海の途中にあるとき，又は船舶の工事があるため特に必要がある場合において所轄地方運輸局長の許可を受けたときは，当該航海又

は工事に必要な期間（工事の場合にあっては、3カ月以内に限る）、有給休暇を与えることを延期することができる。

表1 有給休暇の資格要件と休暇日数

資格要件	所定の連続勤務日数による付与日数	連続3カ月増すごとに追加される日数
雇い入れられて、6カ月連続勤務した場合	外航船　15日 内航船　10日	外航船　5日 内航船　3日
上記経過後1年連続勤務した場合	外航船　25日 内航船　15日	外航船　5日 内航船　3日

(2) 付与すべき有給休暇の日数は表1のとおりで、1年の連続勤務（雇入直後は6カ月）を基本として、それに連続3カ月増すごとに日数がさらに加算されることになっている。

　こうした制度を船員法が採用している結果、労基法と異なり、船員は有給休暇日数の取得について幾つかの選択肢を持つことがある。例えば、船員が1年6カ月連続勤務した場合、下船した時点で、1年6カ月分に相当する35日分（1年で25日＋3カ月で発生する5日が2回分）の有給休暇を取得することも可能である。これに対し、まずは1年分に当たる25日だけを取得し、その後6カ月勤務すればさらに25日取得することができる。この場合は35日分行使した場合より次の休暇の権利が成立するための1年の要件を早く充足できる（35日取得した場合にはその後1年勤務しなければ25日分の有給休暇が発生しない）。

　なお、船舶所有者が船員に週休日、祝祭日の休日、慣習による休日又はこれらに代わるべき休日を与えているときは、その休日の日数は算入されない（船員法75条、76条）。

(3) 同一の事業に属する船舶において連続した勤務に従事した期間について、船員法は、以下の期間も当該期間とみなすこととしている（船員法74条4項、船員則49条の2）。
　① 他の船舶所有者の行う事業に属する船舶における勤務（他の船舶所有者に雇用されて従事したものを除く。③において同じ。）。
　② 船舶における勤務に係る技能の習得及び向上等を目的として受ける教育訓練であって、船舶所有者の職務上の命令に基づくもの。
　③ 係船中の船舶における勤務。
　④ 同一の船舶における連続した勤務のうち、当該船舶が他の船舶所有者の

事業に属する間に従事したもの。
⑤　船員が職務上負傷し，又は疾病にかかり療養のため勤務に従事しない期間。
⑥　育児介護休業法の育児休業又は介護休業をした期間。
⑦　女子の船員が船員法87条1項（妊娠中）又は2項（産後休業中）の規定によって勤務に従事しない期間。

また，船舶における勤務が中断した場合において，その中断の事由が船員の故意又は過失によるものでなく，かつ，その中断の期間の合計が1年当たり6週間を超えないときは，その中断の期間は，船員が当該期間の前後の勤務と連続して勤務に従事した期間とみなされる（船員法74条5項）。

(4)　船舶所有者が同条の規定に違反したときは，6カ月以下の懲役又は30万円以下の罰金に処せられる（船員法130条）。

〔2〕　有給休暇の付与方式

有給休暇を与えるべき時期及び場所については，船舶所有者と船員との協議によることとされており，また，労働協約に定めがあるときは有給休暇を分割して付与することができる（船員法77条）。有給休暇は日を単位とするもので，それ以下の分割は許されていない。ただし，労基法（39条）上の年次有給休暇について，判例に，半日年休を付与する取扱いは妨げられないと判示するものがあるうえ（学校法人高宮学園事件・東京地判平7.6.19労働判例768号18頁），厚生労働省もこうした取扱いを容認している（昭和63年3月14日基発150号，平成7年7月25日基監33号）。したがって，船員法上の有給休暇についても，同様の措置を認める余地があるといえる（なお，平成22年4月より労基法〔39条4項〕においては，時間単位年休も認められたが，これは労使協定の締結と「5日以内」とすることを条件としている。現在でも，年休の基本単位は1日となっている）。

〔3〕　有給休暇中の報酬

船舶所有者が有給休暇を取得した船員に支払うべき報酬は，給料，家族手当，職務手当，乗船を事由として支払われる報酬その他の固定給（船舶・航海又は積荷の態様により支払われる報酬を除く）及び食費（乗船中支給しなければならない食料の費用の額）である（船員法78条1項，船員則49条の3）。これらの報酬が支払われることによって，休暇中は仕事をしていないが，報酬がカットされないのである。

船舶所有者は，有給休暇を請求することができる船員が有給休暇を与えられる前に解雇され，又は退職したときは，その者に与えるべき有給休暇の日数に応じ，給料，手当，及び食費を支払わなければならない（船員法78条2項）。

船舶所有者がこれらの規定に違反したときは，6カ月以下の懲役又は30万円以下の罰金に処せられる（船員法130条）。

第4節　食料並びに安全及び衛生

船員法は，乗船中の船員に対する保護を図るために，一定の栄養価のある食料を支給するとともに，労働の安全を図り，船員の衛生管理を十分に行うことを船舶所有者に求めている。

〔1〕　食料の支給

船舶所有者は，船員の乗船中，船員に食料を支給しなければならない（船員法80条1項）。船員法施行規則50条が削除された結果，このような規定となった。また，食料の支給は，船員が職務に従事する期間又は船員が負傷若しくは疾病のため職務に従事しない期間においては，船舶所有者の費用で行わなければならない（船員法80条2項）。さらに，遠洋区域若しくは近海区域を航行区域とする船舶で総トン数700トン以上のもの又は国土交通省令で定める漁船に乗り組む船員に支給する場合，国土交通大臣の定める食料表に基づいて行わなければならないことと（同3項），船の大きさ，航行区域及び航海の態様を勘案して，食料の支給を適切に行う能力を有するものとして国土交通省令で定める基準に該当する者を乗り組ませなければならないことも定められた（同4項）。国土交通省令で定める漁船とは，第2種又は第3種の従業制限を有する漁船及び第1種の従業制限を有する漁船で，さけ・ます流網漁業，さけ・ますはえ縄漁業又は機船底びき網漁業に従事する漁船である（船員則51条）。また，船員法80条4項に定められた食料の支給を適切に行う能力を有する者とは，司厨部で調理を行う者や司厨部以外で調理を行う者（船内料理士以外の者。個人的又は一時的に作る以外の調理を行っている者が対象）であり，この者については，船舶所有者が，沿海区域以遠を航行区域とする船舶や漁船（平水区域又は船員法1条2項3号の漁船の範囲を定める政令別表の海面において従業する漁船を除く）で，18歳以上（国籍要件はなし。漁船については，15歳に達した日以後の最初の3月31日が終了していること）であり，必要な知識を有することを確認（一定の教育を修了し，地方運輸局から「調理教育修了等証明書」を受有）したうえで乗り組ませなければならないとした（船内における食料の支給を行う者に関する省令1条の表）。船舶所有者が食料支給に関する船員法の規定に違反したときは，6カ月以下の懲役又は10万円以下の罰金に処せられる（船員法130条）。

また，長期にわたり陸上から隔離されて航行する船舶において，衛生的で栄養に富んだ食事を提供することは，船員の健康を守ると同時に，船内にうるお

いをもたらすことになるが，有能な船舶料理士（司ちゅう員）を確保することが重要となる。船舶所有者は，①遠洋区域又は近海区域を航行区域とする総トン数1,000トン以上の船舶，②第3種の従業制限を有する総トン数1,000トン以上の漁船に乗り組む船員に支給する食料を船内で調理する場合は，船舶料理士にその調理を管理させなければならない（船舶料理士に関する省令1条）。

船舶料理士は，次に掲げる要件を備える者でなければならない（同2条）。
① 20歳以上であること。
② 船舶に乗り組んで1年以上（独立行政法人海員学校（以下「海員学校」という）本科司ちゅう科，海員学校司ちゅう科又は海員学校司ちゅう・事務科を卒業した者については3カ月以上），専ら調理に関する業務に従事した経験を有すること。
③ 次のいずれかの者が該当する。(イ)船舶料理士試験において，船舶料理士に関する省令7条及び8条の規定により国土交通大臣の登録を受けた試験に合格した者（船舶料理士試験の合格者，調理師・栄養士の資格受有者），(ロ)海員学校の司ちゅう・事務科を卒業した者，(ハ)調理師，栄養士その他(イ)又は(ロ)に掲げる者と同等以上の能力を有すると認められる者。

船舶料理士としての要件を備える者に対しては，その者の申請により国土交通大臣が船舶料理士資格証明書を交付することになっている（同3条）。

〔2〕 労働安全及び衛生

船員は，陸上の労働者と比較して大きな危険にさらされている場合が少なくない。このため，船員法（81条）は，医師の乗組み，衛生管理者の選任及び健康証明書制度について規定するとともに，船内作業による災害の防止及び船内衛生の保持について規定している。

陸上の労働者については，昭和47（1972）年に労働安全衛生法が制定されているが，船員については，船員法の規定を根拠に，昭和39（1964）年に「船員労働安全衛生規則（労安則）」，昭和42（1967）年に「船員災害防止活動に関する法律」が制定され，その後数次改訂されながら，現在に至っている。

船員法の安全衛生に関する規定（船員法81条）も，ILO 海上労働条約（後掲第9章参照）の批准に伴い，少し改正され，次のようになった。まず，船舶所有者は，作業用具の整備，船内衛生の保持に必要な設備の設置及び物品の備付け，船内作業による危害の防止及び船内衛生の保持に関する措置の船内における実施及びその管理の体制の整備その他の船内作業による危害の防止及び船内衛生の保持に関し，国土交通省令で定める事項を遵守しなければならないと定められた（同1項）。また，船舶所有者は，一定の危険な船内作業については，国土

交通省令で定められた経験又は技能を有しない船員を従事させてはならず（同2項），伝染病にかかった船員や心身の障害により作業を適正に行うことができない船員等を作業に従事させてはならないことも定められた（同3項）。さらに，船員は安全衛生に関して国土交通省令の定める事項を遵守しなければならない（同4項）。なお，こうしたことの一つとして，船内で船員に傷病が発生した場合，当該傷病に関する情報を記録（医療報告書を作成）し，その後の医療処置において利用できるよう，これを船内に備え置くことになった。

労安則も，ILO海上労働条約の批准に伴い改訂され，船員が5人以上の船舶は船内安全衛生委員会の設置を義務づけられた（労安則1条の3第1項）。船内安全衛生委員会とは，①船長を委員長として（同3項），②各部の安全担当者，③消火作業指揮者，④医師・衛生管理者又は衛生担当者，⑤船内の安全に関し知識又は経験を有する海員のうちから船舶所有者が指名した者，⑥船内の衛生に関し知識又は経験を有する海員のうちから船舶所有者が指名した者（⑤と⑥は海員の過半数を代表する者の推薦する者が含まれるようにしなければならない。同4項）によって構成される（同2項）。例えば，船長が安全担当者等を兼務している場合は，最低3人で構成することも可能である（①，⑤，⑥）。

〔3〕 医師の乗船

船舶所有者は，①遠洋区域又は近海区域を航行区域とする総トン数3,000トン以上の船舶で最大とう載人員100人以上のもの，②①以外の遠洋区域を航行区域とする船舶（一定の航路に常時就航する船舶）で国土交通大臣の指定する航路（西アフリカ航路，ペルシャ湾航路等）に就航するもの，③最大とう載人員100人以上又は総トン数3,000トン以上の母船式漁業に従事する母船には，医師を乗り組ませなければならない（船員法82条，船舶に乗り組む医師及び衛生管理者に関する省令〔医衛則〕1条）。ただし，(a)国内各港間を航海するとき，(b)国土交通省令の定める区域（近海1区より若干狭い）（医衛則2条）のみを航海するとき，(c)国土交通省令の定める短期間の航海（もっぱら(b)の区域内において航海している船舶が(b)の区域外に3週間）（医衛則3条）を行うとき又はやむを得ない事由がある場合において所轄地方運輸局長の許可を受けたときには，医師を乗り組ませなくてもよいとされている（船員法82条但書，医衛則4条）。

船舶所有者がこの規定に違反して医師を乗り組ませなかったときは，6カ月以下の懲役又は30万円以下の罰金に処せられる（船員法130条）。

〔4〕 衛生管理者の選任

船舶所有者は，医師を乗り組ませる義務のない船舶であって，①遠洋区域又は近海区域を航行区域とする総トン数3,000トン以上の船舶，②母船式漁業に

従事する母船,総トン数3,000トン以上の漁船,遠洋かつお・まぐろ漁業(総トン数150トン未満の漁船によるものを除く),遠洋底びき網漁業でオッタートロール又はビームトロールを使用して営むもの及び北洋はえなわ・さし網漁業(前掲告示2項)に従事する漁船(医衛則5条)については,乗組員の中から衛生管理者を選任しなければならない(船員法82条の2第1項)。ただし,国内各港間を航海する場合又は国土交通省令の定める区域(近海1区より若干狭い)(医衛則6条)のみを航海する場合には,その必要はない。

衛生管理者は,やむを得ない事由がある場合において国土交通大臣の許可を受けた場合を除き,衛生管理者適任証書を受有していなければならない(同2項)。衛生管理者適任証書は,国土交通大臣の行う試験に合格した者又はこれと同等以上の能力があると認定された者に交付される(同3項)。

衛生管理者は,船員の健康管理及び保健指導,作業環境及び居住環境の衛生の保持,食料及び用水の衛生の保持等船内の衛生管理に関する業務を行い(医衛則16条),業務を行うに当たっては,必要に応じ,医師の指導を受けるように努めなければならない(船員法82条の2第4項)。

船舶所有者が船員法82条の2・1項の規定に違反して衛生管理者を選任しなかったときは,30万円以下の罰金に処せられる(船員法131条)。

〔5〕 健康証明書

船舶所有者は,国土交通大臣の指定する医師が船内労働に適することを証明した健康証明書を持たない者を船舶に乗船させてはならない(船員法83条1項。違反した場合,30万円以下の罰金。船員法131条)。従来はこうした原則の例外として,「やむを得ない事由のあるときは,この限りではない」とし,この場合,船舶所有者は,遅滞なく,その後に到着する港で健康証明書を受けさせる手続きをとらなければならないとしていたが,この点は平成20(2008)年改正で削除されている。

国土交通大臣の指定する医師とは,①船員法1条の船員である医師,②日本海員掖済会病院の医師,③船員保険会の病院の医師,④その他地方運輸局長が指定した医師である(船員則57条)。

健康証明書は,所定の検査に合格した者につき,船員手帳の該当欄に記載されるが(船員則55条),この証明書の有効期間は1年(ただし,色覚の検査については6年)である(船員則56条)。健康証明に要する費用は,雇用中の船員については,船舶所有者が負担する(船員則56条の2)。当該検査は,判定時前3月以内に受けたものでなければならず,その検査項目は船員法施行規則55条に列挙された項目(感覚器,循環器,呼吸器などの臨床医学的検査,運動機能,視力等の

第5節　年少船員

　まず，未成年者が船員となるには，法定代理人の許可を受けなければならない（船員法84条1項）。この許可を受けた者は，雇入契約に関しては，成年者と同一の行為能力を有する（同2項）。また，船員法は，従前，15歳未満の者を船員として使用してはならないと定めていた。しかし，ILO海上労働条約（後掲第9章参照）は，船員の最低年齢を16歳としていたため，同条約の批准に伴い，船員法は次のように変更された。

〔1〕　最低年齢

(1)　漁船を除き（漁船の場合，「年齢15年に達した日以降の最初の3月31日が終了した者（義務教育が終了した者）」を雇い入れることができる），16歳未満の者を船員として使用してはならない（船員法85条1項）。この船員の雇入れについては，改正船員法の施行日前に雇用された者であっても，施行日後にいまだ15歳である場合には，その者を船舶に乗り組ませることはできない（平成24年9月12日国海運78号の2）。ただし，同一の家庭に属する者のみを使用する船舶については，この限りでないとしている（船員法85条1項ただし書き）。

(2)　船舶所有者は，年齢18歳未満の者を船員として使用するときは，その者の船員手帳に，国土交通大臣の認証を受けなければならない（船員法85条3項，船員則57条の2）。

　船舶所有者が最低年齢に違反して年少者を使用したときは，1年以下の懲役又は30万円以下の罰金に，認証を受けなかったときは，30万円以下の罰金に処せられる（船員法129条，131条）。

〔2〕　夜間労働の禁止

(1)　船舶所有者は，年齢18歳未満の船員を，午後8時から翌日の午前5時までの間，作業に従事させてはならない。ただし，国土交通省令の定める場合（船舶が高緯度の海域にあって昼間が著しく長い場合及び所轄地方運輸局長の許可を受けて海員を旅客の接待，物品の販売等軽易な労働に専ら従事させる場合）に，午前零時から午前5時までの間を含む連続した9時間の休息をさせれば，この限りでない（船員法86条1項，船員則58条）。この点は，平成20（2008）年改正により変更されたものであり，従来は，午前零時前後に連続して9時間休息させることを条件としていた。

(2)　この夜間労働禁止の規定は，次の場合には適用されない。

　①　人命，船舶若しくは積荷の安全を図るため又は人命若しくは他の船舶を

救助するため緊急を要する作業（船員法68条1項1号。前掲第2節〔8〕参照）に従事させる場合（船員法86条2項）。
　②　漁船及び船舶所有者と同一の家庭に属する者のみを使用する船舶（船員法86条3項）。
　船舶所有者が夜間労働禁止の規定に違反したときは，6カ月以下の懲役又は30万円以下の罰金に処せられる（船員法130条）。

〔3〕就業制限
　船舶所有者は，年齢18歳未満の船員を危険な船内作業（前掲第4節〔2〕参照）及び安全衛生上有害な次の作業に従事させてはならない（船員法85条2項，81条2項，労安則28条，74条）。
　①　腐食性物質，毒物又は有害性物質を収容した船倉又はタンク内の清掃。
　②　有害性の塗料又は溶剤を使用する塗装又は塗装剥離。
　③　主機用ボイラーの石炭を運び又はたく作業。
　④　動力さび落し機の使用。
　⑤　炎天下において，直接日光を受けて長時間行う作業。
　⑥　寒冷な場所において，直接外気にさらされて長時間行う作業。
　⑦　冷凍庫内において長時間行う作業。
　⑧　水中における船体又は推進器の検査又は修理。
　⑨　タンク又はボイラーの内部において，身体の全部又は相当部分を水にさらされて行う水洗作業。
　⑩　じんあい又は粉末の飛散する場所において行う長時間作業。
　⑪　1人につき30kg以上の重量が負荷される運搬又は持ち上げ。
　⑫　アルファ線，ベータ線，中性子線，エックス線その他の有害な放射線を受けるおそれがある作業。
　船舶所有者がこの規定に違反したときは，1年以下の懲役又は30万円以下の罰金に処せられる（船員法129条）。

第6節　女子船員

　妊娠，出産等の母性保護上の理由から，船員法は，同一の家庭に属する者のみを使用する船舶を除き（88条の8），女子船員について次のような特別の保護規定を設けている。

〔1〕妊産婦の就業制限
(1)　船舶所有者は，妊娠中及び出産後8週間を経過しない女子を船内で使用してはならない（船員法87条1項，2項）。

(2) この就業制限の規定は，次の場合には適用されない。
　① 医師による診察又は処置を必要とする場合に，最寄りの国内港に2時間以内に入港することができる航海（船員則58条の2）に関し，本人が船内作業に従事することを申し出た場合において，医師が母性保護上支障がないと認めた場合（船員法87条1項1号）。
　② 女子の船員が妊娠中であることが航海中に判明した場合において，船舶の航海の安全を図るために必要な作業に従事する場合（船員法87条1項2号）。
　③ 出産後6週間を経過した女子が船内作業に従事することを申し出た場合において，医師が母性保護上支障ないと認めた場合（船員法87条2項）。すなわち，出産後8週間は原則として就業制限されているが，例外的に女子船員が申し出たうえ，医師が認めれば就業も許される。

　船舶所有者は，妊娠中の女子を①又は②の作業に従事させる場合において，本人の申出があったときは，その者を軽易な作業に従事させなければならない（船員法87条3項）。

　船舶所有者が就業制限の規定に違反したときは，6カ月以下の懲役又は30万円以下の罰金に処せられる（船員法130条）。

(3) 船舶所有者は，妊娠中又は出産後1年以内の女子（以下「妊産婦」という。）船員を母性保護上有害な作業に従事させてはならない（船員法88条，労安則28条，75条）。船舶所有者がこの規定に違反したときは，1年以下の懲役又は30万円以下の罰金に処せられる（船員法129条）。

〔2〕 妊産婦の労働時間及び休日の特例

(1) 妊産婦の船員に対しては，船員に対する休日（船員法61条），時間外，補償休日及び休息時間の労働（船員法64条から65条の2），休息時間の例外規定（船員法65条の3第3項），割増手当（船員法66条）及び労働時間規制の適用除外と特例（船員法71～73条）の諸規定は適用されない（船員法88条の2）。

(2) 船舶所有者は，妊産婦の船員を1日について8時間を超えて作業に従事させてはならない（船員法88条の2の2第1項，2項）。ただし，出産後8週間を経過した妊産婦の船員がその労働時間を超えて作業に従事することを申し出た場合（船員法64条1項及び2項に基づく安全臨時労働の場合あるいは特別の必要がある場合に限る。前掲第2節〔5〕(1)と(2)）において，その者の母性保護上支障がないと医師が認めたときは，この限りでない（船員法88条の2の2第2項，3項。ただし，特別の必要がある場合については労働時間数に関する限度を遵守することが求められる。）。船舶所有者がこの規定に違反したときは，6カ月以下の

懲役又は30万円以下の罰金に処せられる（船員法130条）。
(3) 妊産婦の船員が，安全臨時労働の場合に労働時間の制限を超えて従事したときは，船長は，船舶の運航の安全の確保に支障を及ぼさない限りにおいて，当該作業の終了後できる限り速やかに休息をし，又は休息をさせるよう努めなければならず（船員法64条の2第3項の準用），また，時間外手当（船員法66条の準用）を支払わなければならない（船員法88条の2の2第4項）。また，妊産婦の船員が，特別の必要がある場合に労働時間の制限を超えて従事したときは，船長は，船舶の運航の安全の確保に支障を及ぼさない限りにおいて，1日当たり14時間，1週間当たり72時間を超えてはならないうえ（船員法65条の2第1項，3項，4項），時間外手当（船員法66条の準用）を支払わなければならない（船員法88条の2の2第5項）。

　船舶所有者が，時間外手当を支払わなかったときは6カ月以下の懲役又は30万円以下の罰金に処せられる（船員法130条）。

(4) 船舶所有者は，妊産婦の船員に1週間について少なくとも1日の休日を与えなければならない（船員法88条の3第1項）。船舶所有者が，この規定に違反して休日を与えなかったときは，6カ月以下の懲役又は30万円以下の罰金に処せられる（船員法130条）。

(5) 妊産婦の船員に対する補償休日の日数は，労働時間が1週間において40時間を超える場合において，その超過時間の合計が8時間当たり1日を基準として算定される（船員法88条の3第2項）。

(6) 船舶所有者は，出産後8週間を経過した妊産婦の船員が休日において作業に従事することを申し出た場合（船員法64条1項に基づく安全臨時労働の場合及び同65条に基づく補償休日労働の場合に限る）において，その母性保護上支障がないと医師が認めたときは，当該妊産婦の船員を休日において作業に従事させることができる（船員法88条の3第3項）。この場合，同66条の割増賃金の規定も準用される（船員法88条の3第4項）。船舶所有者が，この割増賃金を支払わなかったときは6カ月以下の懲役又は30万円以下の罰金に処せられる（船員法130条）。

〔3〕 **妊産婦の夜間労働の制限**

(1) 船舶所有者は，妊産婦の船員を午後8時から翌日の午前5時までの間において作業に従事させてはならない。ただし，船舶が高緯度の海域にあって昼間が著しく長い場合及び所轄地方運輸局長の許可を受けて，海員を旅客の接待，物品の販売等軽易な労働に専ら従事させる場合において，これと異なる時刻の間において午前零時前後にわたり連続して9時間休息させるときは，

この限りでない（船員法88条の4第1項，船員則58条1項，58条の3第1項）。

船舶所有者がこの規定に違反したときは，6カ月以下の懲役又は30万円以下の罰金に処せられる（船員法130条）。

(2) 出産後8週間を経過した妊産婦の船員が午後8時から翌日の午前5時までの間において作業に従事すること，又は午前零時前後にわたり連続する9時間の休息時間を短縮することを申し出た場合において，その者の母性保護上支障がないと医師が認めたときは，(1)の規定は適用されない（船員法88条の4第2項）。

〔4〕 例外規定

船舶所有者が，妊産婦の船員を，人命，船舶若しくは積荷の安全を図るため又は人命若しくは他の船舶を救助するため緊急を要する作業に従事させるには（船員法68条1項1号。前掲第2節〔9〕参照），労働時間（船員法60条），補償休日（船員法62条，63条），休息時間（船員法65条の3第1項，2項），通常配置表（船員法66条の2），記録簿の備置き（67条），前掲〔2〕(2)から(6)（船員法88条の2の2，88条の3）及び〔3〕（船員法88条の4）の規定は適用がない（船員法88条の5）。

〔5〕 **妊産婦以外の女子船員の就業制限**

船舶所有者は，妊産婦以外の女子の船員を妊娠又は出産に係る機能に有害な①人体に有害な気体を検知する作業，②腐食性物質・毒物又は有害性物質を収容した船倉又はタンク内の清掃作業，③有害性の塗料又は溶剤を使用する塗装又は塗装剥離の作業，④1人につき30kg以上の重量が負荷される運搬又は持ち上げる作業，に従事させてはならない（船員法88条の6，労安則28条，74条及び76条）。

船舶所有者がこの規定に違反して妊産婦以外の女子の船員を当該作業に従事させたときは，1年以下の懲役又は30万円以下の罰金に処せられる（船員法129条）。

〔6〕 **生理日における就業制限**

船舶所有者は，生理日における就業が著しく困難な女子の船員の請求があったときは，その者を生理日において作業に従事させてはならない（船員法88条の7）。船舶所有者がこの規定に違反したときは，30万円以下の罰金に処せられる（船員法131条）。

第7節　災　害　補　償

〔1〕 災害補償の意義

災害補償制度は，船員が職務上負傷し，疾病にかかり，行方不明になり又は

死亡した場合に，船舶所有者にその船員の療養を命じ，又はその船員若しくはその遺族に一定の金額を支給する義務を負わせる制度である。この制度は，船員の職務上の災害があった場合には，船舶所有者側の過失を要件とすることなく（無過失責任主義），船舶所有者に責任を負わせ，災害補償（療養又は費用，手当若しくは葬祭料の支払）をすべき義務を課している。また，船員法は，船員が雇入契約存続中は通常乗船している点から，船員の負傷又は疾病については職務上のものに限らず，故意又は重大な過失のあった場合を除き，いわゆる私傷病についても，船舶所有者が，一定の期間は療養の面倒をみるべきものとしている。労基法にはない大きな特色である。

〔2〕 災害補償の実施

　労災保険制度の下での保険給付事由は（平成22年1月から船員保険ではなく労災保険が適用されている），船員法の災害補償事由のほとんどをカバーしている。しかも，こうした保険に船員は原則としてすべて加入しなければならず，保険料のうち災害補償に相当する部分は，船舶所有者によって支払われる。したがって船員法は，災害補償を受けるべき者が，その災害補償を受けるべき事由と同一の事由により保険給付を受けるときは，船舶所有者は，災害補償の責任を免れるものとしている（95条，船員則66条の2）。

〔3〕 災害補償の要件

　船舶所有者は，「船員が職務上負傷し，又は疾病にかかったとき」災害補償責任を負う（船員法89条1項）。何を職務上の事故とし，何を職務外の事故とするかの基準については，法律は明らかにしていないが，職務上該当性の審査においては，職務遂行性と職務起因性が問題となる。こうした判断枠組を前提として，負傷の場合，特段の事情のない限り，乗船中であれば職務遂行性が認められ，職務上と判断される。これに対し，疾病の場合，私的な要因に基づく疾病と区別する必要があるため，職務起因性の存否が問題となる。職務起因性は，職務が原因の一つであったという事情では足りず，疾病の原因を職務に帰せしめることが社会通念上妥当であるような相当因果関係がある場合に認定される。労災保険の認定基準（平成13年12月12日基発1063号）によれば，死亡等の事故の発症前6カ月間の業務の過重性を審査するようになっており，いわゆる過労死や過労自殺も業務上と判断されている。また，船員については，洋上であるため適切な治療が受けられなかったという事情を考慮して，心臓麻痺による死亡の職務起因性を認めたことがある（町中事件・東京高判昭32.12.25労民集6巻5号191頁）。

　なお，労基法（75条2項，労基法施行規則35条，別表第1の2）は，特定の職業

病を列挙して因果関係の認定を容易にしているが、こうした制度は船員法にはなく、個別に判断することになる。

〔4〕 災害補償の内容
　1　療養補償
(1)　船員が職務上負傷し、又は疾病にかかったときは、船舶所有者は、その負傷又は疾病がなおるまで、その費用で療養を施し、又は療養に必要な費用を負担しなければならない（船員法89条1項）。
(2)　船員が、雇入契約存続中、職務外で負傷し又は疾病にかかったときは、船舶所有者は、3カ月の範囲内において、その費用で療養を施し、又は療養に必要な費用を負担しなければならない。ただし、その負傷、疾病につき船員に故意又は重大な過失があったときは、この限りでない（船員法89条2項）。
(3)　療養とは(イ)診察、(ロ)薬剤又は治療材料の支給、(ハ)処置、手術その他の治療、(ニ)居宅における療養上の管理及びその療養に伴う世話その他の看護、(ホ)病院又は診療所への入院及びその療養に伴う世話その他の看護、(ヘ)治療に必要な自宅以外の場所への収容（食料の支給を含む）、(ト)移送をいう（船員法90条）。

　2　傷病手当及び予後手当
(1)　船員が職務上負傷し、又は疾病にかかった場合、船舶所有者は、4カ月の範囲内において、その負傷又は疾病がなおるまで、毎月1回標準報酬（標準報酬は災害補償の金額の算定に用いられ、負傷し、疾病にかかり、行方不明となり又は死亡した日（負傷又は疾病により死亡した場合は負傷し又は疾病にかかった日）の報酬月額に基づいて決定される（船員則59条）。報酬月額の算定方法については、規則60条以下に規定されている）の月額に相当する額の傷病手当を支払い、4カ月が経過してもその負傷又は疾病がなおらないときは、なおるまで、毎月1回、標準報酬の月額の100分の60に相当する額の傷病手当を支払わなければならない（船員法91条1項）。
(2)　船舶所有者は、職務上の負傷、疾病がなおった後遅滞なく、標準報酬月額の100分の60に相当する額の予後手当を支払わなければならない（同2項）。
(3)　傷病手当及び予後手当は、負傷又は疾病につき船員に故意又は重大な過失があったときは、支払われない（同3項）。

　3　障害手当
　船員の職務上の負傷又は疾病がなおった場合において、なおその船員の身体に障害が残ったときは、船舶所有者は、なおった後遅滞なく、標準報酬月額に障害の程度に応じ一定の月数を乗じて得た額の障害手当を支払わなければなら

ない。ただし，その負傷又は疾病につき船員に故意又は重大な過失のあったときは，この限りでない（船員法92条，船員則62条，7号表）。

4 行方不明手当

船舶所有者は，船員が職務上行方不明になったときは，3カ月の範囲内において行方不明期間中毎月1回，その被扶養者に，標準報酬月額に相当する額の行方不明手当を支払わなければならない（船員則62条の2）。ただし，行方不明の期間が1カ月に満たない場合は，支払う必要はない（船員法92条の2）。

海上労働は，陸上労働と異なり，海中転落，船舶の沈没，行方不明等により，船員が行方不明となる場合が多い。行方不明手当は，この場合における精神的（慰謝料），物質的（行方不明期間中の生活の補償）損害を補填することを目的としたものである。

5 遺族手当

船員が職務上死亡したときは，船舶所有者は，遅滞なく，その遺族に標準報酬月額の36月分に相当する額の遺族手当を支払わなければならない。船員が職務上の負傷又は疾病により死亡したときも同様である（船員法93条，船員則63～65条）。

6 葬祭料

船員が職務上死亡したときは，船舶所有者は，遅滞なく，その遺族で葬祭を行う者に標準報酬月額の2カ月分に相当する額の葬祭料を支払わなければならない。船員が職務上の負傷又は疾病により死亡したときも，同様である（船員法94条，船員則66条）。

〔5〕 審査及び仲裁

災害補償は，その制度の目的からみて，迅速かつ適正に実施される必要がある。そこで船員法には，災害補償の実施に関し紛争が生じた場合に，民事訴訟以外に，特に監督機関により解決を図る道を講じ，国土交通大臣による審査及び仲裁の制度が設けられている。すなわち，

(1) 職務上の負傷，疾病，行方不明又は死亡の認定，療養の方法，災害補償の金額の決定その他災害補償の実施に関して異議のある者は，国土交通大臣に対して審査又は事件の仲裁を請求することができ，また，国土交通大臣は，必要があると認めるときは，職権で審査又は事件の仲裁をすることができる（船員法96条1項，2項，船員則67条）。

(2) 国土交通大臣は，審査又は事件の仲裁に際し，船長その他の関係人の意見を聴かなければならない。また，審査又は事件の仲裁のため必要があると認めるときは，医師に診断又は検案をさせることができる（船員法96条3項，4

項)。

しかし，審査又は仲裁の結果として決定がなされ又は仲裁案が提示されても，これは法的拘束力を有せず，当事者に対する勧告的性質を有するにすぎない。
(3) 審査又は事件の仲裁の請求及び開始は，裁判上の請求とみなされ，時効中断の事由となる（船員法96条5号）。

〔6〕 罰　　則

船舶所有者が災害補償の規定に違反してこれを行わなかったときは，6カ月以下の懲役又は30万円以下の罰金に処せられる（船員法130条）。

第8節　就業規則

就業規則とは，船舶所有者が船員の労働条件や服務規律等について定めた規則をいう。したがって，名称のいかんを問わず，この種のものは，就業規則の性質を持つ。

雇入契約又は雇用契約は，船舶所有者と船員が個々に締結するものであるため，船舶所有者は，集合的に処理することの必要な労働条件については就業規則に記載したうえで，雇入契約又は雇用契約の締結に際し，その内容は「就業規則による」とすることが多い。しかし，就業規則は，般舶所有者が一方的に定めることのできる規則であるため，船員に不利益な労働条件等が定められるおそれもある。そこで，船員法は就業規則の作成，内容等に国家の介入を認めることで，労働条件の向上を図ろうとしたのである。労基法にも同様の制度（89条から93条）が存在する。

〔1〕 就業規則の作成及び届出
(1) 常時10人以上の船員を使用する船舶所有者は，就業規則を作成して，これを国土交通大臣（所轄地方運輸局長）に届け出なければならない。これを変更したときも同様である（船員法97条1項，2項，船員則69条）。しかし，船舶所有者を構成員とする団体があり，かつ，それが法人であるものは（すなわち，船主団体は），その構成員たる船舶所有者について適用される就業規則を作成して，届け出ることができる。この場合，個々の船舶所有者は，就業規則の作成義務及び届出義務を免れる（船員法97条3項，4項）。こうした制度は，労基法にもない船員法独自のものである。
(2) 就業規則には，船舶所有者が，必ず定めを設けて届け出なければならない事項（絶対的必要記載事項）と，定めを設けた場合に限って必ず記載し，届け出なければならない事項（相対的必要記載事項）とがある（船員法97条1項，2

項，船員則70条）。

　前者に属する事項は，①給料その他の報酬，②労働時間，③休日及び休暇，④定員であり，後者に属する事項は，④食料並びに安全及び衛生，⑤被服及び日用品，⑥陸上における宿泊，休養，医療及び慰安の施設，⑦災害補償，⑧失業手当，雇止手当及び退職手当，⑨送還，⑩教育，⑪賞罰，⑫その他の労働条件である。

(3)　就業規則の届出に際しては，過半数労働組合あるいは過半数代表者の意見を聴取したうえで，それも書面で添付しなければならない（船員法97条5項）。就業規則の作成若しくは届出をせず，又は虚偽の届出をした者は，30万円以下の罰金に処せられる（船員法133条）。

〔2〕　就業規則の作成・変更に係る手続上の義務

　船舶所有者又は船舶所有者を構成員とする法人は，就業規則を作成し，又は変更する際，その就業規則の適用される船舶所有者の使用する船員の過半数で組織する労働組合があるときは，その労働組合，船員の過半数で組織する労働組合がないときは，船員の過半数を代表する者の意見を聴かなければならない（船員法98条）。意見を聴くとは，同意を得ることとも協議を行うこととも異なり，文字どおり「聴く」だけで足り，船員側の意見を就業規則の内容に反映させるかどうかは，船舶所有者の判断に委ねられる。意見を反映させない場合でも，就業規則の作成又は変更の効力には影響がない。

　また，就業規則は船内で掲示（労基法106条の「周知」と同義），又は備え置かなければならない（船員法113条，船員則75条）。

　さらに，ILO海上労働条約（後掲第9章参照）が日本で効力を生じた平成26年8月5日からは，船舶所有者（漁船又は特別の用途に供される船舶（船員の労働条件等の検査等に関する規則2条）を除く）は同条約を記載した書類を（船員法113条2項），海上労働証書や臨時海上労働証書の交付を受けた特定船舶（船員法100条の2）の船舶所有者は証書の写しを，それぞれ船内及びその他の事業所内の見やすい場所に掲示し，又は備え置かなければならない（船員法113条3項）。また，海上労働証書や臨時海上労働証書の交付を受けた特定船舶の船舶所有者は，さらに船員の労働条件等の検査等に関する規則（平成25年5月2日国土交通省令32号）16条に規定された海上労働遵守措置認定書の写しも併せて掲示しなければならない（船員則75条2項）。

　意見聴取義務あるいは掲示義務を怠った船舶所有者は，30万円以下の罰金に処せられる（船員法131条，133条）。

〔3〕 就業規則の監督

　国土交通大臣は，(1) 法令又は労働協約に違反する就業規則の変更を命ずることができ，また(2) 就業規則が不当であると認めるときは，交通政策審議会等の議を経て，その変更を命ずることができる（船員法99条2項）。法令又は労働協約に違反する就業規則があった場合，この就業規則に従って船員の待遇が行われる危険があるので，これを防止するため及び不当に低い労働条件を定めた就業規則を適正化することにより，船員の待遇の向上を図るため，このような規定が設けられている。変更命令に違反した者は，30万円以下の罰金に処せられる（船員法133条）。

〔4〕 就業規則の効力

　就業規則は，様々な効力が付与されているので，以下でそれを解説する。

① 労働契約に対する強行的直律的効力（最低基準効）

　　船員法は，就業規則で定める基準に達しない労働条件を定める雇入契約（予備船員については雇用契約）は，その部分については，無効とし，この場合，無効の部分については，就業規則で定める基準に達する労働条件を定めたものとする，と定めている（船員法100条）。これは，船舶所有者に就業規則の作成，届出の義務を課すことで，行政の監督を容易にし，劣悪な労働条件を阻止しようとしたものである。

② 契約内容規律効

　　船員法100条は，労基法（93条。現在は労働契約法12条を引用するような規定となっている。船員については，同法20条2項に，同法12条を船員法100条に読み替える規定が置かれている）と同様，雇入契約（雇用契約）が就業規則の基準を下回る場合の効力（最低基準効）を規定するだけで，新設あるいは変更された就業規則規定が雇入契約（雇用契約）にどのような効力を持つかについては何も定めていない。このため，長い間，法律上の根拠が不明なまま，船員（労働者）に周知されていることと，就業規則内容が合理性を有していることを条件にその効力を認める判例法理（秋北バス事件・最大判昭43.12.25民集22巻13号3459頁）が妥当していた。しかし，平成20（2008）年3月1日に施行された労働契約法は，こうした判例法理の効力を法定化した。その結果，(a) 就業規則規定を新設した場合（7条）や (b) 就業規則によって労働条件を不利益に変更した場合（9, 10条）は，同法の要件（周知と合理性）を充足するか否かが問題となることになった。特に，(b)の合理性については，いったん定めた労働条件を船員（労働者）にとって不利益に変更する場合の効力を認めるものであるため，(a)の効力より厳格に審

査され，「労働者の受ける不利益の程度」，「労働条件の変更の必要性」，「変更後の就業規則の内容の相当性」，「労働組合等との交渉の状況」やその他の状況を総合考慮して判断するとしている。
③　契約内容規律効の例外

労働契約法は，「就業規則の内容と異なる労働条件を合意していた部分」（7条但書）については新設した就業規則規定の効力が，「就業規則の変更によっては変更されない労働条件として合意していた部分」（10条但書）については変更された就業規則規定の効力が及ばないとしている。これらは必ずしも同一ではないが，雇用契約あるいは雇入契約上の特約がある場合あるいは労働者個人の同意を得て変更すべき場合（無期契約から有期契約への変更等）がこれに該当する。

④　法令，労働協約との関係

労基法92条1項及び労働契約法13条においては，就業規則は，法令や労働協約に反してはならないと規定されている。これに対し，船員法にはこうした規定が存在せず，国土交通大臣が法令又は労働協約に違反する就業規則の変更を命ずることができるなどの規定（99条）があるにすぎない。しかし，船員にも，労働契約法13条（ただし同法20条2項に読み替え規定がある）は適用される。したがって，船員に適用される就業規則も，法令や労働協約に反した場合，その効力は否定される。

⑤　労働条件規制手段の中での就業規則

様々な労働条件規制手段の中で就業規則がどのように位置づけられるかを確認しておくこととする。

労働条件規制手段としては，陸上労働者と同様，以下のものがある。
(a)　法令（船員法や労基法など）
(b)　労働協約
(c)　就業規則
(d)　雇用契約，雇入契約（船員個人と使用者が締結したもの）

労働協約は，労働組合と船舶所有者が締結するもので，労働条件や待遇については，原則として労働組合に加入する組合員に限り規範的効力（労働組合法16条）が及ぶ。労働協約と労使協定（書面による協定）は，語句が似ているが，後者は労働組合でいえば過半数労働組合，あるいは過半数代表者が締結するものであるのに対し，労働協約は組合の大小にかかわらず，締結することができるものである。労使協定は過半数の代表資格を有するものが締結するものであるが，船員法における罰則の適用除外を認める効

力（免罰的効力）を持つにすぎず，労働協約と異なり，船員の雇入契約に対する規範的効力はない。

　前記の (a) から (d) の諸手段の内容が抵触する場合，上位のものほど効力が優先される。ただし，最低基準効（船員法31条，100条）しか付与されていない場合が多いので，上位のものよりも下位のもので定められた労働条件が船員にとって有利であれば，下位の手段における労働条件が妥当することになる。例えば，船員法においては，1日8時間労働制が原則となっているが，就業規則に1日7時間と規定されれば，就業規則の労働条件が妥当するのである。

　もっとも，労働組合法16条は，労働協約に「違反する」労働契約を無効とし，その内容を協約内容で補充するとしている。したがって，協約内容と比較して有利な労働契約や就業規則であっても効力を否定すべき（有利原則を否定すべき）とする見解が有力となっている。

第9節　船員の労働条件等の検査等

　ILO 海上労働条約（後掲第9章参照）の批准に伴い，一定の船舶の船舶所有者は，国土交通大臣又は登録検査機関の実施する海上労働検査（法定検査）に合格し，海上労働証書を受有することが義務づけられることになった。この法定検査に関する申請手続や検査の実施等は「船員の労働条件等の検査等に関する規則」（平成25年5月1日国土交通省令32号。以下では「検査規則」。同条約が日本で効力を生ずる平成26年8月5日施行）に規定されている。

〔1〕　対象船舶

　海上労働検査の対象船舶は，国際航海（本邦の港と本邦以外の地域の港との間又は本邦以外の地域の各港間の航海）に従事する船舶であって，国際総トン数500トン以上の日本船舶であり，これを特定船舶という（船員法100条の2第1項）。特定船舶は，有効な海上労働証書又は臨時海上労働証書の交付を受けていなければ，国際航海に従事できないと定められている（船員法100条の7）。

　また，特定船舶以外の日本船舶であって国際航海に従事させようとするものについても，船舶所有者の申請により受検（任意受検）することができる（船員法100条の2第2項）。

　これに対し，漁船及び特別の用途に供される船舶（国，地方公共団体，独立行政法人，地方独立行政法人，国立大学法人，大学共同利用機関法人又は特殊法人その他国土交通大臣が適当と認める者が所有し又は運航する船舶であって非商業的目的のみに使用される船舶（これらの機関以外の船舶管理人又は船舶借入人が置かれる場合は除

く)。検査規則2条）は，国際航海に従事する場合でも，海上労働証書又は臨時海上労働証書の受有義務はなく，任意の受検を含む海上労働検査の対象外である。しかし，この船舶の船長は，ILO 海上労働条約の締約国の港に寄港した際，船員の労働に関して PSC を受ける可能性があるが，国内法令で海上労働証書の受有義務の適用を除外されていることを説明することが困難になることも考えられる。こうしたことを想定して，地方運輸局等は，漁船を除き，法定検査を適用除外されている船舶の円滑な運航を確保するため，船舶所有者の申請により，「非適用証明書」を交付できる。

〔2〕 海上労働検査の種類

　法定検査には，定期検査，中間検査（船員法100条の4）及び臨時航行検査（船員法100条の6）がある。所有する船舶を国際航海に従事させるには，定期検査又は臨時航行検査を受検しなければならない。また，定期検査に合格後，2回目と3回目の検査基準日の間に中間検査も受けなければならない（検査規則8条）。中間検査は時期を繰り上げ，2回目の検査基準日以前に受検することができるが，その場合は中間検査に合格した日から2年目以降3年以内に中間検査を受検しなければならない。

　なお，臨時航行検査の対象となるのは，①定船舶について船舶所有者の変更があったとき，②日本船舶以外の船舶が特定船舶になったとき，③新たに建造された特定船舶その他海上労働証書を受有しないものを臨時に国際航海に従事させようとするときである（検査規則9条）。

〔3〕 申請者及びその責務

　1　申請者（船舶所有者）

　法定検査に係る船舶所有者の規定は，船舶所有者のほか，船舶共有の場合には船舶管理人に，船舶貸借の場合には船舶借入人に適用されるため（船員法5条2項），これらの船舶所有者が法定検査の申請を行わなければならない。なお，船舶所有者から委任を受けた場合，代理人（船舶管理会社，海事代理士等）が申請することが可能である。

　2　船舶所有者に求められる措置

　船舶所有者は，法定検査の受検に当たり，当該船舶において実施される法令遵守措置をあらかじめ定め（海上労働遵守措置認定書第Ⅱ部。検査規則16条，第8号様式），この法令遵守措置が，船上において実際に船員法100条の3第1項各号に規定する要件を満たしていなければならない。

〔4〕 海上労働検査の実施

　海上労働検査は，国（地方運輸局等）又は登録検査機関のいずれかが実施す

ることになるが，いずれが検査を実施した場合においても，検査に合格したときは，国土交通大臣から海上労働証書又は臨時海上労働証書が交付される（船員法100条の3，100条の6）。

　国土交通大臣が実施する検査については，権限を委任された地方運輸局が実施する。ただし，船舶の所在地が外国にある場合は，関東運輸局が担当となる。

　法定検査における船上検査は，上記船員法事務担当課のある地方運輸局に所属する運航労務監理官が担当するが，船上検査の公平性及び客観性を確保するため，原則として2名以上で実施される。船舶所有者が実施する法令遵守措置を記載した書類の記載内容が法令に適合していることを確認した後，船上検査は実施されるが，関係書類，船員へのインタビュー及び船内点検によって確認が行われる。

　なお，検査申請した後，検査対象船舶が他の地方運輸局の管轄区域内に移転した場合は，船舶所有者の申請により当該船舶の新たな所在地を管轄する地方運輸局長への検査の引継を受けることができる。

〔5〕 海上労働証書等の交付手続
　1　海上労働証書等の交付
　国（地方運輸局）が実施する定期検査又は臨時航行検査を受検し合格した場合，海上労働証書又は臨時海上労働証書の交付が行われ，合格後に改めて海上労働証書又は臨時海上労働証書の交付申請を提出する必要はない。

　これに対し，登録検査機関（後掲〔7〕参照）が実施する定期検査又は臨時航行検査を受検し合格した場合は，海上労働証書又は臨時海上労働証書の交付申請が必要となる（検査規則12条）。

　2　海上労働証書等の有効期間や更新
　定期検査に合格した場合，海上労働証書が船舶所有者に交付され，その海上労働証書の有効期間は交付日から5年間となっている（船員法100条の3第2項）。ただし，海上労働証書の交付を受けた船舶の船舶所有者の変更があったときは，当該船舶に交付された海上労働証書の有効期間は，その変更があった日に満了したものとみなされる（同条3項）。有効期間満了日前3カ月以内に更新のための定期検査に合格すれば，原証書の有効期間終了日の翌日から更に5年間が有効期間となる（同条4項）。

　また，臨時航行検査に合格した場合は，臨時海上労働証書が船舶所有者に交付され，その有効期間は6カ月である（同100条の6第4項）。

　なお，臨時海上労働証書の更新又は繰り返しの取得は認められないので，臨時海上労働証書の有効期間を超えて引き続き当該特定船舶を国際航海に従事さ

せる場合は，当該証書の有効期間内に定期検査を受検し，海上労働証書の交付を受けなければならない（同項ただし書き）。船舶の船舶所有者の変更があったときは，その変更があった日に満了したものとみなされる（船員法100条の6第5項）。

3　海上労働証書等の再交付や書換え

海上労働証書又は臨時海上労働証書の再交付（検査規則18条）や書換え（検査規則19条）が必要となった場合は，再交付又は書換え申請をしなければならない。

また，海上労働証書及び臨時海上労働証書は，以下の場合に失効，効力の停止又は証書の返納命令の対象となる。①有効期間が満了したとき（失効），②船舶所有者が変更になったとき（失効），③船舶の国籍が変更になったとき（失効），④中間検査が不合格になったとき（効力の停止），⑤法令に規定される要件に不適合になったとき（返書の返納命令。船員法100条の10）である。

4　海上労働証書等の返納

海上労働証書又は臨時海上労働証書の交付を受けた船舶の所有者は，以下の場合には，遅滞なく，受有している証書を所轄運輸局長に返納しなければならない。①船舶が滅失し，沈没し，又は解撤されたとき，②船舶が日本船舶でなくなったとき，③証書の有効期間が満了したとき，④証書を滅失したことにより証書の再交付を受けた後，滅失した証書を発見したとき，⑤①から④の他，船舶が証書を受有することを要しなくなったときである（検査規則20条）。

5　海上労働検査に係る不適合

海上労働検査に係る不適合とは，海上労働遵守措置認定書に規定する遵守措置に適合していないことを，検査において発見された客観的証拠により明らかにされた状況であり，次の2つが存在する。

第1に，重大な不適合である。船員の労働条件及び生活条件について重大な違反があった場合又は違反が繰り返し行われているものであって，直ちに是正措置を必要とする不適合をいい，是正するための手段がない場合若しくは船舶所有者が是正措置を実施する意思のない場合には，検査は不合格となる。重大な不適合の例としては，16歳未満の船員が雇用されていること，必要な海員が乗り組んでいないこと，また，最長労働時間を超えて船員を労働させていることや雇入契約で合意した給与の額が適正に支払われていない状態が繰り返し行われているといった場合が考えられる。

第2に，その他の不適合があり，これは重大な不適合以外の不適合を意味する。是正計画を提出し，当該是正計画により不適合を確実に是正することがで

きると認められる場合には検査は合格となるが，検査業務担当者が指定する一定期間内（2カ月を超えない範囲）に是正措置を完了し，検査業務担当者の確認を受ける必要がある。その他の不適合の例としては，船員の労働時間及び休息時間が適正に記録されていない，船内の定期的な検査の結果が適正に記録されていない，船内に必要な書類が掲示または備え置かれていないことなどが考えられる。

なお，不適合以外に観察事項というものがあり，これは検査において発見された客観的証拠が示す，そのまま放置すると不適合になり得るおそれがあるものであって，重大な不適合又はその他の不適合以外のものを指す。直ちに是正する必要はないが，遵守措置の見直しが必要となる。

〔6〕 変更の場合の取扱い

1 海上労働遵守措置認定書を変更した場合の措置

船舶所有者は，海上労働遵守措置認定書の記載事項を変更した場合は，検査規則23条に基づき，地方運輸局に報告することが求められている。この報告に基づき，必要に応じて運航労務監理官が変更事項について船上において法令遵守状況を確認し，法令遵守が確認された場合は海上労働証書に裏書することになる。なお，変更事項は，登録検査機関において確認し，裏書を受けることもできるが，この場合は当該変更事項及び確認結果を速やかに地方運輸局に報告する必要がある。

2 船舶を係船した場合の措置

海上労働証書の交付を受けた船舶を一定期間係船状態とする場合，検査規則21条5号に規定する「船舶が証書を受有することを要しなくなったとき」に該当するものとして，海上労働証書の返納を求められる。係船された船舶が係船解除により海上労働証書の交付を受ける場合は，改めて臨時航行検査を受検することになる。ただし，係船予定期間が6カ月以内であって，その係船期間の終了日が海上労働証書の有効期限内である場合，証書の返納は不要となっている。この係船期間が中間検査の受検時期にある場合，係船期間中は船上検査において遵守状況が確認できないため，係船前又は係船解除後に検査を実施する。

3 船員居住設備等の要件を変更した場合の措置

ILO 海上労働条約 A3.1.3 (b) において，「R5.1.4 に基づく検査は，船内の船員の居住設備が実質的に変更された場合に実施する」と規定されているところ，日本においては，船舶の居住設備又は娯楽設備について船舶安全法施行規則に規定される改造又は修理に関する船舶安全法の臨時検査にて要件に適合していることの確認を受けることになるため，この検査に合格した場合は引き

続き海上労働証書は有効として扱われる。したがって，追加的な海上労働検査を実施することは必要でないとされている。

〔7〕 登録検査機関
1 登録制度
　ILO 海上労働条約は，検査等について，公の機関以外に一定の能力及び独立性を有すると認定された登録検査機関の利用を認めている。日本でも登録検査機関を認めるか否か議論されたが，船員法が改正され，登録検査機関の制度が認められた。
　国土交通大臣は，法定検査を行おうとする者から申請があり，該当者が一定の要件に適合しているときは，登録検査機関として登録する（船員法100条の12第1項）。登録の要件は，同条2項や船員則70条の2以下の諸条文に定められている。これに対し，国土交通大臣は，登録申請者が，①船員法，船舶安全法，船員職業安定法若しくは船舶職員及び小型船舶操縦者法又はこれに基づく命令に違反し，罰金以上の刑に処せられ，執行の終了日から2年を経過しない者，②登録の取消しの日から2年を経過しない者，③その業務を行う役員のうち①又は②に該当する者が法人に該当するときは，登録してはならない（船員法100条の12第3項）。

2 有効期間
　登録の有効期間は，船員法に基づく登録検査機関に関する政令（平成25年4月26日政令126号。ILO 海上労働条約が日本で効力を生じた平成26年8月5日施行）で，3年と定められている（船員法100条の13）。

3 適合命令，改善命令及び登録の取消等
　国土交通大臣は，船員法100条の12第2項に適合しなくなったときは適合命令を（船員法100条の21），同100条の14に規定に違反したときは登録検査機関に改善命令を出すことができる（船員法100条の22）。また，国土交通大臣は，必要があると認める時は，その職員に登録検査機関の事務所又は事業所への立入検査を実施することができ（船員法100条の25），登録検査機関が一定の事由に該当するときは，登録を取消し，又は期間を定めて検査業務の全部若しくは一部の停止を命ずることができる（船員法100条の26）。

4 責務
　登録検査機関は，検査を求められたら，正当な理由がある場合を除き，遅滞なく（船員法100条の14第1項），公正に，かつ同100条の12第2項1号に掲げられた要件に適合する方法により検査を行わなければならない（船員法100条の14第2項）。また，登録検査機関は，検査業務の開始前に検査業務規程を定め，

国土交通大臣の認可を受ける必要がある（船員法100条の16第1項）。さらに，登録検査機関は，検査業務を行う事業場ごとに検査に関する帳簿を備え，検査を実施した日から5年間保存し（船員法100条の27，船員則70条の15第2項），一定の場合にはこの帳簿を国土交通大臣に提出しなければならず（船員則70条の16），法定検査を行った場合は速やかに，当該検査に関する報告書を所轄地方運輸局等に提出しなければならない（船員則70条の17）。

第6章 監　　督

　船員法は，船員の保護，救済を図るため，監督規定を設けて，行政官庁に必要な処分権を認めるほか，船員労務官制度，船舶所有者に一定の事項を報告させる義務，船員の申告制度等について定めている。

　船員に関する行政官庁としては，国土交通省の下に海事局が，地方については地方運輸局が置かれている（国土交通省設置法）。船員法によって国土交通大臣の権限に属する事務のうち，船員手帳の交付・訂正，書換え及び返還等に関するものを除き，地方運輸局長の行うべき事務は，外国にあっては，日本の領事官が行い（船員法103条1項，船員則71条），また，国土交通大臣の指定を受けた市町村長は，㈡海難報告（船員法19条）の受理，㈣雇入契約の成立等の届出受理（船員法37条）及び雇入契約の確認（船員法38条），㈥船員手帳返還（同50条4項），㈡満18歳未満の者を船員として使用する場合の認証（船員法85条3項）に関する事務を行う（船員法104条1項，船員法の規定により市町村が処理する事務に関する政令（最終改正平成25年1月23日政令10号））。

〔1〕　監督命令等

　国土交通大臣は，船員法などの法令に違反する事案があると認めるときは，船舶所有者又は船員に対し，その違反を是正するため必要な措置をとるべきことを命ずることができる（船員法101条1項）。国土交通大臣は，この命令を発したにもかかわらず，船舶所有者等が命令に従わない場合において，船舶の航海の安全を確保するため特に必要があると認めるときは，その船舶の航行の停止を命じ，又はその航行を差し止めることができる（同条2項）。なお，この場合において船員法等に違反する事実がなくなったと認めるときは，国土交通大臣は直ちにその処分を取り消さなければならない（同条3項）。また，船舶所有者と船員との間に生じた労働関係に関する紛争（労働関係調整法6条の労働争議や個別労働関係紛争解決促進法4条1項の個別労働関係紛争等を含まない）の解決について斡旋することができる（船員法102条）。

国土交通大臣の処分に違反した者は，6カ月以下の懲役又は30万円以下の罰金に処せられる（船員法132条）。

〔2〕 船員労務官
(1) 国土交通大臣は，船員法及び労基法の施行に関する事項を掌らせるため，職員の中から船員労務官を命ずることができる。船員労務官は，必要があると認めるときは，船舶所有者又は船員に対し，船員法などの法令の遵守に関し注意を喚起し，又は勧告することができる（船員法105条，106条）。
(2) 船員労務官は，職務執行のため必要があると認めるときは，船舶その他の事業場に臨検し，船舶所有者若しくは船員等に出頭を命じ，帳簿書類を提出させ，報告をさせ，質問をすることができ，また，旅客その他船内にある者に対しても質問をすることができる。この場合には，船員労務官は，その身分を証明する証明書を携帯し，関係者に提示しなければならない（船員法107条，船員則72条）。

　船員労務官は，船舶の航海の安全を確保するため緊急の必要があると認めるときは，船員法101条2項に規定する国土交通大臣の権限を即時に行うことができる（船員法108条の2）。この規定は，平成17（2005）年4月に改正施行された船員法によって導入されたものであるが，船員労務官の権限強化を企図したものである。

　船員労務官の臨検を拒み，妨げ若しくは忌避し，出頭の命令に応ぜず，又は質問に対し陳述をせず，若しくは虚偽の陳述をした者，及び帳簿書類を提出せず，若しくは虚偽の記載をした帳簿書類を提出し，又は報告せず，若しくは虚偽の報告をした者は，30万円以下の罰金に処せられる（船員法133条）。
(3) 船員労務官は，船員法などの法令の違反の罪について，司法警察員（労基法では「司法警察官」という概念が使用されている）の職務を行うことができる（船員法108条）。ただし，船員労務官は，職務上知り得た秘密を漏らしてはならない。このことは，船員労務官を退職した後においても同様である（船員法109条）。船員労務官がこの規定に違反したときは，30万円以下の罰金に処せられる（船員法133条）。
(4) 船員労務官については，労働基準監督官と異なり（労基法97条），身分保障や資格に関する規定が置かれていない。
(5) 平成17（2005）年4月から，船員労務官は，運航監理官と組織上統合された。このため，運航労務監理官と呼ばれていることもある。

〔3〕 船員労働委員会の廃止と労働委員会等への委譲
　平成20（2008）年9月30日までは，船舶所有者を代表する者，船員を代表す

る者及び公益を代表する者各同数をもって構成された船員労働委員会（船員中央労働委員会と船員地方労働委員会）が存在した。同委員会は，労働組合法の定めに基づき（旧19条，19条の13，20条），労働組合の資格審査，不当労働行為の判定，労働争議の斡旋，調停及び仲裁等の権限を有した独立行政委員会であった。また，同委員会は，国土交通大臣の諮問に応じ，船員法及び労基法の施行又は改正に関する事項を調査審議し，船員の労働条件に関して，関係行政官庁に建議することもできた（船員法110条）。こうした諮問機関の役割を担ってきた点は，陸上の労働者が利用する労働委員会と異なっていた。

しかし，前掲第1章第5節〔4〕で紹介したように，同年10月1日から，船員地方労働委員会及び船員中央労働委員会は廃止され，同委員会が担ってきた紛争調整事務は通常の労働委員会に委ねられる一方，調査審議事務は交通政策審議会及び地方交通審議会で行われることになった。

〔4〕 船舶所有者の報告義務

国土交通大臣は，船員法の適用ある船舶所有者，船員及び船舶の状況について，一定の実情を把握しておく必要がある。そこで，船員法は，次の事項について，船舶所有者は，所轄地方運輸局長に報告しなければならないものとしている（船員法111条）。

(1) 事業状況報告（船員則73条1項1号）

毎年10月1日現在の事業状況，すなわち雇用船員数，非雇用船員数，所属船舶の状況，労働組合の状況，貯蓄金管理協定の有無，委託者数及び補償休日労働協定の有無等を同年10月末日までに報告する。

(2) 災害疾病発生状況報告書（船員則73条1項2号）

前年4月1日以後1年間に発生した災害又は疾病のために船員が引き続き3日以上休業したときは，その内容，原因その他参考事項を毎年4月末日までに報告する。

船舶所有者がこの規定に違反して報告せず，又は虚偽の報告をしたときは，30万円以下の罰金に処せられる（船員法131条）。

〔5〕 船員の申告

(1) 船員は，船員法などの法令に違反する事実があるときは，書面又は口頭で，国土交通大臣，地方運輸局長（運輸監理部長を含む），運輸支局長，地方運輸局，運輸監理部若しくは運輸支局の事務所の長，船員労務官にその事実を申告することができる（船員法112条1項，船員則74条）。船員法の施行に関し，監督の完全を期し，船員の保護救済を図るため，船員に申告権を認めたものである。

(2) 船舶所有者は，申告をしたことを理由として，船員を解雇し，その他船員に対して不利益な取扱いをしてはならない（船員法112条2項）。虚偽の申告をした者は，30万円以下の罰金に，申告したことを理由として船員に対して不利益な取扱いをした船舶所有者は，6カ月以下の懲役又は30万円以下の罰金に処せられる（船員法130条，133条）。
(3) この申告に関する規定は，ILO海上労働条約（後掲第9章参照）が日本で効力を生じた平成26年8月5日からは外国船舶の乗組員についても準用され，ILO海上労働条約に違反する事実があるときは，国土交通大臣があらかじめ指定する職員（外国船舶監督官）に申告することができる（船員法120条の3第7項）。

第7章 雑 則

船員法は，「雑則」として，報酬や手当等について必要な規定を設けるとともに，航海当直部員，タンカー乗組員の要件，救命艇手等の航海の安全に関する規定，外国船舶の監督に関する規定等を設けている。

〔1〕 就業規則等の掲示等

船舶所有者は，船員法などの法令，労働協約，就業規則並びに船員の貯蓄金の管理に関する協定及び補償休日労働に関する協定等を記載した書類を船内及びその他の事業場内の見やすい場所に掲示し，又は備え置かなければならない（船員法113条）。船舶所有者が労働条件等に関する船員の不知を利用して，不当，不正な取扱いをしないよう，労働条件を周知させる必要があるからである。船舶所有者がこの規定に違反したときは，30万円以下の罰金に処せられる（船員法131条）。

〔2〕 報酬，補償すべき手当の調整

船員法は，原則として，船員の雇用関係を雇入契約関係として把握し，雇入契約が終了したときは，船員は船舶所有者と雇用関係がなくなるものとして，船舶所有者に各種手当の支給義務を課しているが，予備船員制度がある場合には，船員は，一般に雇入契約の終了とともに予備船員となり，予備船員としての給料その他の報酬の支払を受ける。このような場合，必ずしも手当を支給する必要がないし，雇入契約が終了して雇止手当が支払われる場合でも，船員が，引き続いて，同じ船舶所有者が所有する他の船舶に乗船するとき（すなわち，転船のとき）には，引き続いて報酬が支払われるから，雇止手当を支給する必要がない。また，船舶が沈没した場合に，船員が負傷し，その後失業している

ときは，船員は失業手当と傷病手当とを併給されることになるが，同じく船員の生活を支えることを目的とするこれらの手当を，同時に二重に支給する必要は認められない。そこで，船員法は，①給料その他の報酬，失業手当，送還手当，傷病手当又は行方不明手当のうち，その二つ以上をともに支払うべき期間については，いずれか一の多額のものを支払うことによって足り，また，②給料その他の報酬を支払うべき場合において雇止手当又は予後手当を支払うべきときは，給料その他の報酬を支払うべき限度において，雇止手当又は予後手当の支払の義務を免れるものとした（114条）。

〔3〕 譲渡又は差押えの禁止

　失業手当，雇止手当，送還の費用，送還手当又は災害補償は，主として，雇用関係の消滅後も，一定の期間，船員の生活を保障しようとする特別の社会的目的を持つものである。このため船員法は，失業手当，雇止手当，送還の費用，送還手当又は災害補償を受ける権利は，船員がこれを譲渡したり，船員の債権者がこれを差し押えたりすることができないものとしている（115条）。前掲〔2〕で述べた調整により支払われる給料その他の報酬の全部又は一部は，実質的には調整された失業手当等の手当に相当するものであるから，同条は，給料その他の報酬を受ける権利についても，これらの手当に相当する金額に限って同様に譲渡，差押えを禁止している。

〔4〕 付加金の支払

　裁判所は，予告手当，失業手当，雇止手当，送還の費用，送還手当，補償休日手当，割増手当又は有給休暇中の報酬を支払わなかった船舶所有者に対して，船員から請求があったときは，船舶所有者が支払わなければならない未払金額のほか，これと同一額の付加金の支払を命ずることができる。ただし，船員が付加金の請求に関し裁判所に訴を提起できる期間は，各手当等の違反があったときから，2年以内に限られる（船員法116条）。

〔5〕 時効の特則

　船員法は，報酬など船舶所有者に対する船員の債権については，2年間（退職手当の債権にあっては，5年間）行使しないときに消滅するものとしている。行方不明手当，遺族手当及び葬祭料も同様である（117条）。

〔6〕 航海当直部員

　船舶所有者は，(1)平水区域を航行区域とする総トン数100トン未満の船舶，(2)専ら平水区域又は船員法第1条第2項第3号の漁船の範囲を定める政令別表の海面において従業する漁船（船員則76条）以外の船舶には，国土交通大臣より航海当直をするために必要な知識及び能力を有すると認定され，船員手帳

に認定の証印のある者を航海当直部員として乗り組ませなければならない（船員法117条の2）。

船舶所有者がこの規定に違反した場合は，6カ月以下の懲役又は30万円以下の罰金に処せられる（船員法130条）。

〔7〕 危険物等取扱責任者

船舶所有者は，平水区域を航行区域とする以外のタンカー（石油若しくは石油製品，液体化学薬品，又は液化ガス物質をばら積みで輸送するために使用される船舶をいう。船員則77条の3）には，国土交通大臣より危険物又は有害物の取扱いに関する業務を管理するために必要な知識及び能力を有すると認定され，船員手帳に認定の証印のある者を危険物等取扱責任者として乗り組ませなければならない（船員法117条の3）。タンカーの種類及び具体的要件については，船員法施行規則77条の4や同77条の5に規定がある。

船舶所有者が本条に違反したときは，6カ月以下の懲役又は30万円以下の罰金に処せられる（船員法130条）。

〔8〕 救命艇手の選任

船舶所有者は，一定の船舶に関しては，救命艇手を選任する義務がある（船員法118条1項）。救命艇手を選任しなければならない船舶は，平水区域を航行区域とする船舶以外の船舶であって旅客船及び旅客船以外の最大とう載人員100人以上の船舶（通常は漁業母船及び練習船）である（救命艇手規則1条）。選任される救命艇手の員数は救命艇等の大きさに応じて定められている（同2条）が，国内各港間のみを航海する旅客船等にとう載する膨脹式救命いかだについては，限定救命艇手を割り当てることができることとされている（同2条2項）。救命艇手（限定救命艇手を含む）は，救命艇手適任証書を受有しなければならず（船員法118条2項），救命艇手適任証書は，地方運輸局長の行う試験に合格した者又はこれと同等以上の能力があると認定された者に交付される（同3項）。救命艇手は，旅客及び海員の招集及び誘導，救命艇等の降下，運航の指揮，救命設備の操作，管理等の業務を行い，限定救命艇手は，膨脹式救命いかだについてこれらの業務を行う（救命艇手規則11条）。救命艇手の選任義務に違反した船舶所有者は，6カ月以下の懲役又は30万円以下の罰金に処せられる（船員法130条）。

〔9〕 旅客船の乗組員

船舶所有者は，旅客の避難に関する教育訓練その他の航海の安全に関する教育訓練を修了した者以外の者を旅客船に乗組員として乗り組ませてはならない（船員法108条の2）。

〔10〕 高速船の乗組員

　船舶所有者は，高速船には，船舶の特性に応じた操船に関する教育訓練その他の航海の安全に関する教育訓練を修了した者以外の者を乗組員として乗り組ませてはならない（船員法108条の3）。

〔11〕 船内苦情処理手続

　船舶所有者は，船内苦情処理手続を定め，船員から航海中に苦情の申出を受けた場合は，当該手続に基づき処理しなければならず（船員法108条の4第1項），この申し出を受けた場合，この苦情を処理する必要がある（同3項）。また，船舶所有者は，苦情の申出をしたことを理由に船員に対して不利益な取り扱いをしてはならず（同4項），雇入契約が成立したときは，遅滞なく，この船内苦情処理手続を記載した書面を船員に交付しなければならない（同2項）。

　この船内苦情処理手続は，具体的には，①苦情の申出方法，②苦情処理の体制及び方法，③苦情処理結果の伝達方法，④苦情処理結果に不服がある場合の申立方法，⑤苦情処理手続に関する記録の作成及び保存の方法，⑥苦情を申し出た船員に対する相談，助言その他の援助に関する体制について，船員の苦情が公正かつ適正に処理されるよう定めなければならないとされている（船員則78条の2の3）。

〔12〕 戸籍証明

　船員，船員になろうとする者，船舶所有者又は船長は，船員又は船員になろうとする者の戸籍について，戸籍事務を管掌する者（市町村長〔指定都市では区長〕）又はその代理者に対し，無償で証明を請求することができる（船員法119条）。

〔13〕 外国船舶の監督等（寄港国検査）

　従来の船員法においても，STCW条約に基づいて，外国船舶に対し，寄港国検査（PSC）が行われてきたが，ILO海上労働条約（後掲第9章参照）が日本で効力を生じた平成26年8月5日からは，同条約に基づくPSCを実施するため，船員法120条の3は一部改正，施行された。PSCは，同条約の未批准国の船舶も対象となる。これにより，国土交通大臣は，日本船舶以外で（外国船舶），同条約3条（a）から（d）までに掲げる船舶以外の船舶（船員則78条の2の5）が国内の港にある間は，その外国船舶の船員に，同条約に定められた諸要件に加え，(1) 1978年STCW条約に定められた航海当直基準に従った航海当直を実施していること，(2) 操舵設備又は消防設備の操作その他の航海の安全の確保に関する事項を適切に実施するために必要な知識及び能力を有していることの要件を満たしているかについて検査を行わせることができ，必要があるときは，

船舶の帳簿書類の検査，乗組員への質問及び知識・能力の審査を行うことができる（船員法120条の3第1項，2項）。国土交通大臣は，検査の結果，要件を満たしていないときは，その船舶の船長に対し，その要件を満たすための措置をとるよう文書により通告し（同3項），通告にもかかわらず，なお必要な措置がとられていない場合において航海を継続することが人の生命，身体若しくは財産に危険を生ぜしめ，又は海洋環境の保全に障害を及ぼすおそれがあると認められるときは，その船舶の航行の停止，又はその航行を差し止めることができる（同4項）。また，国土交通大臣にあらかじめ指定された職員は，緊急の必要がある場合は，航行の停止等の権限を即時に行うことができる（同5項）。このうち，同4項の処分に違反した者は，6カ月以下の懲役又は30万以下の罰金に処せられる（船員法132条2号）。さらに，外国船舶の船員には，同条約に違反する事実があるときは申告権も認められた（船員法120条の3第7項。前掲第6章〔5〕参照）。

なお，ILO海上労働条約（後掲第9章参照）が日本で効力を生ずる日までは，前記（1）と（2）に加え，その船舶が国籍を有する国が定める船舶の航海の安全を確保するための作業を適切に実施するために必要な海員の定員に従った員数の海員が乗り組んでいることの検査を行わせることができると定められていた。

第8章 罰　　則

〔1〕 刑法総則等の適用

　船員法に違反した場合，ほとんどの規定に罰則の適用が予定されている（ただし，70条など罰則のないものもある）。もっとも，規定に違反しただけで直ちに刑罰が科されるわけではなく，犯罪が成立し罰則の定める刑を科しうるかは刑法総則に基づいて判断される（刑法8条。責任主体に関する労基法10条，121条及び船員法135条だけが刑法8条における「法令に特別の規定があるとき」に該当する）。このため，船員法違反は，原則として（両罰規定を除き），過失犯を認めるような「法律に特別の規定がある場合」ではないので，違反者の「故意」（刑法38条1項）が前提となる（労基法についても同様に解されている）。すなわち，各条の構成要件該当行為（犯罪事実）の認識ないし認容が必要となるが，法律を知らなかった場合，刑の軽減はあっても，構成要件該当性等は阻却されない（刑法38条3項）。

　また，船員労務官等が刑罰を科すことを決めるのではなく，刑事訴訟法に則り，船員労務官（労働基準監督官）あるいは通常司法警察員からの送検を経て，

検察官による起訴がなされたうえで，司法手続に従い有罪の確定判決が下された場合に限り，刑罰が科されることになる。

〔2〕 両罰規定

刑罰は犯罪行為者に科し，これを他に及ぼさないのが原則であるが，船員法及び労基法は，いわゆる「両罰規定」を定めている（労基法については121条）。すなわち，船舶所有者の代表者，代理人，使用人その他の従業者が船舶所有者の業務に関し船員法129条から131条まで，132条1号又は133条1号，2号，7号から10号まで若しくは11号（120条の2第4項において準用する107条1項に係る場合を除く）の違反行為をしたときは，その実際の行為者を罰するほか，その船舶所有者に対して，各本条の罰金刑を科するとしている（135条1項）。

なお，従前の船員法135条2項には，労基法112条2項と同じく，この規定の適用ある違反行為の計画を知ってその防止に必要な措置をしなかったとき，違反行為を知ってその是正に必要な措置をしなかったとき，又は違反行為を教唆したときは，船舶所有者も行為者として処罰される，との規定があったが，その後削除され，現在に至っている。しかし，労基法121条2項は船員にも適用があるため（労基法116条1項，船員法6条），労基法3条，4条，5条，6条及び7条違反があり，かつ，同法112条2項に規定されるような不作為があれば，船舶所有者（法人の場合その代表者）は行為者として同法117条から119条の罰則に処せられる。

〔3〕 刑罰の責任主体と内容

船員法は，①船舶所有者，②船長，③海員，④船員労務官（秘密保持義務に関する109条違反），⑤船員労務官に対し虚偽陳述等をした者（107条違反に関する法132条），⑥他人の船員手帳を保管する者（50条3項），⑦他人の船員手帳を使用等した者（133条）に関する罰則規定を置いている。

科刑の種類としては，罰金刑を中心とするが，懲役刑に処すとする規定もあり，なかには，懲役刑のみを予定する規定もある。具体的には，②船長が，船舶に急迫した危険がある場合の救助義務に違反した場合（12条。123条により5年以下の懲役），職権を濫用して，船内にある者に対し，義務のないことを行わせ，又は行うべき権利を妨害した場合である（122条により2年以下の懲役）。③海員が，船舶に急迫した危険がある場合（12条），船舶衝突時（13条），遭難船舶等の救助（14条）において，上長の命令に服従しなかった場合，船舶の沈没等による雇入契約終了後の応急救助作業義務に違反した場合（39条3項），及び外国において脱船した場合である（128条により1年以下の懲役）。

第9章　ILO 海上労働条約

〔1〕　条約の成立と意義

　2006（平成18）年2月に開催された ILO（国際労働機関）海事総会において，ILO が1919年に設立されて以来採択してきた海事労働に関する約60に及ぶ条約等を整理・統合した2006年海上労働条約（Maritime Labour Convention 〔MLC〕2006）が採択された（従前は「海事労働条約」と呼ばれていたが，2011年より「海上労働条約」と訳されている）。本条約は，IMO（国際海事機関）における SOLAS 条約，STCW 条約，MARPOL 条約に続く国際海事社会における第4の基本条約として，海上労働に関するグローバルスタンダードの確立を目的とする。条約のカバーする領域は，雇用条件，居住設備，医療・福祉，社会保障にも及び，海運市場における公正競争条件あるいは労働条件の確保が期待されている。

　日本政府は2013（平成25）年にこれを批准し，翌年8月5日に発効した。その後，2014年，2016年，2018年に改正されている。以下では，条約の内容について簡単に紹介しておきたい。

〔2〕　条約の実効性

　条約は，旗国が自国籍船に対して検査を行い，条約に適合しているものについてはその旨を証明する証書を発給し，寄港国は当該証書に基づきポートステートコントロール（Port State Control；PSC）を実施できる仕組みを導入するとしている。すなわち，条約の総則規定5条7項は，改正 SOLAS1988年の議定書1条3項を引用し，この条約を批准していない国の船舶がこの条約を批准している国の船舶より有利な待遇を受けてはならないとしている。このため，条約発効後，条約批准国の PSC によって，未批准国の船舶も批准国と同様の条約の遵守を求められるのである。この未批准国船が有利とならないようにするとの規定は，「no more favorable treatment」の原則と呼ばれている。

　また，旗国が発給する証書については船員の労働条件証明書の仕組みを導入し，国際運航に従事するか，外国港間を運航する500総トン以上の船舶は「海上労働証書（Maritime Labour Certificate）」と「海上労働適合申告書（Declaration of Maritime Labour Compliance）」を備え付けることを求めている。

　労働基準に関する PSC というのは，船員の保護の観点からいえば画期的な制度である。しかし，船舶の構造・施設などハードの面に関する検査と比べると，労働基準などソフトの面の検査は，遵守すべき内容が明確でないことも多く，

寄港国の判断によって，恣意的あるいは濫用的に出港停止や遅延がなされるおそれもある。そこで，条約は，出港停止等の許される事由を限定するとともに，ILO は，条約成立後，ガイドラインの作成を目指してきたが，2008年9月に，旗国検査に関するガイドライン（最低年齢や健康証明書など14項目の具体的検査内容を定めたもの）と，PSC に関するガイドラインを採択している。

なお，条約は，こうした検査及び証書の発給について，公の機関以外に一定の能力及び独立性を有すると認定され，登録された検査機関（recognized organizations〔RO〕。以下「登録検査機関」という）の利用を認めている。

〔3〕 条約の発効と適用

条約には発効要件が定められている。具体的には，世界の船腹量の33％を有する30カ国以上の批准があった後（総則規定14条4項），12カ月後に発効するとしている（同条6項）。このため，条約は，平成18（2006）年2月に採択されたものの，当初は発効要件を充足していなかった。しかし，その後，平成21（2009）年2月6日には船腹量の要件を充足し，平成24（2012）年8月20日には批准国数の要件も充足した結果，条約は平成25（2013）年8月20日に発効した。

日本も，船員法を改正するなど，適合的な国内法制制度を施行した後，平成25（2013）年8月5日に条約を批准した結果，この1年後に日本でも同条約は発効した。

〔4〕 条約の構造と効力

ILO においては，これまで，批准を前提に批准国を拘束する条約と，そもそも批准手続きを予定しない任意規範である勧告とが採択されていた。しかし，本条約は，条約と勧告とを分けていない。これまで IMO の条約において採用されてきた方式を採用し，本条約の中に，従来の条約と同じく強制力を有する条項と，勧告と同じく強制力のない条項を共存させているのである。その結果，本条約は，上位の「総則規定（article）」を最上位にして，その詳細を「規則（regulation）」で規定し，さらにより細部の規範を「基準（コードパート A〔standard〕）」と「指針（コードパート B〔guidline〕）」とに分けているが，総則規定，規則あるいは基準は強制規定であるのに対し，指針は従来の勧告と同様，任意規定（非強制規定）となっている。指針に規定されたルールは，批准国であっても拘束されるわけではなく，あくまでも努力目標的な意味を持つことになる。

総則規定や規則と異なり，基準については「実質的同等性の原則」が妥当し（総則規定6条3項及び4項），基準の内容の遵守方法については柔軟性が与えられている。すなわち，批准国が条文どおり実施できない場合でも，国内法の規

定が当該条文の一般的目標の達成に貢献し，かつ，当該条文が効果的な内容を持つと批准国が判断する場合には，当該条文と国内法の規定は実質的に同等であるとして，基準や指針を実施したものとして扱うことが許されているのである。ただし，条約の遵守及び執行に関する基準（規則第5章のコードパートA）については実質的同等性の原則は適用されないとされている（規則5.2）。

〔5〕 条約の内容

　総則規定はわずか16条しか存在しないが，その下位に位置する規則は，①船員の最低条件，②雇用条件，③居住設備・食糧等，④医療・福祉・社会保障，⑤条約の遵守及び執行の5章構成となっている。また，規則各章の細則として，基準や指針が規定されている。

(1) 総則規定

　総則規定には，船員等の定義や適用範囲，すでに紹介してきた諸原則あるいは発効要件や条約の改正手続等が規定されている。この中で重要なのは，定義や適用範囲である。

　第1に，条約の規定の中には，総トン数によって義務内容が異なるものがある。このため，総トン数についての定義規定を置いている。具体的には，1969年の船舶のトン数の測度に関する国際条約付属書Ⅰ又はその継承条約に含まれるトン数の算定に関する規則に従い算定されたものと定めている（2条1項(c)）。

　第2に，適用される船員については，本条約の適用対象船舶において雇用され，従事し，又は働くいかなる者も含まれると，包括的な定義規定を置いている（同項(f)）。ただし，船員に該当するかどうか疑義がある者については，労使と協議のうえで当該疑問を解決すること（例えば適用除外）ができるとしている（同条3項）。

　第3に，船員雇用契約については，雇入契約と雇用契約の双方を含むとしている（同条1項(g)）。

　第4に，船舶の定義については，日本も批准しているSTCW条約と同様の規定が置かれている（同項(i)）。具体的には，内陸水域又は外洋の影響から保護されている水域若しくは港湾規則の適用水域若しくはこれらの水域に近接する水域のみを航行する船舶以外のものとされている。ただし，適用船舶に該当するかどうか疑義がある場合には，労使と協議のうえで当該疑問を解決することができるとしている（同条5項）。また，国際総トン数200トン未満の内航船については，現状において条約のコード（特に基準）をそのまま適用することが妥当でない，又は現実的でないと判断する場合は，労使協

議を条件に，国内法，労働協約等で異なったかたちで実施すれば，コードの規定は適用されないとしている（2条6項）。なお，漁船は本条約の対象外となっている（同条4項）。

(2) 最低条件

第1章の最低条件としては，最低年齢，健康証明，訓練及び資格，船員の募集及び職業紹介などが規定されている。このうち，最低年齢は，16歳未満の者の船内労働禁止（規則1.1.2，基準1.1.1）や18歳未満の船員の夜間（午前零時から午前5時までの5時間を含む9時間）労働禁止などが規定されている（基準1.1.2）。

また，条約上，船員は健康証明書を保持しない限り船内労働することが許されていない（規則1.2，基準1.2.1）。ただし，緊急の場合あるいは航海中に健康証明書の有効期間（2年。基準1.2.7）が満了した場合に限り，3カ月を超えない範囲で健康証明が取得できる次港まで就業を許可している（基準1.2.8）。

(3) 雇用条件

第2章の雇用条件には，雇入契約，給料，労働時間・休息時間，休暇，送還など船員の労働条件に関する規定が置かれている。このうち，重要な意味を持つのは労働時間・休息時間に関する規定である。

条約は，週1日及び祝日における休日を前提として，1日当たりの労働時間を8時間とするよう求めている（規則2.3，基準2.3.3）。また，最長労働時間については1日14時間，1週72時間，最短休息時間については，1日10時間，1週77時間とする規定を置いたうえで（基準2.3.5），休息時間の付与に当たり，最大で2分割，かつ，そのうちの1回は6時間以上とすることを求めている（基準2.3.6）。

(4) 居住設備，娯楽設備，食料及び供食

第3章においては，船内の居住設備について，広さ，暖房と換気，騒音と振動，衛生設備，照明などに関する規定が置かれるとともに，医療設備（病室を含む），洗濯設備，娯楽設備等についても詳細な規定が置かれている（規則3.1及びそのコード）。また，船内において生活する船員に乗船期間中無料で食糧を供給すること及び調理師の条件等が規定されている（規則3.2）。なお，居住設備等に関する規定は，遠洋区域，近海区域又は沿海区域を航行区域とする船舶（総トン数200トン未満の船舶であって国際航海に従事しないもの及び2時間限定沿海船を除く）であって，条約発効時以降に新しく建造着手された船舶に適用が限定される（海上労働条約適用船という。条約2条1（i），規則3.1.2）。

日本の国内法令である船舶設備規程は，ILO「船内船員設備に関する条約（92号）」に従い定められたものであったが，ILO 海上労働条約の批准に伴い，船舶設備規程の改定が行われた。具体的には，①船員室等の天井の高さ（高さ，2.03メートル以上），②船員室等の位置，③空調設備（冷暖房及び換気）の設置，④照明設備の設置，⑤船員室の定員（原則として1名とし，船員の区分に応じてその最低床面積を定める。ただし，旅客船の部員に限り共同寝室が可），⑥執務室の設置（船長，機関長及び一等航海士。ただし，労使合意があれば，総トン数3000トン未満の船舶は非適用），⑦寝台の長さ及び幅の拡大（長さ198センチメートル，幅80センチメートル以上），⑧食堂の設置，⑨衛生設備等の設置（洗濯設備，並びに船員定員6名ごとに1つ以上の浴室，大便器及び洗面設備）などが改正事項である。

(5) 健康保護，医療，福祉及び社会保障等

第4章に属する規則やコードは，まず，すべての船舶に医療箱や医療機器等を備え置くことや衛生担当者・衛生管理者の配乗を義務づけるとともに，100人以上の人員を乗せ，かつ通常3日間を超える国際航海に従事する船舶には医師を乗船させることを求めている（規則4.1）。

また，船舶所有者は，疾病，負傷などについて治療費用を負担することや，労災補償等の保険に入るものとしている（規則4.2）。職業上の安全，健康の管理について詳細な基準を定めているが，なかでも5名以上の船員の乗り組む船舶に安全委員会の設置を求めていることに留意すべきである（規則4.3）。

そして，社会保障制度9部門（医療，傷病給付，失業給付，老齢給付，労災給付，家族給付，母性給付，障がい年金及び遺族年金）のうち3部門を確保することを批准国に義務づけている。また，社会保障責任の所在は，条約の制定過程において議論があったが，結論としては居住国責任（居住国の社会保障制度の適用を受ける）が定められている。

(6) 条約の遵守及び執行

第5章の条約の遵守及び執行に関しては，旗国検査（規則5.1.4）や寄港国の責任・権限（規則5.2）などが規定されている。具体的には，第1に，旗国は，自国籍船について，内外航を問わず，船内の船員の労働条件・生活条件の条約及び法令等への適合性を確保する責任を有し，その検査を行うことが規定されている（規則A5.1）。ただし，登録検査機関の活用も可能だとしている（規則5.1.1，5.1.2）。旗国検査項目としては，最低年齢，健康証明，船員の資格，雇用契約，許可された民間の募集及び職業紹介機関の使用，労働時間及び休息時間，配乗水準，居住設備，船内娯楽設備，食糧及び供食，健

康，安全及び災害防止，船内医療，船内苦情処理手続，賃金の支払があがっている（基準5.1.3.1，付録Ａ５—Ⅰ）。

　第２に，寄港国の権限ある職員（検査官）はPSCを行うことができ，検査の結果，船員の安全，健康，保安に明白な危険があるとき等の場合は出航停止措置をとることもできるとする。PSCに際しては，旗国によって発行された有効な証書は条約に適合していることの一応の証拠になる。これに対し，検査官が，証書を要求しても，必要とされる文書が無いか不正に維持されたなど，船内の労働生活条件が条約に明らかに適合していないと認める明確な根拠があれば，詳細な検査を実施することができる（基準5.2.1）。寄港国の検査項目は，先述の旗国検査項目と同様である（付録Ａ５—Ⅲ）。一層詳細な検査の後，船内の労働生活条件が条約に適合しないと判断されれば，是正を求めることもできる（基準5.2.1.4）。また，検査官は，こうした場合，①船内における条件が船員の安全，健康又は保安に対して明らかに危険である場合，あるいは②基準不適合がこの条約の要件（船員の権利を含む）に対する重大な又は繰り返される違反に該当する場合は，船舶が航行しないことを確保するための措置をとることもできる（基準5.2.1.6）。PSCに際しては，船員は，権限ある職員に対し，条約違反を申告できる権利が保障されなければならないとしている（基準5.2.2.1）。

〔６〕　ILO漁業労働条約

　2006年に採択された海事労働条約が適用されない漁業従事者に国際的な保護を提供することを目的として，2007年に漁業労働に関する包括的な条約が採択された（第188号）。

　自家消費のための漁やレクリエーションとしての釣りを除くあらゆる漁業活動に従事するあらゆる漁業者（水先人，軍艦乗組員，政府に永続的に勤務するその他の者，漁船上で仕事を遂行する陸上を拠点とする者，漁場観測者を除く）とあらゆる漁船を対象としている。

　構成は以下の通りである。

　第１部：定義と適用範囲
　第２部：一般原則……実行，権限当局と調整，漁船所有者・船長・漁業者の
　　　　　責任
　第３部：漁船上における労働の最低要件……最低年齢，健康検査
　第４部：勤務条件：乗組員の配乗と休息時間，乗組員名簿，漁業者の労働契
　　　　　約，本国送還，募集と職業紹介，漁業者への支払い
　第５部：居住設備と食料

第6部：医療，健康保護，社会保障……医療，労働安全衛生と事故予防，社会保障，業務関連疾病・負傷・死亡の際の保護
第7部：遵守と取り締まり
第8部：附属書1，2，3の改正
第9部：最終規定
附属書1：測定における換算……船舶の長さと全長について規定
附属書2：漁業者の労働契約……漁業者の労働契約に含むべき項目を提示
附属書3：漁船の居住設備……騒音や通風，寝室など居住設備についての細目を規定

　漁業従事者がしばしば長期にわたって海上に暮らす事情を反映するように漁船が建造・保守されていることの確保に向けた規定や，旗国と寄港国の双方における遵守と取り締まりに関する規定も含まれる。海事労働条約同様，条約未批准国の船舶が批准国の船舶より有利な取扱いを受けないことも規定されている。

　総会では，同名の補足的勧告（第199号）に加え，次の四つの決議も同時に採択されている。

　1　2007年漁業労働条約の批准促進に関する決議
　条約の旗国による実行や漸進的な実行に向けた国内行動計画樹立のための指針開発など，条約の批准及び実行を奨励する措置の実施を理事会を通じて事務局長に求めるもの。

　2　寄港国による検査に関する決議
　寄港国における検査を担当する職員の手引きを開発する三者構成専門家会議の開催を求めるもの。

　3　トン数測度と居住設備に関する決議
　附属書3に影響する1969年の船舶のトン数の測度に関する国際条約の改正評価などを求めるもの。

　4　漁業者の福祉推進に関する決議
　すべての漁業従事者に対する実効的な社会保障の推進など漁業に関連した社会事項の検討を理事会を通じて事務局長に求めるもの。

　日本は漁業労働条約を批准していない。労働者側は，政府に対して早期批准に向けた努力を求めている。

第5編　船舶職員及び小型船舶操縦者法

第1章　総　　則

第1節　船舶職員及び小型船舶操縦者法の目的

　船舶職員及び小型船舶操縦者法は，第1条で法の目的を明らかにし，「この法律は，船舶職員として船舶に乗り組ませるべき者の資格並びに小型船舶操縦者として小型船舶に乗船させるべき者の資格及び遵守事項等を定め，もって船舶の航行の安全を図ることを目的とする」と規定している。

　船舶職員及び小型船舶操縦者法は，船舶安全法，海上衝突予防法，港則法，海上交通安全法，航路標識法，水先法，水路業務法，海難審判法と船舶航行の安全を図るための法規として，究極の目的を等しくする。しかし，これらの法律が，船舶，航法，航路標識，水先，水路業務，海難を直接の対象としているのに対し，本法は，船舶職員を直接の対象としている点が異なっている。また，近年には小型船舶が増加し，その性能，特に推進機関の性能が著しく向上したことにより，小型船舶の航行の安全についても重視する必要があり，これら小型船舶の操縦者も対象としている点で，他の法律と異なり，これら諸法規の相乗効果によって，海上交通システムにおける船舶航行の安全が図られている。

　近年における国民の水上レジャー活動に対する関心の高まりや余暇活動の多様化，水上オートバイなど様々なタイプの船舶の増加に伴って，小型船舶を利用した水上レジャー活動は活発化しており，今後ともその健全な発展を図っていくことが大きな課題となっている。

　現在の小型船舶操縦士制度は，昭和49（1974）年に創設されたものである。船舶検査証書が有効な小型船舶の在籍船隻数は，令和5（2023）年度末現在，304,776隻であった。加えて規制緩和等に伴うミニボートや同ボート用の2馬力以下船外機等の出荷数も増加傾向にある。小型船舶操縦士の免許取得者数（平成15（2003）年6月，「海技免状」から「小型船舶操縦免許証」に名称が変更された。）も増加傾向にあり，昭和49（1974）年当初は約37万人であった小型船舶操縦証の保有者数は，経年的に増加傾向を示し，平成20（2008）年度末で約311万人，令和6（2024）年3月末で約383万人に達し，幅広い層の人々が手軽に

参加している。他方，小型船舶による海難は増加の傾向にあり，平成12年度には年間約2300件を超えるとともに，死傷者も約700人に達していたように，小型船舶の安全を確保しながら本制度の簡素・合理化を図ることが強く求められていた。こうした背景を踏まえ，小型船舶に係る利用者ニーズの変化に的確に応えるとともに，小型船舶の航行の安全を図ることを目的として，平成14（2002）年，本法が大幅に改正（平成14年6月公布，同15年6月施行）された経緯がある。

　令和2（2020）年より新型コロナウィルス感染症の流行にともない，海外旅行や外食サービスの利用が制限されるなど，国民生活には大きな変化が生じた。人混みを避けるといった感染防止対策として，旅行や会食，様々なイベントの開催等，大人数での集まりに対する自粛が求められる中，ごく親しい人とだけで過ごすアウトドアへの関心が高まることとなった。釣りや水上オートバイといったマリンレジャー産業も活況を呈しており，令和元（2019）年度までは5万人代で推移していた小型船舶操縦士免許取得者数が令和3（2021）年度には7万4575人まで増加した。令和5年（2023）年度は5万2134人と元に戻った感があるものの，小型船舶のより一層の安全を確保するため，本法の理解，遵守が必要であると考える。

第2節　船舶職員及び小型船舶操縦者法の適用船舶

　本法が適用される船舶は，外国船舶の監督に関する場合（職員法29条の3）を除き，次のとおりである（職員法2条1項）。
(1)　日本船舶（船舶法1条に規定する日本船舶）
(2)　日本船舶を所有することができる者が借り入れた日本船舶以外の船舶（STCW条約（以下，「条約」という。）の締約国の船舶を除く。）
(3)　本邦の各港間，若しくは湖，川，若しくは港のみを航行する日本船舶以外の船舶。
　　しかし，これらの船舶のうち，次に掲げる船舶は適用が除外される（職員法2条1項）。
　①　ろかいのみをもって運転する舟。
　②　係留船その他国土交通省令で定める船舶。国土交通省令では，法の目的に鑑み，全く運航の用に供しない船舶又は運航の用に供する船舶であっても本法を適用することが不適当なもの，すなわち，長さが3メートル未満であり，推進機関の出力が1.5kW未満であって，国土交通大臣が指定するもの，係留船，被曳（曳航される）はしけその他これらに準ずる船舶及び国土交通大臣が指定する水域（遊園地の人工池等）のみを航行する船舶を

あげている（職員則2条2項）。

　「係留船」とは，灯船，倉庫船，係留練習船その他一定の場所に係留して運航以外の用に供する船舶をいい，「その他これらに準ずる船舶」とは，船舶安全法施行規則2条2項5号に規定する船舶その他上架（ドック入り）して航行の用に供しない船舶をいう。

③　そのほか推進機関を有しない5トン未満の帆船は，当分の間除外されている（職員法附則15項）。

第3節　小型船舶の定義

　小型船舶とは，総トン数20トン未満の船舶及び1人で操縦を行う構造の船であってその運航及び機関の運転に関する業務の内容が総トン数20トン未満の船舶と同等であるものとして国土交通省令で定める総トン数20トン以上の船舶をいう（職員法2条4項）。

　国土交通省令で定める総トン数20トン以上の船舶は，次に掲げる船舶であって長さ24メートル未満のものとする。

(1)　スポーツ又はレクリエーションの用のみに供する船舶であって国土交通大臣が告示で定める基準に適合すると認められるもの
(2)　次に掲げる基準に適合する漁船であって，その用途，航海の態様，機関等の設備の状況その他のその航行の安全に関する事項を考慮して国土交通大臣が告示で定める基準に適合すると認められるもの
　①　沿海区域の境界からその外側80海里以遠の水域を航行しないものであること。
　②　総トン数80トン未満のものであること。
　③　出力750キロワット未満の推進機関を有するものであること（職員則2条の7）。

　令和2年7月1日から船舶職員及び小型船舶操縦者法施行規則の一部を改正する省令（令和2年度国土交通省令第26号）及び関係告示が施行され，新たに一定の基準に適合する漁船（特定漁船）が，船舶職員及び小型船舶操縦者法上の小型船舶の定義に加わった。従来，職員法上の小型船舶の定義は「総トン数20トン未満」であるとされてきたが，平成14年の職員法及び関係法令改正に伴い，総トン数が20トン以上であっても，長さ24メートル未満でスポーツ及びレクリエーションのみに用いられる船舶（いわゆるプレジャーボート）は，小型船舶に含まれる（小型船舶操縦士の免許で操船できる）こととなった。全長24メートルのプレジャーボートが，おおよそ総トン数80トン程度であることから，プレ

ジャーボートであれば80トン程度まで一級小型船舶操縦士の資格で操船できるが、漁船であれば20トン以上になると船長に加えて六級海技士（機関）を乗船させなければならないという状況が生じていた。新たな改正により、長さ、航行海域、総トン数、推進機関出力の条件を満たしている漁船については、プレジャーボートと同様に、小型船舶操縦者1名のみの乗船で運航することが可能となった。

第4節　船舶職員と海技士

　この法律で、船舶職員とは、船舶において、船長（小型船舶操縦者を除く。）、航海士、機関長、機関士、通信長及び通信士の職務を行う者をいう（職員法2条2項）。本法の適用を除外される船舶の場合には、これらの名称を用いながら事実上その職務を行っている者があっても、それらの者はこの法律に規定された船舶職員ではない。

　この船舶職員には、運航士（船舶の設備その他の事項に関し国土交通省令で定める基準に適合する船舶（以下「近代化船」という。）において次に掲げる職務を行う者をいう。）を含むものとする（職員法2条3項）。

① 航海士の行う船舶の運航に関する職務のうち政令で定めるもののみを行う職務
② 機関士の行う機関の運転に関する職務のうち政令で定めるもののみを行う職務
③ 前2号に掲げる職務を併せ行う職務
④ 航海士の職務及び②に掲げる職務を併せ行う職務
⑤ 機関士の職務及び①に掲げる職務を併せ行う職務

この運航士は船員制度近代化に関連して、近代化船において、甲板部若しくは機関部の航海当直を中心とした職務を行う船舶職員であり、職務の内容としては、前述のように5種類に分かれるが、いずれも運航士という職務名で呼ばれる。

　海技士とは、職員法4条の規定による海技免許（海技士の免許）を受けた者をいう（職員法2条5項）。

　船舶職員になろうとする者は、海技士の免許を受けなければならず（職員法4条1項）、海技士の免許は、国土交通大臣が行う海技士国家試験（以下、「海技試験」という。）に合格し、かつ、その資格に応じ国土交通大臣が指定する講習の課程を修了した者について行われる（職員法4条2項）。免許を受けるに当たって、試験に合格する他に講習の課程を修了することが要求される理由は、

国際条約が資格証明に関する一定の部分については，必要な知識に加えて，現場に臨んでどのように対応できるかという実際的な能力（技能／Competence）を重視する考え方があるからである。

海技士（航海）の資格に対する電子海図情報表示装置に係る限定制度がある。電子海図情報表示装置（以下「ECDIS」という。）を有する船舶に海技士（航海）として乗り組む者に対し，ECDIS に関する知識及び技能の習得が義務づけられている。

① 海技士（航海）の資格を，ECDIS に関する知識及び技能に応じた限定免許制度とし，当該能力を有しない者については，就業範囲を ECDIS を有しない船舶に限定した資格を与えることとする。
② 施行日前に海技士（航海）の資格を有する者は，限定の有無にかかわらず，平成28年12月31日までは ECDIS を有する船舶でも乗り組めることとする。
③ 限定の解除には電子海図情報表示装置講習（以下「ECDIS 講習」という。）の受講を必要とする。
③ ECDIS 講習は登録講習制度とする。
注）ECDIS：Electronic Chart Display and Information System ／電子海図情報表示装置

第5節　小型船舶操縦者と小型船舶操縦士

「小型船舶操縦者」とは小型船舶（総トン数20トン未満の船舶，及び1人で操縦を行う構造の船舶であってその運航及び機関の運転に関する業務の内容が総トン数20トン未満の船舶と同等であるものとして国土交通省令で定める総トン数20トン以上の船舶）の船長をいう（職員法2条4項）。

「小型船舶操縦者」になろうとする者は，小型船舶操縦士の免許（操縦免許）を受けなければならず（職員法23条の2・1項），操縦免許のうち，特定操縦免許以外のものは国土交通大臣が行う小型船舶操縦士国家試験（以下「操縦試験」という。）に合格した者に与えられる（職員法23条の2・2項）。ただし国土交通省令で定める旅客の輸送の用に供する小型船舶（事業用小型船舶）の小型船舶操縦者になろうとする者に対する特定操縦免許にあっては，操縦試験に合格し，かつ，発航前の検査，人命救助その他の事業用小型船舶の小型船舶操縦者としての業務を行うに当たり必要な事項に関する知識及び能力を習得させるための講習（以下「特定操縦免許講習」という。）であって国土交通大臣の登録を受けた者（「登録特定操縦免許講習機関」という。）が行うものの課程を修了した者につい

て行う（職員法23条の2・3項）。特定操縦免許講習の内容は，従前の小型旅客安全講習の内容である救命に関する科目に，小型旅客船の船長の心得に関する科目及び小型船舶の取扱い，基本操縦及び応用操縦に関する科目を加えた，合計15時間以上の講習課程である。講習を課す理由は，不特定多数の第三者の生命・身体の安全を預かる者として，孤立した海上で不測の事態に対応できるように，救命いかだ等の取扱い，応急医療等の人命救助に必要な実践的知識・技能の修得のための訓練に加えて「事故を未然に防ぐ」観点から判断能力が必要とされたからである。

第2章　海技士及び小型船舶操縦士の免許

第1節　海技免許

　我が国は，船舶職員について免許主義を採用し，海技士の資格及びその内容を規定している。海技免許を受けた者，すなわち海技士以外の者に対して，船舶職員となることを一般に禁止して，海技免許を与えるに際しては，専任の海技試験官によって国際条約（主としてSTCW条約）の内容を含む国家試験が行われ，船舶職員として，受験者の知識と技能が相応しいレベルにあるかを確認するとともに，欠格条項（職員法6条）を設けてその適格性を確保している。

第2節　操縦免許

　小型船舶操縦者についても免許主義を採用し，海技士と同様の規制を設けており，欠格事由は職員法23条の4に定められている。

第3節　海技免許の種類

〔1〕　資格別の海技免許

　海技士の免許は，次の19種の資格について与えられる（職員法5条1項）。

航　海	一級海技士	二級海技士	三級海技士	四級海技士	五級海技士	六級海技士
機　関	一級海技士	二級海技士	三級海技士	四級海技士	五級海技士	六級海技士
通　信	一級海技士	二級海技士	三級海技士			
電子通信	一級海技士	二級海技士	三級海技士	四級海技士		

〔2〕　限定海技免許

　前述した19種類の資格のうち，
(1)　海技士（航海）又は海技士（機関）に係る免許を行う場合においては，国

土交通省令の定めるところにより，海技士（航海）に係る免許にあっては船舶の航行する区域及び船舶の大きさの区分ごとに，海技士（機関）に係る免許にあっては船舶の航行する区域及び船舶の推進機関の出力の区分ごとに，それぞれ乗船履歴に応じ，当該免許を受ける者が船舶においてその職務を行うことのできる船舶職員の職についての限定（以下「履歴限定」という。）をすることができる（職員法5条2項）。この履歴限定は，その海技免許を受けている者の申請により，変更し，又は解除することができる（職員法5条3項）。

(2) 海技士（航海）又は海技士（機関）に係る海技免許を行う場合においては，国土交通省令で定めるところにより，職員法2条3項1号に掲げる職務の限定（以下「船橋当直限定」という。）又は同項2号に掲げる職務の限定（以下「機関当直限定」という。）をすることができる（職員法5条4項）。この限定は，三級海技士（航海）又は三級海技士（機関）の資格についての海技免許について行う（職員則4条3項）。

(3) 海技士（機関）に係る免許を行う場合においては，国土交通省令で定めるところにより，船舶の機関の種類についての限定（以下「機関限定」という。）をすることができる（職員法5条5項）。機関限定は，二級海技士（機関）の資格及びこれより下級の資格についての海技免許につき，内燃機関について行う（職員則4条4項）。

(4) 機関部職員の資格要件の見直しについて

　当直職員に必要な訓練期間及び機関出力3,000kw以上の船舶の機関長に必要な乗船履歴が見直されたことに伴い，以下のように改正された。

　　○学校教育法第1条の高等学校若しくは中等教育学校，海員学校の本科若しくは専修科，独立行政法人海員学校の本科若しくは専修科又は独立行政法人海技教育機構海技士教育海技課程の本科若しくは専修科を卒業した者に係る海技士（機関）資格に係る履歴限定の解除に必要な乗船履歴が6月から3月に改められた。

　　○機関出力3,000kw以上の船舶の機関長に係る履歴限定の解除に必要な乗船履歴は3年。ただし，機関長又は一等機関士としての乗船履歴が1年以上ある場合には，これを2年とすることができることとなった。

〔3〕 資格の上級及び下級の別

　海技士の資格は〔1〕に述べたように，19種類に分類されているが，これらの資格は，航海系，機関系，通信系，電子通信系の4系統に分けられ，それぞれ同一系統間では，上級，下級の別があって，職員法5条1項各号に掲げる区分ごとに，当該各号に定める順序によるものとする。ただし，一級海技士（通

信）の資格は，海技士（電子通信）の資格よりも上級である（職員法5条8項）。

第4節　操縦免許の種類

〔1〕　資格別の操縦免許

　小型船舶操縦士の免許は一級小型船舶操縦士，二級小型船舶操縦士，特殊小型船舶操縦士の3種の資格について与えられる（職員法23条の3・1項）。

　また令和2年7月1日より，「特定漁船」が船舶職員及び小型船舶操縦者法上の小型船舶の定義に加わったことにより，令和2年7月1日以前に一級及び二級小型船舶操縦士の免許を受けていた者については，特定漁船能力限定が付された操縦免許を受けたものとみなされる（則69条2項）。

〔2〕　限定操縦免許

　小型船舶操縦士に係る免許を行う場合においては，国土交通省令で定めるところにより，国土交通大臣は，操縦免許を受ける者の身体の障害その他の状態に応じ，小型船舶操縦者として乗船する小型船舶の設備その他の事項についての限定をすることができる（職員法5条6項一同法23条の11で準用）。操縦免許を受ける者の身体の障害などに応じた限定は，操舵設備や水中への転落を防止するために必要な設備その他航行の安全を考慮し特に必要と認める限定（以下「設備等限定」という。〔職員法5条6項一同法23条の11で準用，職員則69条1号〕）であり，特定漁船（職員則2条の7・2号）に関しては，小型船舶操縦者としての業務を行うにあたり必要な事項に関する知識及び技能についての限定（以下「特定漁船能力限定」という。〔職員法5条6項一同法23条の11で準用，職員則69条2号〕）がされる。また，国土交通大臣は，操縦免許を受ける者の技能に応じ，小型船舶操縦者として乗船する小型船舶の航行する区域，大きさ又は推進機関の出力についての限定（以下「技能限定」という。）をすることができる（職員法23条の3・2項）。技能限定には，航行区域が湖や川等に限定され，総トン数5トン未満，推進機関の出力が15キロワット未満の特殊小型船舶（水上オートバイ）を除いた小型船舶に限定する二級小型船舶操縦士（第一号限定）と，18歳未満の者が小型船舶操縦者として乗船する小型船舶（特殊小型船舶を除く）の大きさを総トン数5トン未満に限定する二級小型船舶操縦士（第二号限定）がある（職員則68条）。

〔3〕　資格の上級及び下級の別

　小型船舶操縦士の資格は3種類に分類され，一級小型船舶操縦士の資格は二級小型船舶操縦士の資格の上位とされているが（職員法23条の3・3項），特殊小型船舶操縦士の資格は，その対象とされる水上オートバイの運動特性・操縦

特性がモーターボート等とは大きく異なるので，その他の種別間では上下の区別は設けていない。

第5節　海技免許の要件

海技免許の要件は，
(1) 海技試験に合格した者であること，
(2) 国土交通大臣が指定した講習の課程を修了したものであること，
(3) 海技免許の申請は，海技試験に合格した日から1年以内にすること（職員法4条3項），
(4) 国土交通省令で定める乗船履歴を有すること，
(5) 海技士（通信）又は海技士（電子通信）の資格にあっては，無線従事者の免許が有効であることを必要とする。

これらの要件を備えている者でも，職員法6条の欠格事由に該当する者，すなわち，
(1) 所定の免許年齢（18歳）に満たない者，
(2) 海難審判法3条の規定により海技免許，職員法23条1項の承認又は同法23条の2の規定による操縦免許を取り消され，取消しの日から5年を経過しない者，
(3) 職員法10条1項又は同法23条の7・1項の規定により海技免許，同法23条1項の承認又は同法23条の2の規定による操縦免許を取り消され，取消しの日から5年を経過しない者（職員法6条1項1～3号），
(4) 職員法10条1項の規定又は同法23条の7・1項の規定又は海難審判法4条の裁決により業務の停止の処分を受けている者であって当該業務の停止期間中の者には免許を与えない（職員法6条2項）。

第6節　操縦免許の要件

操縦免許の要件は，
(1) 小型船舶操縦士試験に合格した者であること，
(2) 特定操縦免許にあっては受けようとする特定操縦免許と同一の資格の操縦免許をすでに有し，かつ，特定操縦免許講習であって登録特定操縦免許講習機関が行うものの課程を修了した者，
(3) 操縦免許の申請は，操縦試験に合格した日から1年以内に申請すること（職員法23条の2）が必要である。

これらの要件を備えている者でも，職員法23条の4の欠格事由に該当するも

の，すなわち
(1) 所定の免許年齢（技能限定がされた二級小型船舶操縦士及び特殊小型船舶操縦士の資格については16歳，それ以外の資格については18歳）に満たない者，
(2) 職員法6条1項2号又は3号に該当する者（職員法23条の4），
(3) 職員法6条2項に該当する者（職員法23条の11で準用）には免許を与えない。

第7節　海技免許の申請

　海技免許の申請は，第2号様式による海技免許申請書に次に掲げる書類を添えて，最寄りの地方運輸局又はその運輸支局若しくは海事事務所のうち国土交通大臣が指定するものを経由して国土交通大臣に提出しなければならない（職員則3条1項）。
(1) 海技免許講習修了証明書（免許を受けるに当たって免許講習の修了を必要としない者を除く。)
(2) 乗船履歴を証明する書類（履歴限定されている者に限る。）
(3) 海技試験を受けた地を管轄する地方運輸局以外の地方運輸局又は運輸支局若しくは海事事務所を経由して海技免許の申請をする場合は，申請書に海技試験合格証明書を添えて提出しなければならない（職員則3条2項）。

　なお，この海技免許の申請は，試験に合格した日から1年以内にしなければならない（職員法4条3項）。

第8節　操縦免許の申請

　操縦免許の申請は，第18号様式による操縦免許申請書に次に掲げる書類を添えて，最寄りの地方運輸局等のうち国土交通大臣が指定するものを経由して国土交通大臣に提出しなければならない（職員則66条）。
(1) 操縦試験合格証明書
(2) 特定操縦免許を申請するものは特定操縦免許講習修了証明書
(3) 特定操縦免許を申請する場合は乗船履歴を証明する書類
(4) 本籍の記載のある住民票の写し（注）
(5) 小型船舶操縦士又は海技士にあっては，操縦免許証又は海技免状の写し

　なお，この操縦免許の申請は，試験に合格した日から1年以内にしなければならない（職員法23条の2）。

　　（注）　住民票の写しに本籍が記載されていることを確認する必要がある。住民基本台帳ネットワークでは「本籍」の情報を交換していないため，本籍記載の住民票の写しは住民登録をしている市町村で交付を受ける。

第9節　海技免状の有効期間

　海技免状の有効期間は5年とする（職員法7条の2・1項）。有効期間はその期間の満了の際，申請により更新することができる（職員法7条の2・2項）。海技免状の有効期間の更新のための要件は，職員則9条の2—別表第3『海技士身体検査基準表』を満たし，かつ，次のいずれかの要件に該当しなければならない（職員法7条の2・3項）。

(1) 国土交通省令で定める乗船履歴を有すること。海技士（航海又は機関），海技士（通信）及び海技士（電子通信）1年の乗船履歴（受有する海技免状の有効期間が満了する日以前5年以内に1年以上乗り組んだ履歴）がそれぞれ必要である（職員則9条の3・1項）。又は第9条の5第1項若しくは第9条の5の3第1項から第3項までの規定により，海技免状の有効期間の更新の申請をする日以前6月以内に3月以上乗り組んだ履歴が必要とされる。

(2) (1)の乗船履歴を有する者と同等以上の知識及び経験を有する者であると国土交通大臣が認めたこと。

(3) 国土交通大臣の指定する講習の課程を修了していること。
　　ただし，海技士（通信）又は海技士（電子通信）に係る海技免状は，有効期間内であっても，次の場合には失効する（職員法7条の2・4項）。

(4) 電波法48条の2の規定による船舶局無線従事者証明（以下「船舶局証明」という。）が同法48条の3の規定により効力を失ったとき。

　さらに，海技免状の有効期間を更新する場合及び海技免状が効力を失った場合における海技免状の再交付に関し必要な事項は国土交通省令で定められており（職員法7条の2・5項）（※），更新講習を修了してから3カ月以内に所定の更新手続きを行う必要がある（職員則9条の4）。海技免状の更新の申請は，有効期間満了前1年以内に，海技免状更新申請書，身体検査証明書の他に，乗船履歴証明書，同等業務経験認定書，更新講習修了証明書のうちのいずれかの書類を添えて申請する（職員則9条の5・1項）。海技免状失効再交付の申請のためには，身体適性に関する基準（別表第3の身体検査基準）を満たしていること（職員則9条の6），失効再交付講習を申請前3月以内に修了していなければならないこと（職員則9条の7）等が定められている。

海技士身体検査基準表　（職員則 別表3，9条の2，40条関係）

検査項目	身体検査基準
視　力 （5メートルの距離で万国視力表によ	1．海技士（航海）の資格　視力（矯正視力を含む。以下この欄において同じ。）が両眼共に0.5以上であること。 2．海技士（機関）の資格　視力が両眼で0.4以上であること。

	3．海技士（通信）又は海技士（電子通信）の資格　視力が両眼共に0.4以上であること。
色覚	船舶職員としての職務に支障をきたすおそれのある色覚の異常がないこと。
聴力	5メートル以上の距離で話声語を弁別できること。
疾病及び身体機能の障害の有無	心臓疾患，視覚機能の障害，精神の機能の障害，言語機能の障害，運動機能の障害その他の疾病又は身体機能の障害により船舶職員としての職務に支障をきたさないと認められること。

第10節　操縦免許証の更新

　操縦免許証の更新については職員法23条の11によって同法7条の2・1〜3項及び5項が準用されている（前節※参照）。なお小型船舶操縦士が操縦免許の更新に必要な乗船履歴は1月であり，身体適性に関する基準は，職員則別表第9：小型船舶操縦士身体検査基準表による（職員則75条，101条）。

小型船舶操縦士身体検査基準表　（職員則　別表9，75条，101条関係）

検査項目	身体検査基準
視　力 （5メートルの距離で万国視力表による。）	次の各号のいずれかに該当すること。 1．視力（矯正視力を含む。次号において同じ。）が両眼共に0.5以上であること。 2．一眼の視力が0.5に満たない場合であっても，他眼の視野が左右150度以上であり，かつ，視力が0.5以上であること。
色　覚	夜間において船舶の灯火の色を識別できること。ただし，設備等限定がなされた操縦免許を受けようとする者については，日出から日没までの間において航路標識の彩色を識別できることをもって足りる。
聴　力	船内の騒音を模した騒音の下で300メートルの距離にある汽笛の音（海上衝突予防法施行規則（昭和52年運輸省令第19号）18条に規定する汽笛の音であって，音圧については120デシベルとする。）に相当する音を弁別できること（補聴器により補われた聴力による場合を含む。）。
疾病及び身体機能の障害の有無	心臓疾患，視覚機能の障害，精神の機能の障害，言語機能の障害，運動機能の障害その他の疾病又は身体機能の障害があっても軽症で小型船舶操縦者の業務に支障をきたさないと認められること。ただし，設備等限定がなされた操縦免許を受けようとする者については，身体機能の障害があってもその障害の程度に応じた補助手段を講ずることにより小型船舶操縦者として乗船する小型船舶の操縦に支障がないと認められることをもって足りる。

第11節　海技免許の取消し等

〔1〕　海難審判法上の懲戒

　海難審判法における懲戒は，次の3種類である（海難審判法4条）。

　①　海技免許の取消し，

② 業務の停止（1月以上3年以下）又は
③ 戒告

〔2〕 本法における懲戒

本法による懲戒は，海技士が，
(1) 本法又は本法に基づく命令の規定に違反したとき，
(2) 船舶職員としての職務又は小型船舶操縦者としての業務を行うに当たり海上衝突予防法その他の法令の規定に違反したとき

のいずれかに該当するときは，国土交通大臣は，交通政策審議会の意見を聴取した上で（職員法10条3項），海技免許の取消し，業務の停止（2年以内）又は戒告をすることができることとしている（職員法10条1項）。

ただし，これらの事由によって発生した海難について海難審判所が審判を開始したときは，国土交通大臣と海難審判所との両方から二重に処分が行われることを避けるため，処分をすることはできない（職員法10条1項ただし書）。

〔3〕 心身障害者に対する海技免許の取消し

国土交通大臣は，海技士が心身の障害により船舶職員の職務を適正に行うことができない者として国土交通省令で定める者になったと認めるときは，交通政策審議会の意見を聴取した上で（職員法10条3項），その海技免許を取り消すことができる（職員法10条2項）。

第12節　操縦免許の取消し等

〔1〕 海難審判法上の懲戒

海難審判法上の懲戒は操縦免許の取消し，業務の停止（1月以上3年以下）又は戒告の3種類である（海難審判法4条）。

〔2〕 本法における懲戒

本法においては，小型船舶操縦士が，
(1) 本法又は本法に基づく命令の規定に違反したとき，
(2) 職員法23条の36（小型船舶操縦者の遵守事項）の規定に違反する行為をし，当該違反行為の内容及び回数が国土交通省令で定める基準に該当することとなったとき，
(3) 小型船舶操縦者としての業務又は船舶職員としての業務を行うに当たり，海上衝突予防法その他法令の規定に違反したときのいずれかに該当するときは，国土交通大臣は，操縦免許の取消し，業務の停止（2年以内，ただし(2)にあっては6か月以内），又は戒告をすることができることとしている（職員法23条の7）。ただしこれらの事由によって発生した海難について海難審判所が

審判を開始したときは，前述と同様の理由により処分をすることができない。
〔3〕 心身障害者に対する操縦免許の取消し
　国土交通大臣は，小型船舶操縦士が心身の障害のため小型船舶操縦者として不適と認めるときは，その免許を取り消すことができる（職員法23条の7・2項）。

第13節　海技免許の失効

　海技士の資格について，上級の資格は下級の資格を包括する。これは船舶職員及び小型船舶操縦者法の重要な原則の一つである。すなわち，1の資格についての海技試験（船橋当直三級海技士（航海）試験又は機関当直三級海技士（機関）試験を除く。）に対する受験資格を有する者は，その資格より下級の資格についての試験を受けることができ（職員則35条（下級の資格についての海技試験に対する受験）），職員令別表各号の表（以下「配乗表」という。）に規定する船舶職員は，配乗表の資格の欄に定める資格又はこれより上級の資格の海技士であることを必要とする（職員令5条）等の規定は，いずれもこの原則に由来している。したがって，上級の資格についての海技免許を受けたとき，又は船橋当直限定若しくは機関当直限定若しくは機関限定をした海技免許を受けた者が同一の資格について限定をしない海技免許を受けたときは，下級の資格についての海技免許又は船橋当直限定若しくは機関当直限定若しくは機関限定をした海技免許は，その効力を失うことになる。ただし，船橋当直限定若しくは機関当直限定又は機関限定をしない海技免許を受けた者が，上級の資格についての海技免許で船橋当直限定若しくは機関当直限定又は機関限定をしたものを受けたときはこの限りでない（（海技免許の失効）職員法8条1項）。
　また，海技士（通信）又は海技士（電子通信）に係る海技免許は，電波法41条の規定による無線従事者の免許又は船舶局証明が取り消されたときは，その効力を失う（職員法8条2項）。

第14節　操縦免許の失効

　小型船舶操縦士が上級の資格についての操縦免許を受けたとき，又は技能限定をした操縦免許を受けた者が同一の資格についての限定をしない操縦免許若しくは限定がより緩和された技能限定をした操縦免許を受けたときは，下級の資格についての操縦免許又は従来受けていた技能限定をした操縦免許は失効する（職員法23条の6）。

第3章　海技免状及び操縦免許証

第1節　海技免状の種類

　海技免状は，海技試験に合格した者であって欠格事由に該当しないものに対し，船舶職員となることができる免許を与えたことを証明する文書である。したがって，その種類は，免許の種類と同じである。

第2節　操縦免許証の種類

　操縦免許証は，小型船舶操縦士国家試験に合格した者であって欠格事由に該当しないものに対し，小型船舶操縦者となることができる免許を与えたことを証明する文書である。したがって，その種類は，免許の種類と同じである。

第3節　海技免状の交付，返納等

　海技免状に関しては，法律はその交付（職員法7条），携行義務（25条），譲渡等の禁止（25条の2），更新―再交付・限定解除手数料（26条），立入検査の際における検査（29条の2）について規定し，省令において，その様式（職員則6条），訂正及び交付（7～9条），更新（9条の2～9条の5の3），失効再交付（9条の6～9条の8），滅失等再交付（10条），海技免状用写真票等の添付（11条）及び返納（12条）についての手続が規定されている。

第4節　操縦免許証の交付，返納等

　操縦免許証に関しては，法律はその交付（職員法23条の5），携行義務（25条），譲渡等の禁止（25条の2），更新―再交付・限定解除手数料（26条），立入検査の際における検査（29条の2）について規定し，省令において，その様式（職員則72条），訂正及び交付（73～74条），更新（75～82条），失効再交付（83～85条），滅失等再交付（86条），写真の添付（87条）及び返納（88条）についての手続が規定されている。

第4章　海技試験及び操縦試験

第1節　海技試験の目的及び種類

〔1〕　海技試験の目的

　海技試験は，船舶職員として必要な知識及び能力を有するかどうかを判定す

ることを目的として行われる（職員法13条1項）。
　ここにいう「能力」とは，船舶職員として必要な技能及び身体上の能力（competence）を意味し，「知識」とは，このような技能の裏づけとなる必要な知識を意味している。

〔2〕　免許の資格別による試験の種類
　海技試験は，職員法5条1項各号に定める資格別（船橋当直限定又は機関当直限定をする場合においては資格別かつ職務別，機関限定をする場合においては資格別かつ船舶の機関の種類別）に行われる（職員法12条）が，この資格別による海技試験の種類は，26種類である（職員則21条）。ただし，6級海技士（機関）の試験は当分行わないこととなっている（職員則附則5項）。

〔3〕　定期試験と臨時試験
　海技試験は，定期に行うかどうかの区別により，定期試験と臨時試験の2種に分けられる（職員則22条1項）。定期試験の期日及び場所並びに海技試験申請書の提出期限その他必要な事項は，国土交通大臣が告示することとなっており（職員則22条2項），国土交通省告示により試験開始期日は2月1日，4月10日，7月1日及び10月1日，試験場所は，札幌市，仙台市，新潟市，横浜市，名古屋市，大阪市，神戸市，広島市，高松市，福岡市及び那覇市となっている。
　臨時試験は，その期日及び場所並びに試験申請書の提出期限その他必要な事項は，国土交通大臣又は指定試験機関がその都度公示することとなっている（職員則22条3項）。

〔4〕　身体検査，学科試験及び実技試験
　海技試験は，身体検査と学科試験である（職員法13条2項）。学科試験は，筆記試験及び口述試験の2種である（職員則23条）。海技試験の目的について，身体検査は船舶職員として必要な身体適性を有しているかどうかを，学科試験は船舶職員として必要な知識を有しているかどうかを，それぞれ判定するために行われる。

　1　身体検査
　身体検査は，職員則別表第3の検査項目の欄に掲げるところによる（職員則40条）。
　身体検査に合格しない者に対しては，原則として学科試験は行われない（職員則41条）。

　2　学科試験
　学科試験は，別表第8の海技試験の種別ごとに掲げる試験科目について行う。
(1)　五級海技士（航海）及び五級海技士（機関）（内燃機関五級海技士（機関）を含む。）以上の海技試験にあっては，学科試験は，筆記試験及び口述試験で

あり（職員則44条1項），筆記試験に合格しない者に対しては，口述試験は行われない（職員則44条2項）。
(2) 三級～五級海技士（航海）の資格についての海技試験のうち英語に関する科目，および三級～五級海技士（機関）の資格についての海技試験のうち執務一般に関する科目（英語の部分に限る）について，学科試験は口述試験のみとする（職員則44条3項）。
(3) 六級海技士（航海）及び六級海技士（機関）（内燃機関六級海技士（機関）を含む。）の海技試験においては，学科試験は，筆記試験のみの場合と筆記試験及び口述試験の場合の2通りがある（職員則45条）。
(4) 海技士（通信），海技士（電子通信）の資格にかかる海技試験は，学科試験は筆記試験のみである（職員則46条）。
(5) 併科受験の際の上級資格合格時の取扱い

　　併科受験の際，下級資格の筆記試験に不合格であっても上級資格の筆記試験の全部に合格した場合は，上級試験の筆記試験合格は有効なものとして取り扱われることとなる。ただし一級（航海），二級（航海），一級（機関），二級（機関），内燃限定二級（機関）の筆記試験の各合格については従来どおり（無効）である（職員則47条）。
(6) 筆記試験の全部に合格した場合の取扱いについて

　　ある資格種別の筆記試験の全部に合格した場合，当該合格した筆記試験の資格種別より下級の資格の筆記試験にも合格したものとして取り扱う。ただし一級（航海），二級（航海），船橋当直三級（航海），一級（機関），二級（機関），内燃限定二級（機関），機関当直三級（機関）の筆記試験の各合格については従来どおりである（職員則48条）。

〔5〕 海技試験の免除等

　身体検査，学科試験は，かつて一定期間内にこれらの海技試験に合格したことがある，一定の乗船履歴がある，あるいは船舶職員養成施設の課程を修了した等の理由により，その一部又は全部が免除又は省略されることがある。

　1 身体検査の省略

　　身体検査の各項目について，合格基準に達した者が身体検査を受けた日から1年以内に，海技試験の申請をした場合には，国土交通大臣は，認定により，その者に対する身体検査を省略することができる（職員則51条）。

　2 筆記試験の免除
(1) 職員則44条1項の海技試験（一級海技士（航海又は機関）から五級海技士（航海又は機関）までで，筆記試験と口述試験を必要とするもの），同45条1項の海技

試験（同項 2 号の学科試験に関するものに限る。）については，一の海技試験の筆記試験に合格した者が同50条 3 項の筆記試験合格証明書を添えて申請したときは，当該筆記試験合格の日から15年以内に限り，当該試験の筆記試験は行われない（職員則52条 1 項）。
(2) 職員則21条の海技試験（海技士（通信），海技士（電子通信）の資格についての試験を除く。）において筆記試験を受け，その一部の試験科目について基準点に達した者に対し，2 年以内に受ける同種別の海技試験に限り，その基準点に達した試験科目の筆記試験は，原則として免除される（職員則53条）。
3 乗船履歴による学科試験の免除
一定の乗船履歴を有する海技士が上級の資格の海技試験を受ける場合には，学科試験の全部又は一部を免除することができることとなっている（職員法13条の 2・2 項）が，このための国土交通省令はまだ制定されていない。
4 六級海技士（航海又は機関）試験の特例
六級海技士（航海）又は六級海技士（機関）の海技試験を受ける者が，小型船舶操縦士である場合には，学科試験の一部を免除することができることとなっている（職員法13条の 2・4 項）が，このための国土交通省令はまだ制定されていない。
5 海技士（通信）試験についての学科試験の免除
一級海技士（通信），二級海技士（通信），一級海技士（電子通信），二級海技士（電子通信）又は三級海技士（電子通信）試験を受ける者が，五級海技士（航海）以上の資格を有する海技士である場合及び三級海技士（通信）又は四級海技士（電子通信）を受ける者が，六級海技士（航海）以上の資格を有する海技士である場合には，学科試験が免除される（職員法13条の 2・5 項）。
6 船舶職員養成施設の課程を修了した者に対する学科試験又は実技試験の免除
(1) 国土交通大臣が指定した船舶職員養成施設の課程を修了した者については，国土交通省令の定めるところにより学科試験又は実技試験の全部又は一部が免除されることになっているが（職員法13条の 2），現在この規定が適用されているのは，三級海技士（航海）試験，四級海技士（航海）試験，五級海技士（航海）試験，船橋当直三級海技士（航海）試験，三級海技士（機関）試験，機関当直三級海技士（機関）試験，内燃機関三級海技士（機関）試験，内燃機関四級海技士（機関）試験，内燃機関五級海技士（機関）試験，六級海技士（航海）試験及び内燃機関六級海技士（機関）試験についてである。免除されるのは，船舶職員養成施設の課程を修了した者が，修了してから15年以内に受験する場合に限られる。当該養成施設の資格種別に対応する資格

の海技試験に加え，それより下級の資格の海技試験を受験する場合についても，筆記試験の免除措置が受けられることになる。ただし，船橋当直三級（航海），機関当直三級（機関）の各養成施設の修了者は従来どおり（修了から5年以内）である（職員則55条）。
(2) 現在指定されている船舶職員養成施設には，第1種養成施設（乗船履歴を有しない者を対象とする養成施設）と第2種養成施設（乗船履歴を有する者を対象とする養成施設）とがある（職員則56条）。前者は，当該試験を受けるに必要な乗船履歴を有しない者を対象としており，後者は，必要な乗船履歴を有する者又は必要な乗船履歴を有することとなる者を対象としており，一定の指定基準（職員則57条）により，国土交通大臣の指定を受けて船舶職員の養成を行う。

第2節　操縦試験の目的及び種類

〔1〕　操縦試験の目的

操縦試験は，小型船舶操縦者として必要な知識及び能力を有するかどうかを判定することを目的として行われ（職員法23条の9），操縦試験は，①身体検査，②学科試験及び③実技試験により実施され（職員法23条の9・2項），小型船舶の航行の安全に配慮したできる限り簡素なものとすることを旨とした内容である（職員法23条の9・3項）。

〔2〕　操縦免許の資格別による試験の種類

操縦試験は，職員法23条の3・1項各号に定める資格別（操縦免許について技能限定をする場合，資格別かつ小型船舶の航行する区域，大きさ又は推進機関の出力の別）に行う（職員法23条の8）が，この資格別による操縦試験の種類は次の5種類である（職員則96条）。

【資格別による操縦試験の種類】
①　一級小型船舶操縦士試験
②　二級小型船舶操縦士試験
③　二級小型船舶操縦士（第一号限定）試験
④　二級小型船舶操縦士（第二号限定）試験
⑤　特殊小型船舶操縦士試験

〔3〕　操　縦　試　験

操縦試験の期日及び場所並びに操縦試験申請書の提出期限その他必要な事項は，国土交通大臣又は指定試験機関によって公示される（職員則97条）。

〔4〕 身体検査，学科試験及び実技試験

　学科試験は，原則として筆記試験である（職員則103条）が，あらかじめ公示するところにより，口述試験をもって代えることができる（同条2項）。

　操縦試験の目的からいって，身体検査は小型船舶操縦者として必要な身体適性を有しているかどうかを，学科試験は小型船舶操縦者として必要な知識を有するかどうかを，実技試験は小型船舶操縦者として必要な技能を有するかどうかを，それぞれ判定するために行われる。

　1　身体検査（職員則101条）

　身体検査は，職員則別表第9（小型船舶操縦士身体検査基準表）の検査項目の欄に掲げるところによる。身体検査に合格しない者に対しては，原則として学科試験は行われない。

　2　学科試験（職員則102条）

　学科試験は，職員則別表第12の操縦試験の種別ごとに掲げる試験科目について行う。

　3　実技試験　（職員則104条）

　実技試験は，職員則別表第13の操縦試験の種別ごとに掲げる試験科目について行う。実技試験は，国土交通大臣が告示で定める基準に適合する小型船舶（ただし，特殊小型船舶操縦士試験にあっては，特殊小型船舶）を使用して行う。実技試験においては，国土交通大臣が提供した小型船舶を使用するものとする。ただし，身体の障害のある者について実技試験を行う場合において，国土交通大臣が提供した小型船舶によっては実技試験を行うことが困難なときは，国土交通大臣が提供した小型船舶以外の小型船舶を使用することができる。

〔5〕 操縦試験の免除等

　身体検査，学科試験及び実技試験は，かつて一定期間内にこれらの試験に合格したことがある，一定の乗船履歴がある，あるいは小型船舶教習所の課程を修了した等の理由により，その一部又は全部が免除又は省略されることがある。

　1　操縦試験の身体検査の省略

　操縦試験の身体検査の各項目について，基準に該当した者は身体検査を受けた日から1年以内に，職員則40条の規定による身体検査により身体検査基準に該当した者は1年以内に操縦試験の申請をした場合に限り，認定により，身体検査を省略することができる（職員則107条）。

　2　操縦試験の学科試験の省略

　一の学科試験に合格した者が学科試験合格証明書を添えて申請したときは，当該操縦試験の学科試験は行わない。ただし当該操縦試験の開始期日前に学科

試験に合格した日から起算して2年を経過する場合は，学科試験の省略はない（職員則108条）。

3　操縦試験の学科試験の免除

小型船舶操縦士が上級又は技能限定が解除された上級の資格の試験を受ける場合には，学科試験の一部が免除されることとなっており，また，海技士が操縦試験を受ける場合は資格に応じて試験科目の免除が認められている（職員則109条）。

4　操縦試験の実技試験の【省略】と【免除】

(1) 【省略】一の操縦試験について実技試験に合格した者が実技試験合格証明書を添えて申請したときは，当該操縦試験の実技試験は行わない。ただし，当該操縦試験の開始期日前に実技試験に合格した日から起算して2年を経過する場合は，この限りでない（職員則110条）。

(2) 【免除】技能限定がされていない二級小型船舶操縦士が一級小型船舶操縦士試験を受ける場合には，当該操縦試験の実技試験を免除する（職員則111条）。

5　乗船履歴による実技試験の免除

操縦試験を受ける者が，以下の乗船履歴を有する者である場合には，その者の申請により，当該操縦試験の実技試験を免除する（職員則112条）。

1）総トン数100トン未満の船舶において業として船舶の操舵に従事した期間が1年以上。
2）小型船舶において業として船舶の操舵に従事した期間が6月以上。
3）一眼が見えない者にあっては一眼が見えなくなった後の1）に掲げる期間が3月以上。

6　小型船舶教習所の課程を修了した者に対する学科試験又は実技試験の免除

(1) 修了した小型船舶教習所の課程に応じて，その教習所の発行する修了証明書を添えて申請した場合は，学科試験又は実技試験が免除される。ただし免除されるのは，小型船舶教習所の課程を修了した者が，修了してから1年以内に受験する場合に限られる（職員則113条）。

(2) 指定される小型船舶教習所には，第1種教習所と第2種教習所とがあり（職員則114条），一定の指定基準により，国土交通大臣の指定を受けて，小型船舶操縦者の教習を行う。

　第1種養成施設の対象は，当該試験を受けるに必要な乗船履歴を有しない者，第2種養成施設の対象は，必要な乗船履歴を有する者又は必要な乗船履歴を有することとなる者である。

第3節　小型船舶操縦士試験機関

〔1〕　概　　説

　昭和49（1974）年，船舶職員法が改正され，それまでの小型船舶操縦士の免許制度は抜本的に改められた。これは，当時モーターボート，小型漁船の著しい増加に伴い，これらの船舶の事故が増加し，小型船舶の航行の安全を図る必要が生じたため，小型船舶についても，原則として免許を受けた者の乗り組みを義務づけることとしたものである。

　この改正時から，小型船舶操縦士の試験の実施については，国土交通大臣（改正当時は運輸大臣）が小型船舶操縦士試験機関を指定し，この者に試験の実施に関する事務を行わせている。

〔2〕　小型船舶操縦士試験機関の指定

(1)　小型船舶操縦士試験機関は，特定試験事務（小型船舶操縦士の資格についての試験の実施に関する事務）を行う唯一の機関である（職員法23条の12）。このため職員，設備の面でも，経理的，技術的な面でも適確なものと認められなければ指定されない（職員法23条の13）。

　　現在，一般財団法人日本海洋レジャー安全・振興協会【Japan Marine Recreation Association（http://www.kairekyo.gr.jp/）―設立年月日：平成3年（1991年）7月1日―】が，この機関として指定されている。

(2)　国土交通大臣は，指定試験機関の名称及び住所，特定試験事務を行う事務所の所在地並びに特定試験事務の開始の日を官報で公示しなければならない（職員法23条の14）。

(3)　指定試験機関の指定は，5年以上10年以内において職員令で定める期間ごとに更新を受けなければ，その期間の経過によって，その効力を失う（職員法23条の15）。現在は職員令によって5年と定められている（職員令6条）。

〔3〕　試験の実施

(1)　指定試験機関は，特定試験事務を行う場合において，小型船舶操縦士として必要な知識及び能力を有するかどうかの判定に関する事務については，小型船舶操縦士試験員に行わせなければならない。小型船舶操縦士試験員は，小型船舶操縦者の教習業務等に関する知識及び経験を備える者のうちから選任される（職員法23条の16）。

(2)　指定試験機関は，特定試験事務の実施に関する規程を定め，国土交通大臣の認可を受けなければならない（職員法23条の17）。

〔4〕　監　　督

(1)　国土交通大臣は，指定試験機関の役員の選任及び解任，予算及び事業計画

について監督し（職員法23条の16，23条の18），特定試験事務に関し監督上必要な命令を出すことができ（職員法23条の20），また，報告をさせ，立入検査をすることができる（職員法23条の21）。
(2) 指定試験機関は，国土交通省令で定めるところにより，あらかじめ届け出なければ，特定試験事務に関する業務の全部又は一部を休止し，又は廃止することができない（職員法23条の22）。指定試験機関が許可を受けて休廃止したときは，国土交通大臣が特定試験事務を自ら実施する（職員法23条の24）。

第4節　海技試験の受験資格

〔1〕総　説

　海技試験を受けるためには，①一定の年齢に達していること及び②一定の乗船履歴を有すること，という2つの条件を備えなければならない。このほか，海技士（通信），又は海技士（電子通信）の海技試験を受けるためには，無線従事者の免許及び船舶局証明を有することが求められている（職員法14条3項，職員則34条—海技試験の受験資格としての無線従事者の免許—）。

〔2〕受験年齢

　海技試験を受けるためには，試験開始期日の前日までに，海技士（通信）試験，海技士（電子通信）にあっては17歳9月に達していなければならない（職員則24条）。なお，受験年齢に達しているが免許年齢には達しない者が受験して合格した場合には，その者の海技免許申請書は受理されるが，免許年齢に達した後でなければ当該免許は与えられない。

第5節　操縦試験の受験資格

〔1〕総　説

　操縦試験を受けるためには，一定の年齢に達していることが必要とされている（職員法23条の4，職員則98条）。乗船履歴は必要とされていない。

〔2〕受験年齢

　操縦試験を受けるためには，試験開始期日の前日までに，二級小型船舶操縦士（5トン限定），二級小型船舶操縦士（湖川小出力限定）及び特殊小型船舶操縦士試験にあっては15歳9月，その他の種別の操縦試験については17歳9月に達していなければならない（職員則98条）。なお受験年齢には達しているが，免許年齢に達しない者が，受験して合格した場合の操縦免許の付与は，海技免許の場合と同じである。

第5編　船舶職員及び小型船舶操縦者法　　　　　　　　　　　　　　　　　181

第6節　乗船履歴

〔1〕　一般受験者に対する乗船履歴

　海技試験を受けようとする者は職員則別表第5の海技試験の種別の欄に掲げる試験別に，同表の乗船履歴の欄に定める乗船履歴の一を有しなければならない（職員則25条）。職員則別表第5の乗船履歴に示す職務には，船舶の運航，機関の運転又は船舶職員がある。船舶の運航又は機関の運転とは，甲板部又は機関部の部員であって，船舶の運航又は機関の運転に係る業務のために乗り組んでいる者をいう。また，乗船履歴として認められる船舶職員とは，海技士（航海）の資格に係る海技試験では，船長の職務を行う者（小型船舶操縦者を除く。）及び航海士並びに運航士を示す。また，海技士（機関）の資格に係る海技試験では，機関長及び機関士並びに運航士を示す。なお，海事関係の学校卒業者について〔2〕で述べるような特則が認められている。

別表第5　（職員則25条，27条の3，28条，31条関係）乗船履歴表その1
1　海技士（航海）の資格に係る海技試験

海技試験の種別	乗船履歴			
	船舶	期間	資格	職務
六級（航海）	総トン数5トン以上の船舶	2年以上		船舶の運航
五級（航海）	総トン数10トン以上の船舶	3年以上		船舶の運航
	総トン数20トン以上の船舶	1年以上	六級（航海）	船長又は航海士
四級（航海）	総トン数200トン以上の平水区域を航行区域とする船舶，総トン数20トン以上の沿海区域，近海区域若しくは遠洋区域を航行区域とする船舶又は総トン数20トン以上の漁船	3年以上		船舶の運航
		1年以上	五級（航海）	船長又は航海士
船橋当直三級（航海）	総トン数1600トン以上の沿海区域を航行区域とする船舶，総トン数20トン以上の近海区域若しくは遠洋区域を航行区域とする船舶又は総トン数20トン以上の乙区域若しくは甲区域内において従業する漁船	3年以上		船舶の運航
	総トン数500トン以上の沿海区域を航行区域とする船舶，総トン数20トン以上の近海区域若しくは遠洋区域を航行区域とする船舶又は総トン数20トン以上の乙区域若しくは甲区域内において従業する漁船	1年6月以上	四級（航海）	航海士（一等航海士を除く。）
	総トン数200トン以上の沿海区域を航行区域とする船舶，総トン数20トン以	1年以上	四級（航海）	船長又は一等航海士

	上の近海区域若しくは遠洋区域を航行区域とする船舶，総トン数200トン以上の丙区域内において従業する漁船又は総トン数20トン以上の乙区域若しくは甲区域内において従業する漁船			
三級（航海）	総トン数1600トン以上の沿海区域を航行区域とする船舶，総トン数20トン以上の近海区域若しくは遠洋区域を航行区域とする船舶又は総トン数20トン以上の乙区域若しくは甲区域内において従業する漁船	3年以上		船舶の運航
	総トン数500トン以上の沿海区域を航行区域とする船舶，総トン数20トン以上の近海区域若しくは遠洋区域を航行区域とする船舶又は総トン数20トン以上の乙区域若しくは甲区域内において従業する漁船	2年以上	四級（航海）	航海士（一等航海士を除く。）
	総トン数200トン以上の沿海区域を航行区域とする船舶，総トン数20トン以上の近海区域若しくは遠洋区域を航行区域とする船舶，総トン数200トン以上の丙区域内において従業する漁船又は総トン数20トン以上の乙区域若しくは甲区域内において従業する漁船	1年以上	四級（航海）	船長又は一等航海士
	第一種近代化船，第二種近代化船，第三種近代化船又は第四種近代化船	6月以上	船橋当直三級（航海）	運航士
二級（航海）	総トン数1600トン以上の沿海区域を航行区域とする船舶，総トン数500トン以上の近海区域若しくは遠洋区域を航行区域とする船舶又は総トン数500トン以上の乙区域若しくは甲区域内において従業する漁船	1年以上	三級（航海）	船舶職員
	総トン数200トン以上500トン未満の近海区域若しくは遠洋区域を航行区域とする船舶又は総トン数200トン以上500トン未満の乙区域若しくは甲区域内において従業する漁船	2年以上	三級（航海）	船長又は航海士
一級（航海）	総トン数5000トン以上の沿海区域を航行区域とする船舶，総トン数1600トン以上の近海区域を航行区域とする船舶，総トン数500トン以上の遠洋区域を航行区域とする船舶，総トン数1600トン以上の乙区域内において従業する	2年以上	二級（航海）	船舶職員（船長及び一等航海士を除く。）
		1年以上	二級（航海）	船長又は一等航海士

漁船又は総トン数500トン以上の甲区域内において従業する漁船				
総トン数200トン以上1600トン未満の近海区域を航行区域とする船舶であって海難救助の用に供するもの又は総トン数200トン以上500トン未満の遠洋区域を航行区域とする船舶であって海難救助の用に供するもの	4年以上	二級（航海）	航海士（一等航海士を除く。）
	2年以上	二級（航海）	船長又は一等航海士

備考
1 　船舶職員とは，船長，航海士及び運航士（運航士（二号職務）を除く。）をいう。
2 　海難救助の用に供する船舶とは，海難救助船及びこれに準ずる船舶であって国土交通大臣が指定するものをいう。（2の海技士（機関）の表において同じ。）

2 　海技士（機関）の資格に係る海技試験

海技試験の種別	乗船履歴			資格	職務
^	船舶	期間			
六級（機関）又は内燃機関六級（機関）	総トン数5トン以上の船舶	2年以上			機関の運転
五級（機関）又は内燃機関五級（機関）	総トン数10トン以上の船舶	3年以上			機関の運転
^	総トン数20トン以上の船舶	1年以上		六級（機関）	機関長又は機関士
四級（機関）又は内燃機関四級（機関）	出力750キロワット以上の推進機関を有する平水区域を航行区域とする船舶，総トン数20トン以上の沿海区域，近海区域若しくは遠洋区域を航行区域とする船舶又は総トン数20トン以上の漁船	3年以上			機関の運転
^	^	1年以上		五級（機関）	機関長又は機関士
機関当直三級（機関）	出力3000キロワット以上の推進機関を有する沿海区域を航行区域とする船舶，総トン数20トン以上の近海区域若しくは遠洋区域を航行区域とする船舶又は総トン数20トン以上の乙区域若しくは甲区域内において従業する漁船	3年以上			機関の運転
^	出力1500キロワット以上の推進機関を有する沿海区域を航行区域とする船舶，総トン数20トン以上の近海区域若しくは遠洋区域を航行区域とする船舶又は総トン数20トン以上の乙区域若しくは甲区域内において従業する漁船	1年6月以上		四級（機関）	機関士（一等機関士を除く。）

	出力750キロワット以上の推進機関を有する沿海区域を航行区域とする船舶，総トン数20トン以上の近海区域若しくは遠洋区域を航行区域とする船舶，出力750キロワット以上の推進機関を有する丙区域において従業する漁船又は総トン数20トン以上の乙区域若しくは甲区域内において従業する漁船	１年以上	四級（機関）	機関長又は一等機関士
三級（機関）又は内燃機関三級（機関）	出力3000キロワット以上の推進機関を有する沿海区域を航行区域とする船舶，総トン数20トン以上の近海区域若しくは遠洋区域を航行区域とする船舶又は総トン数20トン以上の乙区域若しくは甲区域内において従業する漁船	３年以上		機関の運転
	出力1500キロワット以上の推進機関を有する沿海区域を航行区域とする船舶，総トン数20トン以上の近海区域若しく遠洋区域を航行区域とする船舶又は総トン数20トン以上の乙区域若しくは甲区域内において従業する漁船	２年以上	四級（機関）	機関士（一等機関士を除く。）
	出力750キロワット以上の推進機関を有する沿海区域を航行区域とする船舶，総トン数20トン以上の近海区域若しくは遠洋区域を航行区域とする船舶，出力750キロワット以上の推進機関を有する丙区域内において従業する漁船又は総トン数20トン以上の乙区域若しくは甲区域内において従業する漁船	１年以上	四級（機関）	機関長又は一等機関士
	第一種近代化船，第二種近代化船，第三種近代化船又は第四種近代化船	６月以上	機関当直三級（機関）	運航士
二級（機関）又は内燃機関二級（機関）	出力3000キロワット以上の推進機関を有する沿海区域を航行区域とする船舶，出力1500キロワット以上の推進機関を有する近海区域若しくは遠洋区域を航行区域とする船舶又は出力1500キロワット以上の推進機関を有する乙区域若しくは甲区域内において従業する漁船	１年以上	三級（機関）	船舶職員
	出力750キロワット以上1500キロワット未満の推進機関を有する近海区域若しくは遠洋区域を航行区域とする船舶又は出力750キロワット以上1500キロ	２年以上	三級（機関）	機関長又は機関士

第5編　船舶職員及び小型船舶操縦者法

	ワット未満の推進機関を有する乙区域若しくは甲区域内において従業する漁船			
一級（機関）	出力6000キロワット以上の推進機関を有する沿海区域を航行区域とする船舶，出力3000キロワット以上の推進機関を有する近海区域を航行区域とする船舶，出力1500キロワット以上の推進機関を有する遠洋区域を航行区域とする船舶，出力3000キロワット以上の推進機関を有する乙区域において従業する漁船又は出力1500キロワット以上の推進機関を有する甲区域内において従業する漁船	2年以上	二級（機関）	船舶職員（機関長及び一等機関士を除く。）
		1年以上	二級（機関）	機関長又は一等機関士
	出力750キロワット以上3000キロワット未満の推進機関を有する近海区域を航行区域とする船舶であって海難救助の用に供するもの又は出力750キロワット以上1500キロワット未満の推進機関を有する遠洋区域を航行区域とする船舶であつて海難救助の用に供するもの	4年以上	二級（機関）	機関士（一等機関士を除く。）
		2年以上	二級（機関）	機関長又は一等機関士

備考　船舶職員とは，機関長，機関士及び運航士（運航士（一号職務）を除く。）をいう。

3　海技士（通信）の資格に係る海技試験

海技試験の種別	乗船履歴			
	船舶	期間	資格	職務
三級（通信）	総トン数5トン以上の船舶	6月以上		
二級（通信）	沿海区域，近海区域若しくは遠洋区域を航行区域とする船舶又は漁船	6月以上		実習又は無線電信若しくは無線電話による通信
一級（通信）	沿海区域（国際航海に従事する船舶に限る。），近海区域若しくは遠洋区域を航行区域とする船舶　又は乙区域若しくは甲区域内において従業する漁船	6月以上		実習又は無線電信若しくは無線電話による通信

4　海技士（電子通信）の資格に係る海技試験

海技試験の種別	乗船履歴			
	船舶	期間	資格	職務
四級（電子通信）	総トン数5トン以上の船舶	6月以上		
一級（電子通	沿海区域（国際航海に従事する船舶に	6月以上		

| 信），二級（電子通信）又は三級（電子通信信） | 限る。），近海区域若しくは遠洋区域を航行区域とする船舶又は乙区域若しくは甲区域内において従業する漁船 | | |

〔2〕 海事関係学校卒業者に対する乗船履歴

　船舶の運航又は機関の運転に関する学術を教授する学校を卒業した者に対しては，一般の乗船履歴とは別に，学校卒業者に対する乗船履歴の特則が規定されている。

1　学校教育法による学校卒業者

　学校教育法（昭和22年法律26号）1条の大学，高等専門学校，高等学校若しくは中等教育学校若しくは専修学校（同法第124条）であって船舶の運航又は機関の運転に関する学術を教授するもの又は水産大学校，海上保安大学校本科，海技大学校海技士科，海員学校本科，海員学校専修科，独立行政法人（以下（独）と表記）水産大学校，（独)海技大学校海技士科，（独)海技大学校海上技術科，（独)海員学校本科，（独)海員学校専修科，（独）海技教育機構海技士教育科若しくは国立研究開発法人水産研究・教育機構を卒業し（同法の専門職大学の前期課程を修了した場合を含む。），その課程（中等教育学校にあっては，後期課程に区分されたものに限る。）において海技試験科目に直接関係のある教科単位を職員則別表第6の単位数の欄に掲げる数修得した者（海員学校本科を卒業した者にあっては昭和63年以後に卒業した者に，海員学校専修科を卒業した者にあっては平成6年以後に卒業した者に限る。）が，同表の海技試験の種別の欄に掲げる海技試験を受けようとするときは，同表の乗船履歴の欄に定める乗船履歴を有する必要がある（職員則26条1項）。ただし，この場合の乗船履歴は，最終卒業学校の課程中のもの又は卒業後のものでなければならず，さらに練習船による実習は，30日以上連続したものでなければ乗船履歴として認められない（職員則26条2項）。

2　海技大学校，海員学校，海上保安学校等の卒業者に対する特例

(1)　海技大学校の講習科又は（独)海技大学校の講習科の課程であって国土交通大臣が指定するものを修了した者が，修了後，総トン数1600トン以上の沿海区域を航行区域とする船舶，総トン数20トン以上の近海区域若しくは遠洋区域を航行区域とする船舶又は総トン数20トン以上の乙区域若しくは甲区域において従業する漁船に乗り組み，実習を6月以上行った履歴を有するときは，三級海技士（航海）試験又は船橋当直三級海技士（航海）試験を受けることができる（職員則27条1項）。

(2) 海技大学校の講習科又は（独）海技大学校の講習科の課程であって国土交通大臣が指定するものを修了した者が，修了後，出力3000キロワット以上の推進機関を有する沿海区域を航行区域とする船舶，総トン数20トン以上の近海区域若しくは遠洋区域を航行区域とする船舶又は総トン数20トン以上の乙区域若しくは甲区域において従業する漁船に乗り組み，実習を6月以上行った履歴を有するときは，三級海技士（機関）試験，機関当直三級海技士（機関）試験又は内燃機関三級海技士（機関）試験を受けることができる（職員則27条2項）。

(3) 海技大学校の講習科又は（独）海技大学校の講習科の課程であって国土交通大臣が指定するものを修了した者が，修了後，総トン数1600トン以上で，かつ，出力3000キロワット以上の推進機関を有する近海区域又は遠洋区域を航行区域とする機関区域無人化船に乗り組み，実習を6月以上行った履歴を有するときは，船橋当直三級海技士（航海）試験又は機関当直三級海技士（機関）試験を受けることができる（職員則27条3項）。

(4) 海技大学校の講習科又は（独）海技大学校の講習科の課程であって国土交通大臣が指定するものを修了した者が，修了後，総トン数20トン以上の沿海区域，近海区域若しくは遠洋区域を航行区域とする船舶又は総トン数20トン以上の漁船に乗り組み，実習を6月以上行った履歴を有するときは，四級海技士（航海）試験又は四級海技士（機関）試験若しくは内燃機関四級海技士（機関）試験を受けることができる（職員則27条4項）。

(5) 海員学校の専科航海科，専修科外航課程航海科若しくは専修科内航課程航海科の卒業者で，卒業後総トン数20トン以上の沿海区域，近海区域，遠洋区域を航行区域とする船舶に乗り組み，船舶の運航に関する職務を2年以上行った履歴を有するときは，四級海技士（航海）試験を受けることができ，海員学校の本科航海科，本科甲板科，本科内航科航海科若しくは高等科又は海上保安学校の本科航海課程若しくは本科船舶運航システム課程航海コースを卒業した者が，卒業後，総トン数10トン以上の船舶に乗り組み，船舶の運航に関する職務を1年6月以上行った履歴を有するときは，五級海技士（航海）試験を受けることができる（職員則27条5項）。

(6) 海員学校の専科機関科，専修科外航課程機関科又は専修科内航課程機関科を卒業した者が，卒業後総トン数20トン以上の沿海区域，近海区域又は遠洋区域を航行区域とする船舶に乗り組み，機関の運転に関する職務を2年以上行った履歴を有するときは，四級海技士（機関）試験又は内燃機関四級海技士（機関）試験を受けることができ，海員学校の高等科を卒業した者が，卒

業後，総トン数10トン以上の船舶に乗り組み，機関の運転に関する職務を1年6月以上行った履歴を有するとき，又は海員学校の本科機関科若しくは本科内航科機関科若しくは海上保安学校の本科機関課程若しくは本科船舶運航システム課程機関コースを卒業した者が，卒業後総トン数10トン以上の船舶に乗り組み，機関の運転に関する職務を2年以上行った履歴を有するときは，五級海技士（機関）試験又は内燃機関五級海技士（機関）試験を受けることができる（職員則27条6項）。

(7) 登録船舶職員養成施設（職員則56条第1号ニ）の課程を修了した者（職員則26条第1項に掲げる者を除く。）であつて，当該課程において，総トン数5トン以上の船舶に乗り組み，実習を2月以上行った履歴を有する者が，修了後，総トン数5トン以上の船舶に乗り組み，実習又は船舶の運航に関する職務を6月以上行つた履歴を有するときは，六級海技士（航海）試験を受けることができる（職員則27条7項）。

(8) 登録船舶職員養成施設（職員則56条第1号ル）の課程を修了した者（職員則26条第1項に掲げる者を除く。）であつて，当該課程において，総トン数5トン以上の船舶に乗り組み，実習を2月以上（ただし，その期間のうち，2月以内の期間に限り，工場における実習の期間をもって代えることができる。）行った履歴を有する者が，修了後，総トン数5トン以上の船舶に乗り組み，実習又は機関の運転に関する職務を6月以上行った履歴を有するときは，六級海技士（機関）試験又は内燃機関六級海技士（機関）試験を受けることができる（職員則27条8項）。

(9) 海技大学校，（独）海技大学校若しくは（独）海技教育機構（海技士教育科海技課程の本科を除く）を卒業した者又は海技大学校の講習科若しくは（独）海技大学校の講習科の課程であって国土交通大臣が指定するものを修了した者については卒業又は修了後初めて受けるべき種別の海技試験に対する乗船履歴に関する限り，その在学期間の2分の1の期間，その者が入学の際海技士であるときは船長，一等航海士，機関長及び一等機関士以外の船舶職員として，その者が入学の際海技士でないときは船舶の運航又は機関の運転に関する職務を行う者として，職員則別表第5の乗船履歴中船舶の欄に掲げる船舶に乗り組んだものとみなす。ただし，海技大学校の本科卒業者については，乗船履歴とみなす在学期間は，その者の卒業後初めて受ける海技試験が二級海技士（航海）試験又は二級海技士（機関）試験若しくは内燃機関二級海技士（機関）試験である場合には6月，初めて受ける試験が一級海技士（航海）試験又は一級海技士（機関）試験である場合には，二級海技士

（航海）又は二級海技士（機関）の資格についての海技免許を受けた日以後の在学期間の2分の1の期間とする（職員則27条の3・1項）。

(10) 海上保安大学校特修科の船舶の運航又は機関の運転に関する課程を卒業した者については，三級海技士（航海）試験又は三級海技士（機関）試験若しくは内燃機関三級海技士（機関）試験に対する乗船履歴に関する限り，海上保安学校の航海科若しくは研修科航海課程又は機関科若しくは研修科機関課程を卒業した者については，四級海技士（航海）試験若しくは五級海技士（航海）試験又は四級海技士（機関）試験，内燃機関四級海技士（機関）試験，五級海技士（機関）試験，若しくは内燃機関五級海技士（機関）試験に対する乗船履歴に関する限り，その在学期間の2分の1の期間，その者が入学の際海技士であるときは船長，一等航海士，機関長及び一等機関士以外の船舶職員として，その者が入学の際海技士でないときは船舶の運航又は機関の運転に関する職務を行う者として，職員則別表第5の乗船履歴中船舶の欄に掲げる船舶に乗り組んだものとみなす（職員則27条の3・2項）。

〔3〕 乗船履歴についての制限

(1) 乗船履歴の対象となる船舶は，原則として本法の適用船舶でなければならない。しかし，本法の適用されない船舶であっても，国土交通大臣の認定により職員則別表第5又は第6の乗船履歴中の船舶の欄に掲げる船舶に乗り組んだものとして特例が認められている（職員則28条：乗船履歴に関する船舶の特例）。

(2) 乗船履歴として認められる船舶については，職員則別表第5及び第6において定められている。

(3) 乗船履歴には，試験開始期日の前5年以内のものが含まれていなければならない（職員則24条3項）。

(4) 15歳未満の履歴は，乗船履歴として認められない（職員則29条1号）。

(5) 試験開始期日からさかのぼり，15年を超える前の履歴は，乗船履歴として認められない（職員則29条2号）。

(6) 主として船舶の運航，機関の運転又は船舶における無線電信若しくは無線電話による通信に従事しない職務の履歴は，乗船履歴として認められない。ただし，三級海技士（通信）試験又は海技士（電子通信）資格についての海技試験に限り，このような職務についての制限はない（職員則29条3号）。

第7節　筆記試験に関する海技試験の受験資格の特則

(1) 海技士（通信），海技士（電子通信）の資格に係る海技試験以外の学科試

験のうち筆記試験については，乗船履歴がなくても受験することができる（職員法14条1項ただし書，職員則36条）。
(2) 同一時期の海技試験の申請は，一の種別の試験についてしかできないことが原則である（職員則39条）。ただし，三級海技士（航海）試験及び機関当直三級海技士（機関）試験，船橋当直三級海技士（航海）試験及び三級海技士（機関）試験，船橋当直三級海技士（航海）試験及び機関当直三級海技士（機関）試験，船橋当直三級海技士（航海）試験及び内燃機関三級海技士（機関）試験又は四級海技士（航海）試験及び内燃機関四級海技士（機関）試験の申請については，同時にすることができる（職員則38条1項）。また，職員則別表第7の表中の海技試験を申請する場合には，それぞれ同表に定める一の海技試験又は同表に定める一の海技試験及びそれに対応する同表に定める一の海技試験の筆記試験を合わせて申請できる（職員則38条の2）。

この同時申請及び併科試験は，定期試験及び国土交通大臣が特に指定する臨時試験に限られる（職員則38条2項，38条の2・2項）。併科試験で職員則別表第7に掲げる海技試験と併せて受ける筆記試験については，科目免除の規定は適用されない（職員則53条2項）。

第5章　船舶職員及び小型船舶操縦者

第1節　乗組み基準と乗船基準

　船舶職員及び小型船舶操縦者法は，船舶職員として船舶に乗り組ませるべき者及び小型船舶操縦者として小型船舶に乗船させるべき者の資格及び遵守事項等を定め，船舶の航行の安全を図ることを目的として制定されたものである。
　この目的を達成するため，乗組み基準と乗船基準が規定されている。これは，船舶の用途，航行する区域（漁船にあっては従業区域），大きさ，構造，推進機関の出力，操縦に必要な知識その他の船舶の航行の安全に関する事項を考慮して，船舶を類別し，それらの船舶について船舶職員又は小型船舶操縦者の種別，員数及び船舶職員又は小型船舶操縦者となるべき者の資格を定めている。

第2節　船舶職員の資格及び員数

　船舶所有者は，職員法18条及び職員令5条の規定により，同令別表第1に定める船舶職員として船舶に乗り組ますべき者に関する基準（以下「乗組み基準」という。）に従い，海技免状を受有する海技士を乗り組ませなければならない（職員法18条）。また，履歴限定又は機関限定をした免許を受けた者は，そ

れぞれその限定された職の船舶職員又はその船舶がその限定をされた種類の機関を有するときでなければ配乗表の船舶職員の欄に定める船舶職員として乗り組ませないこと，当直限定をした免許を受けた者は，近代化船の運航士以外の法定船舶職員として乗り組ませないことを定めている（職員令5条ただし書）。

　以上は船舶職員の乗組み基準の原則であるが，この例外として，航海中に欠員を生じた場合（職員法19条），乗組み基準によらなくても航行の安全を確保することができると認められる場合（職員法20条）には，船舶職員の乗組みの免除又は資格軽減の措置が認められる。

第3節　小型船舶操縦者の資格及び員数

　船舶所有者は職員法23条の35及び職員令12条の規定により，同令別表第2に定める小型船舶操縦者として小型船舶に乗船させるべき者に関する基準（以下「乗船基準」という。）に従い，操縦免許証を受有する小型船舶操縦士を乗船させなければならないとされている。ただし当該小型船舶が事業用小型船舶である場合にあっては，その操縦免許は，特定操縦免許でなければならず，技能限定をした操縦免許を受けたものについては，小型船舶がその限定をされた区域・大きさ・推進機関出力の場合に限るときでなければ，小型船舶操縦者として乗船させないこと，小型船舶の装備その他の事項についての限定をした操縦免許を受けた者については，その小型船舶がその限定をされた設備を有するときその他その小型船舶の航行がその限定をされたところに適合しているときでなければ，小型船舶操縦者として乗船させないこと，履歴限定をした特定操縦免許を受けた者については，その乗船する事業用小型船舶がその限定をされた区域のみを航行するものであるときでなければ小型船舶操縦者として乗船させないことを定めている（職員令10条2項第1号〜3号）。

　以上は小型船舶操縦者の乗船基準の原則であるが，乗船基準によらなくても航行の安全を確保できると認められる場合（職員法23条の36）には小型船舶操縦者の乗船の特例が認められる。

第4節　乗組み基準

　配乗表は，資格の裏づけとなっている知識及び技能を基準として，平水区域⇒沿海区域⇒近海区域⇒遠洋区域と航行区域が広くなるのに応じて，船舶の航行環境条件（気象・海象条件，緊急時の避難・救助の期待可能性等）が厳しくなることを勘案し，よりレベルの高い資格を有する者を船舶職員として要求し，かつ，航行区域等によって推測される船舶の通常の航行時間に応じて必要な当直

体制を満たすのに必要な員数の船舶職員の配乗を定めている。
　以上に示す乗組み基準に関する共通原則のほか，例えば，小型船舶以外の船舶の甲板部については，船舶の総トン数が増大するのに従って困難になる操縦性能に応じて，小型船舶以外の船舶の機関部については，船舶の機関出力が増大するのに従って困難になる主機及び補機の運転・保守・管理に応じて，それぞれ乗り組ますべき船舶職員の資格・定員を定めている。ただし，無線部については，国際電気通信条約，海上における人命の安全のための国際条約（SOLAS条約）を受けて，電波法及び船舶安全法によって所要の規制があるため，これらの規制を十分考慮して，配乗表が定められている。
　また，職員令により配乗表を定めるに当たっては原則的な配乗表（職員令別表第1・1号，2号，4号，5号）のほかに，船舶の構造，装置，航行形態が特殊であり，かつそれが定型化してとらえることができる船舶については，別に配乗表を定めている（同令別表3号：近代化船，6号：船舶検査証書の交付を受けていない総トン数20トン以上の船舶，7号：試運転を行う船舶，8号：航行の用に供されない船舶であって国土交通省令で定めるもの（休漁期中の漁船，解撤，譲渡又は賃渡し待ちの船舶），9号：曳かれて航行する船舶）。なお，配乗表は，船舶の航行の安全を図るために必要な船舶職員について最低の資格及び員数の最低基準を定めたものである。したがって，この基準を上回る船舶職員を乗り組ませることは差し支えない。

第5節　乗船基準

　小型船舶操縦者の乗船に関する基準（乗船基準）は，航行区域に応じて操縦に必要な航法に関する知識が異なるため，このような知識及び技能を勘案し，必要とされる資格を有する者（小型船舶操縦者）を要求している（職員法23条の35：小型船舶操縦者の乗船に関する基準）。職員令12条（別表第二）では航行区域及び航行形態に応じ，特殊小型船舶，沿岸小型船舶及び外洋小型船舶の3種類に分かれている。
　また，船舶所有者は，航行の安全を確保するために機関長又は通信長を乗船させる必要がある小型船舶として同令で定める小型船舶にあっては，同令で定める基準に従い，小型船舶操縦者のほか，海技免状を受有する海技士を乗船させなければならないとしている（職員法23条の39）。沿岸区域の境界からその外側80海里以遠の水域を航行する帆船以外の小型船舶は，機関長として6級海技士（機関）の資格又はこれより上級の海技免状を受けた者を乗船させなければならない（令13条1項，則125条）。

なお，特殊小型船舶（水上オートバイ）は，特殊小型船舶操縦士の小型船舶操縦免許証（操縦免許の資格を証明する書類）を受有する者でなければ，特殊小型船舶に船長として乗船することができない（令11条1項，別表第2（平成14（2002）年の改正より））。

第6節　船舶職員の資格及び員数の特例

　船舶職員として乗り組ますべき者の資格に関する規定は，船舶航行の安全を確保する最低限度の要求として定められたものであるから，厳格に遵守することが必要である。しかし，場合によっては，船舶の実情に合わないこともあるので，職員法20条（乗組み基準の特例）において，例外規定を設けて，国土交通大臣が許可したときは，指定する資格の海技士を，指定する職の船舶職員として船舶に乗り組ませることをもって足りることとしている。

　また，船舶職員として乗り組んだ海技士が，航海中に，死亡その他やむを得ない事由によって欠員となった場合には，その限度において，職員法18条（船舶職員の乗組みに関する基準）の適用を除外することとして，必要があると認められる場合を除き，欠員のままの航行を認めている。この場合においては，遅滞なく国土交通大臣にその旨を届け出ることとしている。ただし，当該航海が終了したときは，その欠員を補充しなければならない（職員法19条）。

第7節　小型船舶操縦者の資格及び員数の特例

　前節同様，小型船舶操縦者として乗船させる者の資格に関しての例外規定があり，国土交通大臣が許可したときは指定する資格の小型船舶操縦士を，小型船舶操縦者として小型船舶に乗船させることができる（職員法23条の35：小型船舶操縦者の乗船に関する基準）。

　また，前節同様に小型船舶操縦者として小型船舶に乗船した小型船舶操縦士が欠員となった場合にも，その限度において，職員法23条の2の適用を除外することとしている（職員法23条の36：乗船基準の特例）。

第6章　遵守事項と再教育講習

第1節　総　　論

　平成14年の大幅な改正（平成15年6月施行）では，これまでマナーやシーマンシップとして扱われてきた必要最低限の安全事項を遵守事項という形で明確化し，違反者に再教育講習を課すような安全制度の充実が図られている。

第2節　小型船舶操縦者の遵守事項

1　酒酔い操縦の禁止

　小型船舶操縦者は，飲酒，薬物の影響その他の理由により正常な操作ができないおそれがある状態で小型船舶を操縦し，又は当該状態の者に小型船舶を操縦させてはならない（職員法23条の40・1項）。

2　自己操縦義務

　小型船舶操縦者は，小型船舶が港を出入するとき，小型船舶が狭い水路を通過するときその他の小型船舶に危険のおそれがあるときとして以下に示す場合においては（職員則134条），自ら小型船舶を操縦しなければならない。

・港則法（昭和23年法律第174号）に基づく港の区域を航行するとき。
・海上交通安全法（昭和47年法律第115号）に基づく航路を航行するとき。
・特殊小型船舶に乗船するとき。

ただし，乗船基準において必要とされる資格に係る操縦免許証を有する小型船舶操縦士が操縦する場合その他国土交通省令で定める場合には，この限りでない（職員法23条の40・2項）。

3　危険操縦の禁止

　小型船舶操縦者は，衝突その他の危険を生じさせる速力で小型船舶を遊泳者に接近させる操縦その他の人の生命，身体又は財産に対する危険を生じさせるおそれがある操縦として以下に示すような方法で，小型船舶を操縦し，又は他の者に小型船舶を操縦させてはならない（職員法23条の40・3項）。

・遊泳者その他の人の付近において，小型船舶をこれらの者との衝突その他の危険を生じさせるおそれのある速力で航行する操縦の方法。
・遊泳者その他の人の付近において，小型船舶を急回転し，又は縫航する操縦の方法（職員則136条）。

4　船外への転落に備えた措置

　小型船舶操縦者は，小型船舶に乗船している者が船外に転落するおそれがある場合として，以下の場合においては，船外への転落に備えるためにその者に救命胴衣を着用させることその他の国土交通省令で定める必要な措置を講じなければならない（職員法23条の40・4項）。

・航行中の特殊小型船舶に乗船している場合。
・十二歳未満の小児が航行中の小型船舶に乗船している場合。
・航行中の小型漁船に一人で乗船して漁ろうに従事している場合。
・上記のほか，小型船舶の暴露甲板に乗船している場合（職員則137条）。

　ライフジャケット着用により，事故時の生存率が格段に上がることから，船

外にいるすべての者（小型船舶の暴露甲板に乗船している者）に対してのライフジャケット着用が義務化されている。

5 発航前の検査

小型船舶操縦者は，1～4までに定めるもののほか，発航前の検査，適切な見張りの実施その他の小型船舶の航行の安全を図るために必要なものとして以下に示す事項を遵守しなければならない（職員法23条の40・5項）。

1）次に掲げる発航前の検査を実施すること
- 燃料及び潤滑油の量の点検
- 船体，機関及び救命設備その他の設備の点検
- 気象情報，水路情報その他の情報の収集
- 上記に掲げるもののほか，小型船舶の安全な航行に必要な準備が整っているかについての検査

2）視覚，聴覚及びその時の状況に適した他のすべての手段により，常時適切な見張りを確保すること

3）操縦する小型船舶が衝突したとき又はその小型船舶に急迫した危険があるときは，人命の救助に必要な手段を尽くすこと。ただし，自己に急迫した危険があるときは，この限りでない（職員則138条）。

第3節　再教育講習

国土交通大臣は，小型船舶操縦者が遵守事項に係る違反行為をし，当該違反行為の内容及び回数が国土交通省令で定める基準に該当することとなったときは，速やかに，その者に対し，国土交通省令で定める小型船舶操縦者が遵守すべき事項に関する講習（以下「再教育講習」という。）を受けるべき旨を書面で通知しなければならない（職員法23条の41・1項）。

なお，通知を受けたときはその翌日から1月を超えることとなるまでの間に再教育講習を受けなければならない（職員法23条の41・2項）。講習を受けたときは国土交通大臣は，処分を免除し又は軽減することができる（職員法23条の41・3項）。

＜処分及び再教育講習受講通知基準表＞

前歴の有無	累積点数
なし	5点
あり	3点

<処分の免除及び軽減基準表>

戒告	処分の免除
1月以内の業務停止	戒告又は業務の停止の期間の短縮
1月を超える業務停止	業務の停止の期間の短縮

第4節　行政処分

　遵守事項違反点数表の違反行為の内容の欄に掲げる行為をしたときは表にある違反点数が付される。

遵守事項違反点数表（職員則　別表第11）

違反行為の内容	点数
酒酔い操縦，自己操縦義務違反，危険操縦又は見張りの実施義務違反	3点
船外への転落に備えた措置義務違反又は発航前検査義務違反	2点

　同時に2以上の種別の違反行為に該当するときは，これらの違反行為の点数のうち高い点数（同じ点数のときは，その点数）によるものとし，違反行為によって他人を死傷させたときは上記点数に3点を加えた点数とする。また，再教育講習を受けなければならない者が期間内に受講をしたときは，上記点数から2点を減じた点数とする。

<処分区分表（処分の量定）>

		過去1年以内の違反累積点数			
		3点	4点	5点	6点以上
過去3年以内の処分前歴	なし	（処分の対象外）		業務停止1月	業務停止2月
	あり	業務停止3月	業務停止4月	業務停止5月	業務停止6月

第7章　監　　督

第1節　航行の差止め

　国土交通大臣は，職員法18条，21条及び23条の35・1項，23条の37若しくは

23条の39・1項若しくは3項の規定又は19条3項の規定による命令に違反する事実があると認める場合，船舶の航行の安全を確保するため必要があると認めるときは，当該船舶の航行の停止を命じ，又はその航行を差し止めることができる。この場合，その船舶が航行中であるときは，国土交通大臣は，当該船舶の入港すべき港を指定するものとする（職員法24条）。

第2節 報告等

国土交通大臣は，職員法1条に明示される「船舶職員として船舶に乗り組ませるべき者の資格並びに小型船舶操縦者として小型船舶に乗船させるべき者の資格及び遵守事項等を定め，もって船舶の航行の安全を図る」という目的を達成するため必要な限度において，船舶所有者，船舶職員，小型船舶操縦者その他の関係者に出頭を命じ，帳簿書類を提出させ，若しくは報告をさせ，又はその職員に，船舶その他の事業場に立ち入り，帳簿書類，海技免状，操縦免許証その他の物件を検査し，若しくは船舶所有者，船舶職員，小型船舶操縦者その他の関係者に質問させることができる（職員法29条の2・1項）。

第3節 外国船舶の監督

〔1〕 資格証明書等の審査

国土交通大臣は，その職員に，船舶職員及び小型船舶操縦者法の適用がない船舶（軍艦，漁船，プレジャーボート等を除く。）に立ち入り，その船舶の乗組員が次の各号に掲げる船舶の区分に応じそれぞれ当該各号に定める要件を満たしているかどうかについて検査を行わせることができる。

(1) 条約（以下「STCW条約」という。）の締約国の船舶―その船舶の乗組員のうち，STCW条約によりその資格に応じ適当かつ有効な証明書を受有することを要求されている者が，締約国が発給した条約に適合する資格証明書又はこれに代わる臨時業務許可書を受有していること（職員法29条の3・1項1号）。

(2) STCW条約の非締約国の船舶―その船舶の乗組員のうち，STCW条約を適用するとしたならば(1)の資格証明書を受有することを要求されることとなる者が，その資格証明書の発給を受けることができる者と同等以上の知識及び能力を有していること（職員法29条の3・1項2号）。

〔2〕 船舶の乗組員に対する知識・能力の審査

国土交通大臣は，〔1〕(2)の船舶について検査を行う場合において必要と認めるときは，その必要と認める限度において，当該船舶の乗組員に対し，(2)に

定める知識及び能力を有するかどうかについて審査を行うことができる（職員法29条の3・2項）。

〔3〕 資格を有する乗組員の配乗命令

国土交通大臣は，〔1〕の検査の結果，その船舶の乗組員が〔1〕の(1)，(2)の要件を満たしていないと認めるときは，その船舶の船長に対し，その要件を満たす乗組員を乗り組ますべきことを文書により通告する（職員法29条の3・3項）。

〔4〕 航行停止命令等

国土交通大臣は，〔3〕の通告をしたにもかかわらず，〔1〕の検査の結果なお〔1〕の(1)，(2)の要件を満たす乗組員を乗り組ませていない事実が判明した場合において，その船舶の大きさ及び種類並びに航海の期間及び態様を考慮して，航行を継続することが人の生命，身体若しくは財産に危険を生ぜしめ，又は海洋環境の保全に障害を及ぼすおそれがあると認めるときは，その船舶の航行の停止を命じ，又はその航行を差し止めることができる（職員法29条の3・4項）。

〔5〕 即時強制

国土交通大臣があらかじめ指定する国土交通省の職員は，〔4〕の場合において，人の生命，身体若しくは財産に対する危険を防止し，又は海洋環境の保全を図るため緊急の必要があると認めるときは，〔4〕の国土交通大臣の権限（航行停止命令等）を即時に行うことができる（職員法29条の3・5項）。

第4節　小型船舶操縦者に係るこの法律の運用

国土交通大臣は，小型船舶操縦者に係るこの法律の規定の運用に当たり，小型船舶の航行の安全確保が小型船舶を利用した余暇活動その他の国民の諸活動との調和の下に図られるよう努めなければならない（職員法29条の5）。

第6編　海難審判法

第1章　総　　則

第1節　海難審判法の概念

〔1〕　海難審判
(1)　海難審判は，職務上の故意又は過失によって海難を発生させた海技士若しくは小型船舶操縦士又は水先人に対する懲戒の必要の有無について，国が判断を下し，これを確定することを目的とする手続である。
(2)　海難審判は，調査，審判，執行の3段階にわたって行われる。「調査」とは，理事官が海難の発生を認知して事実の調査及び証拠の集取を行い，審判開始の申立をするまでの手続をいう。「審判」とは，海難審判所及び地方海難審判所が，事件について審理，判断を行い，裁決するまでの手続をいう。「執行」とは，理事官が裁決の内容を具体的に実現する手続をいう。
(3)　このように，国が海難の審判を行う全過程を，広義の海難審判といい，そのうち，海難審判所および地方海難審判所の審判（審判開始の申立を受けてから裁決に至るまでの手続）を狭義の海難審判という。
(4)　海難審判は，行政機関である海難審判所及び地方海難審判所によって行われるので，行政上の作用に属するが，その作用は，訴訟類似の審理方式をとっている。
(5)　憲法上，裁判所は，一切の法律上の争いを裁判する権限を有し，国民は，何人も裁判所において裁判を受ける権利を奪われることはない。そして行政機関は終審として裁判を行うことはできないので，海難審判所及び地方海難審判所の裁決に対しては，東京高等裁判所へ訴を提起することができ，東京高等裁判所の判決に対しては，最高裁判所へ上告することができる。このように，海難審判は，最終的には最高裁判所の司法審査に服するものであって，この観点から，海難審判は，行政機関が裁判所の前審として行う審判（行政機関が行う裁判を一般に「審判」という。）の一種である。

〔2〕　海難審判法
(1)　海難審判法は，海難審判に必要な国家機関（海難審判所）の組織及び手続

を定めた法律（昭和22年11月19日法律第135号）である。
(2) 海難審判法は，海難審判所及び地方海難審判所の審判によって，職務上の故意又は過失によって海難を発生させた海技士若しくは小型船舶操縦士又は水先人に対する懲戒の必要の有無ついて，国が判断を下し，これを確定することを目的とする。

第2節 海　　難

　海難とは，船舶に関連して発生する事故の総称であるが，次の事実が発生した場合は，海難審判法による海難が発生したものとされる。
(1) 船舶の運用に関連した船舶又は船舶以外の施設に損傷
　「船舶」とは，水上において人又は物の運送の用に供する構造物をいい，その用途，大小を問わない。「損傷」とは，船舶の全部又は一部に現実の損傷を生じることをいう。「船舶の運用」とは，船舶の航行はもちろん，停泊，入渠中でも，およそ船舶が，使用目的にしたがって利用されている場合のすべてを意味する。「施設」とは，航路標識，防波堤，桟橋等あらゆる建造物をいう。
(2) 船舶の構造，設備又は運用に関連して人に死傷
　船舶の倉口，隔壁その他の構造，船舶に備えてある機械，器具その他の設備の欠陥により，又は船舶の航行，停泊，荷役，消毒の作業等，船舶の運用に関連して人に死傷を生じた場合のことである。「人」とは，船員，旅客等一切の人をいう。
(3) 船舶の安全又は運航が阻害
　「安全が阻害された」とは，貨物の積付不良のため船体が傾斜し，航行上危険な状態が生じたとき，あるいは，航路内に停泊していたために他船に衝突の危険を生じさせたとき等のように切迫した危険が具体的に発生した場合をいい，「運航が阻害された」とは，運航に必要な乗組員が不足していたため航海を継続することができなくなったとき，あるいは，砂洲等に乗り揚げ，船体は無傷であるが航海を継続することができなくなったとき等のように，船舶の正常な運航を妨げる状態が生じたことをいう。船舶は，自船，他船を問わない。海難審判法は，その目的を十分に達成するため，このような事実が発生したときも，海難が発生したものとしている（審判法2条）。

第3節　海難審判法の適用範囲

(1) 海難審判法は，日本国内に適用される。したがって，国内の湖，池，沼，

河川及び領海において発生した海難で，日本の海技免状を受有した海技士若しくは小型船舶操縦士及び水先人が関係したものについて，適用される。なお，船舶職員及び小型船舶操縦者法による，STCW条約締約国の発給した資格受有者が，国土交通大臣の承認を受けて日本船舶の職員になることができる制度に伴い，承認を受けた者を海難審判法の海技士に含むこととし，この承認証を行使した者にも適用される。
(2) 日本国外において発生した海難の管轄（法16条3項）については，平成13年国土交通省令第5号（海難審判法組織規則第7条及び別表（第7条関係））の定めによる。

第4節　海難審判所の職務

〔1〕　懲　　戒
(1) 海難審判所は，海難が海技士若しくは小型船舶操縦士又は水先人の職務上の故意又は過失によって発生したものであるときは，裁決をもってこれを懲戒しなければならない（審判法3条）。
　「故意」とは，自分の行為で海難が発生することを知りながら，これを生ずることを認めることをいい，「過失」とは，自身の不注意で海難が発生することを知らないで，その発生を防止できなかった落度ある態度をいう。「職務上」とは，現実に海技士若しくは小型船舶操縦士又は水先人の職務又は業務を行っている場合をいう。
(2) 海技士及び小型船舶操縦士並びに水先人は，国から免許を受け，国の特別の監督に服する者であるから，国は，これらの者に職務上の義務違反の行為があるときは，その監督権によりこれを懲戒することができる。
(3) 海難審判は，海難の防止に寄与することを目的とするので，海難に関して責任がある場合のみ，懲戒することとしている。
(4) 懲戒の種類には，(イ) 免許の取消し（免許の効力を将来に向かって失わせる処分），(ロ) 1月以上3年以下の業務の停止（業務に従事することを一時禁止する処分），(ハ) 戒告（将来を戒める処分）の3種類があり，故意又は過失の程度と結果の大小に応じて定められる（審判法4条）。
(5) 海難審判所は，海難の性質若しくは状況又はその者の経歴その他の情状により，懲戒の必要がないと認めるときは，特にこれを免除することができる（審判法5条）。
(6) 裁決は，公開の審判廷で海難関係者に告知されるから，一般の人々に対しても，将来の海難の防止のための指針を与えることになる（審判法31条，42

〔2〕 一事不再理

海難審判所は，本案につき確定裁決があった事件，すなわち，海難の実体について審理を行い，その結論を明らかにした裁決が確定したときは，同一事件について再び審判を行うことはできない。これを「一事不再理」という。「確定」とは，通常の審判手続において不服申立の方法がなくなって，もはや事件について争うことができなくなった状態をいう（審判法6条）。

第2章　海難審判所の組織及び管轄

第1節　海難審判所の意味

海難審判法では，「海難審判所」という用語は，種々の意味に用いられる。
(1)　行政組織としての海難審判所
　　　国が海難審判を行わせるために設置する行政組織としての海難審判所のことである。この意味の海難審判所は，海難審判所と地方海難審判所とを総称していう。
(2)　審判機関としての海難審判所
　　　行政組織としての海難審判所の内部において，個々の事件の審判を行うための定数の審判官で構成される海難審判所のことである。審判手続における「海難審判所」は，この意味の海難審判所を指す。
(3)　以上のほか，建物その他の施設を，海難審判所ということもある。

第2節　海難審判所の組織

(1)　海難審判所は，海難の審判をつかさどる国の行政機関で，国土交通省の特別の機関である（審判法7条）。
(2)　海難審判所は，海技士若しくは小型船舶操縦士又は水先人に対する懲戒を行うための海難の調査及び審判を行う（審判法8条）。
(3)　海難審判所は，審判の請求に係る海難の調査，審判の実施，裁決の執行，海事補佐人の監督，その他海難の審判に関する事務をつかさどる（審判法9条）。
(4)　海難審判所は東京都に，地方海難審判所は，函館，仙台，横浜，神戸，広島，門司，長崎に置かれている。また，門司地方裁判所の支所が那覇に置かれている（海組則1条，7条）。海難審判所には，所長，主席審判官及び主席理事官が置かれる。主席審判官は，審判官が行う審判に関する事務を統括し

ている。主席理事官は理事官の行う事務を統轄している。地方海難審判所に所長が置かれ，各海難審判所に審判官，書記官が置かれる（審判法10条，11条，12条，15条，海紐則2条，3条，7条，8条）。

第3節　審判機関

〔1〕　審判官及び理事官
(1)　海難審判所に審判官と理事官を置く（審判法12条1項）。
(2)　理事官は，審判の請求及びこれに係る海難の調査並びに裁決の執行に関することをつかさどる（審判法12条2項）。
(3)　審判官及び理事官は，海難の調査及び審判を行うについて必要な法律及び海事に関する知識経験を有する者として政令で定める者の中から，国土交通大臣がこれを任命し，定数は政令で定める（審判法12条3項，4項，審判令2条，3条）。

〔2〕　審判機関の構成
(1)　海難審判所に，3名の審判官で構成する合議体で審判を行う。ただし，地方海難審判所においては，1名の審判官で審判を行う（審判法14条1項）。
(2)　地方海難審判所において，審判官は，事件が1名の審判官で審判を行うことが不適当であると認めるときは，3名の審判官で構成する合議体での審判を行うことができる（審判法14条2項）。
(3)　合議体で審判を行う場合においては，審判官のうち1人を審判長とする。審判長は，事件の審判に関する事務を統括し，審判廷においては，審判を指揮し，審判廷の秩序を維持する（審判法14条3項，32条）。

〔3〕　審判官の忌避，除斥，回避
(1)　忌　避
　　審判官に一定の事由があって，公正な審判を期待できないとき，理事官，補佐人又は受審人が，海難審判所に対し，その審判官を職務の執行から退かせるよう請求することをいう（審判則11条）。
(2)　除　斥
　　海難審判所が忌避の申立に理由があると認めるとき，決定で審判官を職務の執行から退かせることをいう（審判則15条）。
(3)　回　避
　　審判官が忌避される事由があるとき，その所属する海難審判所長又は地方海難審判所長の許可を得て，職務の執行から退くことをいう（審判則17条）。

〔4〕 審判機関の補助機関

　書記課及び書記官は，海事補佐人の登録，海難審判事件に関する書類の整理，海難審判事件に関する証拠，地方海難審判所における海難審判事務の共助，海難及び海難審判事務に関する調査，審判の請求に係る海難の調査その他の理事官の業務の補助をつかさどる（海組則6条，9条）。

第4節　海難審判所の管轄

(1) 審判に付すべき事件のうち，旅客の死亡を伴う海難その他の国土交通省令で定める重大な海難以外の海難に係るものは，管轄区域内で発生した海難事件について，地方海難審判所が管轄する（審判法16条1項）。

(2) 海難の発生した地点が明らかでない場合は，海難に関係のある船舶の船籍港を管轄する地方海難審判所が管轄権を有する（審判法16条1項）。「船籍港を管轄する」とは，管轄区域内に船籍港があることをいう。

(3) 事件が，2以上の管轄区域内にわたって発生した場合のように，同一事件について，2以上の地方海難審判所が管轄権を有するときは，最初に審判開始の申立を受けた地方海難審判所において審判する（審判法16条2項）。

(4) 日本国外の水域で発生した日本船舶に関連する海難事件の管轄は，海難審判所組織規則法（平成13年国土交通省令第5号）第7条及び別表（第7条関係）で，事件の発生した地点を基準にして，各地方海難審判所に管轄が定められている（審判法16条3項）。

(5) 事件の移送

　　地方海難審判所は，その事件がその管轄に属しないと認めるときは，決定をもって管轄権のある地方海難審判所に移送しなければならない（審判法17条1項）。移送を受けた地方海難審判所は，初めから審判開始の申立を受けたものとして審判を行わなければならない。また，移送を受けた地方海難審判所は，さらに事件を他の地方海難審判所に移送することはできない（審判法17条2項，3項）。

(6) 管轄の移転

　　理事官又は受審人は，国土交通省令の定めるところにより，海難審判所長に管轄の移転を請求することができる（審判法18条1項）。海難審判所長は，審判上便益があると認めるときは，管轄を移転することができる（審判法18条2項，審判則6条）。

第3章　受審人，指定海難関係人，補佐人及び海事補佐人

第1節　受　審　人

(1) 受審人とは　理事官から海難の責任者として審判を請求された海技士若しくは小型船舶操縦士又は水先人をいう（審判法28条1項）。
(2) 受審人は，海難審判所の召喚に応じて出頭し，理事官と対立する当事者として自己の立場を主張防衛するため，証拠を提出したり，意見を述べることができ，また尋問を受けるなど，審判に関し種々の権利義務を有する（審判法33条，34条，審判則57条等）。

第2節　指定海難関係人

(1) 指定海難関係人とは，理事官が，海難において受審人以外の当事者であって受審人に係る職務上の故意又は過失の内容及び懲戒の量定を判断するため必要があると認める者をいう（審判則41条）。
(2) 指定海難関係人は，審判に参加し，自ら又は代理人により，受審人に準じ，審判上の行為をすることができる（審判則54条）。

第3節　補佐人（海事補佐人）

(1) 補佐人の制度は，受審人や指定海難関係人の能力を補強し，また審判手続的にも不当に不利益を受けないようにするための制度である。すなわち，これらの者が，国家機関としての権威をもって対立する理事官と対等の地位を維持することができるように設けられている（法19条から23条）。海事補佐人とは，審判において受審人及び指定海難関係人の弁護者として，その利益のために審判上の行為をする者で，一定の資格を有する海事又は法律の専門家であって，海難審判所に備えた海事補佐人登録簿に登録した者をいう（法21条）。海事補佐人は，公正な審判の現実を図ることをその任務とするもので，その職務は極めて公共性の強いものであるから，登録制によって海難審判所長の監督を受けるものとされている（審判法23条，審判則19条から35条）。
(2) 補佐人の選任
　① 補佐人を選任することができる者は，受審人及び指定海難関係人であるが，受審人の配偶者，直系の親族又は兄弟姉妹は，独立して補佐人を選任することができる（審判法19条，審判則31条）。
　② 補佐人は，原則として海事補佐人の中から選任しなければならない。ただし，

海難審判所の許可を受けたときはこの限りではない（審判法21条，審判則33条）。
③　補佐人の選任は，受審人又は指定海難関係人と補佐人とが連署した書面を海難審判所に提出してしなければならない（審判則32条）。
④　補佐人の選任は，事件が海難審判所に係属してから，弁論が終了するまでは，何時でもこれをすることができる（審判則31条1項）。
(3)　補佐人は，受審人や指定海難関係人の弁護者として，これらの者がすることができる行為に関してのみ，補佐人もこれを行うことができるのを原則とするが，海難審判法及び海難審判法施行規則に特別の規定があるときは，独立してこれを行うことができる（審判法20条，審判則34条，35条等）。
(4)　海事補佐人は，誠実に職務を行い，職務上知り得た秘密を守らなければならない（審判法22条）。

第4章　審判前の手続

第1節　意　　義

(1)　審判前の手続
　　理事官が海難を認知し，調査を開始してから，審判開始の申立てをするまでの手続をいう。調査の段階である。
(2)　海難の認知
　　理事官の活動は，海難の認知によって開始される。したがって理事官は，あらゆる方法を尽くして海難の認知に努めなければならない。海難審判法は，海難に関する情報を得やすい海上保安官，管海官庁，警察官及び市町村長に対し，海難の事実を理事官に報告する義務を定め，また国外の海難事件については，領事官に証拠の集取及び理事官に対する報告の義務を定めて，理事官の職務遂行の万全を期している（審判法24条）。

第2節　調　　査

(1)　理事官は，海難を認知したときは，直ちに，事実の調査及び証拠の集取を行うため，活動を開始する（審判法25条）。
(2)　理事官は，事実の調査及び証拠の集取について，秘密を守り，関係人の名誉を傷つけないように注意しなければならない（審判法26条）。
(3)　理事官は，その職務を行うため必要があるときは，次の処分をすることができる（審判法27条）。
　①　海難関係人に出頭させ，又は質問すること。

② 船舶その他の場所を検査すること。
③ 海難関係人に報告させ，又は帳簿書類その他の物件の提出を命ずること。
④ 国土交通大臣，運輸安全委員会，気象庁長官，海上保安庁長官その他の関係行政機関に対して報告又は資料の提出を求めること。
⑤ 鑑定人，通訳人若しくは翻訳人に出頭させ，又は鑑定，通訳若しくは翻訳させること。

第3節　審判開始の申立て

(1) 審判開始の申立ては，理事官が海難審判所に対し，事件について本案の裁決を求める審判上の行為である。
(2) 申立て
　　理事官は，海難が海技士若しくは小型船舶操縦士又は水先人の職務上の故意又は過失によって発生したものであると認めたときは，海難審判所に対し，その者を受審人とする審判開始の申立てを行わなければならない。ただし，事実発生後5年を経過した海難については，申立てをすることができない（審判法28条1項）。
(3) 受審人，指定海難関係人の指定
　　理事官は，海難が海技士若しくは小型船舶操縦士又は水先人の職務上の故意又は過失によって発生したものと認めるときは，これを受審人として，また，海難において受審人以外の当事者であって受審人に係る職務上の故意又は過失の内容及び懲戒の量定を判断するため必要があると認める者があるときは，これを指定海難関係人として，審判開始申立書に記載しなければならない。理事官は，申立て後，書面で受審人や指定海難関係人を追加指定し，又は取り消すことができる。理事官は，受審人又は指定海難関係人を指定したときは，直ちに書面で審判開始の申立てをした旨を，これらの者に通告しなければならない（審判法29条，審判則40条，41条，42条，43条）。
(4) 理事官は，調査の結果，海難が海技士若しくは小型船舶操縦士又は水先人の職務上の故意又は過失によって発生したものでないと認めるときは，その事件について審判不要の処分をしなければならない（審判則39条）。

第5章　審　　判

第1節　序　　論

(1) 理事官から審判開始の申立てがあると，事件は海難審判所に係属する。海

難審判所においては，審判を開き，理事官の陳述に基づいて，受審人，証人等を尋問し，各種の証拠を取り調べ，又は当事者の主張を聴くなど，事件の真相を究明するための手続が行われる（審判法30条，33条，35条，審判則49条～59条等）。
(2) 審判には，以下の基本的原則がある。
　① 不告不理
　　海難審判所は，理事官から審判開始の申立てがあった場合にのみ審判を開始し，職権で審判を開始することはできない。これは，「訴なければ審判なし」という近代裁判制度の大原則を採用したものである（審判法30条）。
　② 公開主義
　　審判の対審及び裁決は，公開の審判廷で行われる。「対審」とは，審判官の面前で対立する当事者が互いにその主張を争うことである。「公開」とは，一般人が自由に傍聴できることをいう（審判法31条）。
　③ 口頭弁論主義
　　受審人があるときは，裁決は口頭弁論に基づいて行わなければならない。「弁論」とは，審判廷において当事者が本案について意見を陳述し，証拠を提出して審理に参加することである。したがって，海難審判所は，審判廷において直接口頭による審判を行わなければ，裁決をすることができない。ただし，受審人が正当な理由がないのに審判期日に出頭しないときは，その陳述を聴かないで，裁決をすることができる（審判法34条）。
　④ 証拠審判主義
　　裁決の基礎となる事実の認定は，審判期日に取り調べた証拠によらなければならない。ここに「証拠」とは，海難審判所に事実の在否につき確信を得させる資料のことである（次節〔2〕参照）。「審判期日に取り調べた証拠」とは，審判廷において，当事者が証拠の存在及びその内容を知らされ，その証明力を争う機会が与えられる等適法な証拠調べが行われた証拠である（審判法37条）。
　⑤ 自由心証主義
　　審判官は，証拠に基づいて事実を認定するときは，その範囲又は信用の程度を，自由に判断することができる（審判法38条）。

第2節　審判手続における海難審判所の権限
〔1〕　受審人を召喚，尋問する権限
　受審人は，一方において審判の当事者であり，他方において海難の実際の経

験者として証人的性格を有している者であるから，海難審判所は，審判期日にこれを召喚し，尋問することができる。「尋問」とは，質問を発し，答弁させることをいう（審判法33条）。

〔2〕 証拠の取調べを行う**権限**
(1) 海難審判所は，理事官，受審人，指定海難関係人又は補佐人の申立てにより，又は職権で，必要な証拠を取り調べることができる。ただし，第1回の審判期日前には，以下の方法以外の方法による証拠の取調べはできない（審判法35条）。
　① 船舶その他の場所を検査すること。
　② 帳簿書類その他の物件の提出を命ずること。
　③ 公務所に対して報告又は資料の提出を求めること。
(2) ここに「証拠」とは，事実を立証する手段，方法のことで，審判官が五官の作用により調べることができる「人」又は「物」のことである。
(3) 証拠の種類
　① 人的証拠
　　ある人が口頭で発言した内容が証拠となる場合。証人，鑑定人等。
　② 証拠物
　　ある物の存在又は状態が証拠となる場合。船舶，塗料片等。
　③ 証拠書類
　　書面に記載された内容が証拠となる場合。調書，航海日誌等。
(4) 証拠の取調べ（証拠調べ）（審判法35条）
　審判官が証拠によって，事実認定の資料を感得する行為である。以下の方法によって行われる。
　① 検　査
　　審判官が五官の作用によって，検査の目的物又は状態を認識することである。
　② 審判関係人の尋問
　　審判官が，審判関係人の尋問を行い，その供述の内容から事実認定の資料を得る方法である。「審判関係人」とは，受審人，指定海難関係人，証人，鑑定人，通訳人及び翻訳人をいう。
　　証人は，審判官の面前でその尋問に対し，自己の実際に経験したことによって知り得た事実を供述する第三者である。
　　鑑定人は，海難審判所の依頼を受けて，自己の学識経験に基づく意見を，口頭又は書面で報告する第三者である。鑑定は，審判官の知識，経験を補

充するために行われる。
　通訳人は，審判手続において陳述を命ぜられた者が国語に通じない場合，海難審判所と陳述者との間にあって，両者の意思を相互に了解させることを命ぜられた第三者である。
③　海難審判所は，証人に証言をさせ，鑑定人に鑑定をさせ，通訳人に通訳をさせ，又は翻訳人に翻訳をさせる場合には，宣誓をさせなければならない（審判法36条）。
　ただし，宣誓の趣旨を理解できない者には，宣誓をさせてはならず，また，受審人と一定の親族関係にある証人には，宣誓をさせないで尋問することができる（審判則63条）。

第3節　審判手続

〔1〕　呼出し及び通知
　審判長は，審判期日に受審人及び指定海難関係人を呼び出し，かつ，審判期日を遅滞なく理事官及び補佐人に通知しなければならない（審判則47条）。
〔2〕　取調べ
　審判期日における取調べは，定数の審判官及び書記並びに理事官が列席した審判廷で，受審人，指定海難関係人及び補佐人が出頭して行われる。受審人等がいない場合又は正当な理由がなくて出頭しない場合でも，審判期日における取調べは，公開の審判廷で行わなければならない（審判法31条，審判則49条，51条）。
〔3〕　審判の指揮
　審判長は，審判廷における取調べが秩序正しく，迅速に行われるようにするため，開廷中審判を指揮し，審判廷の秩序を維持する（審判法32条1項）。
　審判長は，審判を妨げる者に対し退廷を命じ，その他審判廷の秩序を維持するため必要な措置を執ることができる（審判法32条2項）。
〔4〕　**審判廷における審判手続の順序**
(1)　審判長の開廷宣言及び人定尋問（人違いがないかどうかを確かめるもの）（審判則55条）
(2)　理事官の事件の概要及び審判開始の申立理由の陳述（審判則56条）
(3)　審判関係人の尋問及び証拠調べ（審判則57条）
　①　審判関係人の尋問及び証拠調べは，審判長が行う。陪席の審判官，理事官及び補佐人は，審判長に告げて，審判関係人を尋問することができる。
　②　ここに「証拠調べ」とは，証拠物及び証拠書類の取調べのことである。

証拠物は、これを示し、証拠書類は、読み聞かせその内容を関係人に知らせる方法で行われる。
　③　受審人、指定海難関係人及び補佐人には、証拠の証明力を争うため必要とする適当な機会が与えられなければならない。
(4)　弁　論
　①　理事官の意見陳述
　　　証拠調べが終わったときは、理事官は、事実を示して受審人に係る職務上の故意又は過失の内容及び懲戒の定量について意見を陳述しなければならない（審判則67条１項）。
　②　受審人等の意見陳述
　　　受審人、指定海難関係人及び補佐人は、理事官の陳述に対し意見を述べることができる（審判則67条２項）。
(5)　最終の陳述
　　受審人、指定海難関係人及び補佐人は、最終に陳述する機会が与えられる（審判則68条）。
(6)　結　審（審理を終結すること）

〔5〕　審判期日外の証拠調べ
　審判関係人の尋問又は証拠調べは、審判期日に審判廷で行うことを原則とするが、船舶、場所等の検査は審判廷で行うことは不可能であり、証人等が病気その他の理由により出頭できないこともあるから、海難審判所は、審判期日外においても、証拠を取り調べることができる。この場合には、あらかじめ、その旨を理事官、補佐人、受審人及び指定海難関係人に通知し、これに立ち会う機会を与えなければならない（審判則52条）。
　審判期日外の証拠調べの結果は、調書に記載され、後日審判廷において証拠類として取調べを行い、その内容が証拠となる。

〔6〕　受命審判官の取調べ
　海難審判所は、その合議体の審判官の１人に必要な事項の取調べを命ずることができる。受命審判官は、審判廷で取調べの結果を海難審判所に報告しなければならない。受命審判官の行う取調べについては、海難審判所の審判手続きに関する規定が準用される（審判則64条）。

〔7〕　審判調書等
　審判に関しては、審判調書が作成され、一切の審判手続が記載される。審判調書は、書記が作成し、書記が署名押印し、審判長が認印しなければならない（審判則76条～79条）。

第4節 評　　議

合議体で行う裁決及び決定は，合議体を構成する審判官の評議により，過半数の意見で定められる（審判則80条～84条）。

第5節 裁　　決

(1) 裁決とは，理事官の審判開始の申立てに対し，海難審判所が終局的判断を表示することをいう。本案の裁決及び棄却の裁決があり，裁決には理由を付さなければならない（審判法40条～42条）。

(2) 棄却の裁決

海難審判所が事件の実体について，審理を拒絶する裁決である。以下の場合には，裁決で審判開始の申立てを棄却しなければならない（審判法39条）。
① 事件について審判権を有しないとき。
② 審判開始の申立てがその規定に違反してされたとき。
③ 審判法6条（確定裁決のあった事件の場合）又は16条2項（同一事件が2以上の地方海難審判所に係属した場合）の規定により審判を行うべきでないとき

(3) 本案の裁決

本案の裁決には，海難の事実及び受審人に係る職務上の故意又は過失の内容を明らかにし，かつ，証拠によってその事実を認めた理由を示さなければならない。ただし，海難の事実がなかったときは，その旨を明らかにすれば足りる（審判法41条）。

(4) 裁決の告知

審判廷における言渡しによって行う。言渡しは，原則として，審判長が裁決書を朗読し，又はその要旨を告げて行う（審判法42条，審判則70条，71条，72条）。

(5) 裁決書等の謄本等の交付

海難審判所は，裁決を言い渡したときは，遅滞なく，裁決書の謄本を理事官，受審人及び指定海難関係人に送付しなければならない（審判則73条）。

受審人，指定海難関係人，補佐人又は利害関係人は，自己の費用で裁決書の謄本又は抄本を請求することができる（審判則74条，75条）。

第6節 決　　定

決定とは，海難審判所が審判手続において，判断又は意見を表示するもののうち，裁決以外のものである。決定は，裁決よりも簡単な手続で行われる（審

判則85条～88条）。

第6章　裁決の取消し

第1節　裁決の取消しの訴え

(1)　裁決の取消しの訴えは，東京高等裁判所の管轄に専属する（審判法44条1項）。
(2)　裁決の取消しの訴えは，裁決の言渡しの日から30日以内（審判法44条2項）。
(3)　裁決の取消しの訴えは，海難審判所長を被告とする（審判法45条）。

第2節　裁決の取消し

(1)　裁判所は，請求の理由があると認めるときは，裁決を取り消さなければならない（審判法46条1項）。
(2)　裁決が取り消された場合，海難審判所は，さらに審判を行わなければならない（審判法46条2項）。
(3)　裁判所の裁判において裁決の取消しの理由とした判断は，その事件について海難審判所を拘束する（審判法46条3項）。

第7章　裁決の執行

(1)　裁決は，確定の後，執行する（審判法47条）。
(2)　海難審判所の裁決は，理事官が，これを執行する（審判法48条）。
(3)　懲戒裁決の執行
　①　免許の取消し
　　理事官が海技免状若しくは小型船舶操縦免許証又は水先免状を取り上げ，これを国土交通大臣に送付する（審判法49条）。
　②　業務の停止
　　理事官が海技免状若しくは小型船舶操縦免許証又は水先免状を取り上げ，期間満了後本人に還付する（審判法50条）。
　③　免許の取消又は業務の停止を言い渡された者が理事官に海技免状若しくは小型船舶操縦免許証又は水先免状を差し出さないときは，理事官は，その海技免状若しくは小型船舶操縦免許証又は水先免状の無効を宣し，官報に告示しなければならない（審判法51条）。

第7編　海上衝突予防法

第1章　総　　説

第1節　本法の沿革

　海洋は，古くから船舶の交通路として利用されてきており，様々な国の各種の船舶が頻繁に往来している。これらの船舶の航行の安全の確保のため，国際的に統一された海上交通法規が必要になり，海上における衝突予防のための国際的な共通規則として近代的な法典の形式を備えたものが，1889年の国際海上衝突予防規則である。その後，1914年，1948年には，その時代に即した衝突予防に関する規則が作成されたが，これらは発効しなかった。1960年にロンドンにおいて政府間海事協議機構（IMCO，現国際海事機関：IMO）において，1960年国際海上衝突予防規則が採択された。その後，海上交通の輻輳，船舶の大型化及び高速化，航海計器の発達などにより，それらに対応した国際規則の作成が要請されるようになり，1972年にIMCOにおいて，「1972年の海上における衝突の予防のための国際規則に関する条約」が採択され，1977年7月15日に発効した。

　日本においても，古くは慣習法，足利時代以降は，廻船式目や海路諸法度等が制定されていた。明治時代において，近代的汽船の航行に対応するため，英法を範として明治3年郵船商船規則，同5年船灯規則，同7年海上衝突予防規則が制定された。日本における当初の海上衝突予防法は，1889年規則に準拠して明治25年に海上衝突予防法が制定された。その後，1948年，1960年の国際規則に対応するため，昭和28年及び39年に海上衝突予防法に当該規則の内容を盛り込み改正された。現行法は，1972年の国際規則を国内法化したもので，従来の海上衝突予防法（昭和28年法律151号）を全面改正し，昭和52年6月1日に公布，同年7月15日から施行されている。以後，1983年分離通航方式に関する改正，1989年喫水制限船の定義等の改正，1995年漁ろう船の灯火等の改正，2003年表面効果翼船（WIG）の新設，2007年に遭難信号の改正がなされている。これらの改正に合わせるように日本の海上衝突予防法も改正されている。

第2節　本法の概要

　本法は，5章42条で構成されており，第1章（予防法1条から3条）は，目的，適用船舶及び用語の意味について規定している。

　第2章（予防法4条から19条）は，航法について規定している。航法の実施にあたっては，視界の状態が重要な要素を占めることとなるので，第1節（予防法4条から10条）あらゆる視界の状態における船舶の航法，第2節（予防法11条から18条）互いに他の船舶の視野の内にある船舶の航法，第3節（予防法19条）視界制限状態における船舶の航法の3節で構成されている。

　第3章（予防法20条～31条）は，航法を遵守するための補助手段の一つである灯火及び形象物について，船舶の種類及び航行等の形態ごとに規定している。

　第4章（予防法32条～37条）は，もう一つの補助手段としての音響信号及び発光信号について，船舶の挙動及びその置かれている状態ごとに規定している。

　第5章（予防法38条～42条）は，切迫した危険状態における特例，注意を怠ることについての責任，他の法令等との関係等について補則として規定している。

第3節　本法の適用海域

　本法は，航洋船の航行できる海洋及びこれと接続する水域において適用される。したがって，海洋はもちろん，河川，湖沼等であっても，航洋船が海洋から連続して航行できる水域である場合は，本法の適用がある。

　しかし，東京湾等の船舶の輻輳する海域については海上交通安全法（昭和47年法律115号），港域については港則法（昭和23年法律174号）によって，それぞれ特例が定められているので，注意が必要である。航洋船とは，相当距離の沖合まで常態的に航行できる船舶を指し，ろかい舟のような軽舟は含まれない。また，海洋とは，公海のみに限らない。

第4節　本法の適用対象

　本法は，前節で述べた水域の水上にあるすべての船舶（水上航空機を含む。）について適用される。したがって，航洋船か否かの判断は，適用水域の判断にのみ用いられ，本法の適用される水域となれば，数万トンの巨船から小さなろかい舟に至るまで，また，公船と私船との区別なく，平時における軍艦についても適用される。ただし，離水後の水上航空機，潜水中の潜水艦（潜水艇）には適用されない。

第5節　用語の意味

ここでは予防法3条に規定されている本法全体に関連する用語について説明する。

(1) 船舶

　　水上輸送の用に供する船舟類（水上航空機を含む。）をいう。したがって，移動可能な海底資源掘削リグ等は含まない。

(2) 動力船

　　機関を用いて推進する船舶（帆のみを用いて推進している機帆船を除く。）をいう。機関の種類については，特に規定がないので，あらゆる推進装置が該当する。水上航空機及び特殊高速船についても，水上にある場合は「動力船」として扱われる。

(3) 帆船

　　帆のみを用いて推進する船舶及び帆のみを用いて推進している機帆船をいう。

(4) 漁ろうに従事している船舶

　　船舶の操縦性能を制限する網，なわその他の漁具を用いて漁ろうをしている船舶（操縦性能制限船に該当するものを除く。）をいう。ここでいう「操縦性能を制限する」とは，船舶の針路・速力を変更する能力が他の船舶の進路を避けることが困難な程度に低下している状態のことである。

(5) ① 水上航空機

　　　　水上を移動することができる航空機をいう。

　　② 水上航空機等

　　　　水上航空機及び特殊高速船（規則第21条の2：表面効果翼船）をいう。

(6) 運転不自由船

　　船舶の操縦性能を制限する故障その他の異常な事態が生じているため他の船舶の進路を避けることができない船舶をいう。自船が「運転不自由船」か否かの判断は，船長に委ねられている。

(7) 操縦性能制限船

　　船舶の操縦性能を制限する作業（具体例は，法3条7項に列挙）に従事しているため他の船舶の進路を避けることができない船舶をいう。

(8) 喫水制限船

　　船舶の喫水と水深の関係によりその進路から離れることが著しく制限されている動力船をいう。自船が「喫水制限船」か否かの判断は船長に委ねられている。「喫水制限船」か否かの判断には，水深のみでなく，可航幅も考慮

しなければならない。
(9) 航行中
　船舶が錨泊し，岸壁に係留し，又は乗り揚げていない状態をいう。したがって，必ずしも対水又は対地速力を有することを要しない。「錨泊」とは，いかりにより直接又は間接に海底に係駐されている状態をいう。「係留」とは，直接又は間接に陸岸に係留されている状態をいう。
(10) 長　さ
　船舶の全長をいう。
(11) 互いに他の船舶の視野の内にある
　船舶が互いに視覚（目視及び双眼鏡の使用）によって他の船舶を見ることができる状態にあることをいう。
(12) 視界制限状態
　霧，もや，雪，暴風雨，砂あらし等，その他これらに類する事由により視界が制限されている状態をいう。具体的にどの程度，視界が制限された場合に「視界制限状態」になるかは，船舶の大小，船舶のふくそう状態，水域の広狭等を考慮して決定されるものである。

第2章　航　　　法

第1節　総　　　説

　航法の規定は，衝突を回避するため船舶間において，相互に講じるべき動作のあり方を定めている。その動作は，船舶自体の視認並びに灯火及び形象物による態勢判断を基礎として決定される。法第2章においては，前述したように視界の状態によって3節に分けて規定が定められているので，以下これに従って説明する。

第2節　あらゆる視界の状態における船舶の航法（航行規則：sailing rules）

　法第2章第1節は，いかなる状態においても適用される航法の一般原則に関する規定が置かれているが，予防法9条（狭い水道等）及び10条（分離通航方式）の規定は，船舶交通のふくそうする特定の水域における特別の航法を定めているものであり，3条までの規定とは性格を異にしている。

〔1〕　見張り及び安全な速力（予防法5条，6条）
　船舶が，常時適切な見張りをしなければならないことは，海事関係者にとっては，航法を遵守する上で，常識中の常識であり，この手段としては視覚，聴

覚及びそのときの状況に適した他のすべての方法（レーダー等）を用いるべきことが規定されている。

また，船舶は，他の船舶との衝突を回避するため適切かつ有効な動作をとること又は適切な距離で停止できるように，常時「安全な速力」で航行しなければならない。その場合，「安全な速力」の決定に当たっては，視界の状態，船舶交通のふくそうの状況，自船の操縦性能等を考慮しなければならない。

〔2〕 衝突のおそれ（予防法7条）

「衝突のおそれ」とは，2隻の船舶が，現在の針路及び速力をそのまま保持した状態で接近すると衝突の可能性がある状態をいう。船舶は，他の船舶と衝突するおそれがあるか否かを判断するため，コンパス方位の測定等，そのときの状況に応じたすべての方法をとらなければならない。また，判断の基礎となる情報が不十分である場合には，衝突のおそれがあると判断しなければならないと規定されている。さらに，最近のレーダー性能の向上を背景として，レーダー装備船に対してその適切な使用（適切なレンジの切り替えによる走査，探知した物件のプロッティング等）を義務づけている。

〔3〕 衝突を避けるための動作（予防法8条）

本条は，船舶が他の船舶との衝突を避けるための動作をとる場合の基本原則を示している。すなわち，①できる限り十分に余裕のある時期に，②船舶の運用上の適切な慣行に従い，③ためらわずに，④大幅に，⑤他の船舶との間に安全な距離を保って行うことを義務づけ，さらに，必要がある場合には，減速又は停止することを義務づけている。

〔4〕 狭い水道等における航法（予防法9条）

狭い水道又は航路筋（以下，「狭い水道等」という。）を航行する船舶は，できる限り，狭い水道等の右側端に寄って航行することを義務づけられている。「狭い水道等」とは，陸岸により2～3海里以下の幅に狭められた水道（海峡）のことを意味する。このような水域にあっては，多数の商船，漁船等が集中するため，上記のような特別な航法が定められているほか，狭い水道内における錨泊を原則として禁止している。

さらに，互いに他の船舶の視野の内にある船舶についていくつかの規制が定められている。第1として，狭い水道等における避航義務を①動力船，②帆船，③漁ろうに従事している船舶の順とするとともに，優先通航権が確保される漁ろうに従事する船舶又は帆船であっても，狭い水道等の内側を航行している避航すべき船舶の通航を妨害してはならないとしている。第2に，狭い水道等において，追い越される船舶の協力動作が必要となる追越しをする場合は，互い

に汽笛信号を行うことにより意思の疎通を図ることが義務づけられている。第3に，狭い水道等の内側でなければ安全に航行できない船舶に対する横切り及び長さ20メートル未満の動力船による通航妨害を禁止している。

〔5〕 **分離通航方式**（予防法10条）

　2017（平成29）年7月現在，バルチック海及び近隣海域25，西ヨーロッパ海域34，地中海及び黒海24，インド洋及び周辺海域18，東南アジア海域10，オーストラリア海域3，北アメリカ及び太平洋岸8，南アメリカ及び太平洋岸17，北西大西洋，メキシコ湾及びカリブ海19，アジア及び太平洋岸6，北東大西洋及び南大西洋2，深喫水ルートとしてバルチック海及び近隣海域7，西ヨーロッパ海域7，インド洋及び周辺海域，東南アジア海域及びオーストラリア海域4，北西大西洋，メキシコ湾及びカリブ海1の全世界で185か所（IMO SHIPS' ROUTEING 2017 EDITION）の分離通航方式が国際海事機関（IMO）において採択され，実施されている（日本近海には設定されていない）。

　分離通航方式とは，船舶の輻輳する可能性の大きい水域において，あたかも道路交通のごとく通航路や分離帯等を設定し，船舶は，定められた通航路を航行すること等の本条で定められた航法を義務づけられている。具体的には，当該水域において，①通航路内において定められた方向に航行すること，②分離帯（線）から離れて航行すること，③通航路の出入口から出入すること，④通航路の横断，分離線の横切り等の原則禁止，⑤通航路及びその出入口付近での錨泊の禁止等の規定が定められている。また，狭い水道等における視野の内にある船舶についての規制の一部が本条においても同様に義務づけられている。なお，海上保安庁長官は，分離通航方式の名称，分離通航帯等の位置その他，分離通航方式に関し必要な事項を告示しなければならないとされている。

第3節　互いに他の船舶の視野の内にある船舶の航法

（操船規則：steering rules）

　他の船舶が視野の内にある状態においては，当該他の船舶との衝突を防止するため進路を避ける等の行為が必要となってくるので，以下の規定が適用される。

〔1〕 **帆　　船**（予防法12条）

　2隻の帆船が互いに接近し，衝突するおそれがある場合における航法を，風を受ける舷が左か右か，どちらの船舶が風上にあるかによって決まる。

〔2〕 **追越し船**（予防法13条）

　追越し船とは，ある船舶の正横後22度30分を超える後方の位置から当該船舶

を追い越す船舶をいう。夜間にあっては，追い越される船舶の舷灯（後述）が見えないことから判断する。追越し船は，追い越される船舶を確実に追い越し，かつ，十分に遠ざかるまで追い越される船舶の進路を避けなければならない。なお，狭い水道等において追い越す場合については，法9条4項に定めるところにより追い越される船舶にも協力義務が課せられることがあることに注意しなければならない。なお，追越し船であるか否かを確認することができない場合には，追越し船であると判断しなければならない。

〔3〕 行会い船（予防法14条）

2隻の動力船が真向かい又はほとんど真向かいに行き会う場合において，衝突するおそれがあるときは，互いに相手船の左舷側を通過するようにそれぞれ針路を右に転じなければならない。このような状況にあるか否かは，夜間においてはマスト灯又は舷灯（後述）の見え具合により，昼間においては船影を確認することにより判断できる。行き会い状況においては，2隻の船舶は，相互の速力の和に等しい速さで接近するので，危険性が極めて高くなる。なお，行会い船であるか否かを確認することができない場合，行会い船であると判断しなければならない。

〔4〕 横切り船（予防法15条）

横切り船とは，2隻の動力船が互いに進路を横切る場合において衝突するおそれがあるときの当該動力船のことをいう。この場合，他の動力船を右舷側に見る動力船が，当該他の動力船の進路を避けなければならない。

横切り状態においては，2隻の船舶が同時に交差点に達する場合は，右舷に見える他の船舶のコンパス方位は一定であり，両船の針路及び速力に変化がない限り衝突する。故に，本条は，他の動力船の進路を避けなければならない動力船は，やむを得ない場合を除き，当該他の動力船の船尾方向を横切ることにより衝突を避けるように定めている。ただし，これらの場合において，コンパス方位に変化が認められる場合であっても，大型船舶等に接近するときは，これと衝突するおそれがあり得ることに注意しなければならない。

〔5〕 避航船及び保持船（予防法16条，17条）

本法において，2隻の船舶が見合い関係になる場合，他の船舶の進路を避けなければならない船舶のことを「避航船」といい，当該他の船舶のことを「保持船」という。予防法16条において，避航船は，保持船から十分に遠ざかるため，できる限り早期に，かつ，大幅に動作をとらなければならない。一方，保持船については，同法17条において，その針路及び速力を保たなければならないが，避航船が本法の規定に基づく適切な動作をとっていないことが明らかに

なった場合に限り，避航船との衝突を避けるための動作をとることができる（任意）と規定している。タンカー等の旋回径が大きく，かつ，停止距離の長い船舶が保持船となった場合，避航船が適切な避航動作をとっていないにもかかわらず，保持船に厳格な針路及び速力の保持を課すと，避航船と間近に接近した状態になって，保持義務を解除しても，衝突を避けるための十分な動作を取ることができないので，大型船が保持船になった場合の状況を考慮して保持義務の解除時期を早めたものである。

〔6〕 **各種船舶間の航法**（予防法18条）

海上においては，必ずしも性能の同じ船舶同士が見合い関係になるとは限らない。むしろ操縦性能の異なった船舶が輻輳して航行しているのが常態である。そうした場合に，操縦性能の優れた船舶が，操縦性能の劣る船舶を避けるという本法の基本原則の一つを規定しているのが本条である。

すなわち，操縦性能の優れているものから順に①動力船，②帆船，③漁ろうに従事している船舶，④運転不自由船及び操縦性能制限船という序列を設け，前位にある船舶は，後位にある船舶の進路を避けなければならないとしている。さらに，上記①から③までに掲げる船舶は，喫水制限船であることを表示している船舶の安全な通航を，水上航空機等はすべての船舶の通航をそれぞれ妨げてはならないと規定している。

第4節 視界制限状態における船舶の航法 （航行規則：sailing rules）

船舶の航行にとって，視界制限状態にある場合は，特に慎重な航法が必要とされる。予防法19条には，視界制限状態にある水域又はその付近を航行している船舶であって，互いに視野の内にないものについての規定が定められている。

動力船は，機関を直ちに操作できるようにしておかなければならない。

レーダーのみにより他の船舶の存在を探知した船舶は，当該他の船舶に著しく接近又は衝突するおそれがあると判断した場合は，十分余裕のある時期にこれらの事態を避けるための動作をとらなければならない。また，前方にある船舶と著しく接近することが避けられない場合は，自船の速力を針路を保つことができる最小限度の速力に減じ，又は必要に応じて停止しなければならない。

第3章 灯火及び形象物

第1節 総 説

法第3章においては，船舶について，種別，大小の区別及び航行の形態に

よって、それぞれ表示すべき灯火及び形象物の種類及び個数が規定されている。この目的は、接近してくる他の船舶に対して自船の種類及び状態を、衝突を防ぐために十分余裕のあるうちに認識してもらうことにある。

船舶は、日没から日出までの間及び日出から日没の間であっても視界制限状態にあっては、本法に定める灯火を、昼間においては、本法に定める形象物をそれぞれ表示しなければならない。なお、灯火及び形象物の具体的な技術基準並びに表示位置は、国土交通省令で定められている。

時　間　帯　等			灯火の表示義務	形象物の表示義務
夜　間	日没から日出までの間		○（あり）	×（なし）
昼　間	日出から日没までの間	薄明時	○	○
		視界良好時	×	○
		視界制限時	○	○
夜　間	日没から日出までの間	薄明時	○	○
			○	×

第2節　用語の意味

(1) マスト灯

　　225度にわたる水平の弧を照らす白灯であって、その射光が正船首方向から各舷正横後22度30分までの間を照らすように船舶の中心線上に装置されたものをいう。

(2) 舷　灯

　　それぞれ112度30分にわたる水平の弧を照らす紅灯及び緑灯の1対であって、紅灯（緑灯）にあってはその射光が正船首方向から左舷（右舷）正横後22度30分までの間を照らすように左舷（右舷）に装置された灯火をいう。

(3) 両色灯

　　紅色及び緑色の部分からなる灯火であって、その紅色及び緑色の部分がそれぞれ舷灯の紅灯及び緑灯と同一の特性を有することとなるように船舶の中心線上に装置されるものをいう。

(4) 船尾灯

　　135度にわたる水平の弧を照らす白灯であって、その射光が正船尾方向から各舷67度30分までの間を照らすように装置されるものをいう。

(5) 引き船灯

　　船尾灯と同一の特性を有する黄灯をいう。

(6) 全周灯

360度にわたる水平の弧を照らす灯火をいう。
(7) 閃光灯
一定の間隔で毎分120回以上の閃光を発する全周灯をいう。

第3節　灯火の視認距離

　法22条は，灯火の視認距離について定めている。視認距離の決定の考え方は，長大な船舶の灯火ほど長距離まで届かなければならないということであり，長さ12メートル及び50メートルを境に3段階（一部4段階）に区分し，それぞれの区分ごとに，前記各灯火の視認距離の最低限度を決めているが，当該視認距離を得るための光度については，国土交通省令で定められている。

視認距離　　　　　　　　　　　　　　　　　　　　　　（単位：海里）

船舶の長さ 灯火の種類	50メートル以上	50メートル未満 〜20メートル以上	20メートル未満 〜12メートル以上	12メートル未満
マ ス ト 灯	6	5	3	2
げ ん 灯	3	2	2	1
船 尾 灯	3	2	2	2
引 き 船 灯	3	2	2	2
白，紅，緑， 黄色の全周灯	3	2	2	2

第4節　各　　則

　法23条から31条までの規定は，船舶の種類又は状態ごとに表示しなければならない灯火及び形象物を定めている。

〔1〕　**航行中の動力船**（予防法23条）

　航行中の動力船は，下記の灯火を表示しなければならない。ただし，動力船である船舶であっても，曳航・押航作業に従事している場合，漁ろうに従事している場合，工事・作業に従事している場合等特別の状態にある場合に，本法の他の規定により特別の灯火を表示するときは，本条の規定は適用されない。

　マスト灯―前部に1個
　　　　　　後方に前部マスト灯より高く1個（長さ50メートル未満の船舶は省略可）

舷　灯―1対（長さ20メートル未満の船舶は，両色灯をもって代えることができる）
船尾灯―できる限り船尾近くに1個
黄色閃光灯―浮揚航行中のエアクッション船に1個
紅色閃光灯―特殊高速船に1個
白色の全周灯―長さ7メートル未満の動力船であって，最大速力が7ノットを超えないものは，マスト灯，舷灯及び船尾灯に代えて表示することができる。

　前述したように，マスト灯，舷灯及び船尾灯は，それぞれ照射範囲が限定されているので，船舶は，相手の船舶が表示するこれらの灯火の見え方によって，当該相手船の針路を知ることができる。

〔2〕　航行中の曳航船等（予防法24条）
　船舶その他の物件を曳航し，又は押して航行している動力船及び当該曳航され，又は押されている船舶その他の物件については，本条において特別の規定が定められている。一般の動力船と異なる主な点は，マスト灯の垂直方向への増掲，引き船灯の表示及びひし形の形象物の掲示である。なお，2隻以上の船舶が一団となって，押され又は接舷して引かれているときは，これらの船舶を1隻の押され，又は接舷して引かれている船舶とみなして，本条の規定が適用され，押している動力船とが結合して一体となっている場合は，これらの船舶を1隻の動力船とみなして本章の規定が適用される。

〔3〕　航行中の帆船等（予防法25条）
　本条には，航行中の帆船，ろかい舟及び機帆船の灯火及び形象物に関する規定が定められている。特に，帆船については，長さ7メートル及び20メートルを境に3段階に分けて表示すべき灯火の種類を定めている。

〔4〕　漁ろうに従事している船舶（予防法26条）
　本条は，漁ろうに従事している船舶が航行中又は錨泊中に表示する灯火又は形象物を，トロールにより漁ろうに従事している場合，トロール以外の漁法により漁ろうに従事している場合に分けて規定を定めている。ここで注意しなければならないのは，漁ろうに従事できる船舶であっても実際に漁ろうに従事している場合に限り，本条の適用があり，その他の場合には，動力船，帆船等の灯火及び形象物を表示しなければならない。

〔5〕　運転不自由船及び操縦性能制限船（予防法27条）
　本条は，航行中の運転不自由船及び航行中又は錨泊中の操縦性能制限船に表示する灯火又は形象物について規定を定めている。特に，操縦性能制限船については，①曳航作業に従事する場合，②浚渫その他の水中作業に従事する場合，

③②の中でも特に潜水夫による作業に従事する場合，④掃海作業に従事する場合については，一般の操縦性能制限船に対し，特例が定められている。

〔6〕 **喫水制限船**（予防法28条）

　航行中の喫水制限船である動力船は，動力船であることを示す灯火のほか，特別の表示をすることができる。この場合，予防法18条4項の規定により優先通航権が確保される。

〔7〕 **水　先　船**（予防法29条）

　水先業務に従事している船舶は，水先人の目的船舶への乗下船等，特殊事情があるため，本条で特別の規定が置かれている。ただし，水先業務を終えて帰途にある水先船には，本条の適用はない。

〔8〕 **錨泊中の船舶及び乗り揚げている船舶**（予防法30条）

　本条は，錨泊中の船舶及び乗り揚げている船舶が表示すべき灯火又は形象物について規定を定めている。特に，長さ100メートル以上の船舶は，錨泊中，その甲板を照明することが義務づけられている。なお，長さ7メートル未満の船舶は，他の船舶が通常航行する水域以外においては，錨泊中の船舶が表示すべき灯火又は形象物の表示が免除される。

〔9〕 **水上航空機等**（予防法31条）

　水上航空機等も，本法においては「船舶」であるが，前条までの規定をそのまま遵守するのは困難であるため，本条で緩和措置を設けている。

第4章　音響信号及び発光信号

第1節　総　　説

　信号は，互いに他の船舶の視野の内にある場合には，意図の伝達手段として，視界制限状態では船舶の存在，位置等を知らせる手段として，船舶の航法の重要な補助手段となる。予防法第4章では，船舶の動勢，状態等に応じ，異なる信号を行うことが定められている。

第2節　用語の意味

① 汽笛　この法律に規定する短音及び長音を発することができる装置をいう。
② 短音　約1秒間継続する吹鳴をいう。
③ 長音　4秒以上6秒以下の時間継続する吹鳴をいう。

第3節　各　　則

〔1〕　**音響信号設備**（予防法33条）

船舶は，その長さに応じて下記の音響信号設備を備えることを要する。
- ①　長さ100メートル以上の船舶：汽笛，号鐘及びどら
- ②　長さ12メートル以上100メートル未満の船舶：汽笛及び号鐘
- ③　長さ12メートル未満の船舶：汽笛及び号鐘又はこれらにかわる手段

なお，汽笛，号鐘及びどらの技術的基準並びに汽笛の位置については，国土交通省令で定められている。

〔2〕　**操船信号及び警告信号**（予防法34条）

(1)　針路信号

航行中の動力船は，衝突を防止するために，視野の内にある他の船舶に自船の行動の変化を知らせる必要がある。針路信号は，針路を右又は左に転じ，又は機関を後進にかけているときにそれぞれ行うべき汽笛信号及びこれと併用して行うことができる発光信号とに分けられる。なお，これらの信号を，これから転針又は後進しようとするときに行うものと解するのは誤りで，これらの信号は，現実に転針中又は後進運転を行っている場合に行うものである。

(2)　追越し信号

予防法9条4項に定める狭い水道等における追越し船及び追い越される船が行うべき信号について，他の船舶の右舷側を追い越す場合，左舷側を追い越す場合及び追い越される船が同意した場合に分けて，それぞれ異なる信号を定めている。

(3)　警告信号

船舶が互いに接近し，このまま進行すれば衝突のおそれがあるという場合に，相手船の意図，動作を理解できないとき，又は他の船舶が衝突を避けるために十分な動作をとっていることについて疑いがあるときは汽笛信号を行わなければならず，かつ，これと発光信号を併用できると定められている。

(4)　わん曲部信号

狭い水道等のわん曲部等に接近し，相手船舶が見えない場合に，船舶は，長音1回の汽笛信号を行い，相手船舶も同じ信号でこれに応答しなければならない。

なお，(1)及び(3)中の発光信号に使用する灯火は，白色全周灯とし，その技術上の基準及び位置については，国土交通省令で定められている。

〔3〕 **視界制限状態における音響信号**（予防法35条）
　視界制限状態においては，自船の存在動向を他の船舶に知らせるための手段として灯火を用いることが困難であるので，音響信号に頼らざるを得ない。本条は，このような理由により，視界制限状態にある船舶が，それぞれの状態の下で行うべき音響信号について規定している。
(1)　航行中の船舶
　　航行中の船舶を一般動力船であるか否か，対水速力を有するか否か，他の動力船に引かれているか否かによって行うべき汽笛信号を定めている。
(2)　錨泊中又は乗り揚げている船舶
　　錨泊中又は乗り揚げている船舶を，船舶の長さ100メートル以上であるか否かによって鳴らすべき号鐘又はどらについて定めている。なお，長さ12メートル以上20メートル未満の船舶は，(2)の信号を行うことを要せず，また，長さ12メートル未満の船舶は，(1)及び(2)の信号を行うことを要しないが，これらの信号を行わない場合は，他の手段を講じて有効な音響による信号を行わなければならない。
〔4〕 **注意喚起信号**（予防法36条）
　船舶は，本条の規定により，他の船舶の注意を喚起することが必要である場合，例えば，他船が暗礁の多い危険な水域に向かって進んでいる場合，灯火を点けずに航行している場合等においては，本法に規定する信号と誤認されるおそれのない信号を行うこと等ができる。
〔5〕 **遭 難 信 号**（予防法37条）
　本条は，遭難して救助を求める場合の信号について規定している。遭難信号は，本法の目的と直接の関係はないが，広い意味の船舶の交通規則に関係するものであることから，本法で規定し，かつ，本来の目的をはずれて類似した信号を行うことが禁止されている。

第5章　補　　　則

〔1〕 **切迫した危険のある特殊な状況**（予防法38条）
　本法の規定は，海上における衝突防止のため，航法，灯火及び形象物等について定めているが，海上において発生する事態は，種々の状況があり，それらをすべて具体的に規定することは不可能である。このため，本条では，本法を履行する際の一般的注意義務を規定することによって，本法全般にわたって，他の条項に規定されていない事項を補完するとともに，さらに危険が切迫した

場合には，本法の規定によらないことができる旨の例外規定を設けることによって，衝突防止の目的を達成しようとしている。

〔2〕 **注意等を怠ることについての責任**（予防法39条）

船長等は，本法の規定の履行を怠ったことにより生じた結果の責任を負うことはもちろん，それ以外にも「船員の常務」としての注意又はそのときの特殊な状況により必要とされる注意を怠ったことにより生じた結果の責任を免れることはできない。ただ，本法には罰則規定は設けられていないので，単に本法の規定に違反しただけでは，処罰されないが，その違反が原因となって衝突事故等が発生した場合には，船長等の関係者は，刑事上の責任（業務上過失往来危険罪等），民事上の責任（不法行為責任等）を問われるほか，海難審判法により行政処分（免許の取消し等）の対象となる。

〔3〕 **他の法令による航法等についてのこの法律の規定の適用等**（法40条）

他の法令に定められた航法，灯火，形象物，信号等に関する事項についても，本法の適用又は準用があることを明確に規定したもの。

〔4〕 **この法律の規定の特例**（法41条）

港湾内や内水等の船舶交通のふくそうする水域や地理的な制約等により，本法の規定のみでは船舶間の衝突を予防することが十分でない場合があるので，特別の規定を設けることと，集団漁ろうに従事している船舶等の灯火，特殊な構造の船舶等がその機能を損なわないように灯火及び音響信号装置の配置等について，特別の規定を定めたもの。

〔5〕 **経 過 措 置**（法42条）

本法に関連する法令の制定及び改廃に必要な措置を定めたもの。

第8編　海上交通安全法

第1章　総　　説

〔1〕　法制定の必要性

　東京湾，伊勢湾，瀬戸内海は，船舶交通が最も輻輳する海域であって，海上交通量の全体の4分の3がこの海域に集中しており，全国の海難事故の約3割が，この海域で発生している。

　また，この3つの海域には，船舶が航行できる水域の幅が極めて限られている狭水道と呼ばれている場所がある。狭水道は，見通しが悪く，また潮流が速いため，船舶交通の難所となっており，とりわけ浦賀水道，伊良湖水道，明石海峡，備讃瀬戸，来島海峡のような狭水道では，約2分に1隻の割合で船舶が通航している。

　船舶交通の安全を確保し，海難事故の発生を防止するため，港内については，港則法が，それ以外の海上については海上衝突予防法（予防法）が船舶交通の規則を定めている。しかしこれまで，狭水道についての船舶交通の規則としては，海上衝突予防法に基づく特定水域航行令によって，瀬戸内海の特定の水域について，灯火の表示，漁ろう船の運航義務などに関し予防法の特例が定められていたが，この政令は，船舶交通に危険を及ぼす行為を規制することができないこと，罰則がないこと等，内容的には十分なものではなかった。このため，狭水道について，きめ細かい船舶交通の規則化が，海上交通安全対策上，緊急の課題となっていた。

〔2〕　法制定の経緯

　狭水道については，このような特別の海上交通法規の制定が強く要望されながら，漁業関係者の強い反対にあって，その実現は難航を極めた。それは，狭水道に対する交通規制の結果，大型船の航行が優先され，漁ろうが大幅に制約されることになるおそれがあると考えられたからである。

　このため，海上保安庁は，昭和43年以降3年間にわたり，関係行政機関及び漁業関係者と協議を行い，狭水道が，海上交通の場であるとともに，漁業生産の場であるという立場に立って調整を行った。その結果，両者の間に海上交通

安全法制定について了解が成立し，昭和47年，ようやく輻輳海域における船舶交通についての特別の交通方法を定めるとともに，船舶交通の危険を防止するための規制を行うことにより，船舶交通の安全を図ることを目的とする（海交法1条）海上交通安全法が制定され，昭和48年7月1日から施行された。

第2章 総 則

〔1〕 適用海域

　この法律の適用海域は，東京湾，伊勢湾及び瀬戸内海の3海域のうち，以下の区域を除いた海域である（海交法1条2項）。
① 港則法に基づく港の区域
② ①の港以外の港の港湾区域
③ 漁港区域内の海域
④ 陸岸に沿う海域のうち，漁船以外の船舶が通常航行していない海域

〔2〕 航　路

　3海域内には狭水道と呼ばれる船舶交通の難所があり，船舶交通の安全を図るため特別の交通方法を定める必要がある。そのような必要のある航路として，浦賀水道航路，中ノ瀬航路，伊良湖水道航路，明石海峡航路，備讃瀬戸東航路，宇高東航路，宇高西航路，備讃瀬戸北航路，備讃瀬戸南航路，水島航路及び来島海峡航路の計11航路が設定されている（海交法2条1項）。航路の区域は，政令で定められており，原則として片側700メートルの幅員となっている。航路については，航路標識を設置してその境界を明示するとともに，海図にその区域を記載して，関係者が航路の区域をはっきりと知ることができるようにされている（海交法44条，45条）。

〔3〕 巨　大　船

　巨大船とは，この法律の適用上，航法，航路を航行する場合の通報義務等，特別の規制の対象となっている船舶であって，全長200メートル以上の船舶である（海交法2条2項2号）。巨大船について，この法律が特別の取扱いをしているのは，巨大船の運動性能が他の船舶に比べて悪く，機敏な避航動作をとろうとしても容易にできないため，巨大船自身の安全だけでなく，万一，事故が発生した場合，船舶交通一般，あるいは周辺の海岸一帯に与える大きな影響を防止するためである。

〔4〕 漁ろう船等

　漁ろう船等とは，漁ろうに従事している船舶及び工事作業船である（海交法

2条2項3号)。漁ろうに従事している船舶とは，船舶の操縦性能を制限する網，なわその他の漁具を用いて漁ろうをしている船舶であり，これ以外の漁法により漁ろうをしている船舶は，ここでいう漁ろうに従事している船舶ではない（海交法2条3項，海上衝突予防法3条4項）。

〔5〕 海上衝突予防法との関係

　海上衝突予防法は，国際的な海上交通の一般的規則である国際海上衝突予防規則（COLREGS）に準拠して制定された法律で，海洋及びこれと接続する広く航洋船の航行できる水域に適用されるのであるから，もちろん海上交通安全法の適用水域も含まれる。しかし，海上交通安全法適用海域では，その特殊な事情から予防法に規定する航法等では不十分であるばかりでなく，かえって衝突や混乱のおそれを増大させる場合もある。このため，予防法41条1項は，海上交通安全法に規定された航法，灯火の表示，その他運航に関する事項が，予防法の規定より優先することとしている。

第3章　交 通 方 法

第1節　航路における一般的航法

〔1〕 避 航 等

　2隻の船舶が，航路で出会った場合において，衝突のおそれがあるとき
① 航路に出入し，又は航路を横断する船舶（漁ろう船等を除く。）は，航路をこれに沿って航行している船舶の進路を避けなければならない（海交法3条1項）。
② 航路に出入し，若しくは航路を横断する漁ろう船等又は航路内で停留している船舶は，航路をこれに沿って航行している巨大船の進路を避けなければならない（海交法3条2項）。

　なお，ここで認められている優先通航権は絶対的なものではなく，他船が自船の進路を避け終わるまでの間，その針路及び速力を保持する義務と，運航上の危険及び衝突の危険に十分注意する義務を負うものである（海上衝突予防法17条，38条，40条）。

〔2〕 航路航行義務

　航路について，交通規則を定めても，航路外を航行する船舶が出てくるとその実効を期することができないので，長さ50メートル以上の船舶は，航路を航行すべきことを義務づけられている（海交法4条，海交則3条）。

〔3〕 速力の制限

　航路のうち，船舶交通の輻輳している場所等船舶が高速で航行することが危険である場所については，船舶は，12ノットを超える速力で航行してはならない（海交法5条，海交則4条）。

〔4〕 追越しの場合の信号

　航路において他船を追い越す際には，一定の信号を行わなければならない（海交法6条）。

〔5〕 追越しの禁止

　国土交通省令で定める航路の区間をこれに沿って航行している船舶は，この区間をこれに沿って航行している他の船舶（漁ろう船等その他著しく遅い速力で航行している国土交通省令で定める船舶を除く。）を追い越してはならない。ただし海難を避けるため又は人命若しくは他の船舶を救助するためやむを得ない事由がある場合を除く（海交法6条の2）。

〔6〕 進路を知らせるための措置

　航路に出入し，又は航路を横断する船舶は，一定の信号を行い，その行先を表示しなければならない（海交法7条）。

〔7〕 航路の横断の方法

　航路を横断する船舶は，できる限り直角に近い角度で，すみやかに横断しなければならない（海交法8条）。

〔8〕 航路への出入又は航路の横断の制限

　見通しの悪い場所，航路の交差する場所など一定の場所では，船舶は，航路に出入し，又は横断をしてはならない（海交法9条）。

〔9〕 錨泊の禁止

　航路内で，錨泊することは禁止されている（海交法10条）。

〔10〕 航路外での待機指示

　海上保安庁長官は，地形，潮流その他の自然的条件及び船舶交通の状況を勘案して，航路を航行する船舶の航行に危険が生じるおそれのある場合，航路ごとに，危険防止のための必要な間，航路外での待機を命ずることができる（海交法10条の2）。

第2節　航路ごとの航法

　船舶の衝突を未然に防止するためには，船舶の通航を分離することが有効である。このため，各航路の事情に応じ，以下のように，通航分離を行うこととしている（海交法11条～21条）。

(1) 浦賀水道航路，明石海峡航路，備讃瀬戸東航路を航行する船舶は，航路の中央から右の部分を航行すること。
(2) 以下に掲げる航路を航行する船舶は，それぞれ定められた方向にのみ航行すること（一方通航）。
　① 中ノ瀬航路及び宇高東航路は，北の方向
　② 宇高西航路は，南の方向
　③ 備讃瀬戸北航路は，西の方向
　④ 備讃瀬戸南航路は，東の方向
(3) 伊良湖水道航路又は水島航路を航行する船舶は，できる限り航路の中央から右の部分を航行すること（右寄り航行）。
(4) 来島海峡航路においては，船舶は，潮流の流向と航行する方向とが同一（順流）のときは中水道を，逆潮のときは西水道をそれぞれ航行すること（潮流の流向による運航分離）。なお，逆潮の場合は，国土交通省令で定める速力以上（潮流の速度に4ノットを加えた速力）の速力で航行すること。

第3節　特殊な船舶の航路における交通方法の特則

(1) 巨大船，危険物積載船（原油，液化石油ガスその他の危険物を積載している一定の大きさ以上の船舶）又は船舶，いかだその他の物件を曳航（押航）する船舶（当該物件から船舶までの距離が200メートル以上のものに限る。）が航路を航行しようとするときは，船長は，航行予定時刻等を海上保安庁長官に通報しなければならない（海交法22条，海交則10条〜14条）。
(2) (1)に掲げる船舶の航路における航行に伴い生ずるおそれのある船舶交通の危険を防止するため必要があると認めるときは，当該船舶の船長に対し，国土交通省令で定めるところにより，航行予定時刻の変更，進路を警戒する船舶の配備その他当該船舶等の運航に関し必要な事項を指示することができる（海交法23条，規則15条）。
(3) 消防船等の緊急用務船舶，漁ろう船等については，これらの船舶の運動性能その他の事情を勘案して，速力制限，右側通航等航路における航法に関する規定の一部を適用しない（海交法24条）。

第4節　航路以外の海域における航法

　海上保安庁長官は，狭い水道（航路を除く。）をこれに沿って航行する船舶がその右側の水域を航行することが，地形，潮流その他の自然的条件又は船舶交通の状況により，危険を生ずるおそれがあり，又は実行に適しないと認められ

るときは，告示により，当該水道をこれに沿って航行する船舶の航行に適する経路（当該水道への出入の経路を含む。）を指定することができる（海交法25条1項）。

　海上保安庁長官は，地形，潮流等の自然条件や，工作物の設置状況又は船舶交通の状況により，船舶の航行の安全を確保するために船舶交通の整理を行う必要がある海域（航路を除く。）について，告示により，当該海域を航行する船舶の航行に適する経路を指定できる（海交法25条2項）。

第5節　危険防止のための交通制限等

　海上保安庁長官は，工事若しくは作業の実施により又は船舶の沈没等の船舶交通の障害の発生により船舶交通の危険が生じ，又は生ずるおそれのある海域について，告示により，期間を定めて，当該海域において航行し，停留し，又はびょう泊することができる船舶又は時間を制限することができる。ただし，当該海域において航行し，停留し，又はびょう泊することができる船舶又は時間を制限する緊急の必要がある場合において，告示により定めるいとまがないときは，他の適当な方法によることができる（海交法26条1項）。

第6節　灯火及び標識の表示義務

　巨大船及び危険物積載船は，この法律により航路を通航する場合等において，特別の取扱いを受けることになるので，これらの船舶は，他船の注意を喚起するため，巨大船又は危険物積載船であることを示す灯火，標識を表示しなければならない（海交法27条）。

　また，ろかい舟，ヨット，物件曳（押）航船の灯火又は信号についても，特例が定められている（海交法28条，29条）。

第7節　船舶の安全な航行を援助するための措置

〔1〕　海上保安庁長官が提供する情報の聴取

　海上保安庁長官は，航路及び航路周辺の特に船舶交通の安全を確保する必要があるものとして定める海域を航行する船舶に対して，船舶の沈没等の船舶交通の障害の発生に関する情報，他の船舶の進路を避けることが容易でない船舶の航行に関する情報，その他の航路及び海域を安全に航行するための情報を提供する。航路及び航路周辺を航行している船舶は，提供される情報を聴取しなければならない（海交法30条）。

〔2〕 航法の遵守及び危険防止のための勧告
　海上保安庁長官は，航路及び航路周辺の規定する海域において，適用される交通方法に従わないで航行するおそれがあると認める場合，又は他の船舶若しくは障害物に著しく接近するおそれ，船舶の航行に危険が生じるおそれがある場合に，交通方法を遵守させ，危険を防止するために必要があると認めるときは，必要な限度において，進路の変更その他の必要な措置を講ずべきことを勧告することができる。また，勧告を受けた船舶は，その勧告に基づき講じた措置について報告を求めることができる（海交法31条）。

第8節　異常気象等時における措置
〔1〕 異常気象等時における航行制限等
　海上保安庁長官は，台風，津波その他の異常な気象又は海象（以下「異常気象等」）により，船舶の正常な運航が阻害され，船舶の衝突又は乗揚げその他の船舶交通の危険が生じ，又は生ずるおそれのある海域について，当該海域における危険を防止するため必要があると認めるときは，必要な限度において，船舶の航行を制限又は禁止，船舶の停泊する場所若しくは方法を指定，移動の制限，退去を命ずることができる（法32条）。

〔2〕 異常気象等時特定船舶に対する情報の提供等
　海上保安庁長官は，異常気象等により，船舶の正常な運航が阻害されることよる船舶の衝突又は乗揚げその他の船舶交通の危険を防止するため必要があると認めるときは，異常気象等が発生した場合に特に船舶交通の安全を確保する必要があるものとして国土交通省令定める海域において航行し，停留し，又はびょう泊をしている船舶（異常気象等時特定船舶）に対し，進路前方にびょう泊している船舶に関する情報，びょう泊に異状が生ずるおそれに関する情報，その他安全に航行し，停留し，又はびょう泊をするために聴取することが必要と認められる情報を提供するものとする（法33条）。

〔3〕 異常気象等時特定船舶に対する危険の防止のための勧告
　海上保安庁長官は，異常気象等により，異常気象等時特定船舶が他の船舶又は工作物に著しく接近するおそれその他の異常気象等時特定船舶の航行，停留又はびょう泊に危険が生ずるおそれがあると認める場合において，危険を防止するため必要があると認めるときは，必要な限度において，異常気象等時特定船舶に対し，進路の変更その他必要な措置を講ずべきことを勧告するこができる（法34条）。

〔4〕 協議会
　海上保安庁長官は，湾その他の海域ごとに，異常気象等により，船舶の正常な運航が阻害されることによる船舶の衝突又は乗揚げその他の船舶交通の危険を防止するための対策の実施に関し必要な協議を行うための協議会を組織することができる（法35条）。

第9節　指定海域への入域における措置

〔1〕 指定海域への入域における措置
　長さ50メートル以上の船舶が指定海域に入域しようとするときは，船長は，国土交通省令で定めるところにより，船舶の名称その他国土交通省令で定める事項を海上保安庁長官に通報しなければならない（海交法36条，規則23条の8）。

〔2〕 非常災害発生周知措置等
　海上保安庁長官は，非常災害が発生し，これにより指定海域において船舶交通の危険が生ずるおそれがある場合，危険を防止する必要があると認めるときは，直ちに，指定海域及びその周辺海域にある船舶に対して，非常災害発生周知措置をとらなければならない（海交法37条1項）。
　また，非常災害の発生により生じた船舶交通の危険がおおむねなくなったと認めるときは，速やかに，指定海域及びその周辺海域にある船舶に対して非常災害解除周知措置をとらなければならない（海交法37条2項）。

〔3〕 非常災害発生周知措置がとられた際に海上保安庁長官が提供する情報の聴取
　海上保安庁長官は，非常災害発生周知措置をとった場合，非常災害の発生の状況に関する情報，船舶交通の制限の実施に関する情報，その他の指定海域内船舶が航行の安全を確保するために必要と認められる情報を提供するものとする（海交法38条，規則23条の9）。

〔4〕 非常災害発生周知措置がとられた際の航行制限等
　海上保安庁長官は，非常災害発生周知措置をとった場合，非常災害解除措置をとるまでの間，船舶交通の危険を防止するために必要な限度において，船舶の航行を制限又は禁止，停泊場所若しくは方法を指定，移動の制限，指定海域から退去等を命ずることができる（海交法39条）。

第4章　危険の防止

第1節　工事，作業，工作物の設置に関する規制

　航路又はその周辺海域（航路の側方200メートル，航路の出入口方向に1500メートルの政令で定める区域）において，工事若しくは作業を行おうとするとき，又は工作物を設置しようとするときは，海上保安庁長官の許可を受けなければならない。

　工作物の設置は，通常工事・作業が伴うが，工作物の設置と工事・作業とは，それぞれ別個の観点から船舶交通の妨げとなるので，別個に許可を受けなければならない（海交法40条，海交則24条，海交令7条）。

　また，上記の海域以外の海域で，工事・作業又は工作物を設置しようとするときは，あらかじめ，海上保安庁長官に届け出なければならない（海交法41条）。

　海上保安庁長官は，違反行為に係る工事又は作業の中止，違反行為に係る工作物の除去，移転又は改修，船舶交通の妨害の予防，排除するための必要な措置をとるべきことを違反者に対して命ずることができる（海交法42条）。

第2節　海難が発生した場合の措置

　この法律が適用される海域で，海難が発生した場合，海難にかかわる船舶（衝突の場合は双方の船舶）の船長は，標識の設置その他の応急措置をとり，かつ，海上保安庁長官に通報しなければならない。応急措置だけでは不十分であると認めた場合，海上保安庁長官は，沈船等の除去等，船舶交通の危険を防止するため必要な措置をとることを命ずることができる（海交法43条）。

第5章　雑　　　則

　この法律が適用される海域で，航路等の海図への記載（海交法44条），航路等を示す航路標識の設置（海交法45条，規則30条）が規定されている。

　また，交通政策審議会への諮問（海交法46条），権限の委譲（海交法47条），行政手続法の適用除外（海交法48条），国土交通省令の委任（海交法49条），経過措置（海交法50条）が規定されている。

第6章　罰　　　則

　この法律の規定に違反した者に対しては，原則として罰則が課されるが（海交法51条～54条），避航に関する規定については，罰則が設けられていない。これは，避航の場合には，その場の具体的状況に応じて臨機の措置をとらなければならない場合が多いので，罰則によって遵守を担保する代わりに，海難審判にその判断を委ねたものである。

第9編　港　則　法

第1章　総　説

　港においては，種類や大きさの異なる多数の船舶が，狭い水域を輻輳して，航行又は停泊するため，港外よりも航行上の危険の発生が多く見られる。この危険を防止するため，港則法が定められている。

第1節　港則制度の変遷

　港則制度は，明治以来，以下の3段階を経て，今日に至っている。
(1)　明治31年に開港を対象とした開港港則（勅令）が制定され，逓信大臣の告示する数港に適用され，その港については，府県令（知事の命令）で港則が定められた。
(2)　昭和2年に，開港港則の施行港については，府県令を廃止し，逓信省令によって統一規則が定められた。
(3)　昭和23年に，従来の制度を一新し，全国数百の港を対象とする港則法制度が定められた。

第2節　港則法の特色

(1)　旧制度においては，各地方長官に港則制定の権限を大幅に委任していたが，現行の下では，この委任を取り止め，全国の港を特定港（2020年2月現在86港）とその他の港に類別し，統一的な規制を強化している。
(2)　旧制度は，関税手続，検疫，港湾施設の管理に関する事項も一緒に規定していたが，現行制度では，このような事項の規定を取り止め，交通警察法規としての性格を明確にしている。

第3節　港則法の執行機関

　港則法は，全国の港に適用される上に，その内容も一律に規定されているため，港ごとに定められていた旧制度による港則に比し，個々の港の特殊事情は十分には反映していない。この点から，特定港のように比較的大小船舶の交通

の多い港については，港長を配置し，これに具体的な場合に応じて適切な措置を講じ得るよう多くの権能を付与している。この港長は，海上保安官の中から，海上保安庁長官が任命することになっているが，その権限の主なものは，以下のとおりである。

① 船舶の錨泊場所を指定すること。
② 係留施設の使用を制限すること。
③ 停泊場所の移動を命令すること。
④ 漂流物，沈没物の除去を命令すること。
⑤ 危険物積載船を指揮すること。
⑥ 船舶交通の妨害となる行為者に必要措置を命令すること。
⑦ 船舶の交通を制限すること。

第4節 予防法との関係

海上衝突予防法は，国際的な海上交通の一般的規則である国際海上衝突予防規則（COLREGS）に準拠して制定された法律で，海洋及びこれと接続する広く航洋船の航行できる水域に適用されるのであるから，もちろん港内の水域も適用水域の中に含まれる。しかし港内では，その特殊な状況から，予防法に規定する航法等では不十分であるばかりでなく，かえって，衝突や混乱のおそれを増大させる場合もある。このため，予防法41条1項は，港内については，港則法に規定された航法，灯火の表示，その他運航に関する事項が，予防法の規定より優先することとしている。

第2章 各 則

港則制度は，「港則法」，「港則法施行令」及び「港則法施行規則」から成っている。

第1節 法律の目的及び用語の定義

〔1〕 **法律の目的**（港則法1条）
本法は，港内における船舶交通の安全と整頓を図ることを目的としたものである。

〔2〕 **適用港及びその港域**（港則法2条，港施令1条）
適用港（2020年4月現在500港）及びその港域は，港施令別表第1によって定められている。

〔3〕 「汽艇等」及び「特定港」の定義 (港則法3条)
(1) 汽艇等

　汽艇等とは，汽艇 (総トン数20トン未満の汽船)，はしけ及び端舟その他ろかいのみをもって運転し又は主としてろかいをもって運転する船舶をいう。これらの船舶は，いずれも小型のもの，あるいは主として港内を航行するものであって，その航法，停泊条件等を他の船舶と同様に取り扱うと，かえって混乱が生じ，港の機能を阻害するおそれがあるので，港則法は以下のような特別の取扱いを規定している。

① 他の船舶の進路を避けなければならないこと。
② 入出港又は港の通過に際しては，航路を航行することを要しないこと。
③ みだりに交通の妨げとなる場所で停泊停留してはならないこと。

(2) 特定港

　特定港とは　外国船舶が常時出入し，あるいは，喫水の深い船舶が出入できる港であって，港施令別表第2に掲げたものをいい，2020年2月現在86港が指定されている。特定港は，その規模も大きく，大小船舶が輻輳するので，港ごとに港長が配置され，港内の交通安全について積極的に監督することになっている。

第2節　入出港及び停泊

〔1〕　入出港の届出 (港則法4条，港施則1条，2条)

　日本船舶で総トン数20トン未満の船舶及び端舟その他ろかいのみをもって運転し，又は主としてろかいをもって運転する船舶，平水区域を航行する船舶，旅客定期航路事業に従事する船舶及びあらかじめ港長の許可を受けている船舶を除き，船舶は，特定港に入出港する場合，港長にその届出をしなければならない。この届出は，港内の船舶の動静を把握するために必要とされるものであるが，このような届出は，このほか，港湾法，関税法等によって，港湾管理者，税関等に対しても義務づけられている。これらの様式は，船舶側の事務の繁雑を避けるため，統一されている。

〔2〕　びょう地 (港則法5条，港施則3条，4条)

　本条は，主として，特定港における船舶の停泊について規定している。

(1) 特定港において船舶は，原則として，その大きさ等に応じ港施則別表に定める一定の水域に停泊しなければならない。
(2) 京浜，阪神及び関門の3港においては，一定の船舶は，港長から錨地の指定を受けなければならない。なお，岸壁，係船浮標等の係留場所の指定は，

当該施設の管理者が行っていることに注意を要する。
(3) その他港長には，係留施設の使用を必要に応じ制限する権限が与えられ，また，港長と特定港の係留施設の管理者との間には信号，通信施設の利用について互いに便宜供与の義務が課せられている。

〔3〕 **移動の制限**（港則法6条）
　汽艇等以外の船舶は，特定港においては，やむを得ない事情がある場合のほか，港則法5条1項の規定により停泊した一定の区域あるいは港長から指定された錨地から移動してはならない。

〔4〕 **修繕及びけい留**（港則法7条）
　特定港では，船舶の運航に支障があるような修理作業又は係船（一般の停泊ではなく，船舶検査証書を管海官庁に返納して行う係船）をする場合には，港長に届出を行い，港長は，これに対し，必要に応じ一定の指示を与えることができる。

〔5〕 **けい留等の制限**（港則法8条）
　汽艇等及びいかだは，港内において，みだりに係留浮標若しくは他の停泊船に係留し，又は船舶交通の妨害となる場所に停泊，停留してはならない。

〔6〕 **移動命令**（港則法9条）
　港長は，火災が発生し，付近に停泊している船舶を安全な場所に移動させる必要がある場合，又は台風の来襲が確かであるような場合に，船舶を港外に退避させる必要があると判断したとき等は，これらの船舶の移動を命ずることができる。

〔7〕 **停泊の制限**（港則法10条，港施則6条，7条）
(1) 停泊場所に関する事項
　　岸壁，浮標，ドックの付近，その他狭い水路に，みだりに錨泊又は停留させてはならない。
(2) 停泊の方法
　① 暴風雨が来襲するおそれがあるときは，適当な予備錨を投下する準備及び直ちに運航開始ができるように準備をしなければならない。
　② その他，河川，運河水面の停泊方法等について，種々の規定が設けられている。

第3節　航路及び航法

〔1〕 **航路の使用**（港則法11条，港施則8条）
　汽艇等以外の船舶は，特定港に出入し又は特定港を通過する場合は，やむを

得ない事情があるときを除き，港施則別表第2に定めてある航路によらなければならない。

〔2〕 航路内における行為の制限（港則法12条）
　航路内では，海難を避けるとき，運転の自由を失ったとき等のほかは，投錨し，又は曳航している船舶を放してはならない。

〔3〕 航路に関する航法（港則法13条）
(1) 航路航行船に対する避航の義務
　　航路外から航路に入り，又は航路から航路外に出ようとする船舶は，航路を航行する他の船舶の進路を避けなければならない。
(2) 並列航行の禁止
　　航路の幅は一般に狭く，船舶交通が輻輳しているので，航路内では並列航行は禁じられている。
(3) 右側航行
　　海上衝突予防法の狭い水道等における航法と類似しているが，航路の幅は狭いので，常時ではなく，他の船舶と行き会うような場合には，右側航行をとるべきこととされている。
(4) 追越しの禁止
(5) 上記のほか　東京西航路，関門航路，若松航路等については，特別の航法が定められている。

〔4〕 航路外待機（港則法14条，港施則8条の2）
　地形，潮流その他の自然条件及び船舶交通の状況を勘案して，航路を航行する船舶の航行に危険を生じるおそれがあると国土交通省令で定めた航路においては，航路を航行し，又は航行しようとする船舶の危険を防止するため，港長は，必要な間，船舶に対し航路外で待機するように指示することができる。
　適用されている航路は，仙台塩釜港航路，京浜港横浜航路，関門港関門航路，関門港関門第二航路，砂津航路，戸畑航路，若松航路，奥洞海航路，安瀬航路。

〔5〕 防波堤入口付近の航法（港則法15条）
　防波堤の入口付近は可航水域も狭く，操船のための余地が少ないので，同水域において出入船が出会うのを予防し，また，泊地を少しでも広くしておくという観点から，入航船は，防波堤内の船舶が出航してから，入航を開始しなければならない。

〔6〕 速力の制限及び帆船の航法（港則法16条）
(1) 速力の制限
　　港内では，他の船舶に危険を及ぼさないような速力で航行しなければなら

(2) 帆船の航法

　　帆船は，減帆して，速力を落とし，又は引船を用いて航行しなければならない。

〔7〕 **突出物付近の航法**（港則法17条）

　港内の防波堤，埠頭，停泊船の付近等前方の見通しが不十分な場所では，これらを右舷側に見て航行する船舶は，できる限りこれに接近し，左舷側に見て航行する船舶は，これに遠ざかって航行すること。すなわち，右小回り，左大回りの航法を取らなければならない。

〔8〕 **汽艇等等の航法**（港則法18条，港施則8条の2，8条の3）

(1) 汽艇等は，汽艇等以外の船舶の進路を避けなければならない。港内では，大小船舶がふくそうしているので，操船の容易な汽艇等に対し避航義務を課している。

(2) 小型船（千葉港，京浜港，名古屋港，四日市港，阪神港においては総トン数500トン以下，関門港においては総トン数300トン以下の汽艇等以外のもの）は，船舶交通が著しく混雑する特定港（千葉港，京浜港，名古屋港，四日市港（第1航路及び午起航路に限る。），阪神港及び関門港（響新港区を除く。）に限る。）内においては，小型船及び汽艇等以外の船舶の進路を避けなければならない。この場合，小型船及び汽艇等以外の船舶は，国際信号旗数字旗1をマストに見やすいように掲げなければならない。

〔9〕 **その他の航法**（港則法19条）

　以上のほか，港則法は，港ごとの特殊事情に応じて適切な特別航法を定める必要に鑑み，これらの港について，以上の航法とは異なる特別の航法を定め，又は以上の航法以外の特別の航法を定めることができる権限を国土交通大臣に与えている。命令によって定められている航法の例は，以下のとおり。

　① 曳航の制限
　② 縫航の制限
　③ 航路等についての特定航法

第4節　危　険　物

〔1〕 **危険物積載船の入港**（港則法20条，港施則12条）

　危険物積載船が特定港に入港するときは，港外で港長の指揮を受けなければならない。危険物の種類は，爆発物とその他の危険物に分類して，港則法施行規則の危険物の種類を定める告示に掲げてある。

〔2〕 **危険物積載船の停泊**（港則法21条，港施則13条）
　危険物積載船は，特定港では，港長の許可がある場合のほかは，指定された場所に停泊しなければならない。
〔3〕 **危険物の荷役，運搬**（港則法22条，港施則14条）
　船舶が，特定港において危険物の荷役又はその運搬を行う場合は，港長の許可を受けなければならない。なお，船内における危険物の貯蔵，取扱い等については，危険物船舶運送及び貯蔵規則に従わなければならない。

第5節　水路の保全

〔1〕 **廃物の処理**（港則法23条）
(1) 廃物投棄の禁止
　　港内及びその境界外1万メートル以内では，廃物をみだりに投棄してはならない。本条の規制の対象となる廃物はバラスト，廃油，石炭がら，ゴミその他，これらに類する廃物であり，本条の目的から船舶の安全航行を阻害するおそれのある物質は，その利用価値とは無関係にすべて廃物とみなされる。
(2) 散乱性貨物の荷役
　　石炭等の散乱性貨物の荷役を行う場合には，帆布，ネット等を船側に張る方法等によって，貨物の脱落を防止しなければならない。
〔2〕 **海難発生時の措置**（港則法24条）
　港内又は港の境界付近において発生した海難により他の船舶交通を阻害する状態が生じたときは，当該海難に係る船舶の船長は，以下の措置をとらなければならない。
　①遅滞なく標識の設定，その他危険予防のための必要な措置
　②港長への報告
〔3〕 **漂流物等の除去命令**（港則法25条）
　港内又は港の境界付近の漂流物，沈没物等が船舶の交通を阻害するおそれがあるときは，港長は，当該物件の所有者又は占有者に対し，その除去を命令することができる。

第6節　灯火及び信号

〔1〕 **小型船の灯火**（港則法26条）
　海上衝突予防法25条及び27条は，長さ7メートル未満の帆船又はろかい舟に簡易な灯火の用意又は灯火の省略を認めているが，港内では，これらの灯火は，常時表示しておかなければならない。

〔2〕 **汽笛吹鳴の制限**（港則法27条）

港内では，汽笛又はサイレンをみだりに吹鳴して，他の船舶に混乱を与えてはならない。

〔3〕 **私設信号の設定**（港則法28条，港施則15条）

多数の船舶が利用する港では，陸上と船舶間等の連絡が頻繁であるので，これらに用いる信号の方法を，当事者間の自由に放任すると，種々の混乱や危険を招くおそれがある。このため，このような信号を設定する場合には，港長の許可を受けなければならない。

〔4〕 **火災警報**（港則法29条，30条）

特定港内にある船舶に火災が発生した場合には，その船舶が汽笛又はサイレンを備えているものは，長音5回を繰り返し吹鳴しなければならない。

上記，音響信号は，航行中は吹鳴してはならず，また，緊急の場合でも信号を誤ることのないように，吹鳴に従事する者が見やすいところに，警報の方法を表示しておかなければならない。

第7節 雑　　則

〔1〕 **特定港内における工事，作業の実施**（港則法31条，港施則16条）

特定港又はその境界付近で工事や作業を行う場合には，港長の許可を受けなければならない。また，港長は許可をするにあたり，船舶交通の安全に必要な措置を講ずることができる。

〔2〕 **特定港における行事の施行**（港則法32条，港施則17条）

特定港内で，端艇競争等，一般船舶の交通に障害を与えるような行事を行う場合には，あらかじめ港長の許可を得ておかなければならない。

〔3〕 **特定港内における進水等**（港則法33条，港施則20条）

特定港において，一定の船舶が港内の一定区域内において進水する場合，又はドックへの出入を行う場合には，港長に届け出なければならない。

〔4〕 **特定港内における筏作業等**（港則法34条，港施則18条）

特定港内において，竹，木材の荷役，筏の運航等を行うときは，港長の許可を受けなければならない。また，港長は許可をするにあたり，船舶交通の安全に必要な措置を講ずることができる。

〔5〕 **漁ろうの制限**（港則法35条）

港内の船舶交通の妨げとなるおそれのある場所では，みだりに漁ろうをしてはならない。

〔6〕 **灯火の使用制限**（港則法36条）
　港内又はその境界付近では，船舶交通の妨げとなるおそれのある強力な灯火をみだりに使用してはならない。また，港長は上記の灯火を使用している者に対し，その灯火の減光，被覆を命ずることができる。

〔7〕 **喫煙等の制限**（港則法37条）
(1) 港内においては，相当の注意を払わないで，油送船の付近で喫煙し，又は火気を取り扱ってはならない。
(2) 港長は，海難の発生その他の事情により，特定港内において引火性の液体が浮遊している場合において，火災の発生のおそれがあると認めるときは，当該水域にある者に対し，喫煙又は火気の取扱いを制限し，又は禁止することができる。

〔8〕 **船舶交通の制限等**（港則法38条，港施則20条の2，港則法39条）
(1) 特定港内の命令の定める水路を航行する船舶は，港長が信号所において交通整理のために行う信号に従わなければならず，また，この場合，総トン数が命令の定めるトン数以上であるときは，港長に船舶の名称，総トン数及び長さ，その水路を航行する予定時刻，連絡手段，停泊する係留施設を通報しなければならない。
(2) 港長は国土交通省が定める特定港内において，船舶交通の危険が生ずるおそれがある場合であつて，当該危険を防止するため必要があると認めるときは，当該船舶の船長に対し，水路の航行予定時間を変更すること，進路警戒船を配置すること，その他運航に関し必要な措置を講ずることを指示することができる。
(3) 港長は，船舶交通のために必要があるときは，特定港内において航路又は区域を指定して，船舶の交通を制限し，又は禁止することができる。また，異常な気象又は海象，海難の発生等により特定港内における船舶交通の危険又は混雑が生ずるおそれがある場合は，その水域に進行してくる船舶の航行を制限し，若しくは禁止し又は特定港の境界付近にある船舶に対し，停泊する場所若しくは方法を指定し，移動を制限し，若しくは特定港内若しくは特定港の境界付近から退去すること命ずる。また，特定港内において船舶交通の危険を生ずるおそれがあると予想される場合，必要があると認めるときに，特定港内又は寺定港の境界付近にある船舶に対し，危険の防止の円滑な実施のために必要な措置を講ずべきことを勧告することができる。

〔9〕 **原子力船に対する規制**（港則法40条）
　港長は，核原料物質，核燃料物質及び原子炉の規制に関する法律第36条の2

第4項の規定による国土交通大臣の指示があったとき，又は核燃料物質によって汚染された物等による災害を防止するため必要があると認めるときは，特定港又は特定港の境界付近にある原子力船に対し，航路，停泊する場所等の指定，航法の指示，退去等を命ずることができる（1項）。また，原子力船は，特定港に入港しようとするときは，港の境界外で港長の指揮を受けなければならない（2項）。

〔10〕 **港長が提供する情報の聴取**（港則法41条，港施則20条の3，20条の4）

港長は，千葉港，京浜港，関門港の航路及び区域を航行する小型船及び汽艇等以外の船舶に対して，船舶の沈没等の船舶交通の障害の発生に関する情報，他の船舶の進路を避けることが容易でない船舶の航行に関する情報，その他必要と認められる情報等を提供する。また，上記の航路及び区域を航行している船舶は，港長から提供される情報を聴取しなければならない。

〔11〕 **航法の遵守及び危険の防止のための勧告**（港則法42条，港施則20条の5）

港長は，千葉港，京浜港，関門港の航路及び区域を航行する小型船及び汽艇等以外の船舶に対して，適用される交通方法に従わないで航行するおそれがあると認める場合又は他の船舶若しくは障害物に著しく接近するおそれのある場合，その他船舶の航行に危険が生ずるおそれのあると認める場合において，交通方法を遵守させ，危険を防止するため，必要があると認めるときは，必要な限度において，当該船舶に対して勧告することができる。

〔12〕 **異常気象等時特定船舶に対する情報の提供等**（港則法43条，港施則20条の6，20条の7）

港長は，異常な気象又は海象による船舶交通の危険を防止するため必要があると認めるときは，小型船及び汽艇等以外の船舶であって，特定港内及び特定港の境界付近の区域のうち，異常な気象又は海象が発生した場合に特に船舶交通の安全を確保する必要があるものとして国土交通省令で定める区域において航行し，停留し，又はびょう泊をしている船舶（異常気象時等特定船舶）に対し，進路前方にびょう泊をしている他の船舶に関する情報，異常気象時等特定船舶のびょう泊に異状が生ずるおそれに関する情報その他の当該区域において安全に航行し，停留し，又はびょう泊をするために必要と認められる情報を提供する。

〔13〕 **異常気象等時特定船舶に対する危険の防止のための勧告**（港則法44条，港施則20条の8）

港長は，異常な気象又は海象により，異常気象時等特定船舶が他の船舶又は工作物に著しく接近するおそれその他の異常気象等時特定船舶の航行，停留又はびょう泊に危険が生ずるおそれがあると認める場合，危険を防止するため必

要があると認めるときは，必要な限度において，進路の変更その他の必要な措置を講ずべきことを勧告することができる。

〔14〕 **特定港以外の港に対する規定の準用**（港則法45条，港施則20条の9）

特定港以外の港についても，港則法9条，25条，28条，31条，36条2項，37条2項及び38条から40条までの規定は，特定港と同様に適用される。これらの港には港長は配置されていないので，この場合の港長の職権は，当該港の所在地を管轄する海上保安監部等の管区海上保安本部の事務所の長が行う。

〔15〕 **非常災害時における海上保安庁長官の措置等**（港則法46条，47条，港施則20条の10，20条の11）

非常災害が発生した場合に，海上交通安全法に規定する指定海域と一体的に船舶交通の危険を防止するため，指定海域に隣接する指定港内にある船舶に対して，指定港非常災害発生周知措置及び指定港非常災害解除周知措置をとることを定めている。

また，非常災害が発生した場合に指定港内の船舶に対して，航行の安全を確保するために必要な情報の提供及びその情報の聴取について定めている。

非常災害が発生した場合に海上保安庁長官が，指定港及び指定海域内の船舶交通の危険を防止するために必要な措置を一元的に行うことも定めている。

〔16〕 **海上保安長官による港長等の職権の代行**（港則法48条）

海上保安長官は，異常気象により船舶交通に危険が生じるおそれのある海域からの退去を勧告しようとする場合において，その勧告を一体的に行う必要があるときは，港長に代わり，船舶交通の安全に係る職権を行うことができることを定めている。

〔17〕 **職権の委任**（港則法49条，港施則20条の12）

港則法に定める海上保安庁長官の職権を管区海上保安本部長に委任することができること，及び管区海上保安本部長が海上保安庁長官から委任された職権の一部を管区海上保安本部の事務所の長に委任することができることを定めている。

〔18〕 **行政手続法の適用除外**（港則法50条，港施則21条，21条の2）

行政手続法第3条（適用除外）第1項第13号の規定により，公益（保安）を確保するため現場で臨機に必要な措置をとる必要があり，行政手続法第3章（不利益処分）の規定による聴聞を行ったり弁明の機会を付与することが困難なことから，行政手続法第3章の規定を適用しないことを定めたもの。

第8節 罰　則

港則法51条から56条に罰則規定が定められている。

第10編　海洋汚染等及び海上災害の防止に関する法律

第1章　総　　説

〔1〕　油による海水の汚濁の防止の必要性

　陸上の工場等から排出される油性汚水について，昭和33年に公共用水域の水質の保全に関する法律及び工場排水等の規制に関する法律が制定されたが，これらの法律の内容は十分なものとはいえず，また，船舶から排出される油については，特に規制がなされていなかった。このため，港内，沿岸等の衛生環境や美観が損なわれ，また，漁場等の被害が続出する等，種々の問題が生じていた。

　国際的には，船舶からの油による海水の汚濁が早くから問題とされ，昭和29（1954）年に英国政府の提唱によりロンドンで開催された国際会議において，「1954年の油による海水の汚染の防止のための国際条約」（以下「1954年条約」という。）が採択され（昭和33年発効），船舶による海洋の油汚染問題について国際的に取り組むこととなった。

　その後，この条約の規制を拡充するため，昭和37（1962）年に，1954年条約の一部が改正され（昭和42（1967）年5月発効），規制対象のタンカーを総トン数150トン以上とし，投棄禁止海域を拡充する等，全般にわたり規制がかなり強化された。

〔2〕　船舶の油による海水の汚濁の防止に関する法律の制定

　我が国も，船舶の油による海水の汚濁を防止するため，昭和42年にこの条約を批准し，国内法として「船舶の油による海水の汚濁の防止に関する法律」（以下「海水油濁防止法」という。）を制定して，その対策を講じることとした。しかしながら，その後も，石油需要の増大，海上輸送の増大等を背景に，海洋の汚染は急速かつ広範囲に進み，対象となる海域，船舶，油の種類が限定的な，この法律の規制では，海洋を汚染から守るためには，不十分な状況となった。

〔3〕　海洋汚染防止法の制定

　国際的にも，トリーキャニオン号事件に見られるような，大量の油の流出事

故等によって，海洋汚染が進み，これまでの国際条約の枠組みでは，十分な海洋汚染の防止が不可能となった。このため昭和44（1969）年に1954年条約の1969年改正及び「油による汚染を伴う事故の場合における公海上の措置に関する国際条約」が採択され，我が国においても，世界に先駆けてこれらの条約を実施するため，昭和45（1970）年，「海水油濁防止法」に代わる国内法として，「海洋汚染防止法」（昭和45年法律136号）が制定された。同法は，船舶からの油の排出規制を著しく強化するとともに，船舶からの廃棄物の排出並びに海洋施設からの油及び廃棄物の排出をも規制の対象とし，また，海洋の汚染の防除のために所要の措置を講じなければならないことを規定することによって，一層の海洋環境の保全を図ることとした。

〔4〕 海上災害の防止の必要性

昭和49年末に相次いで発生した第拾雄洋丸とパシフィックアレス号の衝突炎上事故，三菱水島製油所からの大量流出油事故を契機として，海上災害（油の排出又は海上火災による人の生命若しくは身体又は財産に生じる被害をいう。以下同じ。）の発生及び拡大の防止を図るための対策の強化が望まれるところとなった。これを受けて「海洋汚染防止法」の一部が改正され，従来の公害防止法としての性格に，災害防止法としての性格が付与され，「海洋汚染及び海上災害の防止に関する法律」（昭和51年法律47号）に改められた。

〔5〕 廃棄物の海洋投棄に関する規制の強化

海洋汚染問題は，昭和47（1972）年にストックホルムで開催された第1回国連人間環境会議においても重要な課題の一つとして取り上げられ，海洋投棄規制に関する条約の作成が勧告された。これを受けて，同年11月にロンドンで国際会議が開催され，「廃棄物その他の物の投棄による海洋汚染の防止に関する条約」（以下「海洋投棄規制条約」という。）が採択され，昭和50（1975）年に発効した。我が国においても，昭和55（1980）年にこの条約を批准し，必要となる国内法の整備等のため，「海洋汚染及び海上災害の防止に関する法律」の一部改正を実施した（昭和55年法律41号）。この改正により，同法は，船舶及び海洋施設からの廃棄物の排出の規制を一層強化するとともに，航空機からの廃棄物等の排出及び船舶又は海洋施設における油又は廃棄物の焼却（以下「洋上焼却」という。）を新たに規制することとなった。

〔6〕 MARPOL73/78条約への対応

また，近年のタンカーの大型化，油以外の有害な物質の海上輸送の増大等を背景として，海洋汚染防止に関する包括的な規制を盛り込んだ「1973年の船舶による汚染の防止のための国際条約」が昭和48（1973）年にIMCO（政府間海事

協議機構。現在のIMO：国際海事機関）で採択されたが，その後，一連の大規模な油流出事故を契機として，同条約を一部修正，追加した上で同条約の早期実施を図ることを目的とした「1973年の船舶による汚染の防止のための国際条約に関する1978年の議定書」（以下「MARPOL73/78条約」という。）が昭和53（1978）年に採択され，昭和58（1983）年10月2日に油の排出に関する規制，昭和62（1987）年4月6日には有害液体物質の排出に関する規制，昭和63年12月31日には船内廃棄物の排出に関する規制，平成4（1992）年7月1日には容器等により輸送される有害物質に関する規制が発効するに至った。

　MARPOL73/78条約は，①油の排出，②ばら積みの有害液体物質の排出，③容器等に収納される有害物質の輸送方法，④汚水の排出，⑤船内廃棄物の排出，⑥船舶からの大気汚染防止に関して規制を定めており，我が国も，昭和58年にMARPOL73/78条約を批准するとともに，必要となる国内法の整備を図るため，「海上汚染及び海上災害の防止に関する法律」の一部を改正した（昭和58年法律58号）。この改正により，昭和58年10月2日から油の排出に関して対象となる油の範囲の拡大，排出規制の強化，船舶の構造設備の基準，検査等，大幅な規制強化を図ったが，昭和61（1986）年には，その後の国際情勢の変化に対応して，上述の一部改正法の一部を改正し，昭和62年4月6日には有害液体物質の排出規制のための，昭和63年12月31日には廃棄物の排出規制のための，平成4年7月1日には容器等により輸送される有害物質の包装方法，積付け方法，表示方法の規制，平成9（1997）年7月1日には船舶発生廃棄物汚染防止規程や記録簿の備付け及び記載義務，平成12（2000）年5月17日に有害液体物質にかかるマニュアルの備置き，平成17（2005）年5月19日から船舶からの排出ガスの放出の規制及びオゾン層破壊物質を含む設備を設置した船舶の航行禁止，平成19（2007）年1月1日には海洋施設等からの有害液体物質の排出の規制，平成19年4月1日から大量の有害液体物質の排出があった場合の防除措置の義務化等の所要の防除措置の義務化，平成26（2014）年1月1日から船舶において使用する燃料油の硫黄分の濃度について，より厳しい基準を適用する海域として，米国カリブ海海域の追加，「2004年の船舶のバラスト水及び沈殿物の規制及び管理のための国際条約」が平成26（2014）年度中に発効するのに対応するため，平成26（2014）年2月28日に閣議決定で船舶からの有害なバラスト水の排出禁止，処理設備の設置義務付等の所用の法改正が行われている。

第2章　法の目的等

第1節　法の目的（海防法1条）

　この法律は，船舶，海洋施設及び航空機から海洋に油，有害液体物質及び廃棄物を排出すること，船舶から海洋に有害水バラストを排出すること，海底の下に油，有害液体物質等及び廃棄物を廃棄すること，船舶から大気中に排気ガスを放出すること並びに船舶及び海洋施設において油，有害液体物質等及び廃棄物を焼却することを規制し，廃油の適正な処理を確保するとともに，排出された油，有害液体物質等，廃棄物その他の物の防除並びに海上火災の発生及び拡大の防止並びに海上火災等に伴う船舶交通の危険の防止のための措置を講ずることにより，海洋汚染等及び海上災害を防止し，あわせて海洋の汚染及び海上災害の防止に関する国際約束の適確な実施を確保し，もって海洋環境の保全等並びに人の生命及び身体並びに財産の保護に資することを目的としている。

　ここで，「海洋の汚染」とは，海洋を人為的方法により物理的化学的に変化させ，海洋に係る資源，自然環境，美観，衛生等，人と海洋の利用関係に悪影響を及ぼすことを意味している。すなわち，油や有害物質の排出による水産動植物資源への損害等，ゴミ等の浮遊による美観，自然環境への悪影響等はもちろんのこと，固形物の堆積による海底地形変更，着色の汚水による海の色の変化，温水による海水温の上昇等もすべて海洋の汚染として考えるべきである。

　また，「海上災害」とは，海域における油等の排出又は海上火災により，人の生命若しくは身体又は財産に生ずる被害を意味している。具体的には，排出油による養殖水産動植物の被害，海上火災による船舶の乗組員の死傷又は船舶その他の財産の延焼等が考えられる。

　さらに，本法の究極の目的の一つである海洋環境の保全における「海洋環境」とは，海洋の物理的，化学的若しくは生物学的状態等の自然的状態及びその自然的機能をいい，海洋に係る資源，美観，衛生等も海洋環境に含まれるものと解される。

〔1〕　汚染行為の規制の概要

(1)　排出の規制

```
┌─────────┬─ 油の排出
│ 船舶からの │　・原則禁止
└─────────┤　・緊急避難又は不可抗力的な場合は例外的に可能
          │　・一定の条件に従った場合は可能
          │
```

```
                    ┌─ 有害水バラストの排出
                    │   ・原則禁止
                    │   ・緊急避難又は不可抗力的な場合は例外的に可能
                    │   ・一定の条件に従った場合は可能
                    │
                    ├─ 有害液体物質等の排出
                    │   ・原則禁止
                    │   ・緊急避難又は不可抗力的な場合は例外的に可能
                    │   ・特定の物質の排出については，海上保安庁長官等による事前処理の確認を
                    │     義務づけ
                    │
                    ├─ 廃棄物の排出（埋立てを含む）
                    │   ・原則禁止
                    │   ・緊急避難又は不可抗力的な場合は例外的に可能
                    │   ・一定の条件に従った場合は可能
                    │   ・一定の条件に従った特定の物質の排出については，海上保安庁長官による
                    │     事前確認を義務づけ
                    │   ・廃棄物排出船は海上保安庁長官の登録を義務づけ
                    │
                    └─ 排出ガスの放出
                        ・船舶に設置される原動機の種類及び能力により，発生する窒素酸化物の放
                          出量について規制

 海洋施設及び
 航空機から ──── 油，有害液体物質及び廃棄物の排出
                    ・原則禁止
                    ・緊急避難又は不可抗力的な場合は例外的に可能
                    ・一定の条件に従った場合は可能
```

(2) オゾン層破壊物質の使用禁止

　　原則として，オゾン層破壊物質を含む材料を使用した船舶又はオゾン層破壊物質を含む設備を設置した船舶の使用禁止

(3) 焼却の規制

船舶及び海洋施設における油，有害液体物質等及び廃棄物の焼却
　・原則禁止
　・海洋環境の保全等に著しい障害を及ぼすおそれがあるものとして政令で定める油等以外の油等で当該船舶において生ずる不要なもの（船舶発生油等）は一定の条件に従って焼却可
　・日常生活に伴い生ずる不要な油等その他政令で定める船舶又は海洋施設内において生ずる不要な油等は焼却可

(4) 船舶等の廃棄の規制

船舶，海洋施設及び航空機の廃棄
　・原則禁止
　・一定の条件に従った場合は可能
　・特定の船舶等の廃棄については，海上保安庁長官による事前確認を義務づけ

〔2〕 防除措置の概要
(1) 排出時の措置

大量の特定油の排出
- ●船長，施設の管理者
  海上保安機関への通報，応急措置
- ●船舶所有者，施設の設置者
  防除措置
- ●荷送人，荷受人，係留施設管理者
  援助，協力
- ●海上保安庁長官
  自らの措置を実施（費用の請求），防除措置命令，財産の処分，航行制限

特定油以外の油の排出
- ●船長，施設の管理者
  海上保安機関への通報
- ●海上保安庁長官
  自らの措置を実施（費用の請求），防除措置命令

有害液体物質等の排出
- ●船長
  海上保安機関への通報
- ●海上保安庁長官
  自らの措置を実施（費用の請求），防除措置命令

廃棄物その他の物の排出
- ●海上保安庁長官
  自らの措置を実施（費用の請求），防除措置命令

危険物の排出及び海上火災の発生
- ●船長，施設の管理者
  海上保安機関への通報，応急措置
- ●海上保安庁長官
  緊急の場合における行為の制限，火災船舶の処分，曳航命令，航行制限

(2) 体制の整備

油濁防止緊急措置手引書及び有害液体汚染防止緊急措置手引書の備置き
- ●一定の大きさ以上のタンカー及びノンタンカー及び一定の大きさ以上の有害液体物質を輸送する船舶の船舶所有者
- ●一定の大きさ以上の油保管施設及び有害液体物質保管施設の設置者及びタンカー及び有害液体物質を輸送する船舶の係留施設の管理者

油及び有害液体物質の防除資材の備付け
- ●一定の大きさ以上のタンカーの船舶所有者，油保管施設の設置者，タンカーの係留施設の管理者
- ●一定の大きさ以上の有害液体物質を輸送する船舶所有者（平成20年4月1日より）

油回収船等配備
- ●特定タンカーの船舶所有者

海上災害防止センター

- ●海上保安庁長官の指示による排出特定油の防除措置の実施
- ●船舶所有者等の委託による海上防災措置の実施
- ●油回収船，排出油防除資材等の保有，提供
- ●海上防災措置に関する訓練
- ●海上防災措置に関する調査研究
- ●海上防災措置に関する情報の収集，整理及び提供
- ●海上防災措置に関する指導及び助言

排出油等防除計画
- ●海上保安庁長官が全国に作成する油及び有害液体物質が著しく大量に排出された場合の防除計画

排出油等の防除に関する協議会
- ●全国の任意の海域で官民の関係者が組織する協議会

汚染防止のための薬剤散布
- ●油又は有害液体物質による海洋汚染の防止のために使用する薬剤は，一定の技術基準に適合しないものの使用を規制

第2節　用語の定義（海防法3条）

〔1〕　船　　　舶（海防法3条1号）

　海域（港則法に基づく港の区域を含む。以下同じ。）において航行の用に供するすべての船舟類をいう。具体的には浮遊性，積載性及び移動性を有する構造物をいい，自航，非自航の別を問わない（石油掘削船等のように海底に一時定着するものであっても，このような性状を有するものは船舶である。）。

〔2〕　油（海防法3条2号，海防則2条，2条の2）

　油とは，以下のものをいう。
  (1)　原油　　　(2)　重油　　　(3)　潤滑油　　　(4)　軽油
  (5)　灯油　　　(6)　揮発油　　(7)　アスファルト
  (8)　その他の炭化水素油（石炭から抽出される油並びにベンゼン，トルエン及びキシレン等の石油から抽出されるケミカル並びにこれらのケミカルを調合して得られる混合物を除く。）
  (9)　これらの油を含む油性混合物（潤滑油添加剤）

　このため，原油から抽出される炭化水素油のうち，いわゆるケミカルとして取り扱われることとなるもの以外の炭化水素油が本法による油として取り扱われる。すなわち，ナフサ熱分解残渣油（エチレンベビーエンド，分解燃料油等），ナフサ熱分解油（TRC，分解ガソリン等），ナフサ熱分解軽質油（いわゆるC_5—分留），ナフサ熱分解重質油（いわゆるC_9—分留），ナフテン系エクステンダー油及び芳香族系エクステンダー油等は，油として規制される。

〔3〕 **有害液体物質**（海防法3条3号，海防令1条の2）

　有害液体物質とは，油以外の液体物質のうち，海洋環境の保全の見地から有害である物質として政令で定める物質であって，船舶によりばら積みの液体貨物として輸送されるもの及びこのような物質を含む水バラスト，貨物艙の洗浄水その他船舶内において生じた不要な液体物質をいう。なお，政令では，海洋環境の保全の見地から有害である物質を以下のように定めている（海防令1条の2　別表第1）。

(1) X類物質等
　① X類物質　アクリル酸デシル等　61種類
　② 海防法9条の6・3項の規定により海洋環境の保全の見地からX類物質と同程度に有害であるものとして査定されている物質
　③ 一定のX類物質と他の物質との混合物
　④ 化学廃液（液体の化学物質の廃液であり，他の有害液体物質又は未査定液体物質（後述）の無害物質に該当しないもの）

(2) Y類物質等
　① Y類物質　アクリル酸等　330種類
　② 海防法9条の6・3項の規定により海洋環境の保全の見地からY類物質と同程度に有害であるものとして査定されている物質
　③ 一定のY類物質との混合物

(3) Z類物質等
　① Z類物質　アジポニトリル等　133種類
　② 海防法9条の6・3項の規定により海洋環境の保全の見地からZ類物質と同程度に有害であるものとして査定されている物質
　③ 一定のZ類物質との混合物

〔4〕 **未査定液体物質**（海防法3条4号，海防令1条の3）

　未査定液体物質とは，油及び有害液体物質以外の液体物質のうち，海洋環境の保全の見地から有害でない物質（その混合物を含む。）として政令で定める物質（海防令別表第1の2に掲げられている物質。以下「無害物質」という。）以外の物質であって船舶によりばら積みの液体貨物として輸送されるもの及びこのような物質を含む水バラスト，貨物艙の洗浄水その他船舶内において生じた不要な液体物質をいう。

　なお，船舶によりばら積みの液体貨物として輸送されるものであっても，常温において液体でない以下のような物質は，有害液体物質，無害物質及び未査定物質の範囲から除かれる。

○常温において液体でない物質（海防令1条）
  (1) アンモニア　　　(2) 液化石油ガス　　(3) 液化メタンガス
  (4) エチレン　　　　(5) 塩化ビニル　　　(6) 塩素
  (7) 酸化エチレン　　(8) 窒素　　　　　　(9) 二酸化炭素
  (10) ブタジエン　　　(11) ブチレン
  (12) 前各号に掲げるもののほか，以下の①又は②のいずれかに該当する物質
  ① 温度37.8度において蒸気圧が0.28メガパスカルを超えるもの
  ② 臨界温度が37.8度未満であるもの

〔5〕 **有害液体物質等**（海防法3条5号）
　有害液体物質及び未査定液体物質をいう。

〔6〕 **廃　棄　物**（海防法3条6号）
　人が不要とした物（油，有害液体物質等及び有害水バラストを除く。）をいう。
　油等を除いた理由は，油等については，不要とすると否とにかかわりなく，その排出を別途に規制しているからである。
　本条において「人が不要とした」とは，人が占有の意思を放棄し，かつ，その所持から離脱せしめることを意味する。したがって，例えば「汚物＝廃棄物」のように物の属性として本来的に定まっているというようなものではなく，物を海洋に排出する時点において，その物が不要物としての性格を客観的に判断できるかどうかという観点から個別に定まってくるものである。

〔7〕 **有害水バラスト**（海防法3条6の2号）
　水中の生物を含む水バラストであって，水域環境の保全の見地から有害となるおそれがあるものをいう。

〔8〕 **オゾン層破壊物質**（海防法3条6の3号）
　オゾン層を破壊する物資をいう（海防令1条の5　別表第1の3）。

〔9〕 **排　出　ガ　ス**（海防法3条6の4号）
　船舶において発生する物質であって大気を汚染するものとして，窒素酸化物，硫黄酸化物及び揮発性有機化合物（海防法19条の23・1項）及びオゾン層破壊物質をいう。

〔10〕 **排　　　出**（海防法3条7号）
　物を海洋に流し，又は落とすことをいう。
　MARPOL73/78条約の定義では，「排出」とは，「有害物質又は有害物質を含有する混合物についていうときは，原因のいかんを問わず船舶からのすべての流出をいい，いかなる流出，処分，漏出，吸排又は放出をも含む。」とされており，これは過失による排出をも規制する趣旨と解されている。この法律にお

いても同様な意義であり，油，有害液体物質等及び廃棄物の排出については，過失も罰せられる。

〔11〕 **海底下廃棄**（海防法3条7の2号）
　物を海底の下に廃棄すること（貯蔵することを含む。）ことをいう。

〔12〕 **放　　出**（海防法3条7の3号）
　物を海域の大気中に排出し，又は流出させることをいう。

〔13〕 **焼　　却**（海防法3条8号）
　海域において，物を処分するために燃焼させることをいう。したがって，燃料等のように処分以外の目的のために利用されるものを燃焼させることは，焼却には該当しない。

〔14〕 **タンカー**（海防法3条9号）
　その貨物艙の大部分がばら積みの液体貨物の輸送のための構造を有する船舶及びその貨物艙の一部分がばら積みの液体貨物の輸送のための構造を有する船舶であって該当貨物艙の一部分の容量が200m^{3}以上であるもの（これらの貨物艙が専らばら積みの油以外の貨物の輸送の用に供されるものを除く。）をいう。

　昭和58年の改正により，従来のタンカーに加えて，白ものタンカー及び兼用タンカーもタンカーとして取り扱われている。

〔15〕 **海洋施設**（海防法3条10号，海防令1条の6）
　海域に設けられる工作物で，政令で定めるものをいう。ただし，固定施設により当該工作物と陸地との間を人が往来できるもの及び専ら陸地から油又は廃棄物を排出するため陸地に接続して設けられるものは除かれている。具体的に海洋施設に該当するのは，以下に掲げる工作物である。
　① 人を収容することができる構造を有する工作物
　② 物の処理，輸送又は保管の用に供される工作物
　したがって，シーバース，石油掘削塔，有人灯標，海中居住基地等のように，人が作業をしたり居住したりする工作物は，海洋施設である。また，海域に設けられたもの及び海中倉庫のように保管のために設けられた施設等も海洋施設である。

〔16〕 **航　空　機**（海防法3条11号）
　航空法2条1項に規定する航空機をいう。具体的には，人が乗って航空の用に供することができる飛行機，回転翼航空機（ヘリコプター），滑空機（グライダー），飛行船等である。

〔17〕 **ビ ル ジ**（海防法3条12号）
　船底にたまった油性混合物をいう。

〔18〕 廃　　　油（海防法3条13号）
　船舶内において生じた不要な油をいう。したがって，陸上の施設において生じたものは「不要な油」であっても，本法でいう「廃油」ではない。
　廃油に該当するものは，ビルジ，ダーティーバラスト，タンク洗浄水，油性スラッジ等。
〔19〕 廃油処理施設（海防法3条14号）
　廃油の処理（廃油が生じた船舶内でする処理を除く。以下同じ。）の用に供する設備の総体をいう。
〔20〕 廃油処理事業（海防法3条15号）
　一般の需要に応じ，廃油処理施設により廃油の処理をする事業をいう。したがって，「一般の需要」に応じて廃油を処理しないもの，すなわち，自己の需要又はこれに準ずる特定の需要に応じるためにする廃油の処理は，廃油処理事業には該当しない。
〔21〕 海洋汚染等（海防法3条15の2号）
　海洋の汚染並びに船舶から放出される排出ガスによる大気の汚染及びオゾン層の破壊をいう。
〔22〕 危　険　物（海防法3条16号，海防令1条の8）
　原油，液化石油ガスその他の政令（海防令1条の8　別表1の4）で定める引火性の物質をいう。具体的には，以下に掲げる性状を有する物質である。
(1) 温度20度，圧力1気圧において液体又は固体である物質であって，日本工業規格K2265の4.2又は4.3に適合する方法により試験したときの引火点が61度以下であるもの。
(2) 温度20度，圧力1気圧において気体である物質であって，当該物質と空気との混合物が燃焼する状態における当該物質の最小の濃度（爆発下限界）が体積百分率13％以下であるもの又は当該混合物が燃焼する状態における当該物質の最大の濃度と最小の濃度の差（爆発範囲）が体積百分率12％以上であるもの。
〔23〕 海　上　災　害（海防法3条17号）
　油若しくは有害液体物質等の排出又は海上火災（海域における火災をいう。）により人の生命若しくは身体又は財産に生ずる被害をいう。
　なお，「海域」及び「海洋」についての定義はないが，海域とは海の広がりを捉えた概念であり，その範囲は，海面及びその上下におよび，海洋とは，海水，水産動植物，海底地形等を含んだ実存する海そのものをいう。海域及び海洋の範囲は，社会通念上，海とみなされているところであるが，具体的には，

陸地との境界は最高満潮線をその接点として考えるのが適当である。

〔24〕 **海洋環境の保全等**（海防法3条18号）

海洋環境の保全並びに船舶から放出される排出ガスによる大気の汚染及びオゾン層の破壊に係る環境の保全をいう。

具体的には，船舶の機関から発生する窒素・硫黄酸化物の排出の規制に適合した原動機の使用，使用される燃料油に含まれる硫黄分の濃度，その他の品質について規定，船上焼却装置に関する規制等により，大気汚染防止を図っている。

第3章　船舶からの油の排出の規制

第1節　船舶からの油の排出の禁止（海防法4条）

原則として，「いかなる人」も，「すべての海域」において「すべての船舶」から油を排出することが禁止されている（海防法4条1項）。

(1) 緊急避難又は不可抗力的な場合
   ① 「船舶の安全を確保するため」又は「人命を救助するため」に油を排出する場合（海防法4条1項1号）。
   ② 船舶が損傷するなどのやむを得ない原因によって，油が排出された場合において，引き続く油の排出を防止するための可能な措置をとった場合（海防法4条1項2号）。
(2) 船舶からのビルジその他の油を表2—1，2—2，2—3の条件に従って排出する場合（海防法4条2項，同令1条の8）。
(3) タンカーからの貨物油を含む水バラスト等を表2—4の条件に従って排出する場合（海防法4条3項，同令1条の9）。
(4) 海洋の汚染の防止に関する試験，研究又は調査のためにする船舶からの油の排出であって，あらかじめ海上保安庁長官の承認を受けてするもの（海防法4条4項，5項）。

表2—1　船舶からのビルジその他の油の排出基準（平成19年1月1日以降）

	一般海域	南極海域以外の特別海域（地中海，バルティック海，黒海，北西ヨーロッパ海）	南極海域
すべての船舶	以下の条件に従って排出可。 ・希釈しない場合の油分濃度が15ppm以下 ・航行中であること ・排出防止装置を作動させていること		排出不可

表2—2　一般海域において排出する場合の排出防止装置

総トン数1万トン以上の船舶	・油水分離装置 ・ビルジ用濃度監視装置
総トン数1万トン未満のタンカー	・油水分離装置（燃料油タンクに積載した水バラストを排出する場合にあっては，油水分離装置及びビルジ用濃度監視装置）
総トン数100トン以上1万トン未満の非タンカー	
総トン数100トン未満の非タンカー	

表2—3　南極海域以外の特別海域において排出する場合の排出防止装置

総トン数400トン以上の船舶		・油水分離装置 ・ビルジ用濃度監視装置
総トン数400トン未満の船舶	タンカー	・油水分離装置（燃料油タンクに積載した水バラストを排出する場合にあっては，油水分離装置及びビルジ用濃度監視装置）
	非タンカー	

表2—4　タンカーからの貨物油を含む水バラスト等の排出基準

一般海域
(1) 以下の条件に従って排出する場合
　① 油分の総排出量が直前の航海において積載されていた貨物油の総量の3万分の1以下であること。
　② 油分の瞬間排出量率が30リットル／海里以下であること。
　③ 領海基線から50海里を超えていること。
　④ 航行中であること。
　⑤ 海面より上の位置から排出すること（ただし，スロップタンク以外のタンクで油水分離したものを油水境界面検出器により汚染水が海域に排出されないことを確認した上で重力排出する場合は，海面下に排出することができる）。
　⑥ 水バラスト等排出防止設備のうち一定の装置を作動させていること（総トン数150トン未満のタンカー，150トン以上であって，専らアスファルトその他の比重が1.0以上の油を輸送するもの及びばら積みの液体貨物輸送のための構造を有するものであって油の輸送のための貨物艙の容量が1000立方メートル未満のものにあっては，バラスト用油排出監視制御装置，その他のタンカーにあっては，バラスト用油排出監視制御装置及びスロップタンク装置）。
(2) クリーンバラスト（規則8条の2）を排出する場合
　海面より上の位置から排出すること。ただし，排出直前に当該水バラストが油により汚染されていないことを確認した場合は，海面下に排出することができる（港及び沿岸の係留施設以外で排出する場合は，重力排出に限る）。

第2節　油による海洋の汚染の防止のための設備等（海防法5条）

　海洋環境を保全する見地から，油の排出基準を機械的に担保することができ

る設備の設置が義務づけられている。すべての船舶の船舶所有者(船舶が共有されているときは,船舶管理人,貸し渡されているときは船舶借入人をいう。以下同じ。)は,以下に定める設備等を設置しなければならない。

〔1〕 **ビルジ等排出防止設備**(海防法5条1項,技術基準4条)
　船内にある油が船底に流入することを防止するか,又はビルジ等を船内で貯蔵若しくは処理するための設備であって,船舶の区分,大きさ等に応じて,以下のものから構成される。
(1)　油水分離装置(技術基準5条)
　　排水中の油分濃度15ppm(排水1万立方メートル当たり0.15立方センチメートル)以下とする性能を有するもの(すべての船舶)。
(2)　スラッジ貯蔵装置(技術基準6条)
　　機関の種類,航海の長さ等に応じた十分な容量のスラッジタンク,陸上への排出管及び標準排出連結具を備えるもの(総トン数400トン以上の船舶)。
　　なお,「スラッジタンク」とは,IMO(MEPC/Circ. 235)において,以下のように規定されており,船舶の機関の型式及び航海期間を考慮して,それぞれの機関区域内に容量の基準を満足する1個又は複数個のタンクを設置しなければならない。
　①　分離スラッジタンク
　　　条約附属書Ⅰ第17規則及び統一解釈(第27回MEPCにおいて採択された第17規則の統一解釈をいう。以下同じ。)により,総トン数400トン以上の船舶に必ず設置しなければならないタンクであって,分離スラッジを加熱して(燃料油がA重油又は洗浄を必要としない重油若しくは軽油の場合を除く。)貯蔵するタンクをいう。具体的には,燃料油分離スラッジタンク(F. O. Separated Sludge Tank),潤滑油分離スラッジタンク(L. O. Separated Sludge Tank),ビルジ分離スラッジタンク(Bilge Separated Sludge Tank)等が該当する。
　②　ドレン・漏油タンク
　　　条約附属書Ⅰ第17規則及び統一解釈により,総トン数400トン以上の船舶に,機関区域の設備の配置状況に応じて分離スラッジタンクのほかに付加的に設置する任意のタンクをいう。
　③　廃油タンク
　　　条約附属書Ⅰ第17規則及び統一解釈により,分離スラッジタンクのほかに付加的に設置する任意のタンクであって,航海中における潤滑油の交換により廃棄される潤滑油等の廃油を貯蔵するタンクをいう。

(3) ビルジ用濃度監視装置（技術基準7条）

　　油分濃度15ppm（排水1万立方メートル当たり0.15立方センチメートル）を超えた場合に，可視可聴の警報を発し，排水を自動的に船外から船内に切り替えることができる装置を備えているもの（総トン数1万トン以上の船舶）。

(4) ビルジ貯蔵装置（技術基準8条）

　　船舶の大きさ，航海の長さに応じた十分な容量のビルジタンク及びビルジをビルジタンクに送り込み，かつ，陸上へ移送する管装置を備えるもの。ただし，専らビルジ等を受入施設へ廃棄する船舶であって，陸地から12海里以内を航行する総トン数400トン未満の船舶等は，(1)から(3)までの装置に代えてビルジ貯蔵装置を備えることができる（技術基準4条3項）。

〔2〕　水バラスト等排出防止設備（海防法5条2項，技術基準9条）

　貨物油を含む水バラスト等を船内で貯蔵又は処理するための設備で，以下のものから構成される。

(1) スロップタンク装置（技術基準13条）

　　スロップタンクの容量は，貨物艙の容積の3％以上であり，すべての水バラスト等をスロップタンクに移送するために必要なポンプと配管を有し，これに備える油水境界面検出器の精度は25mm以内のもの（国際航海に従事する総トン数150トン以上のタンカー）。

(2) バラスト用油排出監視制御装置（技術基準11条）

　　排水中の油分の瞬間排出率，油分の総排出量の連続記録，可視可聴警報等の機能を有し，排出基準を超えたとき排出を自動的に停止できるもの。ただし，総トン数150トン以上のタンカーであって，専らいずれか一の国の領海の基線から50海里以内の海域を航行するもの（国際航海に従事するものを除く。），専らアスファルトその他の比重が1.0以上の油を輸送するもの，及び貨物艙の一部分がばら積みの液体貨物の輸送のための構造を有するものであって油の輸送のための貨物艙の容積が1000立方メートル未満のものを除く。

(3) 水バラスト等排出管装置（技術基準10条）

　　水バラスト等を船外へ排出するための管系は，水バラスト等を受入施設へ廃棄するための排出用マニホールドにあっては暴露甲板上の両舷に，海洋に排出するための排出口にあっては喫水線上に設けたもの（すべてのタンカー）。

〔3〕　分離バラストタンク（海防法5条3項，技術基準14条，15条）

　タンカーのばら積み液体用の貨物艙及び燃料油タンクから完全に分離された水バラスト積載専用のタンクをいう。喫水を$0.02L+2.0$（メートル）以上とする（Lは船の長さ（メートル））等，必要な容積を有するものでなければならず，

また，海防法5条の2では，貨物艙を保護するためにこれらを配置するように規定している（載貨重量トン数2万トン以上の原油タンカー及び同3万トン以上の精製油運搬船）。

〔4〕 貨物艙原油洗浄設備（海防法5条3項，技術基準14条，16条）

原油により貨物艙を洗浄するための設備をいう。自動洗浄機能を有し，作業状況を貨物艙外部に表示できる機能を有し，かつ，ポンプは十分な圧力及び吐出量を有するものでなければならない（載貨重量トン数2万トン以上の原油タンカー）。

さらに詳細な規定に関しては，「海洋汚染等及び海上災害の防止に関する法律の規定に基づく船舶の設備等に関する技術上の基準等に関する省令」を参照のこと。その内容は，原則として，MARPOL73/78条約を骨子とし，IMOでの関連決議事項を取り入れたものとなっている。

第3節 タンカーの貨物艙及び分離バラストタンクの設置方法
（海防法5条の2，技術基準17条～20条）

海防法5条においては，通常の航行において生じるビルジ等又は貨物油を含む水バラスト等を貯蔵又は処理するための設備について規定されているが，この条では，タンカーが衝突，乗揚げその他の事由により船舶に損傷が発生した場合に，大量の油が流出することを防止するため，タンカーの貨物艙及び分離バラストタンクの設置方法を規制することを目的としている。その具体的な基準は，「海洋汚染等及び海上災害の防止に関する法律の規定に基づく船舶の設備等に関する技術上の基準等に関する省令」に規定されている。

〔1〕 貨物艙の構造及び配置の基準

(1) 容量等（技術基準17条1号）

載貨重量トン数5,000トン以上のタンカーのすべての貨物艙の大きさ及びこれらの配置は，貨物油量（貨物艙及びスロップタンク並びにこれらの区域にある燃料油タンクをいう。以下同じ。）のそれぞれの容積の98％の量を合計したものをいう。

衝突等による船体損傷及び乗揚げ，座礁等によって損傷した貨物艙から流出する仮想流出量（OM，技術基準18条）が，限界流出量を超えてはならない。

貨物油量	限界流出量
20万 m^3 未満	0.015C
20万 m^3 以上40万 m^3 未満	$0.012C + 0.003/200,000(400,000 - C)C$

40万 m³以上	0.012C
備考：Cは，貨物油量（m³）	

(2) 貨物艙の縦方向の長さ（技術基準17条4号）

　載貨重量トン数5,000トン未満のタンカーの貨物艙の縦方向の長さは，貨物艙の種類及び縦通隔壁の配置に応じ，次の表のサイズを超えてはならない。

船側外板又は船側内側外板に隣接する貨物艙	2以上の縦通隔壁がある場合	0.2L
	1の縦通隔壁がある場合	(0.25(bi/B)+0.15) L
	bi/Bが1/5以上であって縦通隔壁がない場合	0.2L
	bi/Bが1/5未満であって縦通隔壁がない場合	(0.5(bi/B)+0.1) L
船側貨物艙以外の貨物艙	bi/Bが1/5以上の場合	0.2L
	bi/Bが1/5未満であって中心線縦通隔壁がある場合	(0.25(bi/B)+0.15) L
	bi/Bが1/5未満であって中心線縦通隔壁がない場合	(0.5(bi/B)+0.1) L

備考：
Lは，船の長さ（m）
biは，夏季満載喫水線の水平面において船速外販から船体中心線に直角に測った距離（m）
Bは，船の幅（m）

(3) 貨物艙の配置基準

　衝突及び座礁等により船体が損傷した際における大量の油の流出事故を未然に防止するため，船体の外板から基準に定める防護距離をもって貨物艙を配置し，これによりできた外板と貨物艙とのクリアランスに貨物油及び燃料油を搭載しない区画を配置するものとする。

① 載貨重量トン数600トン以上5,000トン未満のタンカー（重質油タンカーを除く。）（技術基準17条5号）

船側外板からの防護距離：w（メートル）

w≧0.4+2.4×DW/20,000　又は0.76メートルのいずれか大きい方以上
　DWは，載貨重量トン数
　　ただし，個々の貨物艙の容積がすべて700m³未満の場合は，船側からの防護距離を持たなくてもよい。

船底外板からの防護距離：h（メートル）

h≧B/15　又は0.76メートルのいずれか大きい方以上
　Bは，船の幅（メートル）

ビルジ部分の取扱い
　船底外板の船体中心線に最も近い平坦な部分におけるモールデット・ラインを延長して得られる線から直角に測った距離が，$h \geq B/15$　又は0.76メートルのいずれか大きい方以上であること。
　Bは，船の幅（メートル）

② 載貨重量トン数600トン以上5,000トン未満の重質油タンカー（平水区域を航行区域とするものを除く。）（技術基準17条6号）

船側外板からの防護距離：w（メートル）
$w \geq 0.4 + 2.4 \times DW/20,000$　又は0.76メートルのいずれか大きい方以上
　DWは，載貨重量トン数
　　ただし，個々の貨物艙の容積がすべて700m^{3}未満の場合は，船側からの防護距離を持たなくてもよい。

船底外板からの防護距離：h（メートル）
$h \geq B/15$　又は0.76メートルのいずれか大きい方以上
　Bは，船の幅（メートル）

ビルジ部分の取扱い
　船底外板の船体中心線に最も近い平坦な部分におけるモールデット・ラインを延長して得られる線から直角に測った距離が，$h \geq B/15$　又は0.76メートルのいずれか大きい方以上であること。
　Bは，船の幅（メートル）

③ 載貨重量トン数5,000トン以上のタンカー（技術基準17条7号）
・ダブルハルタンカー
船側外板からの防護距離：w（メートル）
$w \geq 0.5 + DW/20,000$（2メートルを超える場合にあっては2メートル）又は1メートルのいずれか大きい方以上
　DWは，載貨重量トン数

船底外板からの防護距離：h（メートル）
$h \geq B/15$（2メートルを超える場合にあっては，2メートル）又は1メートルのいずれか大きい方以上
　Bは，船の幅（メートル）

ビルジ部分の取扱い
　型基線からの垂直距離が，hの1.5倍の高さを超える部分についてはw，それ以下の部分についてはh以上の値とする。ビルジ部分が1.5hを超えない場合にあっては，ビルジ部分までをhの値とし，それより

上部の船側部分については w の値とする。
・ミッドデッキタンカー
　船側外板からの防護距離：w（メートル）
　w≧0.5+DW/20,000（2メートルを超える場合にあっては2メートル）又は1メートルのいずれか大きい方以上
　　DW は，載貨重量トン数
　中間デッキの高さ：hd（メートル）
　（B/6 又は 6 メートルのうち大きい方）≦hd≦0.6D
　　B は，船の幅（メートル）
　　D は，船の型深さ（メートル）
　下部貨物艙における貨物の液面高さ：hc（メートル）
　hc≦(dn×ρs×g−Δp)／(1.1×pc×g)
　　dn：想定される貨物積載状態における最小喫水（メートル）
　　ρs：海水の密度（kg/m^3）
　　g：重力加速度（9.81m/s^2）
　　Δp：貨物艙に設ける自動呼吸弁の最大設定圧力（Pa：パスカル）
　　pc：貨物油の最大密度（kg/m^3）
　ビルジ部分の取扱い
　　型基線からの垂直距離が，h の1.5倍の高さを超える部分についてはw，それ以下の部分については貨物艙を垂直にして差し支えない。

(4) ウェルの基準（技術基準17条9号）

　　載貨重量トン数5,000トン以上のタンカーの貨物艙に設けるウェルは，できる限り小さいものであって，船底外板からウェル底面に直角に測った距離が，船の幅の15分の1（2メートルを超える場合は2メートル）又は1メートルのうち，いずれか大きい方の値の2分の1以上であること。

(5) 配　管（技術基準17条10号～12号）

　　①及び②において，貨物艙の大きさ，配置等を制限して，損傷時の大量の油の流出を防止することとしているが，配管の損傷により，損傷を受けなかった貨物艙の油が流出するおそれがあるので，これを防止するため，
・想定する損傷の範囲又は二重底内を通る配管であって貨物艙に開口を有するものについては，当該貨物艙の隔壁又は二重底内に弁，その他の閉鎖装置を備えなければならず，かつ，二重底内を通る配管はできる限り船底外板から離さなければならない。
・載貨重量トン数5,000トン以上のタンカーにあっては，貨物艙に開口を有

する配管は，二重船殻部に配置している分離バラストタンク内に通してはならない。また二重船殻部に配置している分離バラストタンクに開口を有する配管は，貨物艙内に通してはならない。ただし，非常に短い配管であって完全に溶接されているか又は，同等と認められる場合にあっては，相互貫通して差し支えない。

〔2〕 **分離バラストタンクの配置基準**（技術基準20条）

貨物艙を分離バラストタンク等によって，保護し，貨物艙が損傷が受ける確率を少なくするために，技術基準省令15条の規定により，分離バラストタンクを設置するタンカーは，貨物艙区域の船側部分及び船底部分の全体の船体外板に隣接し，かつ，できる限り均等にするように設置することとなっている。ただし，トリム等を考慮して必要となる分離バラストタンク（船首尾タンク等）は，この限りでない。

〔3〕 **現存船に関する経過措置**

ビルジ等排出防止設備，水バラスト等排出防止設備，分離バラストタンク等，貨物艙の技術上の基準等に関する設備について，船舶の建造時期に応じて規則に一部猶予期間が設けられている。さらに詳細な規定に関しては，「海洋汚染等及び海上災害の防止に関する法律の規定に基づく船舶の設備等に関する技術上の基準等に関する省令」の附則を参照。

第4節　油及び水バラストの積載の制限

（海防法5条の3，海防則8条の9～8条の12）

船舶の船首隔壁より前方のタンクに油を積載してはならない。

分離バラストタンクを設置したタンカー等の貨物艙に水バラストを積載すること及び船舶の燃料油タンクに水バラストを積載してはならない。

制限事項	対象船舶等
船首隔壁より前方にあるタンクへの油の積載の制限	総トン数400トン（載貨重量トン数が600トン以上のタンカーにあっては100トン）以上
燃料油タンクへの水バラストの積載の制限	タンカーについては総トン数150トン以上 タンカー以外の船舶については総トン数4,000トン以上 水バラスト積載が認められるのは以下の場合 ①悪天候下において船舶の安全を確保するためやむを得ない場合 ②船舶の復原性を確保するためやむを得ない場合
分離バラストタンクを設置したタンカーの貨物艙への水バラストの積載の制限	貨物艙原油洗浄設備（COW）を設置している場合，あらかじめ貨物艙原油洗浄設備により洗浄された貨物艙に水バラストを積載しなければならない。ただし，貨物艙原油洗浄設備を設置していないタンカーにあってはこの限りでない。

	水バラスト積載が認められるのは以下の場合
	①悪天候下において船舶の安全を確保するためやむを得ない場合
	②ばら積みの固体貨物の輸送のための構造を有するタンカーが港湾荷役機械の下で固体貨物の荷役を行うためやむを得ない場合
	③桁下高の小さい橋その他の障害物の下を安全に航行するためやむを得ない場合
	④港湾、運河等において船舶の安全を確保するため特別の喫水が要求される場合

第5節　分離バラストの排出方法（海防法5条の4，海防則8条の13）

(1) 分離バラストタンク（SBT）からの水バラストの排出は，海面より上の位置から排出しなければならない。
(2) 分離バラストタンクから水バラストを排出する直前に当該水バラストが油により汚染されていないことを確認した場合には，海面下に排出することができる（船舶が港及び沿岸の係留施設以外にある場合にあっては，ポンプを使用することなく排出しなければならない。いわゆる重力排出に限られる。）。

第6節　油濁防止管理者

　貨物油の積込み・移替え，取卸し，水バラストの積込み・排出等の作業の際に，ビルジ等排出防止設備，水バラスト等排出防止設備及びこれらに関連するポンプ，バルブ等を順序正しく的確に操作し，作業を進めていくとともに，これらの設備の保守・点検等に関する業務を実施することは，船舶からの油の不適正な排出を防止するためには重要なことである。こうした観点から，船舶所有者は，船長を補佐して油の不適正な排出の防止に関する業務を統括管理させるための専門家として油濁防止管理者を選任しなければならない（海防法6条）。油濁防止管理者制度は，日本船舶であって総トン数200トン以上のタンカーに適用される。日本船舶以外の船舶について，適用はない。また，総トン数200トン以上のタンカーであっても，引かれ船等（専ら他の船舶に引かれ，又は押されて航行する船舶をいう。以下同じ。）であるタンカー及び係船中のタンカーには油濁防止管理者の選任は不要である（海防則9条）。

〔1〕　油濁防止管理者の備えるべき要件（海防則10条）

　船舶職員及び小型船舶操縦者法（昭和26年法律149号）4条（海技士の免許）の規定による海技士の免許（海技士（通信）及び海技士（電子通信）の資格についての海技免許を除く。）を受けている者であって，以下の①又は②いずれかの要件を満足していなければならない。

　　① タンカーに乗り組んで油の取扱いに関する作業に1年以上従事した経験

を有する者
② 油濁防止管理者を養成する講習として国土交通大臣が定める講習を修了した者

①又は②は，客観的に認められるもので特に認定行為は必要としないが，要件を満たしていることの証明を欲する者は，申請により地方運輸局長（運輸監理部長を含む。）又は沖縄総合事務局長（以下「地方運輸局長」という。）から証明書の交付を受けることができる。油濁防止管理者を養成するための講習は，地方運輸局長等の実施する油濁防止管理者養成講習である。

〔2〕 油濁防止管理者の職務

油濁防止管理者の職務として，具体的には，以下のような業務が挙げられる。
① 油記録簿を記載し，保管すること。
② 油の不適正な排出の防止作業及び油が排出された場合の除去作業に関する必要な指示を乗組員に行うこと。
③ 作業設備，作業方法等に関する油の不適正な排出の防止のための改善意見を船長を経由して船舶所有者に申し出ること。
④ 各種作業に係る作業予定表の作成に当たって船長を補佐すること。
⑤ 作業の開始前，完了後の点検を実施し，その結果を船長に報告すること。
⑥ 作業中の報告を聴取し，作業状況を把握すること。
⑦ 油の例外的な排出があった場合に，その原因を調査し，船長及び各部の主任者に報告すること。
⑧ ビルジ等排出防止設備，水バラスト等排出設備，貨物艙原油洗浄設備その他の油の不適正な排出を防止するための機器について各部の主任者が行った点検及び整備を確認し，その結果を船長に報告すること。
⑨ 利用可能な廃油処理施設に関する情報を収集し，船長に報告すること。
⑩ 油濁防止規程に定められた事項その他必要な事項を自船の乗組員及び乗組員以外で油の取扱いに関する作業を行う者に対して周知及び教育すること。

第7節　油濁防止規程

日本船舶であって総トン数150トン以上のタンカー及び総トン数400トン以上のタンカー以外の船舶であって，国際航海に従事しない推進機関を有しない船舶及び係船中の船舶を除く船舶の所有者は，油濁防止規程を定め，これを船舶内に備え置き，又は掲示しなければならない（海汚法7条）。

油濁防止規程は，油濁防止管理者（油濁防止管理者が選任されていない船舶に

あっては，船長。以下同じ。）の職務に関する事項及び油の排出に関する作業要領その他油の不適正な排出の防止に関する事項を定めるもので，具体的には，以下のような項目がある（海防則11条の２）。
(1) 油濁防止管理者の選任及び解任の手続，職務並びに権限に関する事項（油濁防止管理者を選任すべき船舶に限る。）
(2) 油濁防止規程の変更の際の手続に関する事項
(3) 次の場合において油の不適正な排出の防止のためにとるべき措置に関する事項（タンカー以外の船舶にあっては，①から⑤までに掲げる事項に限る。）
　① 燃料油タンクへの水バラストの積込み及び当該燃料油タンクからの水バラストの排出又は処分
　② 燃料油タンクの洗浄
　③ 油性残留物の処分
　④ ビルジの排出又は処分
　⑤ 燃料油及びばら積みの潤滑油の補給
　⑥ 貨物油の積込み，積替え及び取卸し
　⑦ 貨物艙への水バラストの積込み及び当該貨物艙からの水バラストの排出又は処分
　⑧ 貨物艙の原油洗浄（貨物艙原油洗浄設備を設置するタンカーに限る。）
　⑨ 貨物艙の洗浄
　⑩ スロップタンクからの水の排出
(4) ビルジ等排出防止設備，水バラスト等排出防止設備，貨物艙原油洗浄設備その他の油の不適正な排出防止のための機器の取扱い，点検及び整備に関する事項
(5) 油記録簿への記載，油記録簿の保管その他の油記録簿に関する事項
(6) 廃油処理施設の利用に関する事項
(7) 油の不適正な排出の防止のため船員の遵守すべき事項の周知及び教育に関する事項

　船舶所有者は，乗組員や，タンククリーニング業者等の乗組員以外の者で油の取扱いに関する作業を行う者が常時油濁防止規程に接することができるように，当該規程を船舶内へ備え置き又は掲示しておかなければならない。また，油濁防止管理者は，当該規程に定められた上記事項を乗組員その他の者に周知させなければならない。

第8節　油濁防止緊急措置手引書

　総トン数150トン以上のタンカー及び総トン数400トン以上のタンカー以外の船舶であって，国際航海に従事しない推進機関を有しない船舶及び係船中の船舶を除く船舶の所有者は，油濁防止緊急措置手引書を作成し，これを船舶内に備え置き，又は掲示しなければならない（海防法7条の2，技術基準34条）。

　同手引書には，船舶からの油の不適切な排出があり，又は排出のおそれがある場合において，当該船舶内にある者が直ちにとるべき緊急措置に関する事項，具合的には，連絡先リスト，通報の際に遵守すべき事項，油防除のためにとるべき措置に関する事項などが記載されていなければならない（技術基準35条）。

第9節　油記録簿（海防法8条，海防則11条の3）

　油記録簿は，油の取扱いに関する作業を記録するための一種の帳簿であり，油の取扱いに関する作業を逐一記録させることにより，油の排出が適正に行われるよう作業者に細心の注意を喚起させることを主な目的としている。また，作業が適正に行われたか否かを後日確認するための重要な資料となる。このような観点から，すべての船舶の船長に対して，油記録簿の船内への備付けを義務づけている。ただし，タンカー以外の船舶でビルジが発生することがないものは，油記録簿を備え置く必要はなく，また，引かれ船等にあっては，船長と認められる者が乗り組んでおらず，かつ，船舶内を設置場所にすると紛失のおそれもあるので，引かれ船等の所有者がその事務所に備え付けなければならない。油記録簿の保存期間は3年間である。

　油記録簿を記載する場合の注意事項は，以下のとおり。

(1)　油記録簿への記載は，海防則第1号の11様式の表に掲げる作業を行った場合に，該当する符号を記入し，さらに作業の詳細について時系列に該当する番号及び必要な詳細事項を記載しなければならない。

(2)　完了した作業については，速やかに当該作業の責任者（油濁防止管理者の選任されている船舶にあっては油濁防止管理者，その他の船舶にあっては船長をいう。以下同じ。）が日付を付して署名しなければならない。また，記載が完了したページには，速やかに油濁防止管理者（油濁防止管理者が選任されている船舶に限る。）及び船長が署名しなければならない。

(3)　備考の表に掲げる作業以外の作業であって，当該作業の責任者により記録が必要と判断された事項については，機関区域における作業にあっては符号(I)，貨物油及び水バラストに係る作業にあっては符号(O)を記入したうえで，詳細事項を記載しなければならない。

(4) 油記録簿への記載は，容易に消せない筆記用具（万年筆，ボールペン等は可，鉛筆は不可）により記載し，誤って記載した場合には，誤記内容が確認できるように一本の棒線により抹消し，当該作業の責任者が署名したうえで，正しい記載を追加しなければならない。
(5) 油の取扱いに関する作業が受入施設を利用して行われた場合は，その都度，当該利用に関する事実を証する書類（記載事項(i)沿岸受入施設への移し入れ日，(ii)移し入れ作業の行われた場所，(iii)移し入れた廃油の種類，(iv)移し入れ量）を油記録簿に添付しなければならない。
(6) 国際海洋汚染防止証書を受有する船舶については，日本語に加え，英語，フランス語又はスペイン語により記載しなければならないこととなっているが，この場合であっても時間，単位等を表す数字，記号等（例えば16時30分を「1630」，40時間を「40h」，毎時1海里の速度を「1kt」，北緯5度45分を「5－45N」，1Cタンクを「1C」，100立方メートルを「100m^3」などと記載すること）については，単にその数字，記号等を記載するだけで，また「はい」又は「いいえ」で答えるものについては「Yes」，「Oui」若しくは「Si」又は「No」，「None」若しくは「No」を記載するだけで差し支えない。

第4章　船舶からの有害液体物質等の排出の規制等

第1節　船舶からの有害液体物質の排出の禁止

原則として，「いかなる人」も，「すべての海域」において，「すべての船舶」から有害液体物質を排出することを禁止されている（海防法9条の2・1項）。ただし，以下に述べるような緊急避難又は不可抗力的なもの及び一定の条件に従った場合には，例外的に排出が認められている。

〔1〕　緊急避難又は不可抗力的な場合
(1) 「船舶の安全を確保するため」又は「人命を救助するため」に有害液体物質を排出する場合（海防法9条の2・1項1号）
(2) 船舶が損傷するなどのやむを得ない原因によって有害液体物質が排出された場合において，引き続く有害液体物質の排出を防止するための可能な一切の措置をとった場合（同法9条の2・1項2号）

〔2〕　通風洗浄により洗浄された貨物艙に積載されていた水バラストを排出する場合（海防法9条の2・2項）

通風洗浄が行える有害液体物質及び通風洗浄の具体的な方法は，以下のとおり。

(1) 通風洗浄が行える有害液体物質（海防則12条の2・1項）
　　温度20℃において5キロパスカルを超える蒸気圧を有する有害液体物質
(2) 通風洗浄方法（海防則12条の2・2項）
　① 貨物の取卸しが完了した後，通風洗浄装置を用いて貨物艙の関連管系内を通風すること。
　② 船舶の縦傾斜及び横傾斜を貨物艙に残留する有害液体物質の蒸発が促進される傾斜にし，かつ，通風洗浄装置を用いて貨物艙内を通風すること。
　③ 貨物艙内を通風した後，当該貨物艙に有害液体物質が残留していないことを目視により確認すること。
(3) 事前処理の方法，排出海域及び排出方法（海防令1条の10）
　① 事前処理（海防令別表第1の6）

有害液体物質の区分	事前処理の方法に関する基準
X類物質	①国土交通省令・環境省令で定められた装置を国土交通省令・環境省令で定めるところにより用いて当該貨物艙の底部及び関連管系内に残留する物質を除去すること。 ②当該物質の除去完了後 ・洗浄水中に含まれる当該物質の濃度が1キログラム当たり1グラム以下になるまで貨物艙を洗浄し，かつ，当該洗浄水を当該貨物艙から除去すること。 ・国土交通省令・環境省令で定められた装置を国土交通省令・環境省令で定めるところにより用いて洗浄し，かつ，当該洗浄水を当該貨物艙から除去すること
Y類物質 Z類物質	①国土交通省令・環境省令で定められた装置を国土交通省令・環境省令で定めるところにより用いて当該貨物艙の底部及び関連管系内に残留する当該物質を除去すること。 ②国土交通省令・環境省令で定められた装置を国土交通省令・環境省令で定めるところにより用いて洗浄し，かつ，当該洗浄水を当該貨物艙から除去すること。

　② 排出海域及び排出方法（海防令別表第1の7）

有害液体物質の区分	排出海域に関する基準	排出方法に関する基準
X類物質の事前処理の方法に関する基準に掲げる方法により事前処理が行われた貨物艙に残留する有害液体物質と当該貨物艙に初めて洗浄水又は水バラストとして加えられた水との混合物である有害液体物質	すべての国の領海の基線からその外側12海里以遠であって水深25メートル以上の海域（南極海域を除く。）。	以下の要件に適合する排出方法により排出すること。 ・当該船舶の航行中（引かれ船等にあっては，対水速力4ノット，その他の船舶にあっては対水速力7ノット以上の速力で航行する場合をいう。）に排出すること。 ・海面下に排出すること。 ・有害液体物質排出防止設備のうち環境省令で定める装置を用いて環境省令で定める排出

Y類物質及びZ類物質の事前処理の方法に関する基準の欄に掲げる方法により事前処理が行われた貨物艙に残留する有害液体物質と当該貨物艙に初めて洗浄水又は水バラストとして加えられた水との混合物である有害液体物質（当該残留する有害液体物質の濃度が1キログラム当たり1ミリグラム未満である場合に限る。）	すべての国の領海の基線からその外側12海里以遠であって水深25メートル以上の海域（南極海域を除く。）。	排出方法は限定しない。
Y類物質及びZ類物質を除去した貨物艙に残留する有害液体物質と当該貨物艙に加えられた水との混合物である有害液体物質	南極海域以外の海域	排出方法は限定しない。

第2節　X類物質等に係る事前処理の確認

　有害液体物質の排出につき，海洋環境の保全の見地から，特に注意を払う必要があるものとして定められたもの（X類物質）を排出しようとする者は，その排出に先立って実施する事前処理が一定の基準に適合するものであることについて，海上保安庁長官又は海上保安庁長官の登録を受けた者（登録確認機関）の確認を受けなければならない（海防法9条の2・4項，海防令1条の10，1条の11）。

第3節　有害液体物質による海洋の汚染の防止のための設備等

〔1〕　有害液体物質排出防止設備（海防法9条の3・1項，技術基準21条）

　海洋環境を保全する見地から，有害液体物質の排出基準は，確実に遵守される必要があるが，このためには，排出基準の遵守を船舶の運航者の行為に委ねるのではなく，排出基準を機械的に担保するための設備の設置を義務づける必要性から，本項が設けられている。有害液体物質を積載した貨物艙及び関連管系内に残留する有害液体物質の量を少なくするため又は有害液体物質を含む水バラスト等を船内で貯蔵若しくは処理するための有害液体物質排出防止設備を設置しなければならない。有害液体物質排出防止設備は，積載する有害液体物質の区分に応じて以下の装置から構成される。

　①　予備洗浄装置（技術基準22条）

貨物の取卸しが行われた後，貨物艙を真水等で洗浄するもの（X類物質等，Y類物質等及びZ類物質等を積載する貨物艙。ただし，X類物質等を積載する貨物艙にあっては専ら濃度測定による事前処理を行うもの，Y及びZ類物質等を積載する貨物艙にあっては専らストリッピングによる事前処理を行うものを除く。）。

② 有害液体物質水バラスト等排出管装置（技術基準23条）

水バラスト等を受入施設へ移し替えるための排出口を有し，排出用マニホールドを暴露甲板上の両舷に設けたもの（すべての有害液体物質ばら積船）。

③ 喫水線下排出装置（技術基準24条）

喫水線下に位置し，排水口の口径 $D = (Q_d \sin\theta)/5\ell$（メートル）以上とする等，有害液体物質を含んだ水バラスト等を海洋へ排出し，すみやかに拡散させるもの（X類物質，Y類物質及びZ類物質を積載する有害液体物質ばら積船であって，海防令別表1の7・1号から3号までの排出基準により排出を行うもの）

　D：排水口の口径（メートル）

　Q_d：排水ポンプの1時間当たりの最大排出量（立方メートル）

　θ：排水用配管の船体外板に対する取付角

　ℓ：船首垂線から喫水線下排水口までの距離（メートル）

④ 通風洗浄装置（技術基準25条）

貨物の取卸しが行われた後，貨物艙を機械的な通風により洗浄し，洗浄の状態を確認できるもの（通風洗浄により貨物艙の事前処理を行う有害液体物質ばら積船）

⑤ ストリッピング装置（技術基準27条）

貨物艙及び関連管系内に残留する有害液体物質を一定の基準（0.075立方メートル以下）とする性能を有するもの（X類物質等，Y類物質等又はZ類物質等の輸送の用に供される有害液体物質ばら積船）

⑥ 専用バラストタンク（技術基準29条）

貨物艙及び燃料油タンクから完全に分離された水バラスト積載専用のタンクで，船体中央の喫水を0.023L＋1.550（メートル）以上，船尾トリムを0.013L＋1.600（メートル）以下，プロペラは完全に水没していること等，必要な容量を有するもの

さらに詳細な規定は，「技術基準」を参照。その内容は原則としてMARPOL73/78条約附属書Ⅱ及び有害液体物質の排出のための方法及び設備の基準を骨子としている。

〔2〕 **有害液体物質ばら積船の貨物艙の構造及び配置の基準**（海防法9条の3・3項，技術基準31条，32条）

　X類物質，Y類物質及びZ類物質等であって告示で定める物質を輸送する有害液体物質ばら積船（危険物船舶運送及び貯蔵規則（昭和32年運輸省令30号）308条で規定するタイプ1船の船に該当する有害液体物質ばら積船）の貨物艙は，衝突，乗揚げその他の事由により損傷した場合に，大量の有害液体物質が流出するのを防止するため，貨物艙の配置基準を規定している。その具体的な基準は，「技術基準」に規定されているが，概略は，貨物艙がいずれの箇所においても船側外板から760ミリメートル以上の距離にあり，かつ，夏季満載喫水線の水平面における当該外板からの距離が船の幅の5分の1の値又は11.5メートルのうち，いずれか小さい方の値以上でなければならない。

　また，型基線からの垂直距離が船の幅の15分の1の値又は6メートルのうち，いずれか小さい方の値でなければならない。

〔3〕 **有害液体物質ばら積船に係る経過措置**

(1)　平成19年1月1日以前に建造され又は建造に着手された船舶である有害液体物質ばら積船（以下「現存船」という。）であって専らZ類物質等を輸送する船舶は喫水線下排出装置を設置することを要しない。

(2)　現存船であって国際航海に従事しない船舶は，平成19年1月1日以後最初に行われる定期検査又は中間検査が開始される日（平成19年1月1日後に新たに有害液体物質ばら積船となる船舶にあっては平成22年3月31日）までは，有害液体物質排出防止設備を設置することを要しない。

(3)　現存船であって，昭和61年7月1日以後に建造され又は建造に着手された船舶に設置するストリッピング装置について，ストリッピング残留量の規定に関し，「0.075立方メートル」とあるところ，X類物質又はY類物質等の輸送の用に供される貨物艙の場合「0.1立方メートル」，Z類物質の場合「0.3立方メートル」とする。

(4)　現存船であって専ら有害液体物質のうち危険物船舶運送及び貯蔵規則2条1号の2のロに規定する液体化学薬品以外のものを輸送するものに設置するストリッピング装置について，残留量の規定である「0.075立方メートル」は適用しない。

　それぞれの項目に関して，当該特定改造が開始された日以後はこの限りでない。

第4節　有害液体汚染防止管理者，有害液体汚染防止規程及び有害液体汚染防止緊急措置手引書（海防法9条の4）

　日本船舶であって総トン数200トン以上の有害液体物質を輸送する船舶（引かれ船等は除く（海防則12条の2の5）。）の所有者は，当該船舶に乗り組む船舶職員のうちから，船長を補佐して有害液体物質の不適正な排出の防止に関する業務の管理を行わせるための専門家として有害液体汚染防止管理者を選任するとともに，有害液体汚染防止規程を定め，これを船舶内に備え置き，又は掲示しておかなければならない。

〔1〕　有害液体汚染防止管理者の備えるべき要件（海防則12条の2の6）
　油濁防止管理者と同様，海技士の免許（海技士（通信）及び海技士（電子通信）の資格についての海技免許を除く。）を受けている者であって，次の(1)又は(2)のいずれかの要件を満足していなければならない。
(1)　有害液体物質を輸送する船舶に乗り組んで有害液体物質の取扱いに関する作業に1年以上従事した経験を有する者
(2)　有害液体汚染防止管理者を養成する講習として国土交通大臣が定める次の講習を修了した者
　①　独立行政法人海上災害防止センターの行う消防実習（石油のみを対象とするものを除く。）。さらに，併せて以下に掲げるいずれかの講習を修了しなければならない。
　　(a)　日本タンカー協会が昭和43年9月17日から昭和51年3月5日までの間に行ったタンカー安全研修会
　　(b)　船員災害防止協会の行うタンカー安全担当者講習会
　　(c)　財団法人日本船舶職員養成協会の行うタンカー安全担当者講習会
　　(d)　財団法人尾道海技学院の行うタンカー安全担当者講習会
　　(e)　財団法人関門海技協会の行うタンカー安全担当者講習会
　②　財団法人日本船員福利雇用促進センターの行うタンカー研修（実習に係る部分について石油のみを対象とするものを除く。）
　③　独立行政法人海上災害防止センターの行う海上防災訓練標準コース（実習に係る部分について石油のみを対象とするものを除く。）
　④　独立行政法人海上災害防止センターの行う海上災害訓練指揮運用コース（平成元年2月20日以降行われたものに限る。）
　⑤　独立行政法人海上災害防止センターの行う有害物質コース
　(1)又は(2)は客観的に認められているもので，特に認定行為は必要としないが，要件を有していることの証明を欲する者は，申請により地方運輸局長等から証

明書の交付を受けることができる。

〔2〕 有害液体汚染防止管理者の職務

　有害液体汚染防止管理者の職務として，具体的には，以下のような業務が挙げられる。

(1) 有害液体物質記録簿を記載し，保管すること。
(2) 有害液体物質の不適正な排出の防止作業に関する必要な指示を乗組員に行うこと。
(3) 作業設備，作業方法等に関する有害液体物質の不適正な排出の防止のための改善意見を船長を経由して船舶所有者に申し出ること。
(4) 各種作業に係る作業予定表の作成に当たって船長を補佐すること。
(5) 作業の開始前，完了後の点検を実施し，その結果を船長に報告すること。
(6) 作業中の報告を聴取し，作業状況を把握すること。
(7) 有害液体物質の例外的な排出があった場合に，その原因を調査し，船長及び各部の主任者に報告すること。
(8) 有害液体物質排出防止設備その他の有害液体物質の不適正な排出の防止のための機器について，各部の主任者が行った点検及び整備を確認し，その結果を船長に報告すること。
(9) 利用可能な廃有害液体物質等処理施設に関する情報を収集し，船長に報告すること。
(10) 有害液体汚染防止規程に定められた事項その他必要な事項を自船の乗組員及び乗組員以外で有害液体物質の取扱いに関する作業を行う者に対して周知及び教育すること。

〔3〕 有害液体汚染防止規程（海防則12条の2の28）

　有害液体汚染防止規程とは，有害液体汚染防止管理者の業務に関する事項及び有害液体物質の取扱いに関する作業要領その他有害液体物質の不適正な排出の防止に関する事項を定めるもので，具体的には以下のような項目がある。

(1) 有害液体汚染防止管理者の選任及び解任の手続，職務並びに権限に関する事項
(2) 有害液体汚染防止規程の変更の際の手続に関する事項
(3) 次の場合において，有害液体物質の不適正な排出の防止のためにとるべき措置に関する事項
　① 貨物の積込み，積替え及び取卸し
　② 貨物艙の通風洗浄
　③ 貨物艙の事前処理

④ 貨物艙への水バラストの積込み及び当該貨物艙からの水バラストの排出又は処分
⑤ 貨物艙の洗浄（②及び③に掲げるものを除く。）及び当該貨物艙又は洗浄水を移し入れたタンクからの洗浄水の排出又は処分
⑥ 事故その他の理由による例外的な有害液体物質の排出

(4) 有害液体物質排出防止設備その他の有害液体物質の不適正な排出の防止のための機器取扱い，点検及び整備に関する事項
(5) 有害液体物質記録簿への記載，有害液体物質記録簿の保管その他有害液体物質記録簿に関する事項
(6) 事故その他の理由により大量の有害液体物質が排出し，又は排出のおそれがある場合における関係行政機関その他の関係者との連絡に関する事項
(7) 廃有害液体物質等処理施設の利用に関する事項
(8) 有害液体物質の不適正な排出の防止のため船員の遵守すべき事項の周知及び教育に関する事項

　船舶所有者は，有害液体物質の取扱いに関する作業を行う乗組員や乗組員以外の者が常時有害液体汚染防止規程に接することができるように当該規程を船舶内に備え置き又は掲示しておかなければならない。また，有害液体汚染防止管理者は，有害液体汚染防止規程に定められた上記事項を乗組員その他の者に周知しなければならない。

〔4〕 有害液体汚染防止緊急措置手引書

　平成15年1月1日より，有害液体物質を輸送する総トン数150トン以上の船舶の船舶所有者は，有害液体汚染防止緊急措置手引書を作成し，これを船舶内に備え置き，又は掲示しなければならない。

　同手引書には，船舶からの有害液体物質の不適正な排出があり，又は排出のおそれがある場合において，当該船舶内にある者が直ちにとるべき緊急措置に関する事項，具体的には，連絡先のリスト，通報の際に遵守すべき事項，有害液体物質の防除のためにとるべき措置に関する事項などが記載されていなければならない。

第5節　有害液体物質記録簿（海防法9条の5，海防則12条の2の30）

　有害液体物質記録簿は，有害液体物質の取扱いに関する作業を記録するための一種の帳簿であり，有害液体物質の取扱いに関する作業を逐一記録させることにより，有害液体物質の排出が適正に行われるよう作業者に細心の注意を喚起させることを主な目的としている。また，作業が適正に行われたか否かを後

日確認するための重要な資料ともなる。このような観点から，すべての有害液体物質を輸送する船舶の船長に対して有害液体物質記録簿の船舶内への備付けを義務づけている。ただし，引かれ船等にあっては船長と認められる者が乗り込んでおらず，かつ，船舶内を設置場所にすると紛失のおそれがあることから，引かれ船等の所有者がその事務所に備え付けなければならない。なお，有害液体物質記録簿の保存期間は，油記録簿と同様3年間である。有害液体物質記録簿への記載をする場合の注意事項は以下のとおり。

(1) 有害液体物質記録簿への記載は，海防則1号の12様式の表に掲げる作業を行った場合に，該当する符号を記入し，さらに作業の詳細について時系列に該当する番号及び必要な詳細事項を記載しなければならない。

(2) 完了した作業については，すみやかに当該作業の責任者（有害液体汚染防止管理者の選任されている船舶にあっては有害液体汚染防止管理者，その他の船舶にあっては船長をいう。以下同じ。）が日付を付して署名しなければならない。また，記載が完了したページには，すみやかに有害液体汚染防止管理者（有害液体汚染防止管理者が選任されている船舶に限る。）及び船長が署名しなければならない。

(3) 備考の表に掲げる作業以外の作業であって，当該作業の責任者により記録が必要と判断された事項については，符号(K)を記入したうえで，詳細事項を記載しなければならない。

(4) 有害液体物質記録簿への記載は，容易に消せない筆記用具（万年筆，ボールペン等は可，鉛筆は不可）により記載し，誤って記載した場合には，誤記内容が確認できるよう1本の棒線により抹消し，当該作業の責任者が署名したうえで正しい記載を追加しなければならない。

(5) 有害液体物質の取扱いに関する作業が受入施設を利用して行われた場合は，その都度，当該利用に関する事実を証する書類（記載事項(i)沿岸受入施設への移し入れ日，(ii)移し入れ作業の行われた場所，(iii)移し入れた廃有害液体物質の名称及び分類，(iv)移し入れ量）を有害液体物質記録簿に添付しなければならない。

(6) 油記録簿と同様に，国際海洋汚染防止証書を受有する船舶については，日本語に加え英語，フランス語又はスペイン語により記載しなければならない。

第6節　未査定液体物質（海防法9条の6）

(1) 船舶からの未査定液体物質の排出の禁止

「船舶の安全の確保」又は「人命を救助するため」等のやむを得ない事由によるものを除き，何人も，どの海域においても，船舶から有害液体物質を

(2) 未査定液体物質の輸送の届出（海防法9条の6・2項）

　未査定液体物質を船舶により輸送しようとする者は，あらかじめ，以下の事項を記載した届出書を地方運輸局（神戸運輸監理部を含む。）を経由して国土交通大臣に提出しなければならない（海防則12条2の31）。

　一方，当該届出を受理した国土交通大臣は，環境大臣にその旨を通知し，環境大臣は，その物質が海洋環境の保全の見地から有害であるかどうか，すみやかに査定を行うとともに，その結果を告示することとなっている。なお，この告示により，当該未査定液体物質は有害液体物質（X，Y，Z類）又は無害物質のいずれかとして取り扱われる（海防法9条の6・3項）。

① 氏名又は名称及び住所（法人にあっては，その代表者の氏名及び住所）
② 当該未査定液体物質を輸送する船舶の船舶番号，船名，総トン数及び航行区域
③ 当該未査定液体物質の名称，構造式又は示性式及び量
④ 当該未査定液体物質の積込港及び揚荷港並びに当該未査定液体物質を輸送する船舶の航行経路
⑤ 輸送予定年月日
⑥ 荷送人の氏名又は名称及び住所（法人にあってはその代表者の氏名及び住所）

第7節　登録確認機関（海防法9条の7，海防則12条の2の32）

　登録確認機関とは，有害液体物質を排出する前に行う事前処理が一定の基準に適合することの確認を海上保安庁長官に代わって実施する機関をいい，登録を申請した者がある一定の要件すべてに適合した場合に，海上保安庁長官がその者を登録することとなっている。

第5章　有害水バラストの排出の規制等

第1節　船舶からの有害水バラストの排出の禁止

　原則として，「いかなる人」も，「すべての海域」において「すべての船舶」から有害水バラストを排出することが禁止されている（海防法17条1項）。ただし，以下に述べるような緊急避難又は不可抗力的なもの及び一定の条件に従って排出する場合には，例外的に認められている。

〔1〕 緊急避難又は不可抗力的な場合
(1) 「船舶の安全を確保するため」又は「人命を救助するため」に廃棄物を排出する場合（海防法17条1項1号）
(2) 船舶の損傷その他やむを得ない原因により有害水バラストが排出された場合において引き続く有害水バラストの排出を防止するための可能な一切の措置をとった場合（海防法17条1項2号）

〔2〕 一定の条件に従って排出する場合
(1) 日本国領海等又は公海のみを航行する船舶からの有害水バラストの排出（海防法17条2項1号）
(2) 排出海域その他の事項が海洋環境の保全の見地から有害となるおそれがないものとして政令で定める基準に適合する有害水バラストの排出（海防法17条2項2号）
(3) 2004年の船舶のバラスト水及び沈殿物の規制及び管理のための国際条約の締結国である外国（以下，「船舶バラスト水規制管理条約締約国」という。）のうち一の国の内水，領海若しくは排他的経済水域又は公海のみを航行する船舶からの当該船舶バラスト水規制管理条約締約国の法令に従ってする有害水バラストの排出（海防法17条2項3号）
(4) 2以上の船舶バラスト水規制管理条約締約国間において海洋環境の保全の見地から有害となるおそれがないものとして合意されて行われる当該船舶バラスト水規制管理条約締約国の内水，領海又は排他的経済水域における有害水バラストの排出であって当該排出に関し政令で定める要件に適合するもの（海防法17条2項4号）
(5) 有害水バラストの排出による海洋の汚染の防止に関する試験，研究又は調査のためにする有害水バラストの排出であって，国土交通省令で定めるところにより，あらかじめ国土交通大臣の承認を受けてするもの（海防法17条2項5号）

第2節 有害水バラスト処理設備

(1) 船舶所有者は，国土交通省令で定める船舶に，有害水バラストの船舶内における処理のための設備（以下，「有害水バラスト処理設備」という。）を設置しなければならない（海防法17条の2・1項，技術基準40条の2・1項）。
(2) 国土交通省令で定める船舶に設置される有害水バラスト処理設備は，有害水バラスト処理設備証明書の交付を受けたものでなければならない（海防法17条の2・2項）。

(3) 船舶所有者は，有害水バラスト処理設備証明書の交付を受けることなく有害水バラスト処理設備を国土交通省令で定める船舶に設置したときは，当該船舶に設置された有害水バラスト処理設備について確認を受けなければならない（海防法17条の2・3項）。
(4) 国土交通大臣は，有害水バラスト処理設備のうち，薬剤の使用その他環境省令で定める方法により有害水バラストの処理を行う有害水バラスト処理設備が使用されることにより排出される物質が水域環境の保全の見地から有害であるかどうかについて，あらかじめ，環境大臣の意見を聴かなければならない（海防法17条の2・4項）。
(5) 有害水バラスト処理設備の設置に関する技術上の基準は，国土交通省令で定める（海防法17条の2・5項，技術基準40条の2・2項）。

第3節　有害水バラスト汚染防止管理者等（海防法17条の3）

(1) 船舶所有者は，国土交通省令で定める船舶ごとに，当該船舶に乗り組む船舶職員のうちから，船長を補佐して船舶からの有害水バラストの不適切な排出の防止に関する業務の管理を行わせるため，有害水バラスト汚染防止管理者を選任しなければならない（1項）。
(2) 船舶所有者は，国土交通省令で定める船舶ごとに，国土交通省令で定めるところにより，有害水バラストの不適正な排出の防止に関する業務の管理に関する事項及び有害水バラストの取扱いに関する作業を行う者が遵守すべき事項その他有害水バラストの不適切な排出の作業の防止に関する事項について，有害水バラスト汚染防止措置手引書を作成し，これを当該船舶内に備え置き，又は掲示しておかなければならない（2項）。
(3) 有害水バラスト汚染防止管理者は，国土交通省令で定める有害水バラストの取扱いに関する作業の経験その他の用件を備えた者でなければならない。有害水バラスト汚染防止管理者は，有害水バラスト汚染防止措置手引書に定められた事項を当該船舶の乗組員及び乗組員以外の者で当該船舶に係る作業を行う者のうち有害水バラストの取扱いに関する作業を行うものに周知させなければならない（3項）。
(4) 有害水バラスト汚染防止措置手引書の作成及び備え置き又は掲示に関する技術上の基準は，国土交通省令で定める（4項）。

第4節　水バラスト記録簿（海防法17条の4）

(1) 国土交通省令で定める船舶の船長（引かれ船等にあっては，船舶所有者。）は，

水バラスト記録簿を船舶内に備え付けなければならない。ただし，引かれ船等にあっては，当該船舶を引き，又は押して航行する船舶（「引き船等」という。）内に備え付けることができる（1項）。
(2) 有害水バラスト汚染防止管理者は，当該船舶における有害水バラストの排出その他水バラストの取扱いに関する作業で国土交通省令で定めるものが行われたときは，その都度，国土交通省令で定めるところにより，水バラスト記録簿への記載を行わなければならない（2項）。
(3) 船長は，水バラスト記録簿をその最後の記載をした日から2年間船舶内に保存しなければならない。ただし，引かれ船等にあっては，引き船等内に保存することができる（3項）。
(4) 船舶所有者は，3項に規定により保存された水バラスト記録簿について，3項の期間が経過した日から3年間当該船舶所有者の事務所に保存しなければならない（4項）。
(5) 水バラスト記録簿の様式その他水バラスト記録簿に関し必要な事項は，国土交通省令で定める（5項）。

第5節　適 用 除 外（海防法17条の5）

(1) 17条の2,3,4の規定は，日本国領海等又は公海のみを航行する船舶については，適用しない（1項）。
(2) 17条の2第2項から第4項まで及び17条の3第3項（6条2項の規定の準用に係る部分に限る。）の規定は，外国船舶については，適用しない（2項）。

第6節　湖，沼又は河川に関する準用（海防法17条の6）

17条の規定は，湖，沼又は河川の区域（港則法に基づく港の区域を除く。以下「湖沼等」という。）において航行の用に供する船舟類から有害水バラストを湖沼等に流し，又は落とす場合について，17条の2から17条の5までの規定は湖沼等において航行の用に供する船舟類について準用する。この場合において，これらの規定に関し必要な技術的読替えは，政令で定める。

第7節　有害水バラスト処理設備の型式指定等（海防法17条の7）

(1) 国土交通大臣は，有害水バラスト処理設備の製造を業とする者その他国土交通省令で定める者（以下，「有害水バラスト処理設備製造者等」という。）の申請により，有害水バラスト処理設備をその型式について指定する（1項）。
(2) 1項の規定による指定は，申請に係る有害水バラスト処理設備が有害水バ

ラスト処理設備技術基準に適合し，かつ，均一性を有するものであるかどうかを判定することによって行う（2項）。
(3) 17条の2第4項の規定は，国土交通大臣が有害水バラスト処理設備のうち薬剤の使用その他環境省令で定める方法により有害水バラストの処理を行うものについて第1項の規定による指定をしようとする場合に準用する（3項）。
(4) 国土交通大臣は，第1項の規定によりその型式について指定を受けた有害バラスト処理設備（以下「型式指定有害バラスト処理設備」という。）が有害バラスト処理設備技術基準に適合しなくなり，又は均一性を有するものでなくなったときは，その指定を取り消すことができる。この場合において，国土交通大臣は，取消しの日までに製造された有害水バラスト処理設備について取消しの効力の及ぶ範囲を限定することができる（4項）。

第8節　有害水バラスト処理設備証明書（海防法17条の8）

(1) 17条1項の申請をした者は，その申請に係る型式指定有害水バラスト処理設備につき，国土交通省令で定めるところにより，有害水バラスト処理設備証明書を交付することができる（1項）。
(2) 何人も，17条1項に規定する場合を除くほか，有害水バラスト処理設備につき同項の有害水バラスト処理設備証明書又はこれと紛らわしい書面を交付してはならない。

第9節　国土交通省令への委任（海防法17条の9）

　17条の7第1項の規定による指定の申請書の様式その他該当指定に関し必要な事項及び17条の8第1項の有害水バラスト処理設備証明書の様式その他当該有害水バラスト処理設備証明書に関し費用な事項は，国土交通省令で定める。

第6章　船舶からの廃棄物の排出の規制

第1節　船舶からの廃棄物の排出の禁止

　原則として「いかなる人」も，「すべての海域」において「すべての船舶」から廃棄物を排出することが禁止されている（海防法10条1項）。ただし，以下に述べるような緊急避難又は不可抗力的なもの及び一定の条件に従って排出する場合には，例外的に認められている。

〔1〕 緊急避難又は不可抗力的な場合
(1) 「船舶の安全を確保するため」又は「人命を救助するため」に廃棄物を排出する場合（海防法10条1項1号）
(2) 船舶が損傷するなどのやむを得ない原因によって廃棄物が排出された場合において，引き続く廃棄物の排出を防止するための可能な一切の措置をとった場合（海防法10条1項2号）

〔2〕 一定の条件に従って排出する場合
(1) 船舶内にある船員等の日常生活に伴い生ずるふん尿等の排出（海防法10条2項1号）
(2) 船舶内にある船員等の日常生活に伴い生ずるごみ等の排出（海防法10条2項2号）
(3) 輸送活動，漁ろう活動その他の船舶の通常の活動に伴い生ずる廃棄物の排出（海防法10条2項3号）
(4) 「公有水面埋立法」の免許（2条1項）若しくは承認（42条1項）を受けて埋立てをする場所又は廃棄物の処理場所として設けられる場所への廃棄物の排出（海防法10条2項4号）
(5) 「廃棄物の処理及び清掃に関する法律」6条の2・2項若しくは3項又は12条1項若しくは12条の2・1項の政令において海洋を投入処分の場所とすることができるものと定めた廃棄物の排出（海防法10条2項5号イ）
(6) 水底土砂で政令（海防令6条）で定める基準に適合するものの排出（海防法10条2項5号ロ）
(7) 緊急に処分する必要があると認めて環境大臣が指定する廃棄物の排出であって，排出海域及び排出方法に関し環境大臣が定める基準に従って排出する場合
(8) 「廃棄物その他の物の投棄による海洋汚染の防止に関する条約」（海洋投棄規制条約，いわゆるロンドン条約）の締約国において積み込まれた廃棄物の当該締約国の法令に従ってする排出（本邦周辺海域においてするものを除く。）（海防法10条2項7号）
(9) 外国の内水又は領海における埋立てのための廃棄物の排出（海防法10条2項8号）

〔3〕 その他
(1)から(3)までの排出については，排出方法及び排出海域についてそれぞれ基準が設けられている（海防令別表第3）。なお，排出する場合には，当該廃棄物ができる限り速やかに海底に沈降し，かつ，堆積するような措置をとること。

また，当該廃棄物を少量ずつ排出し，かつ，当該廃棄物ができる限り速やかに海中において拡散するよう必要な措置をとること（海防令4条の2・4項）。

海防令別表第2　船内の日常生活に伴い生ずるふん尿等の排出
1　南極海域及び北極海域以外における排出

船舶及びふん尿等の区分	排出海域に関する基準	排出方法に関する基準
1　国際航海に従事する船舶（総トン数400トン以上又は最大搭載人員16名以上）（旅客船（旅客定員13人以上の船舶をいう。）を除く。）から排出されるふん尿又は船舶内にある診療室その他の医療が行われる設備内において生ずる汚水（以下，「汚水」という。）であって，国土交通省令で定める技術基準に適合するふん尿等排出防止設備（注1）のうち国土交通省令で定める装置（以下，「ふん尿等排出防止装置」）（注2）により処理されていないもの	全ての国の領海の基線からその外側12海里の線を超える海域	イ　海面下に排出すること。ただし，国土交通省令で定める排出率以下の排出率で排出する場合は，この限りでない。 ロ　当該船舶の航行中（対水速力4ノット以上の速度で航行する場合をいう。）に排出すること。
2　国際航海に従事する船舶（旅客船を除く。）から排出されるふん尿又は汚水であって，ふん尿等排出防止装置により処理されたもの（ふん尿等排出防止装置のうち国土交通省令で定める装置により浄化することにより処理されたものを除く。）	全ての国の領海の基線からその外側3海里の線を超える海域	イ　海面下に排出すること。ただし，国土交通省令で定める排出率以下の排出率で排出する場合は，この限りでない。 ロ　当該船舶の航行中（対水速力4ノット以上の速度で航行する場合をいう。）に排出すること。
3　国際航海に従事する船舶（旅客船に限る。）から排出されるふん尿又は汚水であって，ふん尿等排出防止装置により処理されていないもの	全ての国の領海の基線からその外側3海里の線を越える海域（バルティック海海域（注4）を除く。）	イ　海面下に排出すること。ただし，国土交通省令で定める排出率以下の排出率で排出する場合は，この限りでない。 ロ　当該船舶の航行中（対水速力4ノット以上の速度で航行する場合をいう。）に排出すること。
4　国際航海に従事する船舶（旅客船に限る。）から排出されるふん尿又は汚水であって，ふん尿等排出防止装置に	全ての国の領海の基線からその外側3海里の線を越える海域（バルティック海海域（注4）を除く。）	イ　海面下に排出すること。ただし，国土交通省令で定める排出率以下の排出率で排出する場合は，この限りでない。

船舶及びふん尿等の区分	排出海域に関する基準	排出方法に関する基準
より処理されたもの（ふん尿等排出装置のうち国土交通省令で定める装置により浄化することにより処理されたものを除く。）		ロ　当該船舶の航行中（対水速力4ノット以上の速度で航行する場合をいう。）に排出すること。
5　国際航海に従事しない船舶（最大搭載人員100人以上のものに限る。）から排出されるふん尿であって、国土交通省令で定める技術上の基準に適合するふん尿等排出防止設備のうち国土交通省令で定める装置により処理されていないもの	特定沿岸海域（注3）	イ　粉砕して排出すること。 ロ　海面下に排出すること。 ハ　当該船舶の航行中（対水速力3ノット以上の速度で航行する場合をいう。）に排出すること。

2　南極海域及び北極海域（注5）における排出

船舶及びふん尿等の区分	排出海域に関する基準	排出方法に関する基準
1　国際航海に従事する船舶（第4号及び第5号に掲げるものを除く。）から排出されるふん尿又は汚水であって、ふん尿等排出防止装置により処理されていないもの	南極海域のうち領海の基線及び定着氷からその外側12海里の線を超える海域並びに北極海域のうち全ての国の領海の基線、氷棚及びその外側12海里の線を超える海域	イ　海面下に排出すること。ただし、国土交通省令で定める排出率以下の排出率で排出する場合は、この限りでない。 ロ　当該船舶の航行中（対水速力4ノット以上の速度で航行する場合をいう。）に排出すること。
2　国際航海に従事する船舶（第4号及び第5号に掲げるものを除く。）から排出されるふん尿又は汚水であって、ふん尿等排出防止装置により処理されたもの（ふん尿等排出防止装置のうち国土交通省令で定める装置により浄化することにより処理されたものを除く。）	南極海域のうち領海の基線及び定着氷からその外側3海里の線を超える海域並びに北極海域のうち全ての国の領海の基線、氷棚及びその外側3海里の線を超える海域	イ　海面下に排出すること。ただし、国土交通省令で定める排出率以下の排出率で排出する場合は、この限りでない。 ロ　当該船舶の航行中（対水速力4ノット以上の速度で航行する場合をいう。）に排出すること。
3　国際航海に従事する船舶（第4号及び第5号に掲げるものを除く。）から排出されるふん尿又は汚水であって、前2号に掲げるもの以外のもの	南極海域及び北極海域	排出方法は、限定しない。
4　国際航海に従事する船舶（次号に掲げるものを除く。）のうちふん尿又は汚水の排出	南極海域及び北極海域	ふん尿等排出装置のうち国土交通省令で定める装置により浄化することにより処理して排出す

につき海洋環境の保全の見地から特に注意を払う必要があるものとして国土交通省令で定める船舶から排出されるふん尿又は汚水		ること。
5　国際航海に従事する船舶のうち南極海域又は北極海域において長期間の航行の用に供するものとして国土交通省令で定める船舶から排出されるふん尿又は汚水	南極海域及び北極海域	国土交通省令で定めるところにより，あらかじめ国土交通大臣の承認を受けて，ふん尿等排出装置のうち国土交通省令で定める装置により浄化することにより処理して排出すること。
6　前各号に掲げる船舶以外の船舶（最大搭載人員11人未満のものを除く。）から排出されるふん尿又は汚水であって，国土交通省令で定める技術上の基準に適合するふん尿等排出防止設備のうち国土交通省令で定める装置により処理されていないもの	南極海域のうち領海の基線及び定着氷からその外側12海里の線を超える海域	排出方法は限定しない。

(注1)「ふん尿等排出防止設備」とは，技術基準36条に掲げる装置をいう。
(注2)「国土交通省令で定める装置」とは，海防則12条の3，技術基準38条，39条，40条に規定。
(注3)「特定沿岸海域」とは，以下に掲げる海域をいう。
　(1) 港則法に基づく港の区域
　(2) 海図に記載されている海岸の低潮線（港則法に基づく港にあっては，その境界）から1万メートル以内の海域
　(3) 愛知県伊良湖岬灯台から三重県大王埼灯台まで引いた線及び陸岸で囲まれた海域（伊勢湾）
　(4) 和歌山県紀伊ノ御埼灯台から徳島県伊島灯台を経て蒲生田岬灯台まで引いた線，山口県網代鼻から福岡県八幡岬まで引いた線，愛媛県佐田岬灯台から大分県関埼灯台まで引いた線及び陸岸により囲まれた海域（瀬戸内海）
(注4)「バルティック海域」とは，ボスニア湾，フィンランド湾及びスカゲラック海峡のスカウを通る北緯57度44.8分の緯度線を境界線とするバルティック海への入口の海域を含むバルティック海の海域
(注5)「南極海域」とは，南極60度以南の海域，「北極海域」とは，北緯58度西経42度の点，北緯64度37分西経35度27分の点，北緯67度3.9分西経26度33.4分の点，北緯70度49.56分西経8度59.61分の点，北緯73度31.6分東経19度1分の点及び北緯68度38.29分東経43度23.08分の点を順次結んだ線，イリピルスコエの陸岸の北緯60度の点からエトリン海峡を通る陸岸まで90度に引いた線，ハドソン湾西岸の北緯60度の点と北緯60度西経56度37.1分の点を結んだ線，同点及び北緯58度西経42度の点を結んだ線並びに北緯60度以北の陸岸により囲まれた海域

海防令別表第2の2　船内の日常生活に伴い生ずる廃棄物の排出

廃棄物の区分	排出海域に関する基準	排出方法に関する基準
廃プラスチック類	排出禁止	排出禁止
食物くず	甲海域，南極海域のうち領海の基線からその外側12海里以遠の海域及び海洋施設等周辺海域（すべての国の領海の基線から	イ　灰の状態にして排出すること（以下，「焼却式排出方法」） ロ　国土交通省令で定める技

	その外側12海里の線を超える海域にある船舶又は海洋施設に係るものに限る。)	上の基準に適合する粉砕装置で処理して排出すること（以下，「粉砕式排出方法」)
	乙海域並びにバルティック海海域及び北海海域のうちすべての国の領海の基線からその外側12海里以遠の海域	排出方法は，限定しない。
紙くず，木くず，繊維くずその他の可燃性の廃棄物（食物くずを除く。)	甲海域	焼却式排出方法又は粉砕式排出方法により排出すること。
	乙海域	排出方法は，限定しない。
金属くず，ガラスくず，陶磁器くずその他の廃棄物（食物くず，紙くず，木くず，繊維くずを除く。)	甲海域	粉砕式排出方法により排出すること。
	乙海域	排出方法は，限定しない。

(備考)
(1) 粉砕装置の技術上の基準　海防則12条の3の2
(2)「甲海域」とは，すべての国の領海の基線からその外側3海里以遠の海域（乙海域，バルティック海海域，北海海域，南極海海域及び海洋施設等周辺海域を除く。）をいう。
(3)「乙海域」とは，すべての国の領海の基線からその外側12海里以遠の海域（バルティック海海域，北海海域，南極海域及び海洋施設等周辺海域を除く。）をいう。
(4)「バルティック海海域」とは，ボスニア湾，フィンランド湾及びスカゲラック海峡のスカウを通る北緯57度44.8分の緯度線を境界線とするバルティック海への入口の海域を含むバルティック海の海域。
(5)「北海海域」とは，以下に掲げる海域（海洋施設等周辺海域を除く。）をいう。
　　イ　北緯62度の緯度線を北端とし，西経4度の子午線を西端とする北海の海域
　　ロ　スカウを通る北緯57度44.8分の緯度線をバルティック海海域との境界線とするスカゲラック海峡の海域
　　ハ　北緯48度30分の緯度線を南端とし，西経5度の子午線を西端とする英国海峡への入口の海域を含む英国海峡の海域
(6)「南極海域」とは，南緯60度以南の海域をいう。
(7)「海洋施設等周辺海域」とは，海底及びその下における鉱物資源の掘採に従事している船舶又は当該鉱物資源の掘採のために設けられている海洋施設の周辺500メートル以内の海域をいう。

海防令別表第3　輸送活動，漁ろう活動その他の船舶の通常の活動に伴い生ずる廃棄物の排出

廃棄物の区分	排出海域に関する基準	排出方法に関する基準
1　輸送活動，漁ろう活動その他の船舶の通常の活動に伴い生ずる廃棄物で熱しゃく減量15パーセント以下の状態にしたもの及び無機性のもの（船舶の通常の活動に伴い生じた油，有害液体物質等又は廃棄物（以下，「油等」という。）以外の油等を焼却したもの，水底土砂及び廃プラスチック類を除く。)	A海域	イ　比重1.2以上の状態にして排出すること。 ロ　粉末のまま排出しないこと。
2　輸送活動，漁ろう活動その	A海域	当該船舶の航行中（対水速力3

他の船舶の通常の活動に伴い生ずる廃棄物のうち植物性のもの		ノット以上で航行する場合をいう。）に排出すること。
3　輸送活動，漁ろう活動その他の船舶の通常の活動に伴い生ずる廃棄物のうち動物性のもの（生鮮魚及びその一部を除く。）	B 海域	排出方法は，限定しない。
4　輸送活動，漁ろう活動その他の船舶の通常の活動に伴い生ずる廃棄物のうち動物性のもの（生鮮魚及びその一部に限る。）及び汚水のうちその水質が国土交通省令・環境省令で定める基準に適合しない貨物艙の洗浄水	C 海域	排出方法は，限定しない。
5　輸送活動，漁ろう活動その他の船舶の通常の活動に伴い生ずる廃棄物のうち汚水（その水質が国土交通省令・環境省令で定める基準に適合しないものを除く。）（上欄の貨物艙の洗浄水を除く。）	D 海域	排出方法は，限定しない。

(備考)
(1)「A 海域」とは，すべての国の領海の基線からその外側50海里の線を超える海域をいう。ただし，第1号及び第2号にあっては，当該海域のうち次に掲げる海域以外の海域とする。
　イ　バルティック海（ボスニア湾，フィンランド湾及びスカゲラック海峡のスカウを通る北緯57度44.8分の緯度線を境界線とするバルティック海への入口の海域を含むバルティック海の海域）及び南極海域（南緯60度以南の海域）
　ロ　北海海域（別表2の2　備考(5)）
　ハ　海洋施設等周辺海域（別表2の2　備考(7)）
(2)「B 海域」とは，すべての国の領海の基線からその外側12海里以遠の海域のうち，次に掲げる海域以外の海域をいう。
　イ　バルティック海（ボスニア湾，フィンランド湾及びスカゲラック海峡のスカウを通る北緯57度44.8分の緯度線を境界線とするバルティック海への入口の海域を含むバルティック海の海域）及び南極海域（南緯60度以南の海域）
　ロ　北海海域（別表2の2　備考(5)）
　ハ　海洋施設等周辺海域（別表2の2　備考(7)）
　ニ　環境大臣が指定する海域（本邦の領海の基線からその外側50海里の線を超えない海域のうち水産動植物の生育環境その他の海洋環境の保全上支障があると認めて環境大臣が指定する海域）
(3)「C 海域」とは，次に掲げる海域をいう。
　イ　特定沿岸海域（(1) 港則法に基づく港の区域 (2) 海図に記載されている海岸の低潮線（港則法に基づく港にあっては，その境界）から1万メートル以内の海域 (3) 愛知県伊良湖岬灯台から三重県大王埼灯台まで引いた線及び陸岸で囲まれた海域（伊勢湾）(4) 和歌山県紀伊日ノ御埼灯台から徳島県伊島灯台を経て蒲生田岬灯台まで引いた線，山口県網代鼻から福岡県八幡岬まで引いた線，愛媛県佐田岬灯台から大分県関埼灯台まで引いた線及び陸岸により囲まれた海域（瀬戸内海））
　ロ　環境大臣が指定する海域（本邦の領海の基線からその外側50海里の線を超えない海域のうち水産動植物の生

育環境その他の海洋環境の保全上支障があると認めて環境大臣が指定する海域）
(4)「D海域」とは，すべての海域（本邦の領海の基線からその外側50海里の線を超えない海域のうち水産動植物の生育環境その他の海洋環境の保全上支障があると認めて環境大臣が指定する海域を除く。）をいう。
(5) 排出に当たっては，以下のことに留意する必要がある（海防令4条の2・4項）
 ① 当該廃棄物ができる限り速やかに海底に沈降し，かつ，堆積するよう必要な措置を講ずること。
 ② 当該廃棄物を少量ずつ排出し，かつ，当該廃棄物ができる限り速やかに海中において拡散するよう必要な措置を講ずること。
 ③ 水産動植物の生育に支障を及ぼすおそれがある場所を避けるよう努めなければならない。

埋立場所等に排出する廃棄物の排出方法に関する基準（詳細は海防令5条参照）

廃棄物の区分	排出に関する基準
① 廃棄物の処理及び清掃に関する法律施行令（以下「廃棄物処理令」）6条1項3号ハ(2)及び(4)並びに6条の5・1項3号イ(2)，(4)及び(6)に掲げる廃棄物 ② 廃棄物処理令別表第3の3・1号，2号，8号から22号まで及び24号に掲げる物質並びにダイオキシン類を含む水底土砂 ③ 廃棄物処理令別表第3の3・3号から7号まで及び23号に掲げる物質を含む水底土砂	イ 水面又は水中に排出する場合以外においては，当該廃棄物の一層の厚さは2メートル以下とし，かつ，一層ごとにその表面を当該廃棄物以外の土砂で50センチメートル（当該土砂の上に当該廃棄物を排出しない場合にあっては，1メートル）以上覆う方法により排出すること。 ロ 当該廃棄物が海防令5条1項11号の汚泥等の廃棄物である場合においては，環境省令で定める基準（廃棄物の処理及び清掃に関する法律施行規則）に適合して排出すること。
廃棄物処理令6条1項3号ハ(4)及び6条の5・1項3号イ(4)に掲げる廃棄物のうち油性廃棄物であるもの	熱しゃく減量15パーセント以下の状態にして排出すること。
廃棄物処理令6条1項3号ハ(4)及び6条の5・1項3号イ(4)に掲げる廃棄物のうち有機性のもの（汚泥等）	イ 熱しゃく減量15パーセント以下の状態にして排出すること。 ロ 浮遊しないようにして排出すること。
廃棄物処理令6条1項3号タ及び6条の5・1項3号タに規定する廃棄物（燃え殻若しくはばいじん）	当該廃棄物を環境大臣が定めるところにより固型化して排出すること。

　海防令5条の各項の規定による排出方法に関する基準に従って埋立場所等への排出は，次に掲げることころにより行うよう努めなければならない（海防令5条5項）。
　① 埋立場所等に設けられている廃棄物の運搬船の通路又は余水吐きからできる限り廃棄物が海洋に流出しないよう必要な措置を講ずること。
　② 埋立場所等の外に廃棄物が飛散しないよう必要な措置を講ずること。
　③ 埋立場所等の外に悪臭が飛散しないよう必要な措置を講ずること。

第2節　海上保安庁長官による排出計画の確認（海防法10条の12）

　船舶から以下の廃棄物を排出しようとする者は，当該廃棄物の船舶への積込

み前（当該廃棄物が当該船舶内において生じたものであるときは，その排出前）にその排出に関する計画が環境大臣の定める基準に適合するものであることについて，確認の申請書を提出して，海上保安庁長官の確認を受けなければならない。

また，海上保安庁長官は，その排出に係る計画が環境大臣が定める基準に適合するもの（海防法10条の6，廃棄物海洋投入処分の許可等に関する省令（平成17年環境省令28号））であることを確認したときは，申請者に排出確認済証を交付しなければならない。排出確認済証の交付を受けた者は，当該廃棄物の排出に従事する船舶内に，排出確認済証を備え置かなければならない。

① 一般廃棄物
　ごみ，粗大ごみ，燃え殻，汚泥，ふん尿，廃油，廃酸，廃アルカリ，動物の死体その他の汚物又は不要物であって，固形状又は液状のもので産業廃棄物以外のもの（放射性物質及びこれによって汚染された物を除く。）（廃棄物の処理及び清掃に関する法律2条1項，2項）

② 特別管理一般廃棄物
　一般廃棄物のうち，爆発性，毒性，感染性その他の人の健康又は生活環境に係る被害を生ずるおそれがある性状を有するものとして政令で定めるもの（廃棄物の処理及び清掃に関する法律2条3項，同施行令1条）

③ 産業廃棄物
　事業活動に伴って生じた廃棄物のうち，燃え殻，汚泥，廃油，廃酸，廃アルカリ，廃プラスチック類その他政令で定める廃棄物及び輸入された廃棄物等（廃棄物の処理及び清掃に関する法律2条4項，同施行令2条，2条の2，2条の3）

④ 特別管理産業廃棄物
　産業廃棄物のうち，爆発性，毒性，感染性その他の人の健康又は生活環境に係る被害を生ずるおそれのある性状を有するものとして政令で定めるもの（廃棄物の処理及び清掃に関する法律2条5項，同施行令2条の4，同施行規則1条の2）

⑤ 水底土砂で政令で定める基準に適合するもの（海防令6条）

⑥ 緊急に処分する必要があると認めて環境大臣が指定する廃棄物であって，排出海域及び排出方法に関し環境大臣が定める基準に従ってするもの

第3節　船舶発生廃棄物汚染防止規程

（海防法10条の3，海防則12条3の3，12条の3の4，海防令9条の2）
総トン数400トン以上の船舶及び最大搭載人員（最大搭載人員の定めのない船舶

にあっては，これに相当する搭載人員）15人以上の船舶の所有者は，船舶発生廃棄物汚染防止規程を定め，これを当該船舶内に備え置き，又は掲示しておかなければならない。また，船長は，船舶発生廃棄物汚染防止規程に定められた事項を，当該船舶の乗組員及び乗組員以外の者で当該船舶に係る業務を行う者のうち船舶発生廃棄物の取扱いに関する作業を行う者に周知させなければならない。

　船舶発生廃棄物汚染防止規程とは，船舶発生廃棄物（当該船舶内にある船員その他の者の日常生活に伴い生じるゴミ又はこれに類する廃棄物，輸送活動，漁ろう活動その他の船舶の通常の活動に伴い生じる廃棄物（船舶の通常の活動に伴い生じた油等以外の油等を焼却したもの，生鮮魚及びその一部，汚水並びに水底土砂を除く。））の取扱いに関する作業を行う者が遵守すべき事項その他船舶発生廃棄物の不適正な排出の防止に関する事項を定めるもので，具体的には，以下のような事項がある。

(1)　当該船舶の乗組員及び乗組員以外の者で当該船舶に係る業務を行う者のうち船舶発生廃棄物の取扱いに関する作業を行う者（以下「乗組員等」という。）に対する船舶発生廃棄物汚染防止規程に定められた事項の周知及び教育を担当する者の氏名
(2)　船舶発生廃棄物汚染防止規程の変更の際の手続に関する事項
(3)　船舶発生廃棄物の収集，貯蔵，処理及び排出の際に船舶発生廃棄物の不適正な排出の防止のためにとるべき措置に関する事項
(4)　粉砕装置，焼却設備その他の船舶発生廃棄物の不適正な排出の防止のための機器の取扱い，点検及び整備に関する事項
(5)　船舶発生廃棄物記録簿への記載，船舶発生廃棄物の不適正な排出の防止のための機器の取扱い，点検及び整備に関する事項
(6)　船舶発生廃棄物の受入施設の利用に関する事項
(7)　船舶発生廃棄物の不適正な排出の防止のための乗組員等が遵守すべき事項の周知及び教育に関する事項

第4節　船舶発生廃棄物記録簿（海防法10条の4，海防則12条の3の6）

　船舶発生廃棄物記録簿は，廃棄物の取扱いに関する作業を記録するための一種の帳簿であり，廃棄物の取扱いに関する作業を逐一記録させることにより，廃棄物の排出が適正に行われるように作業者に細心の注意を喚起させることを主な目的としている。また，作業が適正に行われたか否かを後日確認するための重要な資料となる。ただし，内航船については，途中発生する廃棄物について，通常入港した際に旅客や貨物を一緒に陸揚げしてしまうのが一般的であること等から，国際航海（一国の港と他の国の港との間の航海をいう。）に従事する

船舶のうち総トン数400トン以上の船舶及び最大搭載人員（最大搭載人員の定めのない船舶にあっては，これに相当する搭載人員）15名以上の船舶（海底及びその下における鉱物資源の掘採に従事しているものを除く。）の船長に対して船舶発生廃棄物記録簿の船内への備付けを義務づけている。

なお，船舶発生廃棄物記録簿の保管期間は2年間である。船舶発生廃棄物記録簿を記載する場合の注意事項は次のとおりである。

(1) 海防則12条の3の6の表の上欄に掲げる作業を行った場合に，同表の下欄に掲げる事項について記載しなければならない。
(2) 完了した作業については，当該作業の担当者が必要な事項を記載し署名しなければならない。また，記載が完了したページには，船長が日付を付して署名しなければならない。
(3) 容易に消せない筆記用具（万年筆，ボールペンは可，鉛筆は不可）により記載し，誤って記載した場合には，誤記内容が確認できるよう抹消し，当該作業の責任者が署名したうえで，正しい記載をしなければならない。
(4) 日本語に加え，英語，フランス語又はスペイン語により記載しなければならないこととなっているが，この場合であっても時間，単位等を表す数字，記号等（例えば16時30分を「1630」，40時間を「40h」，北緯5度45分を「5－45N」等記載すること）については，単にその数字，記号等を記載するだけで差し支えない。
(5) 作業が同一港内で同一の廃棄物について，反復かつ継続して行われる場合にあっては，当該一連の作業について，1日を最大限として一括して記載することも，「その都度」記載したものとみなして取り扱って差し支えない。
(6) バルティック海域，北海海域等条約附属書Ⅴ第5規則に定める特別海域内で食物くずを海防令別表2の2に定める焼却式排出方法で排出する場合，海防則1号の5様式の種類6の欄ではなく，種類5の欄に記載しなければならない。また，その際，食物くずのみ焼却したことを「焼却される廃棄物の概量」の欄に記載しなければならない。

第5節　船舶発生廃棄物の排出に関して遵守すべき事項等の掲示

全長12メートル以上の船舶（海底及びその下における鉱物資源の掘採に従事しているものを除く。）の所有者は，当該船舶内にある船員その他の者が船舶発生廃棄物の排出に関して遵守すべき事項その他船舶発生廃棄物の不適正な排出の防止に関する事項を船舶内において当該船舶内にある船員その他の者に見やすいように掲示しなければならない（国際航海に従事する船舶にあっては，当該掲示に

英語，フランス語又はスペイン語の訳文を付さなければならない)。「船舶発生廃棄物の排出に関して遵守すべき事項」とは，海防法10条2項の排出海域及び排出方法について政令で定める基準をいう。(海防法10条の5，海防則12条の3の7)。

第6節　廃棄物排出船

〔1〕　登　　録（海防法11条）

　船舶から廃棄物を排出する場合の排出基準については，第1節〔2〕のとおりであるが，これらの遵守を確保し，かつ，海洋への排出状況を把握するために，廃棄物の排出に常用しようとする船舶所有者に対して，海上保安庁長官の登録を受けさせることとしている。この場合「常用する」とは，繰り返し当該船舶を廃棄物の排出に使用することをいい，典型的な例としては，し尿投棄船，産業廃棄物投棄船，浚渫土砂排出船などがあげられる。

〔2〕　設備及び構造の技術上の基準（海防法12条，海防則12条の3の11，12条の5）

　廃棄物排出船の設備及び構造面の基準は，廃棄物排出基準を遵守するための必要な条件とされており，具体的には，廃棄物の適正な排出を確保できる荷役設備であること，貨物艙にバラストを積み込む船舶については貨物艙の洗浄装置を有すること，自航船にあっては，位置測定装置（レーダ，GPS等）を備えていることなどがある。

〔3〕　廃棄物処理記録簿（海防法16条，海防則12条の14）

　廃棄物の排出に関する作業が適切に行われることを確保するため，海防法8条の油記録簿に関する規定と同様に，廃棄物排出船の登録を受けた船舶の船長は，廃棄物処理記録簿を船舶内に備え付けるとともに，廃棄物の取扱いに関する一定の作業が行われたときは，その都度一定の事項を記載しなければならない。なお，引かれ船等にあっては，船舶所有者が，その事務所に備え付けるとともに，記載しなければならない。

第7章　海洋施設及び航空機からの油，有害液体物質及び廃棄物の排出の規制

第1節　海洋施設及び航空機からの油，有害液体物質及び廃棄物の排出の禁止

　原則として，「いかなる人」も，「すべての海域」において，「海洋施設又は航空機」から油，有害液体物質及び廃棄物（以下「油等」という。）を排出する

ことを禁止されている（海防法18条1項）。

ただし，次に述べるような緊急避難又は不可抗力的なもの及び一定の条件に従った場合には例外的に排出が認められている。

〔1〕 緊急避難又は不可抗力的な場合
(1) 「海洋施設若しくは航空機の安全を確保するため」又は「人命を救助するため」に油等を排出する場合（海防法18条1項1号）
(2) 海洋施設又は航空機の損傷その他やむを得ない原因により油等が排出された場合において，引き続く油等の排出を防止するための可能な一切の措置をとった場合（海防法18条1項2号）

〔2〕 海洋施設から次の条件に従って排出する場合
(1) 海洋施設内にある者の日常生活に伴い生ずるふん尿等の排出（海防法18条2項1号）
(2) 海洋施設内にある者の日常生活に伴い生ずるごみ又はこれに類する廃棄物（海防法18条2項2号）
　船舶内にある船員等の日常生活に伴い生ずるごみ等の排出基準（海防令別表2の2）と同様であるが，排出に当たってはできる限り少量ずつ行うように努めなければならない（海防令9条の3）。
(3) 油を海洋施設から排出する場合で，油分濃度が1万立方センチメートル当たり0.1立方センチメートル未満であるようにして排出するもの（海防法18条2項3号，海防令10条）
(4) 廃棄物の処理及び清掃に関する法律6条の2・2項若しくは3項又は12条1項若しくは12条の2・1項の政令において海洋を投入処分の場所とすることができるものと定めた廃棄物（海防法10条2項5号イ）又は水底土砂で政令（海防令6条）で定める基準に適合するもの（海防法10条2項5号ロ）で環境大臣の許可を受けたもの

〔3〕 航空機から排出する場合であって，以下に掲げる排出であるとき
(1) 当該航空機内にある者の日常生活に伴い生ずる汚水（海防法18条3項1号，海防令11条1号）
(2) 航空機の安全性を確認するための飛行において燃料放出装置の機能を点検するため排出される燃料（海防法18条3項1号，海防令11条2号）
(3) 「廃棄物その他の物の投棄による海洋汚染の防止に関する条約」の締約国において積み込まれた廃棄物の当該締約国の法令に従ってする排出（本邦周辺海域においてするものを除く。）（海防法18条3項2号）
(4) 海洋の汚染の防止に関する試験，研究又は調査のためにする航空機からの

油の排出であって，あらかじめ海上保安庁長官の承認を受けてするもの（海防法18条4項，海防則12条の16）

第2節　海洋施設からの廃棄物海洋投入処分の許可等（海防法18条の2）

(1)　「廃棄物の処理及び清掃に関する法律」6条の2・2項若しくは3項又は12条1項若しくは12条の2・1項の政令において海洋を投入処分の場所とすることができるものと定めた廃棄物（海防法10条2項5号イ）又は水底土砂で政令（海防令6条）で定める基準に適合するもの（海防法10条2項5号ロ）の海洋投入処分をしようとする者は，環境大臣の許可を受けなければならない。

(2)　海洋施設から(1)に示す廃棄物を排出しようとする者は，当該廃棄物の海洋施設への積込み前（当該廃棄物が当該海洋施設内において生じたものであるときは，その排出前）にその排出に関する計画が環境大臣の定める基準に適合するものであることについて，確認の申請書を提出して，海上保安庁長官の確認を受けなければならない。

　　また，海上保安庁長官は，その排出に係る計画が環境大臣が定める基準に適合するもの（海防法10条の6，廃棄物海洋投入処分の許可等に関する省令（平成17年環境省令第28号））であることを確認したときは，申請者に排出確認済証を交付しなければならない。排出確認済証の交付を受けた者は，当該廃棄物の排出に従事する海洋施設内に，排出確認済証を備え置かなければならない。

第3節　海洋施設の設置の届出（海防法18条の3）

海洋施設を設置しようとする者は，当該海洋施設の位置，概要等を海上保安庁長官に届け出なければならない。

第4節　海洋施設の油記録簿等（海防法18条の4）

油又は有害液体物質の取扱いを行う国土交通省令で定める海洋施設（油又は有害液体物質の輸送の用に供される係留施設（海防則12条の17の2））の管理者は，船舶の場合と同様，油記録簿又は有害液体物質記録簿を海洋施設内（困難である場合には管理者の事務所）に備え置かなければならない。油記録簿及び有害液体物質記録簿の記載事項等は以下の表のとおり（海防則12条の17の2）。

項　　目	概　　要
油記録簿又は有害液体物質記録簿の備付け	油又は有害液体物質の輸送の用に供される係留施設の管理者は，施設内に油記録簿又は有害液体物質記録簿を備え置かなければならない。
油記録簿への記載事項及び	油の受入れその他油の取扱いに関する作業が行われたときは，その都

記載要領	度一定の事項を記載しなければならない。 記載しなければならない作業 ・船舶からの油の受入れ ・船舶への油の積込み ・油性残留物の処分 ・事故その他の理由による例外的な油の排出
有害液体物質記録簿への記載事項及び記載要領	有害液体物質の受入れその他有害液体物質の取扱いに関する作業が行われたときは，その都度一定の事項を記載しなければならない。 記載しなければならない作業 ・船舶からの有害液体物質の受入れ ・船舶への有害液体物質の積込み ・事故その他の理由による例外的な有害液体物質の排出
油記録簿又は有害液体物質記録簿の保存	最後の記載をした日から3年間，当該海洋施設の管理者の事務所に保存しなければならない。
様式	油記録簿　海防則第1号の11様式 有害液体物質記録簿　海防則第1号の12様式
油記録簿又は有害液体物質記録簿に添付する書類	オイルフェンスの展張，警戒船の配置及び監視員の配置の状況を示す図を添付しなければならない。

第5節　海洋施設発生廃棄物汚染防止規程（海防法18条の5）

　国土交通省令で定める海洋施設（15人以上の人を収容することができる海洋施設）（海防則12条の17の3）の管理者は，船舶の場合と同様，海洋施設発生廃棄物汚染防止規程を定め，これを海洋施設内（困難である場合には管理者の事務所）に備え置き，又は掲示しておかなければならない。海洋施設の管理者は，海洋施設発生廃棄物汚染防止規程に定められた事項を，当該海洋施設内にある者のうち，海洋施設発生廃棄物の取扱いに関する作業を行うものに周知させなければならない。

　海洋施設発生廃棄物汚染防止規程に定めるべき事項は以下のとおり（海防則12条の17の4）。

(1)　当該海洋施設内にある者のうち海洋施設発生廃棄物の取扱いに関する作業を行うものに対する海洋施設発生廃棄物汚染防止規程に定められた事項の周知及び教育を担当する者の氏名
(2)　海洋施設発生廃棄物汚染防止規程の変更の際の手続に関する事項
(3)　海洋施設発生廃棄物の収集，貯蔵，処理及び排出の際に海洋施設発生廃棄物の不適正な排出の防止のためにとるべき措置に関する事項
(4)　粉砕装置，焼却設備その他の海洋施設発生廃棄物の不適正な排出の防止のための機器の取扱い，点検及び整備に関する事項

(5) 海洋施設発生廃棄物の不適正な排出の防止のため当該海洋施設内にある者すべてが遵守すべき事項の周知及び教育に関する事項

第6節　海洋施設発生廃棄物の排出に関して遵守すべき事項等の掲示（海防法18条の6）

　人を収容できる構造を有する海洋施設であって，その水平投影の最大径が12メートル以上であるもの（海防則12条の17の5）（海底及びその下における鉱物資源の採掘のために設けられているものを除く。）の管理者は，当該海洋施設内にある者が海洋施設発生廃棄物の不適正な排出の防止に関する事項を当該海洋施設内において当該海洋施設内にある者に見やすいように掲示しなければならない。

　「海洋施設発生廃棄物の排出に関して遵守すべき事項」とは，海防法18条2項2号の「排出海域及び排出方法に関し政令で定める基準」及び3号の「政令で定める排出方法に関する基準」をいう。ただし，旅客等の海洋施設発生廃棄物の取扱いに関する作業を行わない者に対しては，海洋施設発生廃棄物の排出禁止又は収集に関する事項としても差し支えない。

第8章　船舶からの排出ガスの放出の規制

第1節　窒素酸化物の放出量に係る放出基準（海防法19条の3）

　船舶に設置される原動機（窒素酸化物の放出量を低減させるための装置が備え付けられている場合にあっては，当該装置を含む。）から発生する窒素酸化物の放出量に係る放出基準は，放出海域並びに原動機の種類及び能力に応じて政令（海防令11条の7）により定められている。

放出海域	原動機の種類，能力及び用途	窒素酸化物の放出量に係る放出基準
一　海洋法施行令別表第1の5に掲げるバルティック海海域，別表第3備考第6号イからハまでに掲げる海域並びに別表第5に掲げる北米排出規制海域及び米国	1．ディーゼル機関であって，定格出力が130kWを超え，かつ，定格回転数が毎分130回転未満のもの	1kW時当たりの窒素酸化物の放出量（単位は，グラムとする。以下同じ。）の値が3.4以下であること。
	2．ディーゼル機関であって，定格出力が130kWを超え，かつ，定格回転数が毎分130回転未満のもの	1kW時当たりの窒素酸化物の放出量の値が14.4以下であること。
	3．ディーゼル機関であって，定格出力が130kWを超え，かつ，定格回転数が毎分130回転以上2000回転未満のもの	1kW時当たりの窒素酸化物の放出量の値が9を当該原動機の毎分の定格回転数の値を0.2乗して得た値で除して得た値以下であること。
	4．特定船舶設置原動機に該当するディー	1kW時当たりの窒素酸化物の放

カリブ海排出規制海域	ル機関であって，定格出力が130kWを超え，かつ，定格回転数が毎分130回転以上2000回転未満のもの	量の値が44を当該原動機の毎分の定格回転数の値を0.23乗して得た値で除して得た値以下であること。
	5．ディーゼル機関であって，定格出力が130kWを超え，かつ，格回転数が毎分2000回転以上のもの	1kW時当たりの窒素酸化物の放出量の値が2.0以下であること。
	6．特定船舶設置原動機に該当するディーゼル機関であって，定格出力が130kWを超え，かつ，定格回転数が2000回転以上のもの	1kW時当たりの窒素酸化物の放出量の値が7.7以下であること。
	前6号に掲げるもの以外の原動機	窒素酸化物の量は限定しない。
二　前号に掲げる海域以外の海域	1．ディーゼル機関であって，定格出力が130kWを超え，かつ，定格回転数が毎分130回転未満のもの	1kW時当たりの窒素酸化物の放出量の値が14.4以下であること。
	2．ディーゼル機関であって，定格出力が130kWを超え，かつ，定格回転数が毎分130回転以上2000回転未満のもの	1kW時当たりの窒素酸化物の放出量の値が44を当該原動機の毎分の定格回転数の値を0.23乗して得た値で除して得た値以下であること。
	3．ディーゼル機関であって，定格出力が130kWを超え，かつ，定格回転数が毎分2000回転以上のもの	1kW時当たりの窒素酸化物の放出量の値が7.7以下であること。
	上記3号に掲げる者以外の原動機	窒素酸化物の量は，限定しない。

備考　1kW当たりの窒素酸化物の算出方法は，技術基準41条に規定

第2節　放出量確認（海防法19条の4，検査規則1条の2～1条の5）

(1)　船舶に設置される原動機（その種類，出力，用途等が国土交通省令で定める基準（検査規則1条の2）に該当しないものを除く。）の製作を業とする者その他国土交通省令で定める者（以下，「原動機製作者等」という（検査規則1条の3）。）は，当該原動機が船舶に設置される前に，当該原動機からの窒素酸化物の放出量が放出基準に適合するものであることについて，国土交通大臣の行う確認を受けなければならない。ただし，当該原動機が船舶に設置される前に当該確認を受けることが困難な事由として国土交通省令に定めるもの（検査規則1条の4）に該当する場合には，この限りでない。

(2)　海防法19条の5の規定により，原動機取扱手引書の承認を受けた後，その承認に係る原動機が船舶に設置される前に，当該原動機について以下のような改造を行った場合，当該改造原動機からの窒素酸化物の放出量が，放出基準に適合するものであることについて，国土交通大臣の行う確認を受けなければならない。ただし，当該原動機が船舶に設置される前に当該確認を受け

ることが困難な事由として国土交通省令に定めるもの（検査規則1条の4）に該当する場合には，この限りでない。
① 窒素酸化物の放出量を増大させることとなる改造
② 原動機の連続最大出力が当該連続最大出力の10％を超えて増加する改造
（検査規則1条の5・1号）
③ 海防法19条の3の放出基準に適合しないおそれがある改造

第3節　原動機取扱手引書（海防法19条の5）

　放出量確認を受けた原動機製作者等は，当該原動機の仕様及び性能，当該原動機の設置，運転，整備その他当該原動機の取扱いに当たり遵守すべき事項，当該原動機に係る窒素酸化物の放出状況の確認方法その他の国土交通省令で定める事項（技術基準42条）を記載した原動機取扱手引書を作成し，国土交通大臣の承認を受けなければならない。

第4節　国際大気汚染防止原動機証書（海防法19条の6）

　国土交通大臣は，船舶に設置される原動機の窒素酸化物の放出量確認（海防法19条の4・1項）をし，原動機取扱手引書を承認（海防法19条の5）したときは，当該原動機製作者等に対し，国際大気汚染防止原動機証書（検査規則1号の3様式）を交付しなければならない。

第5節　原動機の設置（海防法19条の7）

(1) 海上自衛隊（防衛大学校を含む。）の使用する船舶以外の船舶（以下「基準適合原動機設置対象船舶」という。）に原動機を設置する船舶所有者は，国際大気汚染防止原動機証書の交付を受けた原動機を設置しなければならない。
(2) 船舶所有者は，国土交通大臣の行う放出量確認を受けることなく原動機を基準適合原動機設置対象船舶に設置したときは，当該基準適合原動機設置対照船舶に設置された原動機について，国土交通大臣の行う放出量確認に相当する確認を受け，かつ，原動機取扱手引書について国土交通大臣の承認を受けなければならない。
(3) 船舶所有者は，原動機を基準適合原動機設置対象船舶に設置した後，当該原動機について窒素酸化物の放出量を増大させることとなる改造等を行った場合，国土交通大臣の行う放出量確認に相当する確認を受け，かつ，原動機取扱手引書について国土交通大臣の承認を受けなければならない。
(4) 基準適合原動機設置対象船舶に設置する原動機は，国土交通大臣の承認を

受けた原動機取扱手引書に従い，かつ，国土交通省令で定める技術上の基準に適合するように設置しなければならない。

第6節　国際大気汚染防止原動機証書等の備置き（海防法19条の8）

　船舶所有者は，基準適合原動機設置対象船舶に原動機を設置したときは，当該基準適合原動機設置対象船舶内に，国際大気汚染防止原動機証書（交付を受けている場合に限る。）及び承認原動機取扱手引書を備え置かなければならない。

第7節　原動機の運転（海防法19条の9）

　基準適合原動機設置対象船舶に設置された原動機は，承認原動機取扱手引書に従い，かつ，国土交通省令で定める技術上の基準に適合するように運転しなければならない。

　ただし，以下のような緊急避難又は不可抗力的なものの場合には例外的な運転が認められている。

(1)　基準適合原動機設置対象船舶の安全を確保し，又は人命を救助するために必要な場合
(2)　基準適合原動機設置対象船舶の損傷その他のやむを得ない原因により窒素酸化物が放出された場合において，引き続く窒素酸化物の放出を防止するための可能な一切の措置をとった場合

第8節　小型船舶用原動機（海防法19条の10～19条14）

　国土交通大臣は，小型船舶検査機構（以下「機構」という。）に総トン数20トン未満の基準適合原動機設置対象船舶に設置される原動機に係る放出量確認，原動機取扱手引書の承認及び国際大気汚染防止原動機証書の交付に関する事務を行わせることができる（海防法19条の10・1項）。

第9節　船級協会の放出量確認等（海防法19条の15）

(1)　国土交通大臣は，船級の登録に関する業務を行う者の申請により，基準適合原動機設置対象船舶に設置される原動機に係る放出量確認，原動機取扱手引書の承認及び国際大気汚染防止原動機証書の交付に関する事務を行う者として登録する（海防法19条の15・1項）。
(2)　国土交通大臣から登録を受けた者（船級協会）が，原動機からの窒素酸化物の放出量が放出基準に適合するものであることについて確認し，原動機取扱手引書の承認を行い，及び国際大気汚染防止原動機証書に相当する書面を

交付した場合は，それぞれ国土交通大臣が行った放出量確認，交付した国際大気汚染防止原動機証書とみなす（海防法19条の15・2項）。

第10節　外国船舶に設置される原動機に関する特例（海防法19条の16）

海防法19条の3から19条の15までの規定は，外国船舶に設置される原動機については，適用しない。ただし，本邦の各港間又は港のみを航行する外国船舶に設置される原動機については，この限りでない。

第11節　第二議定書締約国等の政府が発行する原動機条約証書等

(1) 基準適合原動機設置対象船舶である日本船舶に MARPOL73/78条約第二議定書締約国である外国において製造した原動機を設置しようとする者は，当該第二議定書締約国の政府から原動機取扱手引書に相当する図書の記載内容が第二議定書に照らし適正なものであることについて確認及び原動機条約証書（第二議定書締約国の政府が第二議定書に定める証書として交付する書面であって，当該原動機が第二議定書に定める基準に適合していることを証するものをいう。）の交付を受けようとする場合には，日本の領事官を通じて申請し，確認を受けなければならない。確認を受けた図書及び交付を受けた原動機条約証書は，国土交通大臣が承認した原動機取扱手引書及び交付した国際大気汚染防止原動機証書とみなす（海防法19条の17）。

(2) 国土交通大臣は，MARPOL73/78条約第二議定書締約国の政府から当該第二議定書締約国の船舶に設置される原動機であって，日本国内において製造されるものについて，国際大気汚染防止原動機証書に相当する証書を交付することの要請があった場合において，当該原動機について放出量確認に相当する確認をし，かつ，原動機取扱手引書の承認に相当する承認をしたときは，当該原動機を設置しようとする者に対し，国際大気汚染防止原動機証書に相当する証書を交付する（海防法19条の18）。

第12節　燃　料　油

〔1〕　燃料油の使用等（海防法19条の21）

原則として，「いかなる人」も，「すべての海域」において，「船舶に燃料油を使用する」ときは，政令で定める海域（バルティック海海域，北海海域，バルティック海海域及び北海海域以外の海域（海防令11条の10））ごとに，硫黄分の濃度その他の品質が政令で定める基準（海防令11条の10）に適合する燃料油を使用しなければならない。

ただし，以下に述べるような緊急避難又は不可抗力的なものの場合には例外的に使用が認められている。
① 船舶の安全を確保し，又は人命を救助するために必要な場合。
② 船舶の損傷その他やむを得ない原因により政令で定める基準に適合しない燃料油を使用した場合において，引き続く当該燃料油の使用による硫黄酸化物の放出を防止するための可能な一切の措置をとった場合。

硫黄分濃度表

海域	基準
一　海防法施行令別表第1の5に掲げるバルティック海海域，別表第3備考第6号イからハまでに掲げる海域並びに別表第5に掲げる北米排出規制海域，米国カリブ海排出規制海域及び地中海排出規制海域	硫黄分の濃度が質量百分率0.1%以下であり，かつ，無機酸を含まないこと。
二　前号に掲げる海域以外の海域	硫黄分の濃度が質量百分率0.5%以下であり，かつ，無機酸を含まないこと。

〔2〕　**燃料油供給証明書等**（海防法19条の22）
　国際航海に従事する船舶（海上自衛隊（防衛大学校を含む）の使用する船舶を除く。）であって総トン数400トン以上の船舶（海防則12条の17の7）の船長（引かれ船等にあっては船舶所有者）は，当該船舶に燃料油を搭載する場合においては，揮発油等の品質の確保等に関する法律（昭和51年法律88号）により交付された書面（以下，「燃料油供給証明書」という。外国において燃料油を搭載する場合にあっては，当該書面に相当するもの（海防則12条の17の8））及び提出された試料（外国において燃料油を搭載する場合にあっては，当該試料に相当するもの（海防則12条の17の9））を，当該燃料油を搭載した日から国土交通省令で定める期間（海防則12条の17の10）を経過するまでの間，当該船舶内に備え置かなければならない。

燃料油証明書等の保管期間

項　目	保管期間
燃料油供給証明書	3年間
燃料油試料	1年間若しくは搭載された燃料油が消費されるまでの期間のいずれか長い期間

第13節　揮発性物質放出規制等
〔1〕　**揮発性物質放出規制港湾**（海防法19条の23）
　国土交通大臣は，揮発性有機化合物（油，有害液体物質等その他の貨物から揮発

することにより発生する有機化合物をいう。）を放出する貨物の積込みの状況その他の事情から判断して揮発性有機化合物の放出による大気汚染を防止するための措置を講ずる必要があると認める港湾について，これを揮発性物質放出規制港湾（海防則12条の17の12）として指定することができる。

〔２〕 **揮発性物質放出防止設備等**（海防法19条の24）
(1) 船舶所有者は，揮発性物質放出規制港湾において揮発性有機化合物を放出する貨物の積込みが行われる船舶（揮発性物質放出規制対象船舶（海防則12条の17の13））について，その用途，総トン数，貨物の種類等の区分に応じて，当該船舶からの揮発性有機化合物の放出による大気の汚染を防止するための設備を設置（揮発性物質放出防止設備（技術基準44条））しなければならない。
(2) 揮発性物質放出規制港湾にある揮発性物質放出規制対象船舶において揮発性有機化合物を放出する貨物の積込みを行う者は，国土交通省令で定めるところ（海防則12条の17の14）により，揮発性物質放出防止装置を使用しなければならない。
　ただし，以下に述べるような緊急避難又は不可抗力的なものの場合には例外的に揮発性有機化合物の放出が認められている。
　① 揮発性物質放出規制対象船舶の安全を確保し，又は人命を救助するために必要な場合。
　② 揮発性物質放出規制対象船舶の損傷その他やむを得ない原因により揮発性有機化合物が放出された場合において，引き続く揮発性有機化合物の放出を防止するための可能な一切の措置をとった場合。

〔３〕 **揮発性物質放出防止措置手引書**（海防法19条の24）
　原油の輸送の用に供するタンカー（以下「原油タンカー」という。）の船舶所有者は，貨物として積載している原油の取扱いに関する作業を行う者が，当該原油タンカーからの揮発性有機化合物の放出を防止するために遵守すべき事項について，揮発性物質放出防止措置手引書を作成し，これを当該原油タンカー内に備え置き，又は掲示しておかなければならない（技術基準46条）。原油タンカーの船長は，揮発性物質放出防止措置手引書に定められた事項を，当該原油タンカーの乗組員及び乗組員以外の者で当該原油タンカーに係る業務を行う者のうち貨物として積載している原油の取扱いに関する作業を行うものに周知させなければならない。

第14節　オゾン層破壊物質（海防法19条の35の３）
　船舶所有者は，オゾン層破壊物質を含む材料を使用した船舶又はオゾン層破

壊物質を含む設備を設置した船舶を航行の用に供してはならない（海上自衛隊（防衛大学校を含む）の使用する船舶を除く。）。

第9章　船舶及び海洋施設における油，有害液体物質等及び廃棄物の焼却の規制

(1)　原則として，「いかなる人」も，「船舶又は海洋施設」において，油，有害液体物質及び廃棄物（以下「油等」という。）を焼却してはならない。ただし，船舶において，その焼却が海洋環境の保全等に著しい障害を及ぼすおそれがあるものとして政令で定める油等（海防令12条）以外の油等であって当該船舶において生ずる不要なもの（以下「船舶発生油」という。）の焼却をする場合はこの限りでない（海防法19条の35の4）。

　　船舶において焼却されることが禁止されている油等（海防令12条）
① ばら積み液体貨物として輸送される油，有害液体物質等若しくはばら積み以外の方法で貨物として輸送されるX類物質等と同等に有害である物質の残留物又は当該残留物が染み込み，若しくは付着したもの
② ポリ塩化ビフェニル，ポリ塩化ビフェニルを含む油又はポリ塩化ビフェニルが塗布され，染み込み，付着し，若しくは封入されたもの
③ 鉛若しくはカドミウム又はこれらの化合物（電池その他の製品であって，これらの物質を含むものを含む。）
④ ハロゲン化合物を含む精製された油又は当該油が染み込み，若しくは付着したもの
⑤ ポリ塩化ビニル（漁網その他の製品であって，ポリ塩化ビニルを含むものを含む。）

(2)　船舶において，船舶発生油等の焼却をしようとする者は，国土交通省令で定める技術基準（技術基準45条）に適合する船舶発生油等焼却設備を用いて行わなければならない。ただし，以下に掲げるものの焼却については，この限りでない。
① 燃料油及び潤滑油の浄化，機関区域における油の漏出等により生じる油性残留物（海防法19条の35の4・1項の規定により焼却してはならないものを除く。（海防則12条の17の22））の焼却であって，港則法に基づく港の区域又は外国の港の区域のいずれにも属さない海域において，船舶に設置された原動機又はボイラーを用いて焼却する場合（海防令12条の3）。
② 海底及びその下における鉱物資源の掘採に従事している船舶において専

ら当該活動に従い発生する船舶発生油等の焼却
(3) 船舶所有者は，船舶に船舶発生油等焼却設備を設置したときは，当該船舶発生油等焼却設備の使用，整備その他当該船舶発生油等焼却設備の取扱いに当たり遵守すべき事項その他国土交通省令で定める事項（海防則12条の17の23）を記載した船舶発生油等焼却設備取扱手引書を作成し，これを船内に備え置かなければならない（海防法19条の35の4・3項）。
(4) 船長（引かれ船等にあっては，船舶所有者）は，当該船舶に設置された船舶発生油等焼却設備の取扱いに関する作業について，船舶発生油等焼却設備取扱手引書に定められた事項を適確に実施することができる者に行わせなければならない（海防法19条の35の4・4項）。
(5) 海防法19条の35の4の規定は，船舶又は海洋施設における以下に該当する油等の焼却には適用しない。
  ① 当該海洋施設にある者の日常生活に伴い生ずる不要な油等その他政令で定める当該海洋施設内において生ずる不要な油等（海防令15条）
  ② 締約国（海洋投棄規制条約の規定のうち廃棄物その他の物の海洋における焼却の規制に関する規定が効力を生じていない締約国を除く。）において，積み込まれた油等の当該締約国の法令に従ってする焼却（本邦周辺海域においてするものを除く。）

第10章　船舶の海洋汚染防止設備等及び海洋汚染防止緊急措置手引書等並びに大気汚染防止検査対象設備及び揮発性物質放出防止措置手引書の検査等

第1節　定期検査（海防法19条の36）

船舶所有者は，検査対象船舶を初めて航行の用に供しようとするときは，海洋汚染等防止設備等について，国土交通大臣が行う定期検査を受けなければならない。また，海洋汚染等防止証書の交付を受けた検査対象船舶をその有効期間満了後も航行の用に供しようとするときも，同様とする。
(1) ビルジ等排出防止設備，水バラスト等排出防止設備，分離バラストタンク及び貨物艙原油洗浄設備の検査対象船舶は，総トン数150トン以上のタンカー及びタンカー以外の船舶で総トン数400トン以上の船舶である。
(2) 有害液体物質排出防止設備の検査対象船舶は，その貨物艙がばら積みの液体貨物の輸送のための構造を有する（当該貨物艙が専らばら積みの有害液体物質以外の貨物の輸送の用に供されるものを除く。）有害液体物質ばら積船である（検

査規則2条2項)。
(3) ふん尿等排出防止設備の検査対象船舶は，国際航海に従事する船舶であって総トン数400トン以上又は最大搭載人員16人以上の船舶である（検査規則2条3項)。
(4) 有害バラストの排出防止に関する設備の検査対象船舶は，1の国の内水，領海若しくは排他的経済水域又は公海のみを航行する船舶以外の船舶であって，総トン数400トン以上の船舶である（検査規則2条4項)。
(5) 海洋汚染防止緊急措置手引書等が技術上の基準に適合することについて，国土交通大臣の検査以外の方法により確実に確認することが認められる船舶は，陸上自衛隊又は海上自衛隊（防衛大学校を含む。）の使用する船舶である（検査規則2条5項)。
(6) 大気汚染防止検査対象設備の検査対象船舶は，総トン数400トン以上の船舶である（検査規則2条6項)。
(7) 以下に掲げる船舶は，海洋汚染等防止設備等の検査対象船舶から除かれる（検査規則2条7項)。
① 海洋汚染等及び海上災害の防止に関する法律施行令1条の9・3項の規定により国土交通大臣が指定する船舶（公用に供する船舶のうち海難救助その他の緊急用務を行うための船舶）
② 陸上自衛隊又は海上自衛隊（防衛大学校を含む。）の使用する船舶
③ 推進機関を有しない船舶（国際航海に従事するもの及び有害液体物質ばら積船を除く。）
④ 係船中の船舶

第2節　海洋汚染防止証書（海防法19条の37）

　国土交通大臣は，定期検査の結果，海洋汚染防止設備等，海洋汚染防止緊急措置手引書等，大気汚染防止検査対象設備及び揮発性物質放出防止措置手引書がそれぞれの技術上の基準に適合すると認めるときは，船舶所有者に対し，上記設備に関し国土交通省令で定める区分（検査規則18条）に従い，「海洋汚染等防止証書（検査規則第6号様式）」を交付しなければならない。
　「海洋汚染等防止証書」の有効期間は，5年間とする。ただし，その有効期間が満了するときにおいて，国土交通省令で定める事由（検査規則21条）がある船舶については，3月を限りその有効期間を延長することができる。なお，平水区域を航行区域とする船舶であって国土交通省令で定めるもの（検査規則20条）については，「海洋汚染等防止証書」の有効期間は6年間とする（検査規

則20条の2)。

第3節 中間検査(海防法19条の38)

　海洋汚染等防止証書の交付を受けた検査対象船舶の船舶所有者は,当該証書の有効期間中に国土交通省令で定める時期(検査規則14条)に,海洋汚染防止設備等(ふん尿等排出防止設備を除く。),海洋汚染防止緊急措置手引書等及び揮発性物質放出防止措置手引書及び大気汚染防止検査対象設備について,中間検査を受けなければならない。

区　　　分	種　　類	時　　期
国際航海に従事する船舶	第一種中間検査	海洋汚染等防止証書の有効期間の起算日の後の2回目又は3回目のいずれかの検査基準日の前後3月以内
	第二種中間検査	検査基準日の前後3月以内
国際航海に従事しない船舶(有害水バラストの排出防止に関する設備を設置し,又は有害水バラスト汚染防止措置手引書を備え置き,若しくは掲示すべきものに限る。)	第一種中間検査(有害水バラストの排出防止に関する設備及び有害水バラスト汚染防止措置手引書に係るものに限る。)	海洋汚染等防止証書の有効期間の起算日の後の2回目又は3回目のいずれかの検査基準日の前後3月以内
	第一種中間検査	海洋汚染等防止証書の有効期間の起算日から21月を経過する日から39月を経過する日までの間
	第二種中間検査	検査基準日の前後3月以内
上記二号に掲げる船舶以外の船舶	第一種中間検査	海洋汚染等防止証書の有効期間の起算日から21月を経過する日から39月を経過する日までの間

備考　「検査基準日」:海洋汚染等防止証書の有効期間が満了する日に相当する毎年の日

第4節 臨時検査(海防法19条の39,検査規則15条)

　海洋汚染等防止証書の交付を受けた検査対象船舶の船舶所有者は,当該検査対象船舶に設置された海洋汚染防止設備等又は大気汚染防止検査対象設備について国土交通省令で定める改造又は修理を行うとき,当該検査対象船舶に備え置き,又は掲示された海洋汚染防止緊急措置手引書等又は揮発性物質放出防止措置手引書について国土交通省令で定める変更を行うときは,臨時検査を受けなければならない。臨時検査対象となるものは以下のようなものである(検査規則15条)。

① ビルジ等排出防止設備，水バラスト等排出防止設備，貨物艙原油洗浄設備，有害液体物質排出防止設備，ふん尿等排出防止設備又は大気汚染防止検査対象設備の全部若しくは一部の変更又は取替えを伴う修理
② 分離バラストタンク又は貨物艙の寸法，容量，配置及び配管の変更を伴う改造又は修理
③ 油等（油濁防止緊急措置手引書にあっては油，有害液体汚染防止緊急措置手引書にあっては有害液体物質，海洋汚染防止緊急措置手引書にあっては油又は有害液体物質）の排出による汚染の防除のため当該船舶内ある者が直ちにとるべき措置に関する事項の変更
④ 船舶の用途，航行する海域又は大きさの変更その他の事由により，当該船舶に設置すべき海洋汚染防止設備等若しくは大気汚染防止検査対象設備又は当該船舶に備え置き，若しくは掲示すべき海洋汚染防止緊急措置手引書等に変更が生じたとき
⑤ 海難その他の事由により，検査を受けた事項について海洋汚染防止設備等若しくは大気汚染防止検査対象設備の性能又は海洋汚染防止緊急措置手引書等の機能に影響を及ぼすおそれのある変更が生じたとき
⑥ 地方運輸局長が，海洋汚染防止設備等，海洋汚染防止緊急措置手引書又は大気汚染防止検査対象設備に係る特定の事項について，臨時検査を受けるべき時期を指定した場合において，当該時期に至ったとき

第5節　証書の効力の停止（海防法19条の40）

　国土交通大臣は，中間検査（海防法19条の38），臨時検査（同法19条の39）の結果，当該検査対象船舶に設置された海洋汚染防止設備等若しくは大気汚染防止検査対象設備又は当該検査対象船舶に備え置き，若しくは掲示された海洋汚染防止緊急措置手引書等若しくは揮発性物質放出防止措置手引書が技術基準に適合していないと認めるときは，当該技術基準に適合することとなったと認めるまでの間，当該海洋汚染防止設備等若しくは大気汚染検査対象設備又は当該海洋汚染防止緊急措置手引書等若しくは揮発性物質放出防止措置手引書に係る海洋汚染等防止証書の効力を停止するものとする。

第6節　臨時海洋汚染等防止証書（海防法19条の41）

　検査対象船舶は，通常は海洋汚染等防止証書の交付を受けていなければ，当該船舶を航行の用に供することはできない。ただし，新造船の海上試運転をする場合や，外国船を建造し，これを引き渡しのために外国に回航する場合には，

臨時航行検査を受け，臨時海洋汚染等防止証書の交付を受けて運航することができる。

第7節 海洋汚染等防止検査手帳 （海防法19条の42）

海洋汚染等防止検査手帳は，船舶安全法上の船舶検査手帳に相当するもので，最初の定期検査に合格した検査対象船舶の船舶所有者に交付される。

第8節 国際海洋汚染等防止証書 （海防法19条の43）

国土交通大臣は，国際航海に従事する検査対象船舶の船舶所有者から申請があった場合，当該検査対象船舶に係る海洋汚染等防止証書若しくは臨時海洋汚染等防止証書又は船舶検査証書若しくは臨時航行許可証の記載その他の事項を審査して国際海洋汚染等防止証書を交付する。国際海洋汚染等防止証書の有効期間は，海洋汚染等防止証書の有効期間が満了する日までとする。

第9節 検査対象船舶の航行 （海防法19条の44）

(1) 検査対象船舶は，有効な海洋汚染等防止証書又は臨時海洋汚染等防止証書の交付を受けているものでなければ，航行の用に供してはならない。
(2) 検査対象船舶は，有効な国際海洋汚染等防止証書の交付を受けているものでなければ，国際航海に従事させてはならない。
(3) 検査対象船舶は，有効な国際海洋汚染等防止証書の交付を受けているものでなければ，一の国の内水，領海若しくは排他的経済水域又は公海における航海以外の航海に従事させてはならない。
(4) 検査対象船舶は，海洋汚染等防止証書，臨時海洋汚染等防止証書又は国際海洋汚染等防止証書に記載された条件に従わなければ，航行の用に供してはならない。
(5) 法定検査等のために試運転を行う場合を除く。

第10節 海洋汚染等防止証書等の備置き （海防法19条の45）

海洋汚染等防止証書，臨時海洋汚染等防止証書若しくは国際海洋汚染等防止証書又は海洋汚染等防止検査手帳の交付を受けた船舶所有者は，当該検査対象船舶内に，これらの証書又は手帳を備え置かなければならない。

第11節 船級協会の検査 （海防法19条の46）

(1) 国土交通大臣は，船級の登録に関する業務を行う者の申請により，その者

を海洋汚染防止設備等，海洋汚染防止緊急措置手引書等及び大気汚染防止検査対象設備及び揮発性物質放出防止措置手引書についての検査を行う者として登録する。
(2) 登録を受けた者（船級協会）が海洋汚染防止設備等，海洋汚染防止緊急措置手引書等及び大気汚染防止検査対象設備についての検査を行い，かつ，船級の登録をした検査対象船舶は，当該船級を有する間は，国土交通大臣が当該海洋汚染防止設備等，当該海洋汚染防止緊急措置手引書等，当該大気汚染防止検査対象設備及び揮発性物質放出防止措置手引書についての法定検査を行い，技術基準に適合すると認めたものみなす。

第12節　再　検　査（海防法19条の47）
(1) 法定検査の結果に不服がある者は，当該検査の結果に関する通知を受けた日の翌日から起算して30日以内に，その理由を記載した文書を添えて国土交通大臣に再検査を申請することができる。
(2) 再検査の結果に不服がある者は，その取消しの訴えを提起することができる。
(3) 再検査を申請した者は，国土交通大臣の許可を受けた後でなければ関係部分の現状を変更してはならない。
(4) 法定検査の結果及び再検査の結果のみ争うことができる。

第13節　技術基準適合命令等（海防法19条の48）
(1) 国土交通大臣は，当該船舶に設置された海洋汚染防止設備等若しくは大気汚染防止検査対象設備又は当該船舶に備え置き，若しくは掲示された海洋汚染防止緊急措置手引書等若しくは揮発性物質放出防止措置手引書が技術基準に適合しなくなったと認めるときは，当該船舶の船舶所有者に対し，海洋汚染等防止証書又は臨時海洋汚染等防止証書の返納，当該海洋汚染防止設備等又は大気汚染防止検査対象設備の改造又は修理，当該海洋汚染防止緊急措置手引書等又は揮発性物質放出防止措置手引書の変更その他の必要な措置をとるべきことを命ずることができる。
(2) 国土交通大臣は，上記の規定に基づく命令を発したにもかかわらず，当該船舶の船舶所有者がその命令に従わない場合において，その航行を継続することが海洋環境の保全等に障害を及ぼすおそれがあると認めるときは，当該船舶の船舶所有者又は船長に対し，当該船舶の航行の停止を命じ，又はその航行を差し止めることができる。

(3) 国土交通大臣があらかじめ指定する国土交通省の職員は，前項に規定する場合において，海洋環境の保全等を図るため緊急の必要があると認めるときは，同項に規定する国土交通大臣の権限を即時に行うことができる。
(4) 国土交通大臣は，第二項の規定による処分に係る船舶について，第一項に規定する事実がなくなったと認めるときは，直ちに，その処分を取り消さなければならない。

第14節　船舶安全法の準用（海防法19条の49）

法に基づく検査の合理的な実施のために，船舶安全法の規定のうち，以下に掲げる制度に関するものが準用される。

〔1〕　予備検査（船舶安全法6条3項）
　海洋汚染防止設備等若しくは大気汚染防止検査対象設備等について，当該設備を船舶に設置する前に検査を受けることができる予備検査に合格した物件については，船舶における検査の際に，検査が省略される。

〔2〕　事業場認定（船舶安全法6条の2，6条の3）
(1) 製造工事又は改造修理工事に係る認定
　　国土交通大臣が，海洋汚染防止設備等若しくは大気汚染防止検査対象設備等の製造又は改造修理工事の能力について認定をした事業場において製造又は改造修理された物件については，船舶における検査又は予備検査の際に製造工事又は改造修理工事に係る検査が省略される。
(2) 整備に係る認定
　　海洋汚染防止設備等若しくは大気汚染防止検査対象設備等の製造者が国土交通大臣の認可を受けた整備規程の下において整備された物件については，整備後30日以内に行われる定期検査又は中間検査が省略される。
(3) 型式認定（船舶安全法6条の4）
　　国土交通大臣が型式認定をした海洋汚染防止設備等若しくは大気汚染防止検査対象設備等について検査を受け，これに合格した物件については船舶における検査又は予備検査の際に検査が省略される。なお，型式認定を受けた者が〔2〕(1)の製造工事に係る事業場の認定を受けた場合は，検定を受けることを要しない。

第15節　外国船舶に関する特例（海防法19条の50）

海防法19条の36から19条の48までの規定は，外国船舶については適用しない。ただし，本邦の港間又は港のみを航行する外国船舶については，この限りでな

い。

　外国船舶は，MARPOL73/78条約の議定書締約国と議定書非締約国とに分類されるので，これら双方に関して，定期検査及びその関連規定を適用しないとするものである（ただし，本邦の各港の間又は港内のみを航行する外国船舶については適用する。）。これは，外国船舶に日本の定期検査制度を課するのは現実的でなく，また，議定書締約国の船舶は旗国の定期検査を受けていることもあるため，外国船舶については定期検査制度の適用を除外することとしたものである。なお，日本の各港の間又は港内のみを航行する外国船舶については，日本船舶と同等とみなしうるので，日本船舶と同様に定期検査制度及びその関連規定を適用することとしたものである。

第16節　外国船舶の監督（海防法19条の51）

　MARPOL73/78条約第5条に規定されている入港国による監督（ポートステートコントロール）の規定を受けて設けられた条項である。船舶に対する監督には，国際的規制に基づき船舶の旗国により法令が定められ，その遵守の確保が図られるフラッグステートコントロール（旗国による監督）があるが，船舶は，その活動の場が旗国以外の国に及ぶため，旗国による監督だけでは，国際的規制の遵守を確保することは不十分であるため，船舶の入港国において，当該入港国当局により行われる監督に服させることにより，国際的規制の実効性を図ろうとするものである。

(1)　国土交通大臣は，本邦の港又は沿岸の係留施設にある外国船舶（以下「監督対象外国船舶」という。）に設置された海洋汚染防止設備等若しくは大気汚染防止検査対象設備又は当該船舶に備え置き，若しくは掲示された海洋汚染防止緊急措置手引書等若しくは揮発性物質放出防止措置手引書が技術基準に適合していないと認めるときは，当該船舶の船長に対し，当該海洋汚染防止設備等又は大気汚染防止検査対象設備の改造又は修理，当該海洋汚染防止緊急措置手引書等又は揮発性物質放出防止措置手引書の変更その他の必要な措置をとるべきことを命ずることができる。

(2)　国土交通大臣は，監督対象外国船舶の乗組員のうち油，有害液体物質，排出ガス又は船舶発生油等焼却設備の取扱いに関する作業を行うものが，当該取扱いに関し遵守すべき事項のうち国土交通省令で定めるもの（以下「特定遵守事項」という。（海防則12条の18））に関する必要な知識を有しないと認めるとき，その他特定遵守事項に従って作業を行うことができないと認めるときは，当該船舶の船長に対し，当該乗組員に特定遵守事項に関する必要な知識

を習得させることその他特定遵守事項に従って作業を行わせるため必要な措置をとるべきことを命ずることができる。
(3) 国土交通大臣は，監督対象外国船舶に使用される燃料油が政令で定める基準（海防令11条の7）に適合していないと認めるときは，当該船舶の船長に対し，政令で定める基準に適合させるため必要な措置をとるべきことを命ずることができる。

第17節　第一議定書締約国等の政府が発行する海洋汚染防止条約証書等（海防法19条の52）

　船舶に係る検査及び証書の交付は，原則として，船舶の旗国の責任において行われるものであるが，議定書においては，旗国以外の議定書締約国において建造された船舶又は証書の有効期間が旗国以外の議定書締約国に入港中に満了する船舶等について，円滑な航行を確保するため，当該船舶の旗国の要請により，旗国以外の締約国において検査を受け証書の交付を受けることができる旨の規定が設けられている（附属書Ⅰ第6規則，附属書Ⅱ第11規則及び附属書Ⅳ第5規則）。

　海防法19条の52は，この議定書の規定を受けて，日本を旗国とする船舶について，議定書締約国政府に対して条約証書の交付を要請する手続き及び交付された条約証書の効力を規定したもの。

(1) 検査対象船舶である日本船舶の船舶所有者又は船長は，第一議定書締約国の政府から海洋汚染防止条約証書（第一議定書締約国の政府が第一議定書に定める証書として交付する書面であって，当該船舶の海洋汚染防止設備等及び海洋汚染防止緊急措置手引書等が第一議定書に定める基準に適合していることを証するものをいう。以下同じ。）の交付を受けようとする場合には，日本の領事官を通じて申請しなければならない。

(2) 検査対象船舶である日本船舶の船舶所有者又は船長は，第二議定書締約国の政府から大気汚染防止条約証書（第二議定書締約国の政府が第二議定書に定める証書として交付する書面であって，当該船舶の大気汚染防止検査対象設備及び揮発性物質放出防止措置手引書が第二議定書に定める基準に適合していることを証するものをいう。以下同じ。）の交付を受けようとする場合には，日本の領事官を通じて申請しなければならない。

(3) 上記の規定により交付を受けた海洋汚染防止条約証書及び大気汚染防止条約証書（以下「海洋汚染防止条約証書等」という。）は，国土交通大臣が交付した国際海洋汚染等防止証書とみなす。

第18節　第一議定書締約国等の船舶に対する証書の交付（海防法19条の53）

　海防法19条の53は，前述の議定書の規定を受けて，第一議定書締約国が日本政府に，当該議定書締約国の船舶に対して，条約証書の交付を要請してきた場合における検査の実施及び証書の交付の根拠を規定したもの。

(1)　国土交通大臣は，第一議定書締約国の政府から当該第一議定書締約国の船舶について国際海洋汚染等防止証書（海洋汚染防止設備等及び海洋汚染防止緊急措置手引書等に係るものに限る。）に相当する証書を交付することの要請があった場合には，当該船舶に設置されている海洋汚染防止設備等及び当該船舶に備え置き，又は掲示されている海洋汚染防止緊急措置手引書等について，定期検査（海防法19条の36）に相当する検査を行うものとし，その検査の結果，当該海洋汚染防止設備等及び当該海洋汚染防止緊急措置手引書等が技術基準に適合すると認めるときは，当該船舶の船舶所有者又は船長に対し，国際海洋汚染等防止証書に相当する証書を交付するものとする。

(2)　国土交通大臣は，第二議定書締約国の政府から当該第二議定書締約国の船舶について国際海洋汚染等防止証書（大気汚染防止検査対象設備及び揮発性物質放出防止措置手引書に係るものに限る。）に相当する証書を交付することの要請があった場合には，当該船舶に設置されている大気汚染防止検査対象設備及び当該船舶に備え置き，又は掲示されている揮発性物質放出防止措置手引書について，定期検査（法19条の36）に相当する検査を行うものとし，その検査の結果，当該大気汚染防止検査対象設備及び当該揮発性物質放出防止措置手引書が技術基準に適合すると認めるときは，当該船舶の船舶所有者又は船長に対し，国際海洋汚染等防止証書に相当する証書を交付するものとする。

第11章　廃油処理事業等（海防法20条～37条）

　廃油（船舶内において生じた不要な油をいう。）の処理を事業として行おうとするときには，港湾管理者及び漁港管理者にあっては，国土交通大臣への届出，その他の者にあっては，国土交通大臣の許可が必要になる。また，自家用廃油処理施設を設置する際には，国土交通大臣への届出の義務が生じること等，廃油処理事業等に関連する所要の規則が定められている。なお，これらの施設で処理する廃油は，従来からの廃重質油に加え，昭和58年の法改正により廃軽質油が加わることとなった。

第12章　海洋の汚染及び海上災害の防止措置

第1節　大量の特定油が排出された場合の措置

　大量の特定油（原油，重油，潤滑油等）の排出があった場合等の措置として，通報義務，応急措置義務，防除措置義務，協力義務，海上保安庁長官の防除措置命令権，海上保安庁長官の措置に要した費用の負担，海上保安庁長官の防除現場海域からの退去命令権等が定められている。

　また，海洋に特定油が排出された場合に必要な措置をとりうる態勢をととのえるため，オイルフェンス，油回収船等の排出油防除資機材備付けが義務づけられている。

〔1〕　**通報義務**（海防法38条）

(1)　船舶から大量の特定油（濃度は排出される油1万立方センチメートル当たり10立方センチメートル，油分100リットル以上のもの）の排出があった場合又は海難によりそのような排出のおそれがある場合には，当該船舶の船長は，当該排出（海難）があった日時及び場所，排出（海難）の状況，海洋の汚染の防止のために講じた措置（講じようとする措置）その他の事項を直ちに最寄りの海上保安機関（我が国の周辺海域では海上保安庁の事務所）に通報しなければならない。

(2)　海洋施設その他の施設（陸地にあるものを含む。）から大量の特定油（濃度は排出される油1万立方センチメートル当たり10立方センチメートル，油分100リットル以上のもの）の排出があった場合，又は損傷その他の海洋施設等に係る異常な現象によりそのような排出のおそれがある場合には，当該海洋施設等の管理者は，当該排出があった（異常な現象が発生した）日時及び場所，排出（異常な現象）の状況，海洋の汚染の防止のために講じた措置（講じようとする措置）その他の事項を直ちに最寄りの海上保安機関（我が国の周辺海域では海上保安庁の事務所）に通報しなければならない。

(3)　大量の特定油の排出の原因となる行為をしたものは，上記に準じて通報を行わなければならない（ただし，船長又は海洋施設等の管理者が通報を行ったことが明らかなときは，この限りでない。）。

(4)　大量の特定油の排出のあった，又は排出のおそれのある船舶の船舶所有者その他当該船舶の運航に関し権限を有する者，又は施設の設置者は，海上保安機関から特定油の排出又は海難若しくは異常な現象による海洋の汚染を防止するために必要な情報の提供を求められたときは，できる限り，これに応

じなければならない。
(5) 特定油が1万平方メートルを超えて海面に広がっていることを発見した者は、遅滞なく、その旨を最寄りの海上保安機関に通報しなければならない。

〔2〕 **応急措置義務**（海防法39条1項，海防則31条）

以下に掲げる者は、排出された特定油の広がり及び引き続く特定油の排出の防止並びに排出された特定油の除去（排出特定油の防除）のためオイルフェンスの展張、油処理剤の散布、損壊箇所の修理、残っている特定油の移し替え、特定油の回収等のうちその場の状況に応じ、有効かつ適切な応急措置をとらなければならない。
　① 特定油を排出した船舶の船長又は施設の管理者
　② 特定油の排出の原因となる行為をした者

〔3〕 **防除措置義務**（海防法39条2項，海防則32条）

大量の油又は有害液体物質の排出があつたときは、次に掲げる者は、直ちに、オイルフェンスの展張及び広がり防止のための措置、損壊箇所の修理及び引き続く流出の防除、残っている特定油の移し替え、排出された特定油の回収等の防除のため必要な措置を講じなければならない。
　① 特定油を排出した船舶の所有者又は施設の設置者
　② 特定油の排出の原因となる行為をした者の使用者

〔4〕 **海上保安庁長官の防除措置命令**（海防法39条3項）

前述した防除措置を講じていないと認められるときは、海上保安庁長官は、以下の者に対し、必要な措置を講ずるよう命令することができる。
　① 特定油を排出した船舶の所有者又は施設の設置者
　② 特定油の排出の原因となる行為をした者の使用者

〔5〕 **関係者の協力義務**（海防法39条4項）

大量の特定油の排出が港内又は港の付近にある船舶から行われたものであるときは、以下の者は応急措置及び防除措置に協力しなければならない。
　① 当該特定油の荷送人及び荷受人（当該港が当該特定油の船積港又は陸揚港である場合に限る。）
　② 当該係留施設の管理者

〔6〕 **排出防止のための排出防止措置命令**（海防法39条5項）

海上保安庁長官は、船舶の衝突、乗揚げ、機関の故障その他の海難が発生した場合又は海洋施設の損傷その他の海洋施設に係る異常な現象が発生した場合において、大量の特定油の排出のおそれがあり、緊急にこれを防止する必要があると認めるときは、次に掲げる者に対し、特定油の排出の防止のため必要な

措置を講ずべきことを命ずることができる。
　① 特定油を排出するおそれのある船舶の船長又は船舶所有者
　② 特定油を排出するおそれのある海洋施設の管理者又は設置者

〔7〕 **海上保安庁長官の防除現場海域からの退去命令等**（海防法39条の2）

　海上保安庁長官は，緊急に排出特定油の防除のための措置を講ずる必要があるときは，防除措置を講ずる現場の海域にある船舶に対し退去を命じ若しくは現場海域に進入してくる船舶に進入の中止を命じ又は船舶の航行を制限することができる。

〔8〕 **防除資材備付義務**（海防法39条の3，33条の3，33条の5〜33条の7）

　以下の者は，排出特定油の防除のため，船舶内その他の所定の場所に，一定規格及び量のオイルフェンス及び油処理剤，油吸着剤又は油ゲル化剤を備え付けておかなければならない。

(1) 貨物として特定油を積載している総トン数150トン以上のタンカーの所有者
(2) 500kl以上の特定油であって船舶に積載し，又は船舶から陸揚げするものを保管することのできる施設の設置者
(3) 貨物として特定油を積載している総トン数150トン以上のタンカーを係留することができる係留施設の管理者

　なお，防除資材の備付けに関しては，当該資材を適切に使用することができるよう管理等が行われる必要があるので，油保管施設等については，原則として，資材を一か所に備え付けておくことが適当であるが，数か所に分けて備え付けることや，船舶所有者が備付基地に共同で備え付けること等も認められている。

〔9〕 **油回収船等の配備義務**（海防法39条の4，海防則33条の8〜33条の11）

　総トン数5,000トン以上のタンカーの船舶所有者は，当該タンカーが貨物として特定油を積載して，東京湾，伊勢湾及び大阪湾を含む瀬戸内海を航行しているときは，以下のような性能及び設備等を有する油回収船又は油回収装置等（油回収装置及び補助船という。）を当該タンカーに3時間以内に到達できる場所に配置しなければならない。

(1) 油回収船の性能，設備
　① 特定油回収能力が毎時3kl
　② 推進機関を有すること
　③ 特定油回収能力に応じ，適切な量の特定油を貯蔵できること
　④ 1時間に特定油回収能力以上の特定油分を移送できるポンプを有するこ

と
　⑤　特定油が付着したゴミ等をも回収できること
(2)　油回収装置等の性能，設備
　①　油回収装置が(1)①の能力を有するものであること
　②　油回収装置及び補助船が一体となって(1)②から⑤の性能及び設備を有することとなるもの
(3)　配備しなければならない油回収船及び油回収装置等の特定油回収能力は，タンカーの総トン数に応じ表（海防則別表第3）に定める数値以上であること

総トン数（トン）	5,000以上 10,000未満	10,000以上 50,000未満	50,000以上 100,000未満	100,000以上
特定油回収能力（kl 毎時）	6	16	27	38

〔10〕　油濁防止緊急措置手引書の作成，備置き等義務（海防法40条の2・1項，海防則34条の2，34条の3）

　以下の者は，油濁防止緊急措置手引書を作成し，これを当該施設内に備え置き，又は掲示しておかなければならない。

　同手引書には，当該施設及び当該係留施設を利用する船舶から油の不適正な排出があり，又は排出のおそれがある場合において，当該施設内にある者その他の者が直ちにとるべき緊急措置に関する事項，具体的には，連絡先のリスト，通報の際に遵守すべき事項，油の排出による汚染の防除組織・資材，直ちにとるべき措置に関する事項等が記載されていなければならない。

　①　500kl 以上の油であって船舶に積載し，又は船舶から陸揚げするものを保管することができる施設の設置者
　②　貨物として油を積載している総トン数150トン以上の油タンカーを係留することができる係留施設の管理者
　③　貨物として有害液体物質を積載している総トン数150トン以上の船舶を係留することができる係留施設の管理者

〔11〕　海上保安庁長官の同手引書の作成，備置き等命令（海防法40条の2・2項）

　海上保安庁長官は〔10〕の者が前述した同手引書の作成，備置き等を講じていないと認めるときは，その者に対し，同手引書を作成し，又は備え置き，若しくは掲示すべきことを命令することができる。

〔12〕 **同手引書に定められた事項の周知義務**（海防法40条の2・3項）
　〔10〕の者は，同手引書に定められた事項を，当該施設の従業員及び当該従業員以外の当該施設において油の取扱いに関する作業を行うものに周知させなければならない。

〔13〕 **海上保安庁長官の措置及び費用負担**（海防法41条，海防則35条〜37条）
　海上保安庁長官は，大量の特定油の排出に対して，措置を講じなければならない者がその措置を講じないとき又は講じても不十分な場合に，自らこれらの排出特定油の防除のためにオイルフェンスの展張，油処理剤の散布等必要な措置を講じたときは，当該措置に要した費用を排出させた特定油が積載されていた船舶の船舶所有者又は排出された特定油が管理されていた海洋施設等の設置者に負担させることができる。ただし，当該排出の原因が以下のものである場合はこの限りではない。
　① 異常な天災地変
　② 社会的動乱
　③ 専ら第三者が大量の特定油を排出させることを意図して行った作為又は不作為

〔14〕 **関係行政機関の長等に対する防除措置の要請**（海防法41条の2，海防令15条の3，15条の4）
　海上保安庁長官は，以下に掲げる場合において，特に必要があると認めるときは，関係行政機関の長等に対し，当該油等の除去その他の海洋汚染を防止するため必要な措置を講ずることを要請することができる。
　① 〔2〕〔3〕の規定により措置を講ずべき者がその措置を講ぜず，又は，これらの者が講ずる措置のみでは海洋汚染を防止することが困難であると認めるとき。
　② 領海外の外国船舶から大量の特定油の排出があった場合であって，当該船舶の船舶所有者及び当該油を排出した者が，海洋汚染を防止するための必要な措置を講ぜず，又はこれらの者が講ずる措置のみでは海洋汚染を防止することが困難であると認めるとき。

〔15〕 **関係行政機関の長等の措置に係る費用負担**（海防法41条の3，海防令15条の5）
(1) 関係行政機関の長等は，〔14〕の規定により海上保安庁長官が要請した措置を講じた場合であって，当該措置が油タンカー以外の船舶に係るものであるときは，当該措置に要した費用について，当該措置に係る排出された油等が積載されていた船舶の船舶所有者等に負担させることができる。

(2) 関係行政機関の長等は，負担金を徴収しようとするときは，負担義務者に対し，負担金額，納付期限及び納付方法その他必要事項を通知しなければならない。
(3) 関係行政機関の長等は，前項の通知を受けた者が納付期限までに負担金を納付しない場合は，期限を指定してこれを督促しなければならない。
(4) 前項の督促状により指定する期限は，督促状を発する日から起算して20日以上経過した日でなければならない。
(5) 関係行政機関の長等は，(3)による督促を受けた者が，指定の期限までに負担金及び延滞金を納付しないときは，国税の滞納処分の例により，滞納処分をすることができる。
(6) (5)の徴収金の先取特権の順位は，国税及び地方税に次ぐものとし，その時効については，国税の例による。
(7) 関係行政機関の長等は，やむを得ない場合を除き，(3)の規定により督促をしたときは，負担金の額につき年14.5％の割合で，延滞金を徴収することができる。

〔16〕 財産の処分（海防法42条）
　大量の特定油の排出により，海洋が著しく汚染され，その汚染が広範囲の沿岸海域において，以下に掲げるような重大事態となる場合において，緊急にこれらの障害を防止するため排出特定油の防除措置を講ずる必要があると認めるときには，海上保安庁長官は，必要かつ，やむを得ない限度で船舶を破壊し，排出された特定油を焼却し，現場付近にある第三者の財産を処分することができる。
　① 海洋環境の保全に著しい障害を及ぼすこと
　② 人の健康を害すること
　③ 財産に重大な損害を与えること
　④ 事業活動を困難にすること
　⑤ 上記の状況が生じるおそれがあること

第2節　特定油以外の油，有害液体物質，廃棄物等が排出された場合の措置

〔1〕 通報義務（海防法38条）
(1) 特定油以外の油（濃度は排出される油1万立方センチメートル当たり10立方センチメートル，油分100リットル以上のもの）の排出に係る通報義務については，第1節〔1〕の特定油と同様の通報義務がある。
(2) 船舶から以下に掲げる量（海防則30条の2の2，30条の2の3）以上の有害液

体物質等又は容器入り有害物質の排出があった場合又は海難によりそのような排出のおそれがある場合には，当該船舶の船長は，当該排出（海難）があった日時及び場所，排出（海難）の状況，海洋の汚染の防止のために講じた措置（講じようとする措置）その他の事項を直ちに最寄りの海上保安機関（我が国の周辺海域では海上保安庁の事務所）に通報しなければならない。

有害液体物質	X 類物質	1リットル以上
	Y 類物質	100リットル以上
	Z 類物質	1000リットル以上
未査定液体物質		1リットル以上
容器入り有害物質		内容量1kg 以上

　ただし，これらの通報は，排出された物質が広範囲（1万平方メートル以上）に広がるおそれのないときには，必要がない。
　有害液体物質等又は容器入り有害物質の排出のあった，又は排出のおそれのある船舶の船舶所有者，その他当該船舶の運航に関し権限を有する者は，海上保安機関からこれらの物質の排出又は海難による海洋の汚染を防止するために必要な情報の提供を求められたときは，できる限り，これに応じなければならない。

〔2〕　措　置　命　令（海防法40条，海防則34条）
　海洋に排出された特定油以外の油，有害液体物質，廃棄物その他の物により海洋が汚染され，しかもその汚染が海洋環境の保全に著しい障害を及ぼし，又は及ぼすおそれがあり，緊急にその汚染を防止する必要があるときは，海上保安庁長官は，その特定油以外の油，有害液体物質，廃棄物等を排出した者に対し，必要な措置を命ずることができる。

〔3〕　海上保安庁長官の措置及び費用負担（海防法41条，海防則35条～37条）
　海上保安庁長官は〔2〕の命令を受けた者が必要な措置を講じないとき，又は講じていても不十分な場合に，自ら必要な措置を講じたときは，その措置に要した費用をその命令を受けた者に対し負担させることができる。

〔4〕　関係行政機関の長等に対する防除措置の要請（海防法41条の2，海防令15条の3，15条の4）
　海上保安庁長官は，以下に掲げる場合において，特に必要があると認めるときは，関係行政機関の長等に対し，排出された特定油以外の油，有害液体物質，廃棄物などの除去その他の海洋汚染を防止するため必要な措置を講ずることを要請することができる。

(1) 第1節〔4〕の規定により措置を講ずべき者がその措置を講ぜず，又は，これらの者が講ずる措置のみでは海洋汚染を防止することが困難であると認めるとき。
(2) 領海外の外国船舶から特定油以外の油，有害液体物質，廃棄物その他の排出があった場合であって，当該外国船舶の船舶所有者又は当該物質を排出した者が海洋汚染を防止するための必要な措置を講ぜず，又はこれらの者が講ずる措置のみでは海洋汚染を防止することが困難であると認めるとき。

〔5〕 関係行政機関の長等の措置に係る**費用負担**（海防法41条の3，海防令15条の5）

(1) 関係行政機関の長等は，第1節〔4〕の規定により海上保安庁長官が要請した措置を講じた場合であって，当該措置が油タンカー以外の船舶に係るものであるときは，当該措置に要した費用について，当該措置に係る排出された油等が積載されていた船舶の船舶所有者等に負担させることができる。
(2)から(7) 第1節〔15〕に同じ。

〔6〕 油濁防止緊急措置手引書の作成，備置き等義務，海上保安庁長官の同手引書の作成，備置き等命令，同手引書に定められた事項の周知義務（海防法40条の2，海防則34条の2，34条の3）

特定油以外の油の排出に係る同手引書の作成，備置き義務等については，第1節〔9〕から〔12〕の特定油と同様の同手引書の作成，備置き義務等がある。

第3節 危険物が排出された場合の措置

危険物が排出された場合の措置として，通報義務，応急措置義務及び注意喚起措置義務等が定められている。

〔1〕 **通　報　義　務**（海防法42条の2・1項，2項）

以下に掲げる者は，危険物が排出（海域の大気中に流すことを含む。）され，海上火災が発生するおそれがあるときは，最寄りの海上保安庁の事務所に通報しなければならない。

① 危険物を排出した船舶の船長又は施設の管理者
② 危険物の排出の原因となる行為をした者

さらに，排出された危険物により，海上火災が発生するおそれがある事態を発見した者も同様に通報義務がある。

〔2〕 **応急措置義務及び注意喚起措置義務**（海防法42条の2・3項）

〔1〕の者は，損壊箇所の修理，排出された危険物の薬剤等による処理等引き続き危険物の排出の防止及び排出された危険物の火災発生の防止のための応

急措置をとるとともに，汽笛・サイレンの吹鳴，電話等の手段による警報の発信等危険物の排出の現場付近にある人・船舶に対し注意を喚起する措置をとらなければならない。
〔3〕 海上災害の発生の防止のための命令（海防法42条の2・4項）
　海上保安庁長官は，船舶所有者，施設の管理者及び排出の原因となる行為をした者の使用者に対し，引き続く危険物の排出の防止，排出された危険物の火災の発生の防止その他の海上災害の発生の防止のため，必要な措置を講ずべきことを命ずることができる。

第4節　海上火災が発生した場合の措置

　海上火災が発生した場合の措置として，通報義務，応急措置義務及び注意喚起措置義務等が定められている。
〔1〕　通　報　義　務（海防法42条の3・1項，42条の4）
　以下に掲げる者は，ばら積みの危険物を積載している船舶，海洋危険物管理施設又は危険物の海上火災が発生したときは，海上火災が発生した日時及び場所，海上火災の状況等を最寄りの海上保安庁の事務所に通報しなければならない。
　① 海上火災が発生した船舶の船長又は海洋危険物管理施設の管理者
　② 海上火災が発生した危険物が積載されていた船舶の船長又は管理されていた施設の管理者
　③ 海上火災の原因となる行為をした者
　さらに，海上火災を発見した者も同様の通報義務がある。
〔2〕　応急措置義務及び注意喚起措置義務（海防法42条の3・2項）
　〔1〕の者は，放水・消火薬剤の散布，付近にある可燃物の除去等，消火・延焼の防止又は人命の救助のための応急措置をとるとともに，汽笛・サイレンの吹鳴，電話等の手段による警報の発信等海上火災の現場付近にある人・船舶に対し注意を喚起するための措置をとらなければならない。
〔3〕　海上災害の拡大の防止のための命令（海防法42条の3・3項）
　海上保安庁長官は，船舶所有者，施設の管理者及び海上火災の原因となる行為をした者の使用者に対し，消火，延焼の防止その他の海上災害の拡大を防止するための必要な措置を講ずべきことを命ずることができる。

第5節　危険物の排出が生ずるおそれがある場合の措置

　船舶の衝突，乗揚げ，機関の故障その他の海難が発生した場合，又は海洋危

険物管理施設の損傷その他の海洋危険物管理施設に係る異常な現象が発生した場合において，危険物の排出が生ずるおそれがある場合の措置として，通報義務及び海上災害の防止のための措置命令が定められている。

〔１〕　**通報義務**（海防法42条の４の２・１項）

　船長又は海洋施設管理者は，海難又は異常な現象が発生した日時及び場所，海難又は異常な現象の状況，危険物の排出が生じた場合に海上災害の発生の防止のために講じようとする措置その他の事項に関して，海上保安庁の事務所に通報しなければならない。

〔２〕　**排出の防止のための命令**

　海上保安庁長官は，海上災害の発生を防止するため，緊急に危険物の排出を防止する必要があると認めるときは，船長又は船舶所有者及び海洋施設管理者又は設置者に対し，危険物の抜取りその他排出の防止のための必要な措置を講ずべきことを命ずることができる。

第６節　海上保安庁長官の権限

〔１〕　**緊急の場合における行為の制限**（海防法42条の５）

　海上保安庁長官は，海域において，排出された危険物により海上火災が発生するおそれが著しく大きく，かつ，海上火災が発生した場合，著しい海上災害が発生するおそれがあるときは，現場の海域にある者に対し，火気の使用を制限若しくは禁止し，又は船舶の進入の中止若しくは人の出入の禁止等を命ずることができる。

〔２〕　**海上火災が発生した船舶の処分等**（海防法42条の６）

　海上保安庁長官は，消火，延焼の防止又は人命の救助のため，海上火災が発生し，又は発生しようとしている船舶等や，延焼の防止のため，延焼のおそれのある船舶等を使用し，移動し，若しくは処分又はその使用を制限することができる。

〔３〕　**火災船舶に対する曳航命令**（海防法42条の７）

　海上保安庁長官は，船舶交通の危険を防止するため，火災が発生した船舶を新たに船舶交通の障害等の生ずるおそれのない海域に曳航すべきことを命ずることができる。

〔４〕　**航行の制限等**（海防法42条の８）

　海上保安庁長官は，危険物等の排出又は海上火災により生じた船舶交通の危険を防止するため，緊急に船舶交通の危険を防止する必要があると認められるときは，危険物等の排出の現場の周辺の海域を航行する船舶の航行を制限し又

は禁止することができる。

第13章　独立行政法人海上災害防止センター

　海上災害防止センターは，海上災害のための措置を実施する業務を行うとともに，海上防災のための措置に必要な船舶，機械器具及び資材の保有，海上防災のための措置に関する訓練等の業務並びに海上災害の防止に関する国際協力の推進に資する業務を行うことにより，人の生命及び身体並びに財産の保護に資することを目的として国土交通大臣の許可を得て昭和51年10月1日に設立され，平成15年10月1日から，独立行政法人海上災害防止センター（以下「センター」という。）に法人格を変更し，以下のような業務を行っている。

〔1〕　センターの業務（海防法42条の14）
　主な業務は，以下のとおり。
　① 海上保安庁長官の指示を受けて排出特定油の防除のための措置を実施し，措置に係る費用を徴収すること。
　② 船舶所有者等の委託を受けて海上防災のための措置を実施すること。
　③ 海上防災に必要な油回収船，オイルフェンスその他の船舶，機械器具及び資材を保有し，これらを船舶所有者その他の利用に供すること。
　④ 海上防災に関する訓練を行うこと。
　⑤ 海上防災に関する調査研究を行うこと。
　⑥ 海上防災のための措置に関する情報を収集し，整理し，及び提供すること。
　⑦ 船舶所有者その他の者の委託により，海上防災のための措置に関する指導及び助言を行うこと。
　⑧ 海外における海上防災のための措置に関する指導及び助言，海外からの研修員に対する海上防災のための措置に関する訓練の実施その他海上災害の防止に関する国際協力の推進に資する業務を行うこと。

〔2〕　海上保安庁長官のセンターに対する指示（海防法42条の15）
(1) 海上保安庁長官は，排出特定油の防除のための措置を講ずる必要がある場合で，船舶所有者等がその措置を講じていないと認められるとき又は船舶所有者等に対しその措置をとることを命ずるいとまがないと認められるときにおいて，センターに対し，その措置をとることを指示することができる。
(2) 海上保安庁長官は，前項の規定によるほか，領海外の外国船舶から大量の特定油の排出があり，緊急に排出特定油の防除のための措置を講ずる必要が

ある場合において、以下に掲げる者が当該措置を講じていないと認められるときは、当該措置のうち、必要と認められるものを講ずべきことを、センターに対し、指示することができる。
① 特定油を排出した船舶の所有者
② 特定油の排出の原因となる行為をした者の使用者

〔3〕 センターの措置に要した費用の負担（海防法42条の16）
　センターは、〔1〕①に基づき講じた防除措置に要した費用を海上保安庁長官の承認を受けて船舶所有者等に負担させることができる。

第14章　雑　　則

第1節　船舶等の廃棄の規制

(1) 廃棄の禁止

　船舶又は海洋施設並びに航空機（以下「船舶等」という。）を海洋に捨ててはならない。ただし、海洋施設を許可を受けて捨てる場合又は遭難した船舶等であって除去することが困難なものを放置する場合は除く（海防法43条1項）。

(2) 海洋施設廃棄の許可

　海洋施設を海洋に捨てようする者は、その廃棄計画が環境省令で定める基準に適合していることについて、申請書を提出して、環境大臣の許可を受けなければならない（海防法43条の2）。

第2節　油又は有害液体物質による海洋汚染防止のために使用される薬剤についての使用の規制（海防法43条の7）

　油処理剤及びゲル化剤は、油又は有害液体物質による海洋汚染の防止のために使用する薬剤の技術上の基準を定める省令1条、2条（平成12年運輸省令43号）に定める技術上の基準に適合するものでなければ使用してはならない。

第3節　海洋汚染物質の輸送方法の基準（海防法43条の8）

　海洋汚染物質を船舶によりばら積み以外の方法で輸送する場合には、輸送による海洋汚染を防止するための措置として、その容器、表示、積載方法等の輸送方法に関する事項の基準に従って行うことが義務づけられている（海防法43条の8・1項）。海洋汚染物質は、海防法38条1項4号で規定されている物質（事故等により海洋へ排出された場合に、海上保安機関への通報が義務づけられている

物質）を指しているが，これは，海防則30条の2の3に定める有害液体物質のX類物質等と同程度の有害性を有する物質で，船舶による危険物の運送基準等を定める告示（昭和54年運輸省告示549号）の別表第1に掲げる物質のうち，肩文字「P」が付されているもの及びこれらの物質の混合物（平成4年運輸省告示323号に定める約530物質）である。

　海洋汚染物質の輸送方法の基準（海防則37条の17）として義務づけられる事項は，以下のとおりであるが，この基準は海洋汚染物質を輸送するすべての船舶（外航・内航を問わず）に適用され，遵守しない者に対しては改善命令（海防43条の8・2項）が発せられる。

　なお，海洋汚染物質の収納，標札の貼付及び船積書類の作成等は，輸送前の下準備であるので，荷送人が責任をもって措置を講じた後，輸送を依頼するようにすること。

(1)　以下の事項に関して輸送前に確認し，適正なもののみ輸送すること。
　① 容器及び包装に関する次の事項
　　強度，耐久性，収納状態の適否，品名の表示及び標札（第4号の4様式）の有無
　② 輸送する海洋汚染物質の品名，「MARINE POLLUTANT」の文字，輸送量，容器及び包装の個数等必要事項が記載された船積書類の有無
(2)　船内の積載場所は，できる限り甲板下とすること。
(3)　船内の積載場所等を記載した輸送書類を作成し，輸送中は船内で保管すること。
(4)　容器及び包装の破損により海洋汚染物質が漏洩した場合には，安全上支障のない限り，海洋への排出防止措置（漏洩物の回収，排出経路の遮断等）又は汚染を最小限に抑えるための措置（水による希釈等）を講じること。

第4節　その他

　海洋の汚染又は海上災害の防止対策を効果的に推進するため，以下のような事項が規定されている。
　① 排出油防除計画（海防法43条の5）
　② 排出油の防除に関する協議会（海防法43条の6）
　③ 港湾における廃棄物処理施設等の整備計画（海防法44条）
　④ 海上保安庁長官による海洋の汚染状況の監視等（海防法45条）
　⑤ 水路業務及び気象業務の成果の活用（海防法46条）
　⑥ 関係行政機関の協力（海防法47条）

⑦ 国土交通大臣，海上保安庁長官又は環境大臣による報告の徴収（海防法48条1項〜3項）
⑧ 国土交通大臣，海上保安庁長官又は環境大臣による船舶又は海洋施設の立入検査等（海防法48条4項〜10項）
⑨ 国土交通大臣又は海上保安庁長官による指導，助言及び勧告（海防法49条の2）
⑩ 技術の研究及び調査の推進等（海防法51条）
⑪ 国際協力の推進（海防法51条の2）

第11編　水　先　法

第1章　総　　説

第1節　法の目的

　この法律は，水先人の資格を定め，水先人を養成し，確保するための措置を講ずるとともに，水先業務の適正かつ円滑な遂行を確保することによって，船舶交通の安全を図るとともに，併せて船舶の運航能率の増進に資することを目的としている。

第2節　沿　　革

　我が国における水先業務の制度的沿革をみると，その最初は，明治9年太政官布告154号「西洋型船水先免状規則」である。この規則は，2年足らずで廃止され，これに代わり，太政官布告37号により同名の規則が明治11（1878）年，公布，実施された。その後明治32（1899）年法律63号により「水先法」が制定され，同法は，昭和24（1949）年現行の「水先法」が制定されるまで適用されてきた。我が国に近代的な水先制度が確立されたのは，明治32年の旧「水先法」によってであり，現行「水先法」の基本的な骨格は，この旧「水先法」を継承したものである。昭和39（1964）年，水先人会の設置等を内容とする水先法の改正が行われた。水先制度は，国によりそのあり方は異なるものの，海外においても古くから行われている。国際海事機関（IMO）においても，平成15（2003）年に「水先人の訓練，資格及び業務手続きに関する勧告」が採択されるなど，水先に関する国際的な取組みも進められてきた。

　このように，水先制度は，専門的な知識技能を有する水先人が船舶を安全かつ速やかに導くことを通じ，四辺を海に囲まれている我が国において，その経済諸活動等を支えている海上輸送の安全で効率的な輸送の確保に大きく寄与していた。しかしながら，日本人船員の減少傾向に伴う水先人供給源不足への対応の必要性や，港湾の国際競争力の向上のためのコスト低減への要請の高まり，さらに船舶交通の安全確保・海洋環境の保全への要請の高まり等の中で，水先制度は，その抜本的見直しが求められるようになった。こうした状況にあって，

平成17（2005）年7月14日，国土交通大臣から交通政策審議会に対し「水先制度の抜本改革のあり方について」（諮問第40号）の諮問が行われ，次表のような基本方針と対策により制度改革が進められ，平成19（2007）年4月から新たな水先制度がスタートした。

```
水先制度の抜本改革のあり方について（答申）　平成17年11月交通政策審議会
 1．水先制度の根幹に関わる諸課題及び改革の基本方針
    ～水先人不足の到来に対応するために～
    方策 ************************
      (1)免許制度の改革
         ①　資格要件の緩和           ②　等級別免許制の導入
         ③　免許の等級ごとの資格要件   ④　免許の等級ごとの業務範囲
      (2)養成教育制度の導入及び試験制度改革
         ①　養成教育制度の導入
            1）養成教育の構成
            2）養成教育の実施の仕組み
               ア．養成教育の実施機関
               イ．計画的で効率的な養成教育の実施
               ウ．水先人志望者の養成教育の課程への参入を促す方策
            3）適性検査，操船シミュレータによる能力確認
            4）実践的な水先現場実地訓練の実施
            5）養成教育の対象としての一級水先人の取扱い
         ②　試験制度の改革等
            1）養成教育制度と試験制度との関係
            2）全国共通試験と水先区個別試験の区分
            3）進級時の養成教育及び試験の仕組み
      (3)業務量の少ない水先区における水先業務体制の確保
 2．水先制度をより使いやすくするための諸課題及び改革の基本方針
    ～水先業務運営の適確化・効率化のために～
      (1)水先業務運営の適確化
      (2)水先業務運営の効率化
    方策 ************************
      (1)水先業務運営の適確化のための方策
         ①　水先人会の業務運営の見直しによる適確化
            1）水先人会の業務運営の適確化のための措置
            2）水先人会の法人化による責任遂行体制の確立
         ②　自主・自律的な水先業務運営の取組みによる適確化
            1）自主・自律的に業務運営の適確化を図る仕組み
            2）自主・自律的に取り組むべき業務
            3）水先人に対する自律的な処分のあり方
            4）透明で公正な運営の確保
      (2)水先業務運営の効率化のための方策
         ①　水先料金規制の見直しによる効率化
            1）省令料金制度の廃止
```

　　　　　　2）認可料金制度の導入
　　　　　　3）水先料金の認可方法
　　　　　　4）認可料金の査定方法
　　　　　　5）認可料金へのコストの的確な反映
　　　　② 同一湾内における水先業務の一元化による効率化
　　　　　　1）同一湾内の複数水先区の統合
　　　　　　2）複数水先区の円滑で確実な統合のための仕組み
　3．船舶交通の安全確保等の制度目的の達成のための諸課題及び改革の基本方針
　　　～水先人の安全レベルの維持向上等を通じた安全確保のために～
　　　方策 ***********************
　　　(1)免許の更新制度の改革
　　　　① 免許更新の際の講習受講の義務付け
　　　　② 免許の更新期間の見直し
　　　(2)強制水先対象船舶のあり方
　　　　① 強制水先対象船舶の範囲を表す「船舶の大きさ」のあり方
　　　　② 「船舶の大きさ」以外の要素の取扱い
　　　(3)緊急的・臨時的な強制水先の適用
　　　(4)水先区の設定等の柔軟な見直しの仕組みのあり方

第3節　法　　源

　水先制度に関する我が国の主要な法源は，水先法（昭和24年法律121号），水先法施行令（昭和39年政令354号）及び水先法施行規則（昭和24年運輸省・経済安定本部令1号）である。

第4節　適用範囲及び管轄

　我が国において水先制度の実施される区域は，本法に定める水先区である。「水先」とは，船舶に乗り込み［注：船舶に常時乗船して船舶の運航全般に従事する場合の"乗り組み"と区別している。］当該船舶を導くこと（"嚮導"という。）をいう。これは，水先区内における行為に限られ（水先法2条1項），「水先人」とは，水先人の免許を受けた者であり，この免許も個々の水先区ごとに与えられる（水先法2条2項）。

　また，水先人になろうとする者は，本法に定める一定の免許（一級〜三級水先人）を受けなければ，水先業務を営むことができないが（水先法4条，37条），水先区外であれば，何ら制限を受けない。一方，水先人を必要とする船長は，水先区においては，水先人以外の者に水先をさせることはできないという制約がある（水先法38条）。このように，水先に関する諸規則は，水先区についてのみ適用され，水先関係法規は，国土交通大臣の管轄に属している。

第2章　水　先　人

第1節　免　　許

⑴　「水先人」とは，一定の水先区について水先人の免許を受けた者である（水先法2条）。

　水先人になろうとする者は，国土交通大臣の免許を受けなければならない（水先法4条）。海商法上では，水先人は船員と同様，海運企業の補助者であるが，その海技者としての機能は船長に類似するものであるから，職責の重大さに鑑み，国は水先人に一定の資格を要求し，この要件に適した者にのみ水先人としての免許を与え，営業を許している。

　水先人の資格を有する者が水先業務を行うことのできる船舶は下表のとおり（水先法4条3項）である。

資　格	水先業務を行うことのできる船舶
一級水先人	すべての船舶
二級水先人	総トン数5万トン（積載物の種類その他の船舶の航行の安全に関する事項を考慮して政令で定める船舶については，総トン数2万トン）を下らない範囲内において政令で定める総トン数を超えない船舶
三級水先人	総トン数2万トンを下らない範囲内において政令で定める総トン数を超えない船舶（前号の政令で定める船舶を除く。）

　水先人の免許は，次に掲げる要件のすべてを具備した者でなければ与えられない（水先法5条：免許の要件）。

① 　一級～三級水先人の資格別に国土交通省令で定める乗船履歴又は水先業務に従事した経験及び「船舶職員及び小型船舶操縦者法」に規定する海技士の免許を有していること。

② 　国土交通大臣の登録を受けた水先人養成施設（以下「登録水先人養成施設」という。）において，一級～三級水先人の資格に応じ，水先区ごとに，船舶の操縦に関する知識及び技能その他の水先業務を行う能力を習得させるための課程を修了したこと。

③ 　一級～三級水先人の資格別に国土交通大臣が行う水先人試験に合格したこと。

【参考】平成18（2006年）年6月の法改正以前の免許の要件は次のとおり。
〔1〕 　3年以上船長として総トン数3,000トン以上の船舶（平水区域を航行区域とする船舶を除く。）に乗り組んでいたこと。

〔2〕 省令で定める一定期間以上水先人になろうとする水先区において水先修業生として実務を修習したこと。
〔3〕 国土交通大臣の行う水先人試験に合格したこと。

　　水先区に水先人がいない場合，あるいは登録水先人養成施設を修了した者がいない水先区について急速に水先人を置く必要がある場合は，上記の①及び③の要件を備え，国土交通省令で定める回数以上当該水先区において航海に従事したことがある者に対し，たとえその者が上記の②の要件を具備しなくても，国土交通大臣は，免許を与えることができる（水先法5条2項）。
(2) しかしながらこれらの積極的な要件を具備していても，次の各号の欠格事由のうちいずれか一つに該当する者は，水先人となることはできない（水先法6条：欠格条項）。
　① 日本国民でない者
　② 禁錮以上の刑に処せられた者であって，その執行を終わり，又はその執行を受けることがなくなった日から5年を経過しないもの
　③ 海技士の免許又は小型船舶操縦士の免許（「船舶職員及び小型船舶操縦者法」に規定）を取り消され，取消しの日から5年を経過しない者
　④ 船長又は航海士の職務につき業務の停止を命ぜられ，その業務の停止の期間中の者
　⑤ 船長又は航海士の職務につき3回以上業務の停止を命ぜられ，直近の業務の停止の期間が満了した日から5年を経過しない者
　⑥ 水先人の免許を取り消され，取消しの日から5年を経過しない者
(3) 水先人の免許を付与された者は，国土交通省に備える水先人名簿に登録され，かつ，水先免状が交付される（水先法9条）。
(4) 水先人の免許の有効期間は5年である。ただし，二級水先人又は三級水先人であって初めて水先人の免許を受けた者その他の国土交通省令で定める者の免許の有効期間は，3年以上5年以内において国土交通省令で定める期間である。その満了の際には「登録水先免許更新講習」の課程を修了し，申請により更新することができる（水先法10条1項～3項）。また，国土交通大臣は，水先人の免許についてその有効期間の更新に際し，必要があると認めるときは，国土交通省令の定めるところにより，当該水先人に対し必要な事項について筆記試験又は口述試験をすることができる。

第2節　水先人試験

　水先人試験は，身体検査及び学術試験によって行われ（水先法7条2項），学術試験は，身体検査に合格した者についてのみ行われる（水先法7条3項）。学術試験は，筆記試験及び口述試験があり，口述試験は筆記試験に合格した者についてのみ行われることとなっている（水先法7条4項，5項）。

　水先人試験の目的は，免許を受けようとする水先区の実情に即して水先業務を行う能力があるかどうかを判定することであり，その内容は，理論ばかりではなく，実際的なものを含むものでなければならないとされている（水先法7条1項）。

　学術試験の試験事項は，広い範囲にわたり，次表のとおり（水先法7条4項）。

> 1　海上の衝突予防に関する法規その他当該水先区の航法に関する法規
> 2　当該水先区の風位，風力，天候，潮汐，潮流その他気象及び海象に関する知識
> 3　当該水先区の水路，水深，距離，浅瀬等の航路障害物，航路標識その他重要な事項に関する知識
> 4　船舶の操縦に関する知識及び技能
> 5　その他水先人として必要と認められる知識又は技能であって国土交通省令で定める事項

　身体検査の合格基準は，次の身体検査標準表に従う（水先則10条別表第1）。

検査項目	標　　準
視　力	裸眼視力又は矯正視力が，一眼は0.8以上，他眼は0.6以上であること。
弁色力	色盲又は強度の色弱でないこと。
聴　力	5メートル以上の距離で耳語を弁別できること。
疾病及び身体機能の障害の有無	業務を行うに差し支える重い疾病又は身体機能の障害（心臓疾患，眼疾患，精神の機能の障害，言語機能の障害，運動機能の障害その他の著しい疾病又は身体機能の障害をいう。）のないこと。

第3節　登録水先人養成施設

　「水先修業生」とは，登録水先人養成施設（水先法5条1項2号）の課程を修習中の者である（水先法2条3項）ことが規定され，水先人免許の要件では，水先修業生として一定期間，登録水先人養成施設の課程における修習を規定している。

　登録水先人養成施設では，次に掲げる施設及び設備を用いて水先人の養成が行われる。

> イ　講義室、ロ　実習室、ハ　実習用船舶、ニ　操船シミュレータ、ホ　水路図誌、
> ヘ　天気図、ト　語学練習装置又は視聴覚教材を使用するために必要な設備、
> チ　水先業務に関する英会話を録音した視聴覚教材、リ　教育に必要な模型、掛図、書籍その他の教材

　また、水先人養成施設において、次のイ〜ハに掲げる条件のいずれにも適合する講師により水先人の養成が行われる。
　イ　18歳以上であること（令和4（2022）年4月1日から施行）。
　ロ　過去2年間に水先人養成施設における水先人の養成に関する事務に関し不正な行為を行った者又はこの法律若しくはこの法律に基づく命令の規定に違反し、罰金以上の刑に処せられ、その執行を終わり、若しくは執行を受けることがなくなった日から2年を経過しない者でないこと。
　ハ　次に掲げる条件のいずれかに適合すること。
　　①　一級水先人の資格についての免許を有する者であって当該免許を受けた後、1年以上水先業務に従事した経験を有する。
　　②　三級海技士（航海）養成施設（船舶職員及び小型船舶操縦者法　別表第3の上欄1の項）において、講師として1年以上船舶職員の養成に従事した経験を有する。
　　③　①又は②に掲げる者と同等以上の能力を有する。

第3章　水先区、水先人の権利義務及び水先人会

第1節　水先区の名称及び区域並びに水先人の員数

　「水先区」とは、地理的な要因や気象・海象要因等による自然的要素、あるいは経済的な要因等による人為的要素に基づいて、その水域における海上交通の安全のため水先制度を実施することが適当と認められる一定の水域であり、その名称及び区域は、政令で定められている（水先法33条）。令和6年（2024）年12月現在、水先区として定められているのは、34区である（水先令3条）。
　各水先区の水先人の最低員数は、省令で定められている（水先法34条、水先則20条）。これは、各水先区の業務量に応じ、最小限度必要と認められる水先人の員数を定めようとするものである。このような規定を設けた趣旨は、水先業務の円滑な遂行を図るためには、船舶の運航能率、港湾機能の向上面を十分考慮した公共的な立場から、その水先区に最小限度必要な水先人の員数を国の施策として定める必要があると認められたからである。

別表第2に定められる水先区の最低員数は，次表のとおりである（水先法34条，水先則20条）。

水先区の名称　（下記の名称＋水先区）	最低員数（名）
釧路・室蘭・函館・小樽・留萌・八戸・釜石・秋田船川・酒田・小名浜・伏木・七尾・田子の浦・舞鶴・境・小松島・佐世保・長崎・島原海湾・細島・鹿児島・那覇　　　　［22水先区］	1
苫小牧・仙台湾・鹿島・新潟・清水・和歌山下津　［6水先区］	2
博多	3
東京湾	87
伊勢三河湾	58
大阪湾	51
内海	58
関門	13
［34水先区］合計	304
令和6年3月31日現在：658名	

第2節　強制水先

34水先区のうち，特に交通の難所とされる港又は水域を政令で定め（以下「強制水先区」という。），強制水先区において，同じく法律及び政令で定める船舶を運航するときは，当該船舶の船長は，必ず水先人を乗り込ませなければならず，その船舶の範囲は，以下のとおりである（水先法35条1項（強制水先の港及び水域の名称及び区域），2項（強制水先の特例），水先令4条（強制水先の港及び水域の名称及び区域））。

○水先人を乗り込ませなければならない船舶は以下のとおり（水先法35条）。

　一　日本船舶でない総トン数300トン以上の船舶
　二　日本国の港と外国の港との間における航海に従事する総トン数300トン以上の日本船舶
　三　前号に掲げるもののほか，総トン数1,000トン以上の日本船舶

○強制水先区は，下表のとおり（水先法35条1項，水先令4条―別表2）。

1	横浜川崎区	6	備讃瀬戸区
2	横須賀区	7	来島区
3	東京湾区	8	関門区
4	伊勢三河湾区	9	佐世保区
5	大阪湾区	10	那覇区

○強制水先の特例（水先法35条2項，水先令5条—別表2）

港又は水域	水先人を乗り込ませなければならない船舶
横浜川崎区	総トン数3,000トン以上の船舶及び総トン数3,000トン未満の危険物積載船
東京湾区，伊勢三河湾区，大阪湾区，備讃瀬戸区及び来島区	総トン数10,000トン以上の船舶
関門特例区域（別表第2の関門区の区域のうち港則法（昭和23年法律第174号）第5条第1項の規定により国土交通省令で定める区域であって国土交通省令で定めるものを除いた区域をいう。）	総トン数10,000トン以上の船舶並びに関門区の区域を通過しない総トン数3,000トン以上10,000トン未満の船舶及び総トン数3,000トン未満の危険物積載船
備考：危険物積載船とは，原油，液化石油ガスその他の国土交通省令で定める危険物を積載している船舶である（水先令1条）。水先則1条の3で定める危険物は，危険物船舶運送及び貯蔵規則（昭和32年運輸省令30号）2条1号に規定する危険物である。	

　これを強制水先制度といい，米国，英国等欧米諸国では，古くから実施されてきた経緯があり，我が国ではこの水先法の制定によって初めて採用された制度である。この制度の目的は，その水域における海上交通の安全を確保することを直接の目的とするが，間接的には船舶の運航能率を増進し，港湾機能の向上を促進するという積極的な意味もある。ただし，この強制水先制度は，海上保安庁，防衛省の船舶，海難救助に従事する船舶など特殊な使命を帯びる船舶等適用を除外することが適当と認められるものについては，省令で適用を除外している。その他，日本船舶又は日本船舶を所有することができる者が借入（期間用船を除く。）をした日本船舶以外の船舶の船長であって，その強制水先区において省令で定める一定回数以上航海に従事し，航海実歴があると地方運輸局長の認定した者が，船舶を運航する場合も，強制水先の制度の適用を除外している（水先法35条1項ただし書）。

第3節　水先人の権利・義務

(1)　水先人は，次のような権利を有する。
　①　水先業務の実施に関して，技術的に水先をすることはできるが水先人の免許を受けていない者，水先人の業務停止処分を受けている水先人は，水先をしてはならない（水先法37条）。また，船長は，水先人以外の者に水先をさせてはならない（水先法38条）。
　②　船長は，水先人が船舶に赴いた場合，正当な事由があるときのほか，水先をさせなければならないこととし（水先法41条），水先人の業務の遂行に

ついて保護を加えている。
　③　水先人は，水先料を請求する権利を有し，水先料の上限を定め，国土交通大臣の認可を受けなければならない。そして，国土交通大臣は，前項の認可をしようとするときは，能率的な経営の下における適正な原価に適正な利潤を加えたものを超えないものであるかどうかを審査することが規定されている（水先法46条）。
　④　水先人は，水先修業生1人を帯同することが認められている（同法45条1項）。水先修業生2人以上を水先をすべき船舶に帯同するときは，船長の承諾を得なければならない（水先法45条2項）。
　⑤　法律は，船長に対し水先人の乗下船の安全を図るべき義務（同法43条）を負わせている。
(2)　水先人は，このような権利を有するとともに，次のような義務を負っている。
　①　水先人と船長との間に締結される水先契約は，私法上の契約であるが，水先業務の公共性に鑑み，水先人に対し，原則としてその締結及び履行を強制している（水先法40条，42条）。これは，水先人をして水先依頼者に対する差別的，恣意的取引を許さないことを図り，水先拒否によって船舶の運航能率が低下することを防止するためである。
　②　水先人はまた，その行う水先業務につき，水先約款を定め，その実施前に，国土交通大臣に届けるとともに事務所に掲示しなければならない（水先法47条1項，3項）。国土交通大臣は，この水先約款が利用者の正当な利益を害するおそれがあると認めるときは，水先人に対し，水先約款の変更を命ずることができる（水先法47条2項）。水先約款に関するこの規定は，水先業務の円滑な実施と水先利用者の保護を図ったものである。
　③　その他水先人は，海難，航路異変等について，遅滞なく，その旨を最寄りの地方運輸局，運輸監理部，運輸支局又は地方運輸局，それらの事務所に報告することが義務づけられている（水先法65条，66条）。
　ここで注意しなければならないことは，水先人と船長との関係である。
　水先契約は，広義の労務供給契約であるが，雇用であるか，請負であるか，その混合であるか，そのいずれの契約に属するかについては定説がなく，国によってもまた考え方を異にしている。しかしながら，船長は一船の最高責任者として，船舶の安全について，常に十分の注意を払わなければならない義務があり，水先人に船舶の嚮導を委託している場合においても，この義務が解かれるものではない（同法41条2項）。

したがって，船長は，常に水先人の嚮導(きょうどう)に注意し，明らかに不適当と認めたときは，当然これを中断するのが船長の義務であると同時に責任でもある。船長又は船舶所有者は，水先人に水先をさせた場合において，水先人の業務上の過失により，当該船舶，船長，船員又は第三者に生じた損害については，水先人の責任を問わないとされている（水先約款第21条1項）。また，船長又は船舶所有者は，水先人の業務上の過失に基づく責任について，第三者が直接水先人に対して提起した訴訟その他の請求の結果生じた水先人の第三者に対する債務のうち，当該船舶に関して水先人に支払われ，又は支払われるべき水先料の全額を超える部分については，水先人にこれを補償する。ただし，船長又は船舶所有者は，自ら第三者に賠償をしなければならない場合において，法令により船舶所有者の第三者に対する賠償責任を制限することができる場合には，この補償金の額をその限度の範囲内に制限することができるとされている（水先約款第21条2項）。

つまり，水先人が水先をしている間に海難が生じた場合，水先約款の免責条項（21条1項2項）により，損害賠償責任は船長（船舶所有者）が負うこととなる。ただし，水先約款21条3項では，「前二項（注：21条1項2項の免責について）は，水先人の故意又は損害の発生のおそれがあることを認識しながらした無謀な行為その他の故意と同視しうる顕著な過失に基づく責任については，適用しないものとする。」とあり，水先人が責任を免れることができない場合（免責阻却条項）について定めている。

第4節　水先人会及び日本水先人会連合会

〔1〕　水先人会

　水先人は，水先区ごとに，一個の水先人会を設立しなければならない（水先法48条1項）。

　水先人会の目的は，会員の品位を保持し，水先業務の適正かつ円滑な遂行に資するために，合同事務所（会員が行う水先の引受けに関する事務を統合して行うための事務所をいう。以下同じ。）の設置及び運営，水先人の養成並びに会員の指導，連絡及び監督に関する事務を行うことである（水先法48条2項）。水先人会は，法人であり，一般社団法人及び一般財団法人に関する法律4条及び78条の規定（※）が準用される（水先法48条3項，4項）。

（＊）一般社団法人及び一般財団法人に関する法律（平成18年法律48号）
　　（住所）

> 4条　一般社団法人及び一般財団法人の住所は，その主たる事務所の所在地にあるものとする。
> （代表者の行為についての損害賠償責任）
> 78条　一般社団法人は，代表理事その他の代表者がその職務を行うについて第三者に加えた損害を賠償する責任を負う。

　個人事業者である水先人は，同一の水先区で複数の水先人が業務を行う場合，法人としての水先人会を組織し，その免許に係る水先区に設立されている水先人会への所属が義務づけられている（水先法52条）。全国の水先人会（34水先人会）では，それぞれ合同事務所や水先艇など業務に必要な施設を確保し，パイロットの養成，指導及び連絡など円滑な業務運営のための事務及び，そのために必要な事務員・水先艇乗組員を雇用している。

(1)　水先人会の会則

　水先人は，水先人会を設立しようとするときは，会則を定め，その会則について国土交通大臣の認可を受けなければならない（水先法49条1項）。その水先人会の会則には，以下の事項が記載され，その会則を変更（ただし，水先人会の事務所の所在地その他の国土交通省令で定める事項に係る会則の変更を除く。）しようとするときは，国土交通大臣の認可を受けなければならない（水先法49条2項，3項）。水先人は，所属水先人会の会則を遵守する義務がある（水先法53条）。

> 1．名称及び事務所の所在地　　　2．役員に関する規定
> 3．入会及び退会に関する規定　　4．会議に関する規定
> 5．合同事務所の設置及び運営に関する規定　6．水先修業生の修習に関する規定
> 7．水先人の品位保持に関する規定　8．資産及び会計に関する規定
> 9．会費に関する規定　　　　　　10．その他重要な会務に関する規定

(2)　水先人会の登記

　水先人会は，政令で定めるところにより，登記をしなければならない（同法50条1項）。

(3)　水先人会の役員

　水先人会には，会長，副会長及び会則で定めるその他の役員が置かれ，会長は，水先人会を代表してその会務を総理する。そして，副会長は，会長の定めるところにより，会長を補佐し，会長に事故があるときはその職務を代理し，会長が欠員のときはその職務を行う（水先法51条）。

(4)　財務諸表等

　水先人会は，毎事業年度経過後3月以内に，財務諸表等を作成し，事務所

に備えて置き，国土交通省令で定める期間（5年間）は，一般の閲覧に供しなければならない（水先法54条，水先則23条の2の3）。

[2] **日本水先人会連合会**（Japan Federation of Pilots' Associations）

全国の水先人会は，日本水先人会連合会を設立しなければならない（水先法55条1項）。

日本水先人会連合会の目的は，水先人会の会員の品位を保持し，水先業務の適正かつ円滑な遂行に資するため，水先人会及びその会員の指導，連絡及び監督に関する事務を行うことである（水先法55条2項）。日本水先人会連合会は，水先人会を会員とした法人である（水先法55条3項，4項）。

(1) 日本水先人会連合会の会則

水先人会は，国土交通大臣の認可を受けた会則を定め，日本水先人会連合会を設立した。そして，その会則には，次の事項が記載されている（水先法56条1項，2項）。

```
一 水先法49条2項1号～4号，及び7号～9号までに掲げる事項
   1．名称及び事務所の所在地    2．役員に関する規定
   3．入会及び退会に関する規定   4．会議に関する規定
   7．水先人の品位保持に関する規定 8．資産及び会計に関する規定
   9．会費に関する規定
二 水先人の確保に関する規定
三 水先人会の会員の研修に関する規定
四 その他重要な会務に関する規定
```

(2) 会則遵守の義務

水先人及び水先人会は，日本水先人会連合会の会則を守らなければならない（水先法57条）。

(3) 水先人会に関する規定の準用（水先法58条）

① 一般社団法人及び一般財団法人に関する法律（4条，78条）の水先人会についての準用（水先法48条4項）

② 会則の変更に対する国土交通大臣の認可（水先法49条3項）

③ 水先人会の登記（水先法50条）

④ 水先人会の役員（水先法51条）

⑤ 財務諸表等（水先法54条）

第4章 監　　督

第1節　水先人に対する処分

(1) 水先法は，水先人の資質の維持向上を図るため，水先人に対する行政処分について，
① 水先人の免許を取り消し，
② 2年以内の期間を定めてその業務の停止を命じ，又は③その者を戒告する
という3種の処分を定め，これを行う国土交通大臣の権限を次のように規定している。

すなわち，国土交通大臣は，水先人が業務を行うに当たり，
① この法律又はこの法律に基づく命令の規定若しくはこれらに基づく処分に違反したとき，
② 水先人としての業務を行うに当たり，海上衝突予防法（昭和52年法律62号）その他の他の法令の規定に違反したとき，
③ 水先人がその業務を行うに当たり，怠慢であったとき，技能が拙劣であったとき又は非行があったとき，
には，水先人の免許を取り消し，若しくは業務の停止を命じ又は水先人に戒告することができる（水先法59条）。ただし，これらの事由によって発生した海難について海難審判所が審判を開始したときは，本条による処分は行われない（水先法59条ただし書）。

(2) 国土交通大臣は，水先人であって2年間に3回以上水先人の業務の停止処分を受けた者又は正当な理由なくして定期の身体検査を受けない者に対し，免許の取消し処分をすることができる（水先法60条1項）。また，身体検査の結果，水先人が心身の障害により水先業務を適正に行うことができない者として国土交通省令で定めるものとなったときも，国土交通大臣は，免許の取消し又は2年以内の期間を定めて業務の停止を命ずることができる（水先法60条2項）。ただし，国土交通大臣は，これらの処分をしようとするとき，交通政策審議会の意見を聴かなければならない（水先法62条1項）。交通政策審議会は，規定による意見を決定しようとするときは，当該処分に係る水先人に対し，あらかじめ期日及び場所を通知してその意見を聴取しなければならない。当該水先人は，意見の聴取に際しては，証拠を提出することができる（水先法62条2項）。さらに，当該水先人は，意見の聴取の通知があったとき

から意見の聴取が終結するときまでの間，国土交通大臣に対し，当該事案についてした調査の結果に係る調書その他の当該処分の原因となる事実を証する資料の閲覧を求めることができる。この場合，国土交通大臣は，第三者の利益を害するおそれがあるときその他正当な理由があるときでなければ，その閲覧を拒むことができない（水先法62条3項）。これは処分権の濫用を防止し，処分の適正を期するためである。

第2節　水先人に対する業務の改善命令

　国土交通大臣は，水先人の行為が作為，不作為を問わず，水先業務の利用者の利便を阻害している事実があると認めるときは，その水先人に対し，水先業務用施設の改善その他水先業務の円滑な遂行を確保するため必要な事項を命ずることができる（水先法61条1項）。

　このような命令を発しようとするときには，国土交通大臣は，交通政策審議会の意見を聴かなければならない（水先法62条1項）。

　交通政策審議会は，前項の規定による意見を決定しようとするときは，当該処分に係る水先人に対し，あらかじめ期日及び場所を通知してその意見を聴取しなければならない。

　当該水先人は，意見の聴取に際しては，証拠を提出することができる（水先法62条2項）。

　当該水先人は，意見の聴取の通知があったときから意見の聴取が終結するときまでの間，国土交通大臣に対し，当該事案についてした調査の結果に係る調書その他の当該処分の原因となる事実を証する資料の閲覧を求めることができる。この場合において，国土交通大臣は，第三者の利益を害するおそれがあるときその他正当な理由があるときでなければ，その閲覧を拒むことができない（水先法62条3項）。

第3節　水先人会又は日本水先人会連合会に対する勧告

　国土交通大臣は，水先人会又は日本水先人会連合会の適正な運営を確保するため必要があると認めるときは，水先人会又は日本水先人会連合会に対し，その行う業務について勧告することができる（水先法64条）。

第12編　検疫法，出入国管理及び難民認定法並びに関税法

　検疫法，出入国管理及び難民認定法並びに関税法は，船舶の入出港に密接に関係のある法令である。周囲を海で囲まれた我が国においては，航空機の登場まで，これらの法は船舶のみに関係したが，現在では船舶と航空機に密接に関係する。

　これらの法の目的は，伝染病の国内への侵入防止，日本人及び外国人の公正な入出国の管理，関税の賦課徴収であり，船舶の入出港に必然的に付随する業務を対象として規制している。したがって海事関係者にとって重要な法規であり，これらの法令について，以下簡単に解説を行う。

　なお，以上3つの法令のほかに，これらの法令に関係するものとして，家畜伝染病の国内侵入を防止することを目的とした家畜伝染病予防法，植物についての植物防疫法，とん税及び地方公共団体に財源を譲与するための特別とん税の賦課，徴収を規定しているとん税法及び特別とん税法等があり，実務を行う際は確認する必要があることを付記する。

第1章　検　疫　法

第1節　総　　説

〔1〕　検疫法の目的

　この法律は，国内に常在しない感染症の病原体が，船舶又は航空機を介して国内に侵入することを防止するとともに，船舶又は航空機についてその他の感染症の予防に必要な措置を講ずることを目的とする法律である（検疫法1条）。「感染症の予防及び感染症の患者に対する医療に関する法律」に規定する一類感染症と新型インフルエンザ等感染症並びに政令で定めるものを検疫感染症と呼んでおり（同法2条），現在，エボラ出血熱，クリミア・コンゴ出血熱，痘そう，南米出血熱，ペスト，マールブルグ病，ラッサ熱，鳥インフルエンザ（H5N1又はH7N9），デング熱，マラリア，中東呼吸器症候群（MARS），チクングニア熱，ジカウィルス感染症，新型インフルエンザ等感染症（新型インフルエンザ・再興型インフルエンザ）の14種である（2024年10月現在）。検疫法は，こ

の検疫感染症の国内侵入を防ぐとともに，外国に検疫感染症以外の感染症が発生し，これについて検疫を行わなければその病原体が国内に侵入し，国民の生命及び健康に重大な影響を与えるおそれがあるときは，政令で，感染症の種類を指定し，1年以内の期間に限り，この法律の規定の全部又は一部を準用することで（同法34条），対象とする病原体の侵入を防ぐこととしている。

〔2〕 適用範囲等

　検疫法は，昭和26（1951）年に制定され改正が行われながら現在に至っている。それ以前には，明治32（1899）年に制定された海港検疫法が適用されていた。検疫法は，人間について感染症の予防を定めたものであり，前述のとおり，動物に対しては家畜伝染病予防法が，植物に対しては植物防疫法が定められている。

　検疫法は，我が国の港に入港するすべての外国から来航した船舶に適用（同法4条）される。ただし，外国の軍用艦船等には，外国軍用艦船等に関する検疫法特例が定められ，検疫法の一部が適用又は準用されない。

　検疫法を施行するために，検疫法施行令及び検疫法施行規則が定められている。

第2節　検　　疫

〔1〕 検疫の義務

　外国から来航した船舶は，検疫を受け，検疫済証又は仮検疫済証の交付を受けた後でなければ，検疫区域を除いて国内の港に入港してはならない（検疫法4条）。検疫感染症の病原体に汚染していないことが明らかである旨の検疫所長の確認を受けた場合，検疫所長が命令する場合，緊急やむを得ず検疫所長の許可を受けた場合を除いて，検疫済証又は仮検疫済証の交付を受けた後でなければ，船舶からの上陸，物の陸揚げを行ってはならない（検疫法5条）。

〔2〕 検疫の手続き

　検疫を受けようとする船舶等は，検疫港に近づいたときは，適宜の方法で，その検疫港に置かれている検疫所（検疫所の支所及び出張所を含む。）に，検疫感染症の患者又は死者の有無等を通報しなければならない（検疫法6条）。船舶が省令で定める事項を通報した場合で，その通報より検疫感染症の病原体が国内に侵入するおそれがないと認めたときは，検疫所長はあらかじめ，船舶に対し検疫済証を交付する旨の通知を行う（検疫法17条2項）（無線検疫）。この通知を受けた場合を除いて，船長は検疫を受けるために船舶を検疫区域に入れなければならない（検疫法8条）。

船長は，検疫を受けるため船舶を検疫区域に入れたときから，検疫済証又は仮検疫済証の交付を受けるまでの間，検疫信号を掲げなければならず（検疫法9条）。検疫信号は，船舶の前しょう頭その他見やすい場所に，昼間は黄色の方旗を，夜間は紅白2灯を，紅灯を上，白灯を下にして連掲する（検疫則2条）。検疫の行われる検疫港は，全国に89港（空港を除く。）となっている（検疫法3条，検疫令別表第1）。したがって，検疫港でない港に入港しようとする場合は，あらかじめ，検疫港で検疫を受けてから目的の港に入港することになる。

船長は，検疫を受けるに当たって検疫所長に船舶等の名称又は登録番号，発航地名，寄航地名等を記載した明告書を提出しなければならない（検疫法11条1項）。また，検疫所長から要求があった場合には，乗組員名簿，乗客名簿，積荷目録，航海日誌，その他検疫のために必要な書類を提示しなければならない（検疫法11条2項）。

〔3〕 検疫済証及び仮検疫済証

検疫所長は，その船舶を介して，検疫感染症の病原体が国内に侵入するおそれがないと認めた場合は，船長に対して，検疫済証を交付する（検疫法17条）。原則としてこの交付を受けて，船舶は国内の港に入港することができ，上陸及び物を陸揚げすることができる。

検疫所長は，検疫済証を交付することができない場合においても，その船舶を介して検疫感染症の病原体が国内に侵入するおそれがほとんどないと認めた場合は，船長に対して，一定の期間を定めて，仮検疫済証を交付する（検疫法18条）。仮検疫済証の効果は検疫済証とほぼ同等であるが，定められた期間内に検疫感染症の患者又は検疫感染症による死者が発生した場合は，仮検疫済証の効力は失われる（検疫法19条）。

〔4〕 検疫所長の職務権限

船舶等が検疫区域又は指示した場所に入ったときは，検疫所長は，荒天の場合その他やむを得ない事由がある場合を除き，すみやかに検疫を開始する。ただし，日没後に入った船舶については，日出まで検疫を開始しなくてもよい（検疫法10条）。検疫所長は，検疫感染症について，乗船者（水先人等来航後に乗船した者を含む。）に対して診察及び船舶に対する病原体の有無に関する検査を行う。この診察及び検査は検疫官に行わせることができる（検疫法13条）。

検疫所長は，①検疫感染症が流行している地域を発航，②検疫感染症が流行している地域に寄航して来航した船舶，③航行中に検疫感染症の患者又は死者があった船舶，④検疫感染症の患者若しくはその死体，又はペスト菌を保有若しくは保有しているおそれのあるねずみ族が発見された船舶，⑤その他検疫感

染症の病原体に汚染，又は汚染したおそれのある船舶について，合理的に必要と判断される限度において，次に掲げる措置の全部又は一部をとることができる（検疫法14条）。

① 検疫感染症の患者の隔離
② 検疫感染症の病原体に感染したおそれのある者の停留
③ 検疫感染症の患者又は感染したおそれのある者に対し，当該感染症の感染の防止に必要な報告又は協力を求めること
④ 検疫感染症の病原体に感染したおそれのある者に対し，当該感染症の感染の防止に必要な指示をすること
⑤ 検疫感染症の病原体に汚染，又は汚染したおそれのある物や場所の消毒，消毒により難いものの廃棄
⑥ 検疫感染症の病原体に汚染，又は汚染したおそれのある死体（死胎を含む。）の火葬
⑦ 検疫感染症の病原体に汚染，又は汚染したおそれのある物や場所の使用の制限及びこれらの物の移動の禁止
⑧ ねずみ族又は虫類の駆除
⑨ 必要と認める者に対する予防接種

上述の措置をとる必要がある場合において，当該検疫所の設備の不足等のため，これに応ずることができないと認めた場合に，船長に対し，その理由を示して他の検疫港への回航を指示することができる。

第2章　出入国管理及び難民認定法

〔1〕 目　　　的

出入国管理及び難民認定法は，本邦に入国し，又は本邦から出国するすべての人の出入国の公正な管理を図ること及び難民の認定手続を整備することが目的である（入管難民法1条）。

船舶，特に旅客船は，多数の旅客を運送し，また，船舶自体にも，多数の船員が乗り組んでいる。これらの旅客及び船員は，港で上陸し，又は船舶に乗船するため，出入国の管理が行われる。出入国管理は，船舶の海上航行そのものに直接関係はないが，船舶の海上航行が開始され，又は終了する場合に，必然的に付随する業務である。

本法が定義する「乗員」とは，船舶又は航空機（以下「船舶等」という。）の乗組員をいう（入管難民法2条3項）。また，「乗員手帳」とは，権限のある機関

の発行した船員手帳その他乗員に係るこれに準ずる文書をいう（入管難民法2条6項）。

〔2〕 外国人の入国

　外国人は，有効な旅券又は乗員手帳を所持しているか，入国審査官から上陸の許可等を受けていなければ，本邦に入国することはできない（入管難民法3条）。また，法務省令で定める出入国港（外国人が出入国すべき港又は飛行場）は，下表のとおりである（入管難民法2条8項，入管難民則1条1項別表1）。

別表第1（入管難民則1条1項関係）

都道府県		港名	都道府県		港名	都道府県		港名	都道府県		港名
北海道	1	紋別	新潟	36	直江津	広島	70	福山	佐賀	102	唐津
	2	網走		37	新潟		71	常石		103	伊万里
	3	花咲		38	両津		72	尾道糸崎	長崎		
	4	釧路	富山	39	伏木富山					104	長崎
	5	苫小牧	石川	40	七尾		73	土生		105	佐世保
	6	室蘭		41	金沢		74	呉		106	比田勝
	7	函館	福井	42	内浦		75	鹿川		107	厳原
							76	広島	熊本	108	水俣
	8	小樽		43	敦賀		77	岩国		109	八代
	9	留萌	静岡	44	田子の浦		78	平生		110	三角
	10	稚内				山口	79	徳山下松	大分	111	大分
	11	石狩湾新		45	清水						
				46	焼津		80	三田尻中関		112	佐賀関
青森	12	青森		47	御前崎		81	宇部		113	津久見
	13	八戸		48	三河		82	萩		114	佐伯
岩手	14	宮古	愛知	49	衣浦	山口	83	関門	宮崎	115	細島
	15	釜石		50	名古屋	福岡				116	油津
宮城	16	大船渡	三重	51	四日市	徳島	84	徳島小松島		117	鹿児島
	17	気仙沼		52	尾鷲						
	18	石巻	京都	53	宮津		85	橘		118	川内
	19	仙台塩釜		54	舞鶴	香川	86	高松	鹿児島	119	枕崎

秋田	20	秋田船川	大阪	55	大阪	香川	87	直島		120	志布志
	21	能代		56	阪南		88	坂出		121	喜入
山形	22	酒田	兵庫	57	尼崎西宮芦屋		89	丸亀		122	名瀬
							90	詫間		123	運天
福島	23	小名浜		58	神戸	愛媛	91	三島川之江	沖縄	124	金武中城
	24	相馬		59	東播磨						
茨城	25	日立		60	姫路		92	新居浜		125	那覇
	26	常陸那珂		61	相生		93	今治		126	平良
				62	田辺		94	菊間		127	石垣
	27	鹿島	和歌山	63	由良		95	松山			
千葉	28	木更津		64	和歌山下津		96	宇和島			
	29	千葉				高知	97	須崎			
東京	30	東京		65	新宮		98	高知			
	31	二見	鳥取	66	境		99	苅田			
神奈川	32	川崎	島根			福岡	100	博多			
	33	横浜	島根	67	浜田		101	三池			
	34	横須賀	岡山	68	宇野						
	35	三崎		69	水島						

別表第 1 （入管難民則 1 条 1 項関係）

都道府県		港名	都道府県		港名	都道府県		港名	都道府県		港名
北海道	1	新千歳	千葉	10	成田国際	鳥取	18	美保（米子）	熊本	27	熊本
	2	函館							大分	28	大分
	3	旭川	東京	11	東京国際（羽田）	岡山	19	岡山	宮崎	29	宮崎
青森	4	青森				広島	20	広島	鹿児島	30	鹿児島
岩手	5	花巻	新潟	12	新潟	香川	21	高松	沖縄	31	那覇
宮城	6	仙台	富山	13	富山	愛媛	22	松山		32	新石垣
秋田	7	秋田	石川	14	小松	福岡	23	福岡			
福島	8	福島	静岡	15	静岡		24	北九州			
茨城	9	百里（茨城）	愛知	16	中部国際	佐賀	25	佐賀			
			大阪	17	関西国際	長崎	26	長崎			

船員が所持している船員手帳は，乗員手帳の一つであるから，外国人の船員は，船員手帳を所持していれば，日本に入国することができる。このような船員手帳の効果を，世界各国がお互いに認め合うことにより，船員の利便を図る目的で，昭和33（1958）年第41回国際労働総会（第6回海事総会）において，国の発給する船員の身分証明書に関する条約（第108号）が採択された（日本は批准せず）。その後これに代わる条約として2003年の船員の身分証明書条約（改正）（第185号）が2005年に条約発効，2017年に改正附属書が発効となっているが，日本は批准していない。

〔3〕 **上陸の特例**（寄港地上陸，通過上陸，乗員上陸，緊急上陸，遭難による上陸の許可）

(1) 寄港地上陸の許可：船舶に乗っている外国人で，本邦を経由して本邦以外の地域に赴こうとするもの（船員を除く。）が，その船舶の寄港した出入国港から出国するまでの間，72時間の範囲内で，当該出入国港の近傍に上陸することを希望した場合，入国審査官は，船長又はその船舶を運航する運送業者の申請に基づき，その外国人に対し，寄港地上陸を許可することができる（入管難民法14条）。

　「出入国港」とは，法務省令で定める外国人が出入国すべき港又は飛行場で，127港，32飛行場が定められている（入管難民則1条1項別表1）（2024年10月現在）。

(2) 通過上陸の許可：船舶に乗っている外国人（船員を除く。）が，船舶が本邦にある間，臨時観光のため，その船舶が寄港する本邦の他の出入国港でその船舶に帰船するように通過することを希望した場合，入国審査官は，その船舶の船長又はその船舶を運航する運送業者の申請に基づき，その外国人に対し，通過上陸を許可することができる。また，船舶に乗っている外国人で本邦を経由して本邦外の地域に赴こうとするもの（船員を除く。）が，上陸後3日以内に，その入国した出入国港の周辺の他の出入国港から他の船舶で出国するため，通過することを希望した場合，入国審査官は，船長又はその船舶を運航する運送業者の申請に基づき，その外国人に対し，通過上陸を許可することができる（入管難民法15条）。

(3) 乗員上陸の許可：外国人である船員（本邦において船員となる者を含む。）が，船舶等の乗換え，休養，買物等の目的のため，15日を超えない範囲内で上陸を希望した場合，入国審査官は，船長又はその船舶を運航する運送業者の申請に基づき，その船員に対し，乗員上陸を許可することができる。また，本邦と本邦外の地域との間の航路に定期に就航する船舶その他頻繁に本邦の出入国港に入港する船舶の外国人である乗員が，許可を受けた日から1年間，

数次にわたり，休養，買物等の目的のため，当該船舶が本邦にある間上陸を希望する場合，入国審査官は，船長又はその船舶を運航する運送業者の申請に基づき，その船員に対し，乗員上陸を許可することができる（入管難民法16条）。

(4) 緊急上陸の許可：船舶等に乗っている外国人が疾病その他の事故により治療等のため緊急に上陸する必要を生じたときは，当該外国人が乗っている船舶等の長又はその船舶等を運航する運送業者の申請に基づいて，厚生労働大臣又は法務大臣の指定する医師の診断を経て，その事由がなくなるまでの間，入国審査官は当該外国人に対し緊急上陸を許可することができる（入管難民法17条）。

(5) 遭難による上陸の許可：遭難船舶等がある場合において，当該船舶等に乗っていた外国人の救護のためその他緊急の必要があると認めたときは，水難救護法（明治32年法律95号）の規定による救護事務を行う市町村長，当該外国人を救護した船舶等の長，当該遭難船舶等の長又は当該遭難船舶等に係る運送業者の申請に基づき，入国審査官は当該外国人に対し遭難による上陸を許可することができる（入管難民法18条）。

〔4〕 外国人の出国

本邦外の地域に赴く意図をもって出国しようとする外国人は，その者が出国する出入国港において，入国審査官から，出国の確認を受けなければならない。この出国の確認を受けなければ，外国人は，出国することはできない（入管難民法25条）。この規定は乗員を除くとされており，船員は，船員手帳を持っていれば，そのような手続を受ける必要はない。

〔5〕 日本人の出国及び帰国

日本人が，本邦外に赴く意図をもって出国しようとするときは，有効な旅券を所持し，その者が出国する出入国港において，入国審査官から，出国の確認を受けなければならず（入管難民法60条），本邦外の地域から本邦に帰国するときは，帰国の確認を受けなければならない（入管難民法61条）。これらの規定も乗員を除くとされており，船員は除外される。

船員は，船員手帳を持っていれば，出入国港において，入国審査官から，出国あるいは帰国の確認手続を受ける必要はない。

〔6〕 難民の認定

法務大臣は，本邦にある外国人から法務省令で定める手続により申請があったときは，その提出した資料に基づき，その者が難民である旨の認定を行うことができる（入管難民法61条の2）。

第3章 関 税 法

　鎖国政策を続けた江戸時代には，長崎の出島が日本と外国を結ぶ唯一の港であった。開国後の安政6（1859）年，長崎，神奈川及び函館の港に「運上所」が設けられ，今日の税関業務と同様の輸出入貨物の監督，税金の徴収，外交事務を開始した。明治5（1872）年11月28日，運上所は「税関」と改められ，ここに税関が発足した。税関の役割は関税の賦課及び徴収並びに薬物，銃器をはじめ，テロ関連物品，知的財産侵害物品等の密輸出入を水際で取り締り安全安心な社会を確保することである。

　関税は，歴史的には古代都市国家における手数料に始まり，今日では一般に「輸入品に課される税」として定義されている。海に囲まれた我が国では，貿易は船舶又は航空機によるほかなく，関税法は船舶の運航に密接に関係するものである。

〔1〕目　　的

　関税法の目的は，関税の確定，納付，徴収及び還付並びに貨物の輸出及び輸入についての税関手続の適正な処理を図るために必要な事項を定めたものである（関税法1条）。したがって租税法の一つである。外国との貿易に従事する船舶は，特に関税の逋脱を防止するために，種々の手続きを必要とした規制を受ける。

〔2〕船舶に対する監督

(1) 入港手続

　　外国貿易船（日本籍船であっても，外国籍船であっても）が，開港に入港しようとするときは，あらかじめ，船名及び国籍のほか，積荷，旅客及び乗組員に関する定められた事項を，入港しようとする港の税関に報告しなければならない。報告をしないで入港した場合は，船長は，入港後直ちに，報告すべき事項を記載した書面を税関に提出しなければならない。船長は，入港後24時間以内に政令で定める事項を記載した入港届及び船用品目録を税関に提出するとともに，船舶国籍証書を税関職員に提示しなければならない。税関が休日の場合は，休日の時間を除いて24時間以内に提出しなければならない。

　　税関長は，必要があると認める場合は，船長に対して船用品目録に記載すべき事項について，入港前に報告を求めることができる。この報告を行った場合は，入港後に船用品目録を提示する必要はない（関税法15条）。なお，貨物の積卸しがない場合や短期出港の場合等，簡易手続きの規定がある（関税

法18条)。
(2) 不開港への出入り

開港とは，関税法施行令別表第1に掲げる港で，119港が開港となっており（2024年10月現在），不開港とは開港でない港のことである。外国貿易船は，税関長の許可を受けた場合を除いて，不開港に出入してはならない。ただし，検疫のみを目的として検疫区域に出入する場合や遭難その他やむを得ない事故がある場合は，この限りでない（関税法20条1項）。

(3) 貨物の積卸し

外国貿易船の貨物の積卸しは，あらかじめ税関長の承認を受けた場合を除いて積荷目録の提出後でなければならない。ただし，旅客及び乗組員の携帯品，郵便物並びに船用品については，この限りでない（関税法16条1項）。

船舶に外国貨物の積卸しをしようとする者及び外国貿易船に内国貨物の積卸しをしようとする者は，積卸しについての書類を税関職員に提示しなければならない（関税法16条2項）。税関の執務時間外となる場合は，あらかじめ税関に届け出なければならない。ただし，旅客及び乗組員の携帯品，郵便物並びに船用品については，この限りでない（関税法19条）。

外国貨物を仮に陸揚げしようとするときは，船長は，税関にあらかじめ届け出なければならない（関税法21条）。

(4) 船用品の積込み

船用品の積込みは，税関に申告しその承認を受けなければならない。税関は船用品の種類及び数量がその船舶に適当と認められる場合は承認を行う。外国貨物である船用品を，承認を受けて積み込んだ場合は直ちにそのことを証する書類を提出しなければならない（関税法23条）。船用品とは，燃料，飲食物その他の消耗品及び帆布，綱，什器その他これらに類する貨物で，船舶において使用するものをいう（関税法2条1項9号）。

(5) 船舶と陸地との交通

本邦と外国との間を往来する船舶と陸地との間の交通又は貨物の積卸しは，その指定した場所を経て行わなければならない。税関長の許可を受けた場合は，指定地を経由せずとも良く，これを指定地外通行という。例えば水先人の乗下船や乗組員の家族が面会に行く場合なども指定地を経由する必要があるが，指定地外通行が認められればその必要がなくなる。

また，本邦と外国との間を往来する船舶と沿海通航船との間の交通は，税関長の許可を受けた場合を除いて行ってはならない（関税法24条）。

(6) 沿海通航船の外国寄港の届出等

沿海通航船が遭難その他やむを得ない事故により外国に寄港して本邦に帰ったときは，直ちにその旨を税関に届け出るとともに，外国において船用品を積み込んだ場合は，その目録を税関に提出しなければならない（関税法22条）。

(7) 船舶の資格変更

外国貿易船等以外の船舶を外国貿易船として使用しようとするときは，あらかじめその旨を税関に届け出なければならない。外国貿易船を外国貿易船以外の船舶として使用しようとするときも同様である（関税法25条）。

(8) 税関職員に対する便宜供与

税関職員が職務を執行するため船舶に乗り込む場合は，船長は，税関職員に対し職務の執行に必要な場所の提供その他の便宜を与えなければならない（関税法28条）。

〔3〕 **貨物に対する監督**

(1) 外国貨物を置く場所の制限

外国貨物とは，①輸出の許可を受けた貨物 ②外国から我が国に到着した貨物で輸入の許可を受けていない貨物 のことである（関税法2条1項3号）。外国貨物は，原則として保税地域以外の場所に置くことができない（関税法30条）。ただし，次に掲げるものを除く。また，輸入してはならないと定める貨物（関税法69条の11）は，保税地域に置くことができない。

1．難破貨物
2．保税地域に置くことが困難又は著しく不適当であると認め税関長が期間及び場所を指定して許可した貨物
3．特定郵便物，刑事訴訟法の規定により押収された物件その他政令で定める貨物
4．信書便物のうち税関長が取締り上支障がないと認めるもの
5．67条の3・1項後段（輸出申告の特例）に規定する特定輸出申告が行われ，税関長の輸出の許可を受けた貨物

(2) 保税地域の種類

保税地域は，指定保税地域，保税蔵置場，保税工場，保税展示場及び総合保税地域の5種がある（関税法29条）。保税地域に外国貨物を置く間，納税が猶予される。また，再輸出の際は手数が省略される等の利益がある。この制度が進むと，いわゆる自由貿易港，自由貿易地帯になる。

(3) 保税運送

外国貨物は，税関長に申告し承認を受けることで，開港，税関空港，保税

地域，税関官署及び税関長が指定した場所相互間に限って外国貨物のまま運送することができる。これを保税運送という。税関長は，運送の状況その他の事情を勘案して取締り上支障がないと認めるときは一括して承認することができる。

　保税運送に際しては，運送目録を税関に提示しなければならず，承認を受けた外国貨物の到着後，確認を受けた運送目録を直ちに到着地の税関に提示しなければならない（関税法63条）。

(4)　輸出又は輸入の許可（通関）

　貨物を輸出又は輸入する場合は，貨物の品名ならびに数量及び価格その他必要な事項を保税地域等の所在地を所轄する税関長に申告し，その貨物に必要な検査を経て許可を受けなければならない。外国貿易船に積み込んだ状態で輸出申告又は輸入申告をすることが必要な貨物を輸出又は輸入する場合は，当該外国貿易船の係留場所を所轄する税関長に対して輸出申告又は輸入申告をすることができる。原則として，その申告した貨物を保税地域又は税関長が指定した場所に入れた後に輸入申告を行う（関税法67条，67条の2）。

(5)　輸出又は輸入してはならない貨物

　原則として，輸出を禁じられている貨物は次のとおりである（関税法69条の2）。

・麻薬及び向精神薬，大麻，あへん及びけしがら並びに覚せい剤
・児童ポルノ
・特許権，実用新案権や意匠権などを侵害する物品

　一方，原則として輸入を禁じられている貨物は次のとおりである（関税法69条の11）。

・麻薬及び向精神薬，大麻，あへん及びけしがら並びに覚せい剤並びにあへん吸煙具
・指定薬物
・けん銃，小銃，機関銃及び砲並びにこれらの銃砲弾並びにけん銃部品
・爆発物，火薬類，化学兵器関連物質
・定められた病原体
・貨幣，紙幣若しくは銀行券又は有価証券の偽造品，変造品及び模造品，並びに不正に作られた代金若しくは料金の支払用又は預貯金の引出用のカードを構成する電磁的記録をその構成部分とするカード
・公安又は風俗を害すべき書籍，図画，彫刻物その他の物品
・児童ポルノ

・特許権，実用新案権や意匠権などを侵害する物品

　税関長は，これらの輸出又は輸入されようとするこれらの貨物を没収して廃棄することができる。

(6)　関税等の納付と輸入の許可

　貨物の輸出入は税関の許可を必要とするが，関税を納付すべき貨物については，関税が納付されなければ輸入が許可されない。内国消費税及び地方消費税についても同様である。これら関税等の納付期限は延長することも可能である（関税法72条）。

　輸入の許可前に貨物を引き取ろうとする場合は，関税額に相当する担保を提供して税関長の承認を受けなければならない（関税法73条）。

(7)　貨物の収容

　税関は，保税地域の利用についての障害を除き，又は関税の徴収を確保するために，保税地域等にある，指定の期間を経過した貨物を収容することができる。この場合，国は，故意又は過失により損害を与えた場合を除き，その危険を負担しない（関税法80条）。収容される貨物の質権者又は留置権者は，他の法令の規定にかかわらず，その貨物を税関に引き渡さなければならず，収容された貨物は，原則として税関が管理する場所に保管する（関税法80条の２）。収容の効力は，収容された貨物から生ずる天然の果実にまで及ぶ（関税法81条）。収容された貨物については，貨物の種類，容積又は重量及び収容期間を基準として収容課金が課される（関税法82条）。収容に要した費用及び収容課金を税関に納付して税関長の承認を受けることで収容された貨物の解除を受けることができる（関税法83条）。

　旅客又は乗組員の携帯品が関税法70条３項に定める証明又は確認ができない貨物であるときは，税関は留置することができる。留置された貨物は留置に要した費用を税関に納付することで返還される（関税法86条）。

〔4〕　税関職員の権限等

　税関職員は，この法律の規定に基づいて貨物の輸出入について取締り又は犯則事件の調査を行う権限を有する。特に必要があるときは，当分の間，小型の武器を携帯することができる。

　税関職員は，前項の取締り又は調査を行うに当たり，特に自己，他人の生命，身体の保護又は公務執行妨害抑止のため，やむを得ない必要があると認める相当の事由がある場合には，その事態に応じて合理的に必要と判断される限度において，武器を使用することができる（関税法104条）。

　税関職員は，この法律又は関税定率法その他関税に関する法律又は政令で定

める規定により職務を執行する際に，その必要と認められる範囲内で次の権限を持つ。

- 外国貨物について，所有者や船長等に質問，検査，関係書類（電磁的記録を含む。）を呈示，若しくは提出させること。
- 外国貨物についての帳簿書類（電磁的記録を含む。）を検査，貨物若しくは貨物のある場所を封かんすること
- 保税に関する検査に際し，見本を採取し，又は提供させること
- 船舶に乗り込むこと
- 保税地域に出入する車両の運行を一時停止させること
- 輸出された貨物について，輸出者，輸出に係る通関業務を取り扱った通関業者，輸出の委託者その他の関係者に質問すること，又は帳簿書類を検査すること
- 関税の軽減若しくは免除を受けた貨物等についての帳簿書類を検査すること
- 輸入された貨物について，輸入者，輸入に係る通関業務を取り扱った通関業者，輸入の委託者，不当廉売された貨物の国内における販売を行った者その他の関係者に質問すること，又は帳簿書類その他の物件を検査すること

　税関職員は，職務を執行するときは，財務省令で定めるところにより，制服を着用し，かつ，その身分を示す証票を携帯し，関係者の請求があるときは，これを呈示しなければならない。税関職員の権限である質問又は検査の権限は，犯罪捜査のために認められたものではない（関税法105条）。

　税関長はやむを得ず必要があると認める相当の事由があるときは，外国貿易船若しくは外国貿易船以外の船舶で外国貨物を積んでいるものへの貨物の積卸し，保税地域にある貨物の取扱いの一時停止，又は期間を指定して保税地域にある貨物を出させること，船舶の一時出発延期，又は航行を一時停止させることができる（関税法106条）。

第13編　海　商　法

第1章　総　論

第1節　商法の内容

　海商法とは，海上企業に関する私法であり，主として商法典第3編「海商」の諸条項を意味する。2018年は1899年の制定から実に約120年ぶりの大きな改正となった。2018年の商法改正により，陸上運送契約に関する規定であった前商法第2編の「商行為」の運送営業（第8章）は，運送契約に関する総則的規定として整理され，海商法の規定はその特則として位置づけられた。この改正により，海商編の旅客輸送に関する特則的な規定は削除された。改正後の商法典「海商」編は，①海上企業の組織（商684条以下の第1章〔船舶〕，商708条以下の第2章〔船長〕及び商842条以下の第8章〔船舶先取特権及び船舶抵当権〕），②海上企業の活動（商737条以下の第3章〔海上物品運送に関する特則〕），③海上損害（商788条以下の第4章〔船舶の衝突〕，商792条以下の第5章〔海難救助〕，商808条以下の第6章〔共同海損〕及び商815条以下の第7章〔海上保険〕）に関する規定に大別され，海上企業に関わる法主体間の私的利益の調整を行っている。

　海商法に属する法律としては，商法以外にも，船主責任制限法などがあり，実務上は慣習や約款も大きな役割を果たしている。

第2節　2018年の商法の改正点

　「商法及び国際海上物品運送法の一部を改正する法律案」が2018年5月18日，参議院本会議で可決，成立した。約120年ぶりに，1899年に制定された商法のうち，運送・海商の規定が改正され，2019年4月1日から施行された。その内容を次に挙げる。

1　国内海上運送の定義の再整理（第3章第1節に関係する）

　改正前は陸上運送として整理されていた湖川，港湾における運送が，改正商法では海上運送に含まれるものとなった。これにより，船舶による国内運送は海商法の対象となった。海上輸送に関する規定は運送営業に関する総則規定として位置づけられることになった。578条では，複合輸送（陸上輸送，海上輸送，

航空輸送のうち2つ以上の輸送を組み合わせた輸送）に関する規定が新設され，運送品の滅失等の原因が生じた輸送が判明した場合，当該輸送人の責任はその輸送に適用される法令や条約に従うことになった。なお，事故発生場所が不明である場合の適用法規については定められておらず，運送契約の内容によると解されている。

2　荷送人の危険物に関する通知義務（572条）（第3章第2節の〔5〕に関係する）

改正前商法ではこの種の義務は明示されていなかったが，信義則上の義務として理解されていた。改正商法では，NYK ARUGUSU 号事件東京高判（平25・2・28判時2181号3頁）（2004年に危険物であるコンテナ貨物が燃料タンクの熱により化学反応を起こし生じた火災事故）などを踏まえて，危険物の引き渡しの前に運送人に対して危険品である旨及び運送品の品名，性質その他の運送品の安全な輸送に必要な情報を通知する義務を荷送人に負担させる旨を明文化した。この通知義務違反の性質については，無過失責任とすべきとの意見もあったが，最終的には過失責任とされた。すなわち，通知義務違反につき，荷送人に帰責事由がない場合には賠償責任を負わないと整理された。

3　運送人の不法行為責任への責任軽減規定準用（587条）

運送品を滅失，毀損した運送人に対する不法行為法上の損害賠償責任にも，原則として運送人の責任軽減規定（576条，577条，584条，585条）が準用されることになった。

4　運送品が全部滅失した場合の荷受人の権利取得（581条1項，2項，改正前商583条1項）（第3章第2節〔7〕に関係する）

改正前商法では，荷受人が運送人について荷送人と同一の権利を取得するためには，運送品が到達地に到着することが必要とされていた。そのため，運送品が運送途中で全部滅失した場合，荷受人が運送人に損害賠償請求を行うためには，荷送人からその権利の譲渡を受ける必要があった。改正商法では，荷受人は荷送人による債権譲渡なしに荷送人と同様の権利を当然に取得することを明文で規定した。

5　運送人の責任に関する期間制限（585条，改正前商589条）（第3章第2節〔4〕に関係する）

運送人の責任に関する期間制限が「運送品を受けとった（全部滅失の場合は受けとるべきだった）日から1年の消滅時効」から「運送品の引き渡しを起算日とする1年間の除斥期間」へと変更され，旧国際海上物品運送法14条と改正前商法566条との規律内容の違いが解消された。これにより，当事者間の合意による期間の延長が可能になった。

6　旅客の人身損害についての運送人責任の特約禁止（590条，591条）（第3章第3節に関係する）

改正商法では，旅客の運送人の責任原則については従来の規律が維持される一方，人身損害に関する運送人の責任を減免する特約は明示的に無効とされた。すなわち，運送人は従前通り，運送に関して注意を怠らなかったことを証明しない限り，賠償義務を負うことになる。また，改正前商法で定められていた海上輸送における人身損害について，運送人の免責約款を禁止する規定が統一され，海商編の旅客運送に関する規定は削除された。

7　高価品の特則（577条，改正前商法578条）（第3章第2節〔4〕に関係する）

高価品の特則については，その適用除外の規定の仕方が争点であったが，運送人が高価であることを知っていたとき，運送人の故意または重過失によって高価品の損傷や延着が発生した場合，577条1項による免責は認められず，高価品の特則となる判例法理が明文化された。

8　船舶先取特権（842条など）（第2章第4節〔1〕に関係する）

船舶抵当権が船舶先取特権に一部優先するとの改正案が検討されたものの，見送られた。ただし，船舶先取特権の債権の範囲・順位に変更があり，未収運送賃が削除され，人身損害等が付加された。

9　共同海損（808条など）（第4章第1節に関係する）

共同海損の実務処理にあたっては，国際基準であるヨーク・アントワープ規則1994に従うことが多いため，改正商法においてもこれを採用し，成立要件や分担，精算等の規定が変更された。

10　定期傭船契約に関する規定（第3章第1節〔2〕に関係する）

改正前は規定を欠いていたが，典型契約類型として定義された改正商法に置かれた規定は，船長に対する指揮権（705条），費用負担（706条），一部運送及び船舶賃貸借（707条）である。

11　海上運送に関する規定（第3章第2節〔3〕，第3節に関係する）

これまで船荷証券の代わりとして使用されてきた海上運送状の規定が新設された（770条）。

また，改正法では，旅客の生命・身体の侵害についての運送人の責任（運送の遅延を主たる原因とするものを除く）を減免する特約は無効とする規定が新設された（591条）。ただし，災害地への運送や，振動その他の事情により生命または身体に重大な危険が及ぶおそれのある者の輸送など，運送事業者に運送引受義務がないときは，免責特約も可能となる。

12　運送人の堪航能力担保義務（739条）（第3章第2節〔3〕に関係する）

改正前は運送人の堪航能力担保義務は、判例上無過失責任とされていたが、改正後は過失責任へと改められた。ただし、運送人が堪航能力保持について注意を怠らなかったことを立証できれば免責されると改められた。

13 船舶衝突による物損の不法行為責任の期間制限（789条など）（第4章第2節に関係する）

船舶衝突による財産損害に対する賠償請求権の消滅時効が1年から2年に延長され、その起算点も「不法行為の時」と明文化された。

14 救助料額の決定事由の追加（793条、801条など）（第4章第3節に関係する）

改正前は、救助料について特約がない場合、裁判所は危険の程度、救助の結果、救助のために要した労力及び費用その他一切の事情を斟酌して救助料額を決定すると規定していた。改正商法では、1989年海難救助条約13条の内容を取り入れて、救助のために要した労力及び費用に救助者がとった海洋の汚染の防止又は軽減のためのものが含まれることが明記された。

15 救助における特別補償料（805条）（第4章第3節に関係する）

改正商法では、1989年海難救助条約14条の内容が取り入られ、救助作業が不成功あるいは一部成功に終わった場合でも、救助者が環境損害の防止軽減措置をとったとき、被救助財産の所有者に対して請求できる特別補償料に関する規定が新設された。

16 救助料債権の消滅時効（806条）（第4章第3節に関係する）

改正商法では、1900年海難救助条約10条及び1989年海難救助条約23条の内容が取り入れられ、救助料債権の消滅時効期間が1年から2年に延長された。ただし、この規定の適用があるのは物損の場合であり、人損の場合には民法の規定が適用される（民法724条により、消滅時効は加害者等を知ってから3年もしくは不法行為時から20年）。

17 海上保険契約締結時の告知義務（820条、829条）（第4章第4節に関係する）

保険法4条は消費者保護の観点から、保険契約締結時における契約者の告知義務対象を、重要事項のうち保険会社が告知を求めたものに限定しているが、改正商法では海上保険契約を典型的な企業分野保険と位置づけた。海上保険契約者は保険契約の締結にあたって、保険会社に重要な事実を自ら告げなければならず、また、重要な事項について不実のことを告げてはならないと明記された（820条）。なお、保険契約者の故意または重大な過失による告知義務違反が判明した場合、保険会社は保険契約を解除することが認められている（829条）。

第2章　海上企業の組織

第1節　船　　舶

　海上企業はすべて船舶を通じて展開される。そこで，商法典「海商」編には船舶の意義が明らかにされている。

〔1〕　船舶の意義

(1)　商法における船舶とは，商行為をなす目的をもって航海の用に供するものであると規定されている（商684条）。これは商法全体が商行為概念（商4条1項，商行為主義という）を基礎として成り立っていることを受けた規定である。こうした文言に基づいて，具体的には，次のような船舶がこれに該当すると解されている。

　　第1に，商行為をなすことを目的とする船舶である。これに該当するものの大半は，運送の引受（商502条4号）をする運送船であるが，その他，加工に関する行為（同条2号）を行う工作船，作業の請負（同条5号）を行う救助船，商人が営業のためにする行為を目的とする船舶も商行為船（商船）である。ただし，船舶法35条において，これ以外の船舶（例えば，私人の所有する漁船，遊覧船，学術研究船）についても商法典第3編の規定が準用できる場合があるとしている（ただし，公用船は例外）。したがって，非営利船にも商法の規定は準用されるため，商行為性は大きな意味を持たなくなっている。

　　第2に，航海の用に供する船舶である。商法の中には，航海という概念が多数存在し，必ずしも同一の意味を有するものではなく，各条項の趣旨に照らして解釈しなければならない。改正後の商法では，このような航海の定義について，684条と748条で規定されている。

(2)　次の船舶には，海商法は適用されない。第1に，船舶が小型であり，海商法を適用すれば所有者にとって過酷となるため，端舟（たんしゅう）その他ろかいのみをもって運転し，又は主としてろかいをもって運転する舟には適用されない（商684条）。第2に，官庁又は公署の所有する公用船は，私法である商法の適用が適さないため，適用除外されている（船舶法〔附則〕35条）。このため，公用船側の損害賠償責任が問題となる場合，民法の一般原則や国家賠償法によることになると解されている。

〔2〕　船舶の性質

　1　動産・不動産的取扱い

　　船舶は，本来は動産（民86条）に位置づけられるが，その性質上，一定規模

以上の船舶については，登記制度，抵当権の設定等が認められ，強制執行及び競売等の手続についても，不動産に準じた取扱いが認められている。船舶は運送の道具であって，取引の客体であることを本来の目的とせず，所有者の変更も頻繁でないため，同一性の認識が容易であるからである。

船舶は，船体，甲板，主機関などの各部からなる合成物であり，それぞれの部分は法律上独立性を失っているが（船舶として一個の物〔民85条〕となる），羅針盤，海図，端舟，救命具，信号器具，碇錨，帆等は船舶に属するものの，独立の存在として権利の客体となる。これは属具と呼ばれている。また，船舶の属具目録に記載した物は従物と推定されると規定されている（商685条1項）。

民法上の主物と従物は同一所有者に属することが要件となるが（民87条1項），属具は主物たる船舶と同一の所有者に属することを必ずしも要件としていない。従物と属具は同じ概念ではないが，属具が従物と推定されれば，常に船舶の処分に従うこととなる（民87条2項）。

2 船舶の登記及び登録

日本においては，船舶の公示制度は，登記及び登録という二元主義をとっている。すなわち，総トン数20トン以上の船舶（ろかい船を除く）については，船舶所有者は登記をし，かつ，特別法の定めるところにより船舶国籍証書を受けなければならない（商686条）。

船舶登記に関しては，所有権，賃借権及び抵当権の登記が認められている。船舶登記は，商業登記よりも不動産登記に類似するが，不動産登記が土地，建物，立木に関する一切の権利に及ぶのに対し，船舶登記は所有権，賃借権，抵当権に限られる点に特徴がある。

船舶登録は，行政上の取締りを目的とする制度であり，登記の後に，船籍港を管轄する官庁に，船舶原簿に一定の事項を記載することによってなされる（船舶法5条1項）。登記が私法上の権利関係を公示することを目的とするのに対し，登録は国籍（船籍）を確定することを目的とする。

3 船舶所有権

船舶は動産としての性質を有するため（民86条1項，2項），船舶所有権の得喪にも私法上の一般原則が適用されるが，例外的に不動産取扱に関する登記制度が設けられている。このため，登記船には民法の即時取得の規定（民192条）は適用されないと解されている（大審院判明36.12.1大審院民事判決録9巻1351頁）。

船舶所有権の譲渡（移転）は，書面の作成がなくとも，当事者の合意によって成立する（民176条）。所有権移転の第三者への対抗要件は登記船と不登記船で異なる。登記船については，登記をなし，かつ船舶国籍証書にこれを記載し

なければ，第三者に対抗することはできない（商687条）。これに対し，登記を行っていない船舶については引渡しのみで対抗できる（民178条）。航海中の船舶を譲渡した場合は，その航海によって生ずる損益は譲受人に帰属する（商688条）。また，船舶の譲渡については私法上の制限はないが，国際運送を確保するために重要なものとして，国土交通省で定められた船舶（国際船舶）の外国への譲渡については，国土交通大臣への届出義務を負う（海上運送44条の2）。

第2節　海上企業の主体

第1款　船舶所有者

〔1〕　船舶所有者の意義

海商法において，船舶所有者（船主）とは，広義には船舶を所有する者全般を意味するが，狭義には船舶を所有し海上企業を営んでいるもの，すなわち一般に船主と呼ばれている者を意味する。

〔2〕　船舶所有者の責任と責任制限

1　船舶所有者の責任

船舶所有者は，船長その他の船員がその職務を行うに当たり，故意又は過失により他人に加えた損害について，これを賠償すべき責任を負う（商690条）。この規定は，民法715条と同様，他人を使用することについての報償責任や危険責任を根拠とする。ただし，商法690条には，民法と異なり，選任監督について過失がなかったことを証明できた場合に免責するとの規定はない。こうした事情から，同条は民法715条の特則と捉える見解が支配的である（最判昭48.2.16民集27巻1号132頁。本件は1975年改正前の商法690条に関する判断）。なお，船舶所有者だけでなく，船舶賃借人も同様の責任を負う（商703条1項）。

2　責任制限の必要性

船舶所有者は，巨額の運送用具である船舶を使用し，危険性の大きい航海を行うことにより経営を営んでいる。したがって，第三者に対し損害を与えた場合に，その賠償につき，船舶所有者に無限責任を負わせることは極めて過酷である。中世の涯事慣習などに基礎をおいた，こうした責任制限に関する法規範はしだいに発展してきた。現在でも，海上保険制度の発達や運送契約上の免責約款の利用等により，船主責任が緩和されている。

3　責任制限の考え方

船主責任制限制度は，古くから各国で採用されてきたが，その立法例は，各国の特殊事情や沿革の違いから種々である。その主な態様は，次のように区分される。

① 委付主義（フランス法系）
　船舶所有者は原則として人的無限責任を負うが，海産（船舶，運送賃等をいう）を債権者に委付して自己の責任を制限することができる。委付とは，船舶所有者が単独行為により，その所有するある種の権利を特定の債権者に移転し，その責任を免れる行為をいう。日本の商法は，後述する「船舶の所有者等の責任の制限に関する法律」の制定前までは，この主義を採用していた（旧商690条）。

② 執行主義（ドイツ法系）
　船舶所有者は債務を全額負担するけれども，陸産に対する強制執行は拒みうるとする考え方。

③ 船価責任主義
　船舶所有者は原則として事故後の海産の価額を限度として人的責任を負うが，海産を委付して，海産を一般債権者のために選定せられた受託者に移転することによって，その責任を免れることができるとする考え方。アメリカが1935年以前に採用していた。

④ 金額責任主義（イギリス法系）
　船舶所有者の責任を事故ごとに定め，債権を発生させた船舶の積量トン数に応じ，物的損害と人的損害について一定の割合で算出された金額に船舶所有者の責任を制限する考え方。

⑤ 選択主義
　船舶所有者の無限責任を原則とするが，海産を委付し，又は船価に責任を限定することなどにつき，船舶所有者に選択権を与える考え方。

4　金額責任主義の採用

　以上の考え方のうち①と②は，組合的な企業形態ないしは1航海を1企業とみた過去の企業形態にとらわれたものであって，合理性に欠けている。③は，船価の決定に問題の余地を残す。船舶所有者の責任制限の方式としては，④の形式による人的有限責任の方式が最も簡明，かつ，合理的な立場といえる。日本も，昭和50（1975）年の「船舶の所有者等の責任の制限に関する法律」（船主責任制限法）によって，④の立場を採用し，現在に至っている。

〔3〕船主責任制限法

1　立法経過

　前述のように，船舶所有者の責任制限の方法には種々のものがあり，各国ごとに異なっていたため，国際輸送に従事する船舶については，その航行海域により責任制限の方法が異なるという不合理が生じていた。このような不合理を

なくすため，各国の法制を国際的に統一する必要が早くから指摘され，1924年に船主責任制限統一条約が制定されたが，各国が採択しなかったため，1957年に金額責任主義を採用した「海上航行船舶の所有者の責任の制限に関する国際条約」（以下「船主責任条約」という）が採択された。日本は，この条約を1975年12月27日に批准し，これを国内法化したのが，船主責任制限法である。

　船主責任制限のあり方は，その責任限度額の基礎を定めている1957年の船主責任条約の採択後，インフレの進行による船舶所有者等の責任限度額の引上げ，新しい責任原則を導入した油濁事故に関する国際条約との調整等の問題が生じた。そして，IMCO（現 IMO）法律委員会で，船主責任条約について再検討が行われた結果，1976年，ロンドンで開催された外交会議において，責任限度額の大幅な引上げ，責任制限主体に救助者を加えること，計算単位を IMF の特別引出権に改めること等を内容とする「1976年海事債権についての責任の制限に関する条約」が採択された。日本も昭和56（1981）年に同条約を批准し，船主責任制限法の改正が行われた。なお，最近では，同条約は1996年議定書により改正され，それは，平成18（2006）年8月1日から日本に対し効力を持つことになっていたため，2005年に船主責任制限法の改正が行われた。その後，2015年に責任限度額を1.51倍に引き上げるための法改正が行われている。

2 適用範囲

　船主責任制限法は，責任制限をなしうる者の範囲として，「船舶所有者等」（船舶所有者，船舶賃借人及び傭船者並びに法人であるこれらの者の無限責任社員。船責2条2号，3条），「救助者」（救助活動に直接関連する役務を提供する者。同2条2号の2，3条）及び「被用者等」（船舶所有者等又は救助者の被用者その他の者で，その者の行為につき船舶所有者等又は救助者が責に任ずべき者。同2条3号，3条）を定めている。

　1957年条約や1975年の旧船主責任制限法では，救助船外から救助した者について責任制限が認められていなかった（救助船から救助した者は「船舶所有者等」あるいは「船長等」に含めて対象としていた）。このため，1976年条約により改正された船主責任制限法は，救助者又はその被用者等も，救助活動に関連して生じた損害に基づく債権について責任が制限されるとした。従来は，「船長等」の定義規定（旧船責2条3号）が置かれていたが，救助者が使用する者も「船長等」に含めるのは適切でないため，「被用者等」に表現が改められたのである。「被用者等」は，直接の雇用関係のある者に限られるのではなく，船長その他の船員に加え，水先人又は船内荷役作業従事者も含まれる。

3 責任の制限

(1) 船舶所有者，救助者及び被用者等については，自己の故意により，又は損害の発生のおそれがあることを認識しながらした自己の無謀な行為により損害が生じた場合を除き，事故に対し負うべき損害賠償の責任は一定の金額に制限される（船責3条3項）。反対にいえば，船舶所有者は，自己の故意により，あるいは損害の発生のおそれがあることを認識しながらした自己の無謀な行為により損害が生じた場合は責任制限を受けられない。「損害の発生のおそれがあることを認識しながらした自己の無謀な行為」とは独特の要件であるが，故意に近い重過失や認識ある過失など，もう一つの責任制限阻却事由である故意に相当するものである。

(2) 一事故について責任を制限することができる金額は，船舶トン数によって異なるが，例えば制限の対象となる債権が物の損害に関する債権のみの場合，(a)船舶トン数が2000トン以下の船舶については151万SDRとし，(b)2000トンを超え3万トンまでの船舶については(a)に1トンにつき604SDRを，(c)3万トンを超え7万トンまでの船舶については(b)に1トンにつき453SDRを，(d)7万トンを超える船舶については(c)に1トンにつき302SDRを加えた金額であり，その他の場合についても同様の算定式が用意されている（船責7条）。なお，SDRとは国際通貨基金協定第3条第1項に規定する特別引出権に相当する金額をいう。

(3) 責任制限は，すべての債権について認められているものではなく，その種類が法律に明示，限定されており（船責3条），旅客の人身損害に対する債権（船責3条4項。2005年改正より），海難救助又は共同海損分担に基づく債権（船責4条1号），船舶所有者等が使用する者に対する債権および人身損害によって生じた第3者の有する債権（船責4条2号），油濁損害に基づく債権（船舶油濁等損害賠償保障法40条）及び原子力損害に基づく債権（原子力損害の賠償に関する法律4条第3項）については責任制限をすることができない。責任制限が認められている債権としては，船舶所有者等及びその被用者等に関しては，①船舶上で又は船舶の運航に直接関連して生ずる人の生命もしくは身体が害されることによる損害又は当該船舶以外の物の滅失もしくは損傷による損害に基づく債権，②運送品，旅客又は手荷物の運送の遅延による損害に基づく債権などが挙がっている（船責3条1項）。

(4) 制限債権者は，その制限債権につき，事故に係る船舶，その属具及び受領していない運送賃の上に先取特権を有する。この先取特権は，商法842条5号の先取特権に次ぐ特別の先取特権となる（船責95条）。

4　責任制限の手続き

責任制限を受けようとする者は，裁判所にその旨申し立てなければならない。そのうえで，責任限度額に相当する基金を供託等により形成し，それが各制限債権者に公平に分配されることになる。

〔4〕 船舶油濁等損害賠償保障法
　1　本法の成立
(1)　1967年3月に発生したトリー・キャニオン号事件は，イギリスをはじめとして各国に莫大な損害を与え，油濁損害賠償について新たな制度が必要であることを痛感させた。その結果，1969年に「油による汚染損害についての民事責任に関する国際条約」（以下「1969年民事責任条約」という）が，さらに1971年には，この条約を補足するための「油による汚染損害の補償のための国際基金の設立に関する国際条約」（以下「1971年国際基金条約」という）が採択された。油濁損害賠償保障法はこの2条約を国内法化したものであり，昭和50（1975）年12月に成立した。

　　1969年民事責任条約及び1971年国際基金条約の制定後，約20年間が経過し，インフレによる補償の目減りを始めとする情勢の変化が生じたことから，1992年に2本の改正議定書（以下「92年改正議定書」という）が採択され，日本も1994年8月に92年改正議定書に加入した。そして，平成6（1994）年6月，油濁損害賠償保障法の改正が行われた。また，1997年に我が国で発生したナホトカ号事故，1999年にフランスで発生したエリカ号事故を踏まえ，2000年に船舶所有者の責任限度額と国際基金の補償限度額をそれぞれ約50％引き上げることが決定された。これを受け，平成16（2004）年に法改正が行われ，法の名称も「船舶油濁損害賠償保障法」となった（平成17〔2005〕年3月1日施行）。その後，燃料油による汚染損害についての民事責任に関する国際条約（バンカー条約（2001年））及び難破物の除去に関するナイロビ国際条約（ナイロビ条約（2007年））を批准したことから法改正を行い，名称を「船舶油濁等損害賠償保障法」に改めている（令和元年法律18号）。

(2)　目　的
　　本法は，油濁損害についての船主責任制限法の特別法であり，船舶油濁等損害が生じた場合における船舶所有者等の責任を明確にし，及び船舶油濁等損害の賠償を保障する制度を確立することにより，被害者の保護を図り，あわせて海上輸送の健全な発達に資することを目的としている。

　2　油濁損害賠償責任の制限
(1)　油濁損害賠償責任
　　船舶所有者は，ばら積みの原油等を海上輸送している船舶（タンカー）又

は一般船舶から流出し，又は排出された油により1969年民事責任条約の締約国の領海を含む領域内又は排他的経済水域等内において油濁損害を与えた場合，その損害が戦争・異常な天災地変等によるものでない限り，賠償の責めを負わなければならない（油濁3条，4条）。

(2) 油濁損害賠償責任の制限

船舶所有者は，自己の故意又は損害の発生のおそれがあることを認識しながらした自己の無謀な行為により生じたものであるときを除き，油濁損害に基づく債権について，1事故ごとに，5000トン以下の船舶にあっては451万SDRの金額，5000トンを超える船舶にあっては，5000トンを超える部分について，1トンにつき631SDRを451万SDRに加えた金額（最大8977万SDR）に責任を制限することができる（油濁5条～12条）。なお，SDRとは国際通貨基金協定第3条第1項に規定する特別引出権に相当する金額をいう（油濁2条18号）。

(3) 責任制限の手続

油濁損害に関する責任制限手続については，船主責任制限法の規定の大部分が準用されるとともに，油濁損害に関する特則的規定（例えば，責任制限手続への国際基金の参加，自発的に損害防止措置をとった場合における船舶所有者の責任制限手続への参加等）が設けられている（油濁31条～38条）。

3 油濁損害賠償保障契約

(1) 被害者に対する船舶所有者の賠償が確実に履行されることを担保するため，船舶所有者は，責任限度額に相当する金額を満たす責任保険その他油濁損害の賠償義務の履行を担保するための契約を締結することが強制されている。日本船舶は，このような保障契約を締結しなければ，2000トンを超えるばら積みの油の輸送の用に供してはならないとされ，また，保障契約を締結していない外国船舶は，2000トンを超えるばら積みの油を積載して日本の港に入出港することができないとされている（油濁13条，14条）。

(2) 国土交通大臣は，保障契約を締結している旨の申請があったときは，当該船舶について保障契約が締結されていることを証する書面を交付しなければならない。この保障契約証明書については，備置きが義務づけられている（油濁17条～20条）。

4 油濁損害賠償のための国際基金

(1) 国際基金に対する請求

油濁損害の被害者は，国際基金に対し，責任条約の下では十分な賠償を受けることができなかった金額について，国際基金に支払を請求することがで

きる（油濁22条）。
(2) 国際基金に対する拠出

　　国土交通大臣は，特定油の受取量の報告（油濁28条）があったときは，その内容を経済産業大臣に通知したうえ，国際基金に送付することとなる。国際基金は，これを受けて拠出金を算定し，特定油の受取人に対しその請求を行う。受取人は拠出金を国際基金に納付しなければならない（油濁29条～30条）。

第2款　船舶共有者

1　船舶共有者の意義

　船舶共有者とは，船舶を共有し，かつそれを共同して，海上企業を利用する者をいう。広義の意味での船舶共有とは，民法が定める船舶所有権の複数人による共有であるが，海商法における船舶共有は，共同企業形態の一つとして認められ一種の企業組織であることを前提にして，規制されていることに大きな特徴がある。

2　船舶共有者の内部関係

　船舶の利用に関する事項については，頭数によらず，持分の価格に従い，その過半数をもって決定される（商692条）。民法上の組合の業務執行が組合員の頭数の過半数によって決定されているのと異なり，資本多数決方式が採用されている。決議に反対の少数者に対しては，その持分を他の共有者に買い取らせる権利（買取請求権）が認められている（商694条1項）。船舶の利用に関する費用の負担も，持分の価格に応じて行われる（商693条）。持分の譲渡は，船舶管理人の場合を除き，他の共有者の承諾を要しない（商696条1項）。船舶管理人である船舶共有者は，他の船舶共有者の全員の承諾を得なければ，その持分の全部又は一部を他人に譲渡することができない（商696条2項）。ただし，持分の譲渡により船舶が日本国籍を喪失することとなるときは，他の共有者は，その持分の買取又は競売を裁判所に請求することができる（商700条）。

3　船舶共有者の外部関係

(1)　船舶共有者は，船舶の利用につき生じた債務を，その持分の価格に応じ弁済する責任を負う（商695条）。債務は契約上の債務に限られず，不法行為についても弁済責任を負う。この規定の目的は，多数債務者間の連帯責任となるところを持分の価格に応じた責任とすることで，船舶共有者の責任を軽減している点にある。

(2)　船舶管理人

船舶管理人とは，船舶共有者の代理人として活動する者であり，船舶共有者は，必ず船舶管理人を選任しなければならない（商697条1項）。船舶共有者の中から船舶管理人を選任する場合は，持分の価格に従い，その過半数をもって決する（商692条）が，船舶共有者以外から選任するときは，全員の同意が必要である（商697条2項）。船舶管理人の選任及び代理権の消滅については，登記を行うことが必要である（商697条3項）。

　船舶管理人については，民法の代理及び委任の規定が適用されるが，船舶管理人は帳簿備付，計算報告義務を負う一方で（商699条），船舶共有者に代わり，船舶の利用に関する行為をなす権限が付与され，その代理権に加えられた制限は，これをもって善意の第三者に対抗できない（商698条2項）。ただし，船舶の利用に関する行為をなす権限のうち①船舶を賃貸し，又はこれを抵当とすること，②船舶を保険に付すこと，③新たに航海をすること，④船舶の大修繕をすること，⑤借財をすることについては，代理権がただちに認められるわけではなく個別的な委任が必要である（商698条1項）。

第3款　船舶賃借人

1　船舶賃借人の意義

　船舶賃借人とは，他人の船舶を賃借し，商行為をなす目的をもって，これを航海の用に供するものをいう（商702条）。賃借人と船舶所有者との関係（船舶賃貸借関係）には，賃借に関する民法の一般原則が適用される（民601条～621条）。登記した船舶賃貸借は，船舶について物権を取得した第三者に対しても対抗することができると規定されている（商701条）。

　船舶賃貸借は，海運実務では一般に裸傭船とよばれる傭船契約で行われている。船舶賃貸借契約と後述する傭船契約（後掲第4款「傭船者」参照）の差異は，海上企業の主体が，船舶賃貸借においては利用者（賃借人）であるのに対し，傭船契約においては船舶所有者であって利用者（傭船者）でないという点にある（ただし，船舶のみを賃貸借することを「裸傭船」という）。

2　船舶賃借人の船舶所有者及び第三者との関係

　船舶賃借人と船舶所有者との内部関係は，当事者間で締結された船舶賃貸借契約によって定まるほか，民法の賃貸借に関する規定が補充的に適用される。商法はその例外として，賃借している船舶に損傷が生じたときは，これが船舶賃貸人の責めに帰すべき事由によるものである限り，船舶賃貸人がその利用のために必要な修繕をする義務を負うと定めている（商702条）。

　船舶賃借人は，狭義の船舶所有者と同じく第三者に対して直接に権利を行使

し，義務を負う。すなわち，船舶賃借人は，その船舶の利用に関する事項については第三者に対して，船舶所有者と同一の権利義務を有する（商703条1項）。たとえば，商法690条の「船舶所有者」も「船舶賃借人」に読みかえて適用がされるので，船長その他船員が職務上の行為により第三者に損害を生じさせたときは，船舶賃借人が直接に責任を負う。船舶賃借人も，船主責任制限法により，その責任を制限することができる。

3　船舶賃借人と第三者との関係

船舶賃借人は，その船舶の利用に関する事項については，第三者に対して船舶所有者と同一の権利義務を有する（商703条1項）。したがって，船荷証券が発行された場合の船荷証券による貨物の引渡しの責任など，一切の権利義務を有するのは，船舶所有者ではなく，船舶賃借人である（大審院判昭10.9.4民集14巻16号1495頁）。

船舶賃借人の船舶の利用につき生じた先取特権は，船舶所有者に対して効力を生ずる（商703条2項）。ただし，船舶債権者が賃借人による船舶の利用が当事者間の約定に反していることを知っていた場合には，船舶所有者は先取特権の行使を拒むことができる（同項但書）。これは，船舶の利用によって生じる商法上の船舶先取特権であるが，民法上の先取特権も含まれるとした判例（最決平14・2・5判時1787号157頁）がある。

第4款　傭　船　者

傭船契約は船舶所有者と傭船者との間において，特定の船舶の利用を目的として締結される契約であるが，傭船者は海上企業の主体としては位置づけられていない（後掲第3章第2節〔2〕2参照）。ただし，裁判例の中には，船籍会社の実体が明らかでなく，実質的な指揮監督権限を行使していたと思われる定期傭船者の不法行為責任を認めるもの（フルムーン号事件・東京地判昭49.6.17判例時報748号77頁）が存在した。最高裁も，定期傭船者が船舶の運航に関して日常的に指揮監督していた場合，船舶所有者と同様の企業主体としての経済的実体を有していたとの論拠で，船長の不法行為責任を認めると同時に，定期傭船者に対し，改正前商法704条1項の類推適用による不法行為責任（衝突責任）を認めていた（第五神山丸・第三泉丸事件　最判平4.4.28判例時報1421号122頁）。また，定期傭船契約の下で再運送契約が締結され，船荷証券が発行された場合，傭船者の代理人が「船長のために」という表示のもとになした署名は，船舶所有者の代理人としてなされたと判断し，船荷証券上の運送人を船舶所有者であるとした（すなわち運送責任を認めた）ものもある（ジャスミン号事件・最判平10.3.27判

例時報1636号8頁)。なお,商法改正により,定期傭船契約について規定がもうけられた(商704条)が,この規定については後述する。

第3節　海上企業の人的組織・企業補助者

1　船長の意義

船長とは,特定船舶の乗組員であって,その船舶の指揮者や船舶所有者の代理人として,種々の公法上あるいは私法上の職務権限を有する者である。

2　船長の地位及び職務権限

(1)　企業組織における地位及び職務権限

① 船舶所有者との関係

船長を選任するのは,船舶所有者又は船舶管理人である。船舶所有者は何時でも船長を解任することができるが(商715条1項),正当な理由がなく解任がなされたときは,船長は,船舶所有者に対し損害賠償を請求することができる(商715条2項)。船長が病気等やむを得ない事由でその職務を行えない場合には,船長自身が船長を選任することがある(商709条)。

② 船長の代理権

船長は,船籍港外において,船舶について抵当権を設定すること及び借財をすることを除き,船舶所有者から代理権を付与されているが(商708条1項),船長の代理権に加えた制限は,善意の第三者には対抗できない(商708条2項)。

改正前商法713条2項には,船籍港においては,船長が船員の雇入,雇止を行う権限のみを有するとの規定があったが,改正にあたり,削除された。また,改正前商法713条1項には,船籍港外においては,船長が航海のために必要な一切の裁判上及び裁判外の行為(船員の雇入,雇止,水先人の使用,船舶の艤装,航海必需品の調達,船舶の修繕,救助契約等)を行う権限を有するとの規定があったが,これも改正で削除されている。

(2)　航行組織上の地位及び職務権限

船長は,航海中に積荷の利害関係人の利益のため必要があるときは,利害関係人に代わり,最もその利益に適合する方法によって,その積荷の処分をしなければならない(商711条1項)。また,船長は,航海を継続するため必要があるときは,積荷を航海の用に供することができる(712条1項)。

3　船長の義務・責任

船長は,船舶の安全な航行確保の観点から,船員法上各種の義務を課されているが(第4編第3章第2節参照),海商法も次のような義務,責任を船長に課

している。
(1) 属具目録の備置き（商710条）
(2) 報告義務（商714条）
　船長は，遅滞なく，航海に関する重要な事項を船舶所有者に報告しなければならない。
(3) 船積み又は陸揚げ準備完了の通知義務（748条1項，752条1項）
　航海傭船契約の場合，運送品を船積み又は陸揚げのために必要な準備が完了したときは，船長は，遅滞なく，傭船者又は荷受人に対して，その通知を発しなければならない。
(4) 第三者による船積みの通知義務
　船長は，第三者から運送品を受け取るべき場合において，その第三者を確知することができないとき，又はその第三者が運送品の船積みをしないときは，直ちに傭船者に対してその旨の通知を発しなければならない（商749条1項）。
(5) 海員監督の責任（商713条）
　船長は，海員が，その職務を行うに当たり他人に損害を与えた場合には，監督を怠らなかったことを証明しなければ，損害賠償の責を免れることはできない。
(6) 船長の責任と船舶所有者の責任
　船長が職務上の注意義務に違反し，第三者に損害を与えた場合，船長だけでなく，同時に船舶所有者の責任原因ともなる（商690条）。船長と船舶所有者が不真正連帯債務を負う関係であるとすると，船舶所有者が第三者に損害賠償した後に，船長に求償することも考えられるが，判例は，使用者の事業の性格・規模，業務の内容，労働条件等に照らし，損害の公平な分担という見地から信義則上相当と認められる限度にすべきとして，求償権の制限（損害額の軽減）を認めている（最判昭60.2.12最高裁判所民事裁判集144号99頁）。陸上の労働者も使用者に対し損害賠償責任を負う場合，信義則を根拠に，損害額が限定される傾向にあるが（茨城石炭商事事件・最判昭51.7.8民集30巻7号689頁），同一の判断枠組を船長に適用したものである。

4　水先人との関係
　水先人とは，一定の水先区において，船舶に乗り込み，当該船舶を導く者であって，水先人としての免許を受けた者をいう（水先2条1項・2項）。水先制度の目的は，多数の船舶が行き交う港湾，水道，内海などを航行するにあたり，専門的技量により座礁，衝突等の危険を防止し，船舶の安全をはかることにあ

る（詳細は本書11編参照）。

　ちなみに船長は，水先人を使用した場合であっても，船舶の最高責任者としての責任を負う（水先41条2項参照）。判例も，水先人の過失によって生じた船舶衝突の場合，水先人は，船長の被用者というべき理由をもって，船長と水先人の双方の責任を認めている（大判昭10・6・3大審院判決全集1帳19号15頁を参照）。

　水先人と船舶所有者との間には，広義の雇用関係が認められる。これを準委任とみる見解もあるが，水先人は独立の補助者であっても，その業務はなお船長の指揮下で航海に従事するので，雇用関係にあるとみるべきであろう。水先人は，水先をしたときは，船舶所有者または船長に対し，水先料を請求することができる（水先46条1項）。水先人の過失により第三者に加えた損害については，船舶所有者は商法690条によって責任を負うものと解されている。水先人の行為によって責任を負う場合，船舶所有者及び水先人の双方とも，その責任を制限することができる（船主責任制限3条1項，2条1項4号）。

第4節　海上企業金融

　現代の多くの海上企業は会社形態をとるため，株式や社債を発行して資金を調達するが，商法は，海上企業の金融の便に資するため，船舶先取特権と船舶抵当権の制度を設けている。これらは，製造中の船舶にも準用される（商850条）。

〔1〕　船舶先取特権

1　船舶先取特権の意義

　船舶先取特権とは，船舶に関する特定の債権を有する者が，その船舶，属具及び未収運送賃の上に有する先取特権であり，当事者間の設定行為なくして，法律上当然に生じる担保物権である。

2　船舶先取特権の生ずる債権

　商法は，船舶先取特権の生ずる債権として，下記のものをあげる（商842条）。多くの債権に公示等もなく先取特権を認めれば，船舶抵当権者の利益を害することになるが，日本では多くの種類を認めている。このため，判例は，商法の規定を無視することはしないものの，下記⑥について，債権の範囲はできる限り狭く解すべきだとしている（最判昭59.3.27判例時報1116号133頁）。債権の順位も①が第一順位であり，以下の順位は番号に従っておく。具体的に挙げると（商法842条，843条），①船舶の運航に直接関連して生じた人の生命又は身体の侵害による損害賠償請求権，②救助料に係る債権又は船舶の負担に属する共同海

損の分担に基づく債権、③国税徴収法（昭和三十四年法律第百四十七号）若しくは国税徴収の例によって徴収することのできる請求権であって船舶の入港、港湾の利用その他船舶の航海に関して生じたものまたは水先料若しくは引き船料（曳舟料）に係る債権、④航海を継続するために必要な費用に係る債権、⑤雇用契約によって生じた船長その他の船員の債権、⑥船主責任制限法及び船舶油濁損害賠償補障法の定める債権（船責95条，油濁40条）である。このため，判例は，商法の規定を無視することはしないものの，上記④について，債権の範囲はできる限り狭く解すべきだとしている（最判昭59.3.27判例時報1116号133頁）。これをまとめていうと，

(1) 船主の債権者の共同の利益のために生じた債権

　　救助料債権，船舶の負担に属する共同海損の分担に基づく債権（商842条2号）

　　水先料・曳船料にかかる債権（商842条3号）

　　航海を継続するために必要な費用にかかる債権（商842条4号）

(2) 公益上または社会政策上の理由による債権

　　人の死傷による損害賠償請求権（商842条1号）

　　航海に関し船舶に課される課税の請求権（商842条3号）

　　雇用契約によって生じた船長その他の船員の債権（商842条5号）。例えば，船員の給料債権（船員法52条以下）のほか，送還費（船員法47〜49条）や災害補償費（船員法89条以下）

(3) 船主責任制限法及び船舶油濁損害賠償保障法の定める債権（船責95条，油濁40条）。

3 船舶先取特権の効力

船舶先取特権も，民法上の先取特権の一種として，優先弁済権が保障され，競売を申し立てることもでき，また，物上代位権もある。登記対象船であれば，民法における動産先取特権と異なり，追及効も認められる（商848条2項）。

4 船舶先取特権の目的物

船舶先取特権の目的物は，船舶及びその属具（商842条柱書）である。

改正前商法842条では，未収運送費も目的物の一つとされていたが，追及効が及ばないことから実効性が乏しく1967年条約や1993年条約にならって削除された。

5 船舶先取特権の順位

(1) 船舶先取特権相互間の順位

　① 船舶先取特権が競合する場合，その優先権は842条各号に掲げる順序に

従う（商843条1項）。
② 同一順位の船舶先取特権を有する者が数人あるときは，その債権額の割合に応じて弁済を受ける。ただし，842条第2号から第4号までに掲げる債権にあっては，同一順位の船舶先取特権が同時に生じたものでないときは，後に生じた船舶先取特権が前に生じた船舶先取特権に優先する（商843条2項）。

(2) 他の債権又は担保権との順位

船舶先取特権は，他の一般債権に対してはもとより，他の先取特権，船舶質権，抵当権に対して優先する（商844条，船責95条，油濁40条3項）。

6 船舶先取特権の消滅

船舶先取特権は，次の場合に消滅する。
① 発生後1年を経過したとき（商846条，船責95条3項，油濁40条3項）。
② 船舶が譲渡され，譲受人が先取特権者に対し一定期間内に債権の申出をするよう公告した場合に（商法845条1項），その期間内に申出がなかったとき（商845条2項，船責95条3項，油濁40条3項）。

〔2〕 船舶抵当権

1 船舶抵当権の意義

船舶抵当権とは，登記船を目的とする約定担保物権たる抵当権であり，不動産の抵当権に関する規定が準用される（商847条3項，民法373条）。船舶抵当権が認められる一方で，質権の設定は禁止されている（商849条）。

海上企業金融の便を考えると，船舶抵当権は優れた機能を営むものである。しかし，下記のように，船舶抵当権は船舶先取特権に劣後するうえ，船舶先取特権には何らの公示方法もないことから，船舶抵当権に優先する船舶先取特権の種類を限定することが国際的には課題となっている。

2 船舶抵当権の目的物

登記した船舶に限られ，抵当権は属具に及ぶ（商847条1項，2項）。

3 船舶抵当権の順位

船舶先取特権は，船舶抵当権に優先する（商848条）。船舶抵当権相互の順位については，不動産抵当の場合と同様，登記の先後による。船舶先取特権と船舶賃借権の間も登記の先後による（商703条）。

〔3〕 船舶に対する強制執行

1 船舶に対する強制執行

船舶は，動産であるが，その価額も高く，かつ，登記した船舶については抵当権の設定が認められているなど権利関係が複雑であるため，強制執行につい

て不動産に準じた取扱いがなされている（民事執行法121条）。また，強制執行の対象船舶は，総トン数20トン以上の船舶（民事執行法112条）及びその属具（商685条1項）である。この船舶には未登記の船舶（民執規則74条2号）及び外国船舶（民執規則74条3号）も含まれる。これに対し，総トン数20トン未満の船舶及びろかい船は船舶執行の対象とはならない。

2 強制執行の方法，船舶の差押え，仮差押え

船舶は移動性が高いため，具体的な差押えの効果を十分に確保することが必要である。船舶は売却して換価するのに適していることから，船舶執行は，強制売買の方法により行われる（民事執行法112条）。また，船舶執行は，強制競売開始の決定の時の船舶の所在地を管轄する地方裁判所が執行裁判所として管轄する（民事執行法113条）。執行申し立ての理由があるときは，執行裁判所は，強制競売の開始を決定し，船舶の差押えを宣言するとともに，債務者に対して，船舶の出航を禁止し，かつ，執行官に対して，船舶の国籍を証する文書その他の船舶の航行のために必要な文書を取り上げて，これを執行裁判所に提出すべきことを命じなければならない（民事執行法114条1項，2項）。

しかし，差押え及び仮差押えは，原則として，航海中の船舶（停泊中のものを除く）に対してはすることができない。（商689条）。

商法689条の差押え禁止は自国の債権者を不利に遇することになるため，判例及び通説は，改正前商法689条但書の範囲を拡張（類推）適用すべきとしていた（大審院決昭15.11.26民集19巻22号2078頁，石井照久「発航準備を終へたる船舶の差押」法学協会雑誌51巻11号10頁，12号2222頁等参照）。世界の立法が差押え禁止の撤廃に向かっている中（フランスは1967年船舶法により，旧西ドイツは1972年商法改正により，撤廃している），立法論としては，同条を廃止すべきとの見解が支配的である。

第3章 海上企業活動

第1節 海上運送契約の対象

船舶による逗送は，陸上運送にはない危険を伴うため，改正前商法は海上運送契約に関する特別規定を定めていた。具体的には，海上運送契約を物品運送（改正前商737条～776条）と旅客運送（改正前商777条～787条）とに分けたうえで，さらに物品運送については傭船契約と個品運送契約とを分けて規定していた。

改正前商法は，「海上」を，改正前商法684条1項（改正後の商法684条）との関係でも，湖川港湾を除く海洋とし，平水区域を含まないとしていた。このた

め，湖川港湾を主たる運送区域とするものについては，陸上運送に関する規定が適用された。ただし，湖川港湾の場合でも，海上運送の発着点に当たり，主たる運送区域が海上である場合は海上運送に関する規定が適用されていた。しかし，これが商法の改正によって変わり，改正商法は，非航海船による物品及び旅客の輸送を海上運送としており（商569条3号），これらには，商法商行為編（第2編）の物品輸送及び旅客輸送に関する規定が適用される（商法569条1号，570条，589条）。また，海商編の定める海上物品輸送に関する特則（第3編第3章）では，個品輸送及び航海傭船に関する規定がいずれも非航海船による物品輸送に準用されている。さらに，運送の他には，船舶（航海船）と非航海船との事故の場合の船舶衝突等に関する規定の準用（商791条），及び非航海船の救助の場合への海難救助に関する規定の準用（商807条）が改正により新たに定められている。

第2節　海上物品運送契約

〔1〕　海上物品運送契約の意義

　海上物品運送契約とは，海上において，船舶により，物品の運送をすることを引き受ける契約で，請負契約に分類される。しかし，民法の請負の規定はほとんど適用されず，海商法の規定が適用される。この契約は，諾成契約であり，原則として有償契約である。

　改正前の商法は，陸上運送人の意義を定めながら，湖川・港湾における物品または旅客の運送を陸上運送に含めていた。改正後の商法はこの陸上運送と海上運送の区分を大きく変更し（商569条3号），非航海船を含めた船舶による物品運送について物品運送に関する総則的規定を適用している（商569条1号，570条）。また，海商編に定める個品運送及び航海傭船に関する規定を，非航海船による物品運送に準用している（商747条，756条1項）。これにより，湖川・港湾での船舶による物品運送も，商法上は海上物品運送として扱われることになった。

　国際海上物品運送法においては，自船運送と他船利用の場合，船舶所有者，船舶賃借人及び傭船者が「運送人」となること，及び運送契約の相手方である「荷送人」については，上記の運送を委託する傭船者又は荷送人が該当することが明記されている（国運2条2項，3項）。これに対し，商法典「海商」編は，海上物品運送を個品運送と航海傭船に区別して規定したうえで，個品運送の場合の運送委託者を「荷送人」（商737条1項参照），航海傭船の場合の運送委託者を「傭船者」（商748条1項参照）と用語を使い分けている。なお，改正前の商法

が「(海上)運送人」という包括的名称を用いず,「船舶所有者」と規定していたことから,船舶所有者,船舶賃借人及び傭船者たる再運送人などを包括する「海上運送人」という名称が本来は必要であると解されていたため,以下では,運送人又は海上運送人の概念を用いることにした。また,国際海上物品運送法に定めてあった船荷証券規定は,すべて商法に取り込まれた(これにより国際海上物品運送法の船荷証券規定は削除された)。

〔2〕 海上物品運送契約の種類

1 海上物品運送契約及びその法規整の沿革

海上運送は,傭船契約又は個品運送契約によって行われる。歴史的には傭船契約が個品運送契約に先立って発達したが,定期航海事業の発展とともに,この分野においては,個品運送契約が一般に使用されている。

船積み港及び陸揚げ港が日本国内にある運送の場合(内航船)には,旧商法典「海商」編第3章と船荷証券等の約款が(改正前商739条を除いて商法における本章の規定が任意規定であるため優先的に)妥当していた。商法の規定は明治32年の制定から実質的に変更されていなかったが,2018年に改正された。後述する外航船と異なり,内航船の運送人の免責規定は必ずしも十分でなかったからであった。しかし,商法改正により,後述の国際海上物品運送法の定めた船荷証券規定を取り込んだ。

また,船積み港及び陸揚げ港が日本国外にある運送の場合(外航船)には,国際海上物品運送法と船荷証券等の約款が妥当する。日本は,1924年船荷証券統一条約(ヘーグ・ルール)を批准することによって,国際海上物品運送法を制定した。同法は,運送人が自己に有利な特約をすることを禁止する一方で(国運15条),運送人側の航海上の過失を免責するなど(国運3条2項),運送人の責任の軽減を図っている。このヘーグ・ルールは,責任限度額の引上げ等を意図して,1968年に改正議定書(ヘーグ・ウィスビー・ルール。その後,1979年議定書が制定され,日本はこれを批准したことによってウィスビー・ルールも批准したことになる〔1979年議定書6条(2)〕)が制定され(1977年発効),これに伴い日本も1992年に同法を改正した。1992年改正の国際海上物品運送法では,運送契約のみならず,運送人及びその使用する者の不法行為による損害賠償責任にも適用がなされることになっていた(旧国運20条の2)。また,船荷証券の効力につき,従前は船荷証券と異なる記載(不実記載)がある場合,運送人は記載につき注意が尽くされたこと(すなわち無過失)を証明しなければ善意の船荷証券の所持人に対抗できないとされていた(旧国運9条)。しかし,これが自己の無過失を挙証しても,「善意の船荷証券所持人に対抗することができない」とされてい

た（旧国運9条）。

なお，ヘーグ・ウィスビー・ルールとは別に，国際的な条約として作成されたものに「1979年の海上物品運送に関する国際連合条約」（ハンブルグ・ルール）がある。同条約は，従来の法体系が先進海運国の利益となっていたことを反省し，主として荷主国であった発展途上国の要望を採り入れ，海上運送人の航海上の過失の法定免責を認めないなど，海上運送人の責任が強化されている。海上運送人にとって多くの不利な規定があるため，同条約は，1992年に発効しているにもかかわらず批准していない国が多く，日本もこの条約を批准していない。こうした状況を受けて，2008年に「その全部又は一部が海上運送である国際物品運送契約に関する条約」（ロッテルダム・ルール）が成立したが，現時点で未発効である（20カ国批准の1年後から発効。現在批准はスペイン，カメルーン，コンゴ，トーゴのみである）。

2 傭船契約

(1) 概　要

航海傭船契約（voyage charter）とは，物品運送に使用する船腹の全部又は一部を借り切って，物品の運送をすることを引き受ける契約である（商748条1項）。契約の当事者は，船舶所有者（owner）と傭船者（charterer）である。

傭船契約の種類には以下のようなものがある。

① 全部傭船と一部傭船

船腹の全部を貸し切る契約を，全部傭船契約といい，その一部を貸し切る契約を一部傭船契約という。商法は，一部傭船契約と個品運送契約とをほとんど同様に取り扱っている。一部傭船契約が行われることは，今日では極めて少ないとされている。

② 航海傭船（voyage charter）と定期傭船（time charter）

一航海又は数航海の運送だけを約するものを航海傭船契約といい，一定期間の運送を約するものを定期傭船契約（期間傭船契約）という。改正前の商法の規定は，前者を主眼においていた。しかし，改正商法は，定期傭船に関する規定（商704条）もおいている。

③ 裸傭船（bare-boat charter）の位置づけ

人的及び物的要素のいっさいを傭船者が負担し，同時に傭船者が運航上のすべてにわたってこれを管理するものである。このため，裸傭船契約は，傭船という名前がつくものの，定期傭船契約等と異なり，賃貸借契約の純粋形態と解されている。

(2) 航海傭船契約

　航海傭船契約は純然たる運送契約の性質を持つ。このため，船舶所有者は単に船舶の艤装を行うだけでなく，船舶の運航を管理し，港費，燃料費，水先料等を負担し，運送行為に関する危険を引き受けることになる。商法改正によって，商法は，航海傭船契約を「船舶の全部又は一部を目的とする運送契約をいう」と定義した（商748条1項カッコ書き参照）。後述する定期傭船契約のように，傭船者の第三者に対する不法行為責任が問題となることはないが，航海傭船者が第三者との間で再運送契約を締結した場合には，航海傭船者が再運送人として責任を負うことになる。

(3) 定期傭船契約

① 沿　革

　定期傭船契約は，主としてバルチック海の木材や鉱石の運送に用いられたが，その後国際的に普及し，現在では，世界の海運市場において広く利用されている。このように定期傭船が普及した背景事情としては，自社船を建造するリスクが軽減されるうえ，便宜置籍船としている場合にはチャーターバックする形態として，また外国人船員を乗り組ませる場合にはいったん外国に裸傭船した船舶をチャーターバックする形態として便利であったからである。

② 定期傭船契約の約款

　日本の商法は，改正前は，傭船契約に関する規定を設けていたものの，実務上利用の多い定期傭船契約を想定した規定をまったく置いていなかったため，これを商法改正によってはじめて取り入れた。これは，船舶賃貸借とも異なるあらたな典型契約として定められた（商704条）。商法704条は「定期傭船契約は，当事者の一方が艤装した船舶に船員を乗り組ませて当該船舶を一定の期間相手方の利用に供することを約し，相手方がこれに対してその傭船料を支払うことを約することによって，その効力を生ずる」と定められている。

　商法改正前は，実務上は契約当事者間で締結される傭船契約書によって運用され，その法的性質は後述するような判例や学説に委ねられていた。傭船契約書については典型的な書式が存在する。例えば，ボールタイム書式，ニューヨーク・プロデュース書式などの標準書式である。定期傭船契約に記載される約款には，傭船期間中の船舶の提供，傭船料の支払や利用といった基本的な事柄（船舶賃借約款及び船舶利用約款）に加え，船舶所有者が，傭船期間中，堪航能力を保証することや傭船者が一切の費用を負担

すること（純傭船約款。ただし，船員の給料，修繕費や船体にかかる税金は船舶所有者が負担する）などが規定されている。
③　定期傭船契約の法的性質

　定期傭船契約については，古くからその法的性質が議論の対象となってきた。当初は定期傭船契約と船舶賃貸借契約との区別の基準を何に求めるかが主として問題となり，船舶の占有の有無を基準とするとの考え方（占有が利用者にあるときは賃貸借であるとの考え方）が一貫して採られた。ただし，裁判例の中には，船舶の占有の有無を決定する基準を船長の任命権の所在によって判断し，定期傭船契約を運送契約たる傭船契約であると判断するものもあったものの，傭船者の指図に従う旨を約し，船長等に不満があればその交代を請求できることを約している場合には，船舶賃貸借であると判断していた。これは，次の大審院判例の先駆となったが，その後，船舶賃貸借との考え方も修正され，判例（大審院判昭3.6.28民集7巻8号519頁）は，定期傭船契約を船舶賃貸借契約と労務供給契約の混合契約であると解し（混合契約説），船舶賃貸借である部分については改正前商法704条の適用を認め，定期傭船者が船舶所有者と同様の責任を負うと判断した。こうした判例の枠組は，混合契約説に基づいて，具体的な契約内容によって定期傭船契約の性質を決定しようとした点に一つの特徴があるが，現在でも維持されている。

　これに対し，学説においては，定期傭船は有機的一体関係にある船舶と船員を賃貸するもので，船舶賃貸借に準じた取扱いをすべきとする企業賃貸説（準賃貸借契約説のうちの一つの見解）が通説的な位置にあった（石井照久『海商法』173頁，谷川久「定期傭船契約の法的構成（二）」法学協会雑誌72巻6号624頁等）。この見解は，船長等の選任が船舶所有者によってなされるため，純然たる船舶賃貸借と解するわけではないが，実定法の適用上は上記のように解するほかないとして，改正前商法704条の規定を類推適用ないし拡大適用するものであった。しかし，比較法的研究も採り入れ，定期傭船では船舶の占有が傭船者に移転しないため，賃貸借とは解せないとして，定期傭船契約を運送契約の一種とする考え方がある（小林登「定期傭船契約論—英米法とドイツ法の比較法的研究（一）～（五）」法学協会雑誌105巻5号527頁等）。この考え方によれば，定期傭船者は第三者に対して同一の権利義務を有せず，改正前商法704条の適用を否定する結果となる。これは，海運業界における支配的見解とも一致する。たしかに，定期傭船契約書には「本契約書のいかなる記載も定期傭船者との船舶賃貸借とは解釈されない」

と明記するものがあり，運送契約説はこうした契約条項に合致する。しかし，定期傭船者の海上企業主体性を否定することの当否について，新たな問題を抱えることになっていた。

　そのため，改正商法は，この問題へのいくつかの手がかりを示している。それは，一方で，定期傭船を船舶賃貸借とならぶ，船舶の利用に関する契約と整理している。これにより，商法が，定期傭船契約を純粋な運送契約とは明確に区別していることがわかる。定期傭船契約に商法703条2項を準用している点でも，船舶賃貸借との類似性を一定程度まで意識しているといえるであろう。他方で，定期傭船契約をあらたな契約として規定しながら，商法703条1項のような規定を設けていない。この点においては，商法が定期傭船契約を船舶賃貸借と同一には扱わないものとしていることがわかる。このように商法が，定期傭船契約をあらたな典型契約類型として定めているのに加え，実質的にみても，定期傭船契約の利用形態は一様ではなく，むしろ相当に多様である。もはや定期傭船契約の法的性質論は，問題解決のためには，意味を持ちえないものと考えられる。

④　定期傭船者の責任

　定期傭船契約の法的性質をめぐっては，判例，学説において多くの議論が展開されてきた。しかし，性質論から定期傭船者の責任を導き出すのではなく，むしろ定期傭船者と船長その他船員との関係から傭船者の責任を判断するとの主張がある。最高裁も，定期傭船者が船舶の運航に関して日常的に指揮監督していた場合，船舶所有者と同様の企業主体としての経済的実体を有していたとの論拠で，定期傭船者は，改正前商法704条1項（現在の商法703条1項）の類推適用により，同法690条による船舶所有者と同一の不法行為責任（衝突責任）を負うと判断した（最判平4.4.28判例時報1421号122頁）。

　また，不法行為責任だけでなく，定期傭船者の運送人としての責任が問題となることもある。すなわち，定期傭船者はしばしば第三者と再運送契約（又は再傭船契約）を締結して，運送人となるが，改正前商法759条は，その契約の履行が船長の職務に属する範囲内においては船舶所有者のみが第三者に対して履行の責任を負うとする。ただし，改正前の国際海上物品運送法においては，この規定が適用除外されているため（旧国運20条），再運送契約を締結した定期傭船者はいかなる場合にも運送人として第三者に対し責任を負うことになっていた。また，同様のケースで船荷証券が発行された場合，傭船者の代理人が「船長のために（for the Master）」と

いう表示のもとになした署名は，船舶所有者の代理人としてなされたとしたうえで，船荷証券上の運送人が船舶所有者であると判断し，定期傭船者に責任を課したものもある（ジャスミン号事件・最判平10.3.27判例時報1636号8頁）。

しかし，改正後の商法は，第三者の責任について，とくに規定を設けていない。それゆえ，個々の事案に即して，関連諸規定の適用ないし類推適用の可否を判断すべきことになる。

3 個品運送契約

個品運送契約とは，個々の運送品を目的とする運送契約である（商737条1項）航海傭船契約に対するものであり，大型商船により定期海上輸送を海運会社が多数の荷主との間で運送契約を締結して行うものである。旧法は明治32年当時の海運事業の実態を反映し傭船契約を中心に規定されており個品運送に関してはわずかに数か条あったのみであった。平成30年改正においては実態に合わせる規定がなされており，航海傭船契約には個品運送契約の規定を一部準用もある（商756条）。

4 特殊な海上物品運送契約

(1) 再運送契約

再運送契約とは，傭船者又は荷送人が，さらに第三者と締結した運送契約である。再運送契約は，純粋に運送賃の投機をするため，傭船者において不用になった船腹を他に利用するため，あるいは傭船を定期航路に就航させるため，あるいは通し運送を行うために利用される。

(2) 通し運送契約

通し運送契約とは，通し運送，すなわち，①運送人が全区間の運送を引き受け，自らその一部を運送し，他の区間を全部又は分割して他の運送人に運送せしめる場合，②数人の運送人が共同して全区間の運送を引き受け，内部関係において，各担当区間を定める場合，③数人の運送人が順次に1通の船荷証券とともに運送品を受け取り，運送に従事する場合における運送契約である。

通し運送契約には，一運送人のみが荷送人に対し契約当事者となる単独通し運送契約と，数人の運送人が共同して荷送人に対し契約当事者となる共同通し運送契約とがある。

商法改正により，複合輸送は「陸上運送，海上輸送又は航空運送のうち二以上の運送を一の契約で引き受けた場合」とされている（商578条1項）。
複合輸送契約において問題となるのは，運送を引き受ける者の責任の内容を

いかに定めるかということであった。陸上運送，海上運送，航空運送では運送人の責任について適用される法令が異なっているため責任制度の内容にも大きな相違があった。商法は，運送品の滅失，損傷または延着による損害に関する責任について，一つ契約で引き受けた二つ以上の運送のそれぞれにおいて，その運送品の滅失等の原因が生じた場合に当該運送ごとに適用される我が国または我が国が締結した条約の規定に従うとしている（商578条1項）。

運送契約は一つであるが，区間ごとに異なる運送契約を引き受けた場合を仮定して，その場合であれば，適用される法令または条約を適用することになる。これは基本的にはネットワーク・システムの考え方を採用するものである。また，損害原因が生じた区間が明らかでない場合についての直接の規定は設けていないが，陸上運送，海上運送及び航空運送に共通する物品運送人の責任の一般規定が適用されるものと解され，ネットワーク・システムに修正が加えられている。

また，全部が陸上輸送であっても，自動車輸送や鉄道輸送などを併用すれば適用される法令が異なるので，この場合には，複合輸送人の責任規定を準用している。

これらの商法の規定は日本法が適用される輸送である限り，国際輸送にも適用される。これらは任意規定であり，当事者間に特約があれば，それに従う。

また，商法はあわせて複合輸送証券に関する規定も新設した。これは陸上輸送及び海上輸送を一つの契約で引き受けた場合に発行される，船荷証券に類似した運送証券であり（商769条1項），船荷証券に関する規定の多くがこれに準用されている。

〔3〕 海上運送人の義務
  1 船積に関する義務
（1） 船積準備完了の通知義務

航海傭船契約（船舶の全部又は一部を目的とする運送契約をいう）に基づいて運送品の船積みのために必要な準備を完了したときは，船長は，遅滞なく，傭船者に対してその旨の通知を発しなければならない（商748条1項）。航海傭船契約の傭船者が船積期間内に運送品の船積みをしなかったときは，運送人は，その傭船者が契約の解除をしたものとみなすことができる（商753条3項，755条）。

（2） 停泊（碇泊）

海上運送人は，通常，船舶の設備，船積港又は陸揚港の状況及び運送品の数量を考慮して，その全数量を船積み又は陸揚げするに必要な期間だけ，船

舶を停泊（碇泊）することになる。この期間の算定方法としては，改正前商法は準備整頓の通知を受けた翌日を起算日とする補充規定を置いていたが（改正前商法741条2項前段），商法改正により，準備完了の通知を受けたときに改められている（商748条2項，3項，同752条2項，3項）。また，不可抗力により船積み又は陸揚げができなかった日は，船積期間又は陸揚期間に算入しない（商748条2項後段，同752条2項後段）。

　また，船長は，船積期間が経過した後は，傭船者が運送品の全部の船積みをしていないときであっても，直ちに発航することができる（商751条）。この場合，傭船者は，運送人に対し，運送賃の全額のほか，運送品の全部の船積みをしないことによって生じた費用を支払う義務を負い，かつ，その請求により，当該費用の支払について相当の担保を供しなければならない（商751条後段，同750条2項）。しかし，通常，こうした発航権が行使されることはなく，海上運送人は，船積が完了するまで停泊させ，傭船者に対して相当の報酬（滞船料あるいは停泊料）を請求する権利を行使することになる（商748条3項）。

(3)　運送品の受取り及び積付けをする義務

　海上運送人は，特約がない限り，善良な管理者の注意をもって運送品を受け取り，船内に適切に積付けをする義務を負う。海上運送人は，特約又は慣習のあるときのほか，運送品を甲板積にすることはできない。甲板積された運送品については，共同海損（商809条3項）及び海上保険において不利益を強いられ，さらに国際海上物品運送の場合には，免責約款等の保護が及ばない（国運14条2項後段）。

　法令に違反して又は個品運送契約によらないで船積みがされた運送品については，運送人は，いつでも，これを陸揚げすることができ，船舶又は積荷に危害を及ぼすおそれがあるときは，これを放棄することができる（商740条1項）。運送人は，このような運送品を運送したときは，船積みがされた地及び時における同種の運送品に係る運送賃の最高額を請求することができる（商740条2項）。同条1項及び2項の規定は，運送人その他の利害関係人の荷送人に対する損害賠償の請求を妨げない（商740条3項）。

　また物品運送一般における荷送り人の義務として，運送品が引火性，爆発性その他の危険性を有するものであるときは，その引渡しの前に，運送人に対し，その旨及び当該運送品の品名，性質その他の当該運送品の安全な運送に必要な情報を通知しなければならない（商572条）。

2　船荷証券交付義務

(1) 船荷証券の意義

　船荷証券〔Bill of Lading, B／L〕は，運送品の受取りを証明するとともに，陸揚港で，その所持人に，これと引換えにその運送品の引渡請求権を表章する有価証券であるが，同時に運送契約書の役割を果たすものである。国際貿易に関わる海上運送において船荷証券は国債売買における代金決済の面で重要な機能がある。商法改正前は，商法における運送契約に関する規定は，免責約款を定めた改正前商法739条を除いて任意規定であったため，当事者間の契約内容は船荷証券の約款によっていた。しかし，商法改正により，757条以下に船荷証券に関する規定を設けた。とくに，記載事項については758条1項に法定された。商法改正までは，国際海上物品運送法が適用されない場合の船荷証券については，陸上運送の貨物引換証に関する改正前商法572条の規定を準用し，船荷証券を作成したときは，運送に関する事項は，運送人と証券保持人との間においては，船荷証券の定めるところによると規定していた（改正前商776条による同商572条の準用）。

(2) 船荷証券の発行

　商法改正にあたり，国際海上物品運送法においても第6条から第10条までが削除され，商法中の船荷証券に関する規定を適用することになった。改正前商法では，船荷証券の発行者を船長とし（改正前商767条），船舶所有者が委任した場合は例外的にそれ以外の者に発行権限を与えるとしていた（改正前商768条。「船主船荷証券」主義）。一方で，国際海上物品運送法では，運送人，船長又は運送人の代理人を船荷証券の発行者とすると規定されていた。改正商法は，運送人又は船長は，荷送人又は傭船者の請求により，運送品の船積み後遅滞なく，船積みがあった旨を記載した船荷証券を交付しなければならないとし，また，運送品の船積み前においても，その受取後は，荷送人又は傭船者の請求により，受取があった旨を記載した船荷証券（受取船荷証券）を交付しなければならないと規定した（商757条1項）。受取船荷証券が交付された場合には，受取船荷証券の全部と引換えでなければ，船積船荷証券の交付を請求することができない（同条2項）。

(3) 船荷証券の形式

　船荷証券が備えるべき形式は，商法改正にあたり，国際海上物品運送法の規定をほぼ取りいれ，758条1項に以下のように定められた。
①運送品の種類（1号）
②運送品の容積若しくは重量又は包若しくは個品の数及び運送品の記号（2号）

③外部から認められる運送品の状態（3号）
④荷送人または傭船者の氏名または名称（4号）
⑤荷受人の氏名または名称（5号）
⑥運送人の氏名または名称（6号）
⑦船舶の名称（7号）
⑧船積港及び船積みの年月日（8号）
⑨陸揚港（9号）
⑩運送賃（10号）。運送賃の記載のない船荷証券の規定を無効とした古い判例もある（大判明治37.5.28民録10巻763頁）。その後，判例はこれを改めて，運送賃の記載の欠陥は船荷証券の本質を害さないとした（大判昭和7.5.13民集11巻943頁，大判昭和12.12.11民集16巻1973頁）。
⑪数通の船荷証券を作成したときのその数（11号）
⑫作成地及び作成の年月日（12号）。
(4) 船荷証券の効力
① 債権的効力
債権的効力とは，発行した海上運送人と証券所持人との間の債権関係を定める効力を意味する。

改正前商法では，船荷証券の債権的効力とは，船荷証券の所持人が海上運送人に対し，運送契約上の債務（特に運送品の引渡し）の履行を請求し，かつ，その不履行の場合に損害賠償を請求することができる効力をいうと定めていた（改正前商776条及び572条）。改正後は，旧国際海上物品運送法9条をほぼそのまま取り入れ，運送人は，船荷証券の記載が事実と異なることをもって善意の所持人に対抗することができないと規定された（商760条）。

② 物権的効力
船荷証券の物権的効力とは，船荷証券の引き渡しが運送品自体の引き渡しと同じ効力（占有移転の効力）を有することをいう。船荷証券に物権的効力があることによって，荷送人は，海上運送人の占有下にある運送品を目的物とする売買や担保の設定を容易に行うことができる。船荷証券により運送品を受け取ることができる者は，指図式船荷証券の場合には連続した裏書の最後の被裏書人であり，選択無記名式または無記名式船荷証券も場合は証券の所持人である。

改正前商法は，国際海上物品運送法が適用されない場合の船荷証券について，陸上の貨物引換証に関する改正前商法572条の規定を船荷証券に準

用していたが，改正にあたり旧国際海上物品運送法9条をほぼそのまま取り入れて，商法760条に規定した。
(5) 船荷証券の性質

船荷証券は，上記のような効力があることを前提として，有価証券として次のような性質を持つ。下記③の要因証券でありながら，④の文言証券でもある点に特徴があるが，どちらの要素を重視して処理すべきか，困難な問題を生じさせることもある。

① 指図証券性

証券上の権利者が船荷証券に表示される態様として，譲渡を禁止する旨の記載がない限り，これを裏書きによって，譲渡することができる（商762条）。そこで，法律上当然の指図証券と言われている。

② 要式証券性

船荷証券の記載事項は法定されている（商758条）。しかし，手形のように厳格な要式証券ではなく，運送契約を特定する記載があれば，法定事項の記載が十分なくとも無効になることはない（大審院判昭12.12.11民集16巻23号1793頁に，運送賃に関する記載及び運送品の種類・重量等の記載が欠けている船荷証券を有効と判断している）。

③ 要因証券性

手形は無因証券であるが，船荷証券は運送契約に基づく運送品の受領という原因関係の存否が証券の効力に影響する要因証券である。

④ 文言証券性

船荷証券の記載が事実と異なることをもって，運送人は善意の証券所持人に対抗できないとしているから（商760条），同法上の船荷証券には文言証券性がみとめられる。

⑤ 引渡証券性

船荷証券により運送品を受け取ることができる者に船荷証券を引き渡したときは，その引渡しは，運送品について行使する権利の取得に関しては，運送品の引渡しと同一の効力を有する（商763条）。

3　海上運送状交付義務
(1) 海上運送状の意義

海上運送状（Sea Waybill）は，運送契約を示し，かつ，運送品の受領を証明するために，荷送人又は傭船者の請求により発行され，船荷証券の代わりとなる。船荷証券と異なり，有価証券の性質はない。改正前商法では規定を欠いていた。

海上運送状の規定内容は，その発行方法と記載事項に留まっており，法的効果については，運送契約当事者間の取り決め内容に委ねる形（海上運送状に関するCMI統一規則を採用するなど）になっている。

　下記(2)〜(4)の規定は，運送品について現に船荷証券が交付されているときは，適用しない。

(2)　海上運送状の発行

　運送人又は船長は，荷送人又は傭船者の請求により，運送品の船積み後遅滞なく，船積みがあった旨を記載した海上運送状を交付しなければならない。運送品の船積み前においても，その受取後は，荷送人又は傭船者の請求により，受取があった旨を記載した海上運送状を交付しなければならない（商770条1項）。

(3)　海上運送状の形式

　海上運送状には，次に掲げる事項を記載しなければならない（商770条2項）。

① 第758条第1項各号（第11号を除く）に掲げる事項（運送品の受取があった旨を記載した海上運送状にあっては，同項第7号及び第8号に掲げる事項を除く）

② 数通の海上運送状を作成したときは，その数

(4)　海上運送状の交付方法

　運送人又は船長は，海上運送状の交付に代えて，法務省令で定めるところにより，荷送人又は傭船者の承諾を得て，海上運送状に記載すべき事項を電磁的方法により提供することができる。この場合において，当該運送人又は船長は，海上運送状を交付したものとみなす（商770条3項）。

4　航海に関する義務

(1)　堪航能力担保義務

　海上運送人は，荷送人に対し，発航の当時，安全に航海をするに堪えることを担保する義務がある。この点について，判例によれば（最判昭49.3.15民集28巻2号222頁），改正前商法738条は，無過失責任主義（結果責任説）をとっていると解されてきた。その根拠としては，「航海ヲ為スニ堪フルコトヲ担保ス」の「担保」とは結果責任を意味し，同条が特約によっても担保責任を免れないと明示していることなどが挙げられてきた。しかし，改正商法は，国際海上物品運送法の規定にならって改正されたため，現在では両者はほぼ同一の文言となっている。商法739条1項及び国際海上物品運送法5条は，運送人が備える船舶の堪航能力については，その内容として次の3つをあげてある。第一に，船舶を航海に堪える状態に置くことである（商739条1項1

号，国運5条1号）。これを「船舶能力」と呼んでいる。第二に，船員の乗り組み，船舶の艤装及び需品の補給を適切に行うことである（商739条1項2号，国運5条2号）。これを「運航能力」と呼んでいる。第三に，船倉，冷蔵室，その他運送品を積み込む場所を運送品の受け入れ，運送及び保存に適する状態に置くこと（商739条1項3号，国運5条3号）である。これは「堪荷能力」と呼ばれている。

　商法及び国際海上物品運送法は，堪航能力を欠いたことにより生じた運送品の損害について，運送人が損害賠償責任を負うと定めている（商739条1項柱書本文，国運5条柱書本文）。また，運送人が発航の当時，堪航能力について注意を怠らなかったことを証明したときは，この責任を負わないとしている。このように，堪航能力に関する運送人の責任は過失責任であるとされた。

　商法739条1項は，海上物品運送のうち個品運送に関する規定であるが，航海傭船について準用されている（商756条1項前段）。また，定期傭船された船舶により，物品を運送する場合についても準用されている（商707条前段）。他方，国際海上物品運送法は，個品運送と傭船契約を一般的に区別していないので，国際運送である限りは同法5条が適用される。

　商法は，739条1項に規定する運送人の損害賠償責任を免除し，または軽減する特約を無効と定め（商739条2項），これを強行規定としている。もっとも，航海傭船及び定期傭船には，運送人と傭船者の経済的な力関係は対等であると考えられ傭船者を保護すべき必要性は少なく，当事者の自主的な交渉に委ねることで問題ないことから，この商法739条2項は準用されていない。

　国際海上物品運送法5条は，同法11条1項が規定する特約禁止の対象となっており，この場合の運送人の責任を減免する特約は無効となる。国際運送である航海傭船契約については，原則としてこの特約禁止の適用除外とされているが（国運12条本文），やはり船荷証券が発行されているときは，運送人と証券所持人との関係ではこうした特約は無効となる（国運12条但書き）。

　運送人が堪航能力につき，注意を怠ったことにより生じた運送品の滅失，損傷または延着の損害について，運送人は損害賠償の責任を負うが，この運送人の責任は運送契約の債務不履行に基づく責任である。したがって，荷送人または傭船者は，損害賠償請求のほか，堪航能力を具備した船舶の提供を求め，または契約を解除することができる（民541条）。また，国際海上物品運送の場合，運送人の一般的責任（国運3条1項）について，航海上の過失または船舶の火災によって運送品に損害が生じた場合であっても，これが堪

航能力に関する注意を欠いた結果として生じたものである場合には，運送人はその責任の免除を受けることができないと解される。形式的にも，この場合の責任の根拠規定となる国際海上物品運送法5条には，同法3条2項のような免責事由は定められていない。なお，船舶の不堪航は船舶保険契約における保険者の免責事由とされている（商826条）。

(2) 発航をする義務

船員法（9条）においては，船長の発航義務及び直航義務が規定されているが，もともとは商法典に存在した規定を移したものである。すなわち，船長のこの義務は，海上運送人の負う義務を反映したものと考えられるため，海上運送人は，運送品の船積が完了した後は，遅滞なく，発航しなければならない。

傭船者は，運送品の全部の船積みをしていないときであっても，船長に対し，発航の請求をすることができる（商750条1項）。傭船者が船長に対し，発航の請求をしたときは，運送人に対し，運送賃の全額のほか，運送品の全部の船積みをしないことによって生じた費用を支払う義務を負い，かつ，その請求により，当該費用の支払について相当の担保を供しなければならない（商750条2項）。船長は，船積期間の経過後は，傭船者が全部の船積を終わらない場合にも，直ちに発航することができる（商751条）。

(3) 直航する義務

海上運送人は，必要がある場合のほか，予定の航路を変更しないで，到達港まで航行することを要する（船長に関する船員法9条参照）。これは，正当な理由以外で離路をしてはならないということである。国際海上物品運送法は「正当な理由に基づく離路」として「海上における人命若しくは財産の救助」を挙げている（国運4条2項8号）。

(4) 保管義務

海上運送人は，運送品の受取，運送，保管及び引渡しまで，運送品を保管する義務を負う（商575条，国運3条1項）。

(5) 処分義務

荷送人は，運送人に対し，運送の中止，荷受人の変更その他の処分を請求することができる。この場合において，運送人は，既にした運送の割合に応じた運送賃，付随の費用，立替金及びその処分によって生じた費用の弁済を請求することができる（商580条）。

5 陸揚に関する義務

(1) 陸揚港に入港する義務

海上運送人は，船舶を陸揚港に入港させ，適当な場所に停泊させなければならない。
(2) 陸揚準備完了通知義務
　　運送品の陸揚げのために必要な準備を完了したときは，船長は，遅滞なく，荷受人に対してその旨の通知を発しなければならない（商752条1項）。
(3) 陸揚をする義務
　　海上運送人は，陸揚港で，運送品を荷受人に引き渡す義務を負っているから，運送品を船艙から取り出し，これを陸揚するまでの作業は，特約がない限り，海上運送人の費用と危険において行わなければならない。
(4) 運送品の引渡しをする義務
　① 船荷証券の発行があった場合
　　　船荷証券が作成されたときは，これと引換えでなければ，運送品の引渡しを請求することができない（商764条）。陸揚港においては，運送人は，数通の船荷証券のうち1通の所持人が運送品の引渡しを請求したときであっても，その引渡しを拒むことができない（商765条1項）。ただし，陸揚港外においては，運送人は，船荷証券の全部の返還を受けなければ，運送品の引渡しをすることができない（商765条2項）。
　② 船荷証券の発行がない場合
　　　船荷証券の発行がなかった場合には，海上運送人は荷受人に運送品を引き渡す義務を負う。
(5) 運送品の供託をする権利及び義務
　　2人以上の船荷証券の所持人が運送品の引渡しを請求したときは，陸揚港での引き渡し請求の場合と陸揚港外での引き渡し請求の場合で区別される。前者の場合は数通の船荷証券のうちの1通で運送人は運送品を引き渡さなければならない。この場合引き渡し請求者が正当な権利者でなかった場合でも海上運送人は責任を免れ，他の船荷証券は失効する（商766条）。後者の場合は，運送人は船荷証券全部の返還を受けなければ運送品の引き渡しができない。運送人が未だ運送品の引き渡しを終えていない場合に数人の証券所持者から引き渡し請求があった場合，いずれが正当な引き渡し者か運送人に判断させるのは妥当ではないので，その運送品を供託することができる。運送人が765条第1項の規定により，運送品の一部を引き渡した後に他の所持人が運送品の引渡しを請求したときにおけるその運送品の残部についても，同様とする（商767条1項）。運送人は，前項の規定により運送品を供託したときは，遅滞なく，請求をした各所持人に対してその旨の通知を発しなければな

らない（商767条2項）。
〔4〕 海上運送人の責任
　1　運送品の滅失，毀損及び延着についての責任
(1) 責任原因

　運送人が運送品の受取，運送，保管及び引渡しについて注意を怠らなかったことを証明しなければ，運送人は，運送品の受取から引渡しまでの間に，その運送品が滅失又は損傷し，もしくはその滅失もしくは損傷の原因が生じ，又は運送品が延着したときは，これによって生じた損害を賠償する責任を負う（商575条，国運3条，4条）。

(2) 責任の範囲
　① 運送品の滅失又は損傷の場合における損害賠償の額は，その引渡しがされるべき地及び時における運送品の市場価格（取引所の相場がある物品については，その相場）によって定める。ただし，市場価格がないときは，その地及び時における同種類で同一の品質の物品の正常な価格によって定める（商576条1項）。
　② 運送品の滅失又は損傷のために支払うことを要しなくなった運送賃その他の費用は，商法576条1項の損害賠償の額から控除する（商576条2項）。
　③ 商法576条2項の規定は，運送人の故意又は重大な過失によって運送品の滅失又は損傷が生じたときは，適用しない（商576条3項）。
　④ 運送人の荷送人又は荷受人に対する債権は，これを行使することができる時から1年間行使しないときは，時効によって消滅する（商586条）。
　⑤ 商法576条，577条（下記(3)高価品に関する特則参照），584条及び585条の規定（下記(4)損害賠償義務の消滅参照）は，運送品の滅失等についての運送人の荷送人又は荷受人に対する不法行為による損害賠償の責任について準用する。ただし，荷受人があらかじめ荷送人の委託による運送を拒んでいたにもかかわらず荷送人から運送を引き受けた運送人の荷受人に対する責任については，この限りでない（商587条）。
　⑥ 587条の規定により運送品の滅失等についての運送人の損害賠償の責任が免除され，又は軽減される場合には，その責任が免除され，又は軽減される限度において，その運送品の滅失等についての運送人の被用者の荷送人又は荷受人に対する不法行為による損害賠償の責任も，免除され，又は軽減される（商588条1項）。この規定は，運送人の被用者の故意又は重大な過失によって運送品の滅失等が生じたときは，適用しない（商588条2項）。

(3) 高価品に関する特則

　貨幣，有価証券その他の高価品については，荷送人が運送を委託するに当たりその種類及び価額を明示した場合でなければ，海上運送人は，損害賠償責任を負わない（商577条1項）。改正商法は，高価品が滅失・損傷した場合だけでなく延着の場合についてもこのことを明示した。高価品の通知は荷送人の義務である。高価品の通知がない場合でも運送人がたまたま高価品であることを知っていた場合について，改正前商法には明文規定がなく，議論があった。改正商法は，物品輸送契約の締結時に，運送品が高価であることを運送人が知っていたときは，商法577条1項の適用が排除され，運送人が運送品に生じた損害につき，責任を負うことを明文で規定した（商577条2項1号）。もし，契約締結時ではなく，荷送人からの運送品の受け取りの際に運送人が高価品であることを知った場合は，通告があった場合に可能となる措置を講じることはできない。なお，普通品としての発送を運送人が拒絶すべきであったと考える余地がないではないが，規定の文言に加え，この場合のリスクは通知しなければならなかった荷主に負担させるべきであり，運送人の免責を認めるべきであろう。

　これに対し，運送人に故意・過失がある場合は，高価品に関する通知がなくても，運送人の故意または重過失による高価品の滅失，損傷または延着が生じたときは，商法577条1項による免責は認められない（商577条2項2号）。

　商法改正前は，この点についての明文規定がなく，学説では，通知があれば重過失は避けられたであろう実質に着目し，また高価品の通知を怠り，従価運送費の支払いを免れている荷主との公平の見地などから，故意の場合は別として，重過失の場合には運送人の責任を認める見解が有力に主張されていた。これに対して，陸上運送に関する裁判例では，定額賠償の排除を定めた改正前商法581条の趣旨を斟酌するなどの理由により，運送人の免責を否定するものが散見された（東京地判平成2.3.28判時1353号119頁など）。こうした解決方法は，高価品特則の適用を認めると運送人はいっさいの責任を負わないことになるため，この適用を否定しながら，過失相殺により，適当な結果を導こうとしたものとみられている。

(4) 損害賠償義務の消滅

　内航船による国内輸送については，運送品の損傷または一部滅失に関する責任は，荷送人または船荷証券所持人が異議をとどめず，運送品を受け取ったときは，消滅する（商584条1項，国運15条）。梱包品の場合など，運送品にただちに発見できない損傷または一部滅失があったときは，荷受人または船

荷証券所持人が引き渡しを受けた日から，2週間以内に運送人に対してその通知を発すれば，運送人の責任は消滅しない（商584条1項ただし書き）。

また，荷受人が運送品を受け取った日から1年を経過したときは，消滅する（商585条1項，国運16条）。

商法585条1項に定める1年の期間は，運送品に関する損害が発生したのちに限り合意により延長することができる（商585条2項，国運16条）。

運送人がさらに第三者に対して運送を委託した場合において，運送人が商法585条1項の期間内に損害を賠償又は裁判上の請求をされたときは，1年の期間が満了したのちであっても，運送人が損害を賠償し，又は裁判上の請求をされた日から3か月を経過する日まで延長される（商585条3項，国運16条）。

2 責任の免除又は制限

商法は，運送人の損害賠償の責任を免除し，又は軽減する特約は，無効とする（商739条2項）。これに対し，国際海上物品運送法は，下記①から③のような免責を認めているが，荷送人，荷受人又は船荷証券所持人に不利益となるような免責約款については，これを禁止する措置（特約を無効とする措置）を講じている（国運11条1項）。

① 船長その他の使用人の航行若しくは船舶の取扱いに関する行為又は船舶における火災により生じた損害については賠償の責任を負わない（国運3条2項）。

② 運送人は，天災，戦争等の事実により損害が通常生ずべきものであることを証明したときは，賠償の責任を負わない（国運4条2項）。

③ 運送人は，運送品の船積前又は荷積後の事実により生じた損害については，免責約款により，免責される（国運11条3項）。

〔5〕 危険物の船積み

1 危険物の通知

運送品が引火性，爆発性その他の危険性を有するものであるときは，荷送人は，引き渡しの前に，運送人に対して，運送品が危険物であること及び品名，その他の危険物の安全な運送に必要な情報を通知しなければならない（商572条，国運15条）。荷送人がこの通知義務に違反した場合，これによって損害が生じたときは，荷送人は，運送人及びその他の被害者に対して，一般法に基づいて責任を負う。なお，商法改正に際しては，通知のなかった危険物による損害に対する荷送人の責任についておおいに議論されたが，これを無過失責任とする規定の新設は見送られた。

2　危険物の処分

　国際海上物品運送法は，危険物の処分に関する規定を設けており，危険物の運送品で，船積みの際，船長及び運送人の代理人が，その性質を知らなかったものは，いつでも陸揚げし，破壊し，または無害にすることができるとしている（国運6条1項）。この場合，危険物により運送人に損害が生じれば，荷送人の損害賠償責任が別途問題になりうる（国運6条2項）。また，これらの者がその性質を知っていた場合，船舶または積荷に危害を及ぼすおそれが生じたときは，危険物を陸揚げし，破壊し，または無害にすることができる（国運6条3項）。いずれの場合にも，運送人は，これらの処分によって当該運送品に生じた損害について賠償責任を負わない（国運6条4項）。

〔6〕　海上運送人の権利

1　書類交付の請求権

　荷送人は，船積期間内に，運送に必要な書類を船長に交付しなければならない（商738条）。

2　運送賃請求権

(1)　運送賃請求権

　① 　運送賃請求権の発生要件

　　運送契約は請負契約であるから，海上運送人は，その運送賃を請求するためには，原則として運送を完了しなければならない（商741条，同573条）。

　　運送品の滅失又は損傷のために支払うことを要しなくなった運送賃その他の費用は，損害賠償の額から控除する（商576条2項）。この項の規定は，海上運送人の故意又は重大な過失によって運送品の滅失又は損傷が生じたときは，適用しない（商576条3項）。

　② 　運送賃額の計算

　　運送賃額は，契約又は慣行によって決められるのが一般的である。

　　改正前商法では，運送品の重量又は容積をもって運送賃を定めたときは，その額は，運送品の引渡しの当時における重量又は容積によって定めるとの規定（改正前商755条）や，期間をもって運送賃を定めたときは，その額は運送品の船積着手の日から，その陸揚終了の日までの期間によって定めるとの規定（改正前商756条）があったが，現代における海上運送の多様性から運送賃の定め方も種々あり，当事者の合意を優先するほうが適当であると解されるため，改正に伴い削除された。

(2)　停泊料請求権

　停泊料の請求権は，傭船者が船積又は陸揚を完了しないため船舶が超過停

泊をしたことに対し，損害賠償を求める権利である。停泊期間は，船積又は陸揚の準備が完了した旨の通知が発せられた時から起算する（商748条2項，同752条2項）。傭船者が船積期間又は陸揚期間の経過後に運送品の船積又は陸揚をした場合には，運送人は，特約がないときであっても，相当な滞船料を請求することができる（商748条3項，同752条3項）。

3　荷受人に対する権利

荷受人は，運送品を受け取ったときは，個品運送契約又は船荷証券の趣旨に従い，運送人に対し，下記①②の金額の合計額（以下「運送賃等」という）を支払う義務を負う（商741条1項）。

① 　運送賃，付随の費用及び立替金の額
② 　運送品の価格に応じて支払うべき救助料の額及び共同海損の分担額

4　海上運送人の債権の担保

運送人は，運送賃等の支払を受けるまで，運送品を留置することができる（商741条2項）。また，海上運送人には，民法上の運輸の先取特権（民311条3号，318条）が認められるが，そのほかに，運送人は，荷受人に運送品を引き渡した後においても，運送賃等の支払を受けるため，その運送品を競売に付することができる。ただし，第三者がその占有を取得したときは，この限りでない（商742条）。

〔7〕　海上運送における荷受人の地位

荷受人は運送品が到達地に到着し，又は運送品の全部が滅失したときは，物品運送契約によって生じた荷送人の権利と同一の権利を取得する（商581条1項）。荷受人が運送品の引渡し又はその損害賠償の請求をしたときは，荷送人は，その権利を行使することができない（商581条2項）。また荷受人は，運送品を受け取ったときは，運送人に対し，運送賃等を支払う義務を負う（商581条3項）。

商法改正前は，荷受人の権利を，陸上運送に関する改正前商法583条1項を準用するという方法により認めていたが（旧国運20条2項），国内海上物品運送の分野では明示的な立法規定がなかった。ただし，判例は，改正前商法583条1項は，陸上運送にとどまらず，物品運送全般に関わる総則的規定であると解し，同項を準用し，船荷証券の発行のない海上運送の場合にも荷受人の権利を認めていた（大審院判大13.5.30民集3巻253頁）。

商法改正にあたり，荷受人の権利義務等は581条に規定され，国際海上物品運送法20条は削除された。

〔8〕 海上物品運送契約の終了

海上物品運送契約は，運送の完了により当然に終了するほか，次のような事由により終了する。

(1) 発航前の任意解除

荷送人は，発航前においては，運送賃の全額を支払って個品運送契約の解除をすることができる。ただし，個品運送契約の解除によって運送人に生ずる損害の額が運送賃の全額を下回るときは，その損害を賠償すれば足りる（商743条1項）。

全部航海傭船契約の傭船者は，発航前においては，運送賃の全額及び滞船料を支払って全部航海傭船契約の解除をすることができる。ただし，全部航海傭船契約の解除によって運送人に生ずる損害の額が運送賃の全額及び滞船料を下回るときは，その損害を賠償すれば足りる（商753条1項）。

一部傭船契約又は個品運送契約における傭船者又は荷送人が単独に解除するときは，航海傭船契約について準用する規定がある（商755条，756条）。

(2) 発航後の任意解除

個品運送に関しては，発航後において，荷送人は，他の荷送人及び傭船者の全員の同意を得，かつ，運送賃等及び運送品の陸揚げによって生ずべき損害の額の合計額を支払い，又は相当の担保を供しなければ，個品運送契約の解除をすることができない（商745条）。全部航海傭船契約の傭船者は，商法745条に規定する運送賃等及び運送品の陸揚げによって生ずべき損害の額の合計額及び滞船料を支払い，又は相当の担保を供しなければ，全部航海傭船契約の解除をすることができない（商754条）。一部傭船者又は荷送人が他の傭船者又は荷受人の同意を得て単独に解除する場合も同様である（商745条，商755条）。

第3節 海上旅客運送

1 海上旅客運送の意義

海上旅客運送とは，商法684条に規定する船舶（747条の非航海船を含む）による旅客の運送をいう（商569条3項）。業法的規制としては海上運送法（昭和24年法律187号）があり，旅客定期航路事業を一般旅客定期航路事業と特定旅客定期航路事業に分けて規整している。

2 海上旅客運送契約の成立

旅客運送契約は，運送の目的物を異にする点を除けば，物品運送契約と同じ性質を持つが，商法改正前は陸上旅客運送人に関する規定を準用していた。商

法改正により，海上旅客運送契約の条文をすべて削除し，陸上旅客運送のみならず，海上旅客運送及び航空旅客運送をも対象とする規定として，商法589条以下に総則的規定を設けている。

　旅客運送契約は，運送人が旅客を運送することを約し，相手方がその結果に対してその運送賃を支払うことを約することによって，その効力を生ずる（商589条）。

3　海上旅客運送契約の内容

(1)　海上旅客運送人の責任

　　海上旅客運送人の責任については，運送人に適用される規定が準用される。運送人の責任としては，旅客が運送のために受けた損害を賠償する責任を負う。ただし，運送人が運送に関し注意を怠らなかったことを証明したときは，この限りでない（商590条）。

　　また運送人は，旅客から引渡しを受けた手荷物については，運送賃を請求しないときであっても，物品運送契約における運送人と同一の責任を負う（商592条1項）。運送人の被用者は，1項に規定する手荷物について，物品運送契約における運送人の被用者と同一の責任を負う（同条2項）。第1項に規定する手荷物が到達地に到着した日から一週間以内に旅客がその引渡しを請求しないときは，運送人は，その手荷物を供託し，又は相当の期間を定めて催告をした後に競売に付することができる。この場合において，運送人がその手荷物を供託し，又は競売に付したときは，遅滞なく，旅客に対してその旨の通知を発しなければならない（同条3項）。損傷その他の事由による価格の低落のおそれがある手荷物は，前項の催告をしないで競売に付することができる（同条4項）。前2項の規定により手荷物を競売に付したときは，運送人は，その代価を供託しなければならない。ただし，その代価の全部又は一部を運送賃に充当することを妨げない（同条5項）。旅客の住所又は居所が知れないときは，第3項の催告及び通知は，することを要しない（同条6項）。

　　旅客の生命又は身体の侵害による運送人の損害賠償の責任（運送の遅延を主たる原因とするものを除く）を免除し，又は軽減する特約は，無効とする（商591条1項）。ただし，大規模な火災，震災その他の災害が発生し，又は発生するおそれがある場合において運送を行うとき，又は運送に伴い通常生ずる振動その他の事情により生命又は身体に重大な危険が及ぶおそれがある者の運送を行うときは，商法591条1項の規定は適用しない（商591条2項）。

(2)　海上旅客運送人の権利

　　海上運送人は，旅客に対し運送賃請求権を持ち，運送賃につき旅客の手荷

物の上に先取特権（民318条）を有し，旅客が乗船時期までに乗り込まないときは，船長に発航し又は航海を継続することができる。
(3) 海上旅客運送契約の終了
一般の契約終了原因によって終了する。

第4章　海上企業に伴う危険への対応策

第1節　共同海損

1　共同海損の意義

海損とは船舶の航行に伴って船舶又は積荷に生ずるすべての損害をいい，通常海損と非常海損に分かれる。通常海損は，通常の航海に伴って規則的に発生する損害であるため，運送賃に算入して考えるべきもので，損害として問題が顕在化するわけではない。これに対し，非常海損は，予見することのできない航海上の事故から生ずる損害をいい，単独海損と共同海損とがある。

単独海損とは，偶発事故によって船舶や貨物に生じた滅失又は損傷のうち，損害を被ったものが単独で負担するものをいう。これに対し，共同海損とは，船長が船舶及び積荷を共同の危険から免れさせるため，船舶又は積荷につきなした処分により生じた損害及び費用をいう（商808条1項）。商法は，この共同海損について，利益を得た船舶及び積荷を公平に分担すべきであるとの観点から特別の制度を用意し，比較的詳細な規定を設けている（単独海損の規定は，商797条，798条のみ）。しかし，この規定は任意規定であり，商法の規定と異なる取決めをすることも許されている（特に取決めをしない場合は商法の規定が適用される）。実務上は，ヨーク・アントワープ規則（1877年成立後，数次改正されている）のA条というものがあり，これは共同の航海にかかわる財産を危険から守る目的をもって，共同の安全のために，故意にかつ合理的に，異常の費用が支払われた場合に限り，共同海損が成立すると定めている。この内容が約款として採用されることが多い。ヨーク・アントワープ規則は2004年にも成立しているが，共同海損の範囲を縮小する抜本的な改正であったため，契約書では別の年の規則（例えば，最も広く用いられているのは1994年規則）が用いられている。商法改正では，この1994年ヨーク・アントワープ規則との整合をはかる修正がなされた。

2　共同海損の要件

商法808条1項以下には，共同海損の定義規定が設けられている。共同海損に該当するためには，この規定に基づき，次のような要件を充足する必要があ

る。
　①　船舶及び積荷等に共同の危険を免れるためであること。
　②　船舶又は積荷等について処分がされたとき（共同危険回避処分）。
　③　損害又は費用を生じたこと。
　④　船舶又は積荷が保存されたこと。
　判例（大審院判昭9.7.27民集13巻17号1393頁）は，船舶又は積荷の処分の主体（②）について，商法の文言に照らし，船長の故意の処分行為に限定すると解していた。しかし，ヨーク・アントワープ規則A条においては，共同海損の行為者を特に船長に限定しておらず，これが改正商法にも取り入れられた。船舶または積荷が保存されたことが必要であるが，これについては，共同海損行為によって船舶または積荷が保存されたことを要するか（因果主義），それとも単に船舶または積荷が残存すること（残存主義）で足りるかが問題となる。この点，改正前商法では789条の文言から因果主義をとるものと解されていたが，改正により，処分と保存との因果関係を要しないものとされたのは，残存主義を採用したとみられている。

3　共同海損となる損害または費用

　共同海損行為と相当因果関係にあるすべての損害及び費用は，利害関係人によって分担されるべき損害の範囲に含まれるのが原則である。ヨーク・アントワープ規則も，航海終了の時及び地における価額に基づき精算するという原則（原則G条）を定めており，商法もこれを原則としている。共同海損となる損害の額については商法809条1項に定められ，共同危険回避処分により請求できなくなった運送賃の損失も共同海損とした。運送賃については，積荷の滅失・損傷がなければ運送人が積荷に対して支払ったはずである費用を控除する。積荷の損害額についても同様である。

●共同海損となる損害の額（商法809条1項）
(1)船舶　到達の地及び時における当該船舶の価格
(2)積荷　陸揚げの地及び時における当該積荷の価格
(3)積荷以外の船舶内にある物　到達の地及び時における当該物の価格
(4)運送賃　陸揚げの地及び時において請求することができる運送賃の額

4　共同海損の分担額

　共同海損は，危険共同団体を構成する船舶及び積荷などの各利害関係人によって分担される。商法は，船員及び旅客を除き，①船舶の利害関係人，②積荷の利害関係人，③積荷以外の船舶内にある物の利害関係人及び④運送人が，所定基準による船舶，積荷等の額の割合に応じて，共同海損を分担すると定め

ている（商810条1項）。ヨーク・アントワープ規則は，分担額についても航海終了の時及び地における価額による精算を原則（規則G条等を参照）としており，商法も同様である。共同海損の分担額の算定における船舶・積荷の額の算定基準は，損害額の算定の場合と類似しているが，利害関係人ごとに定められている。

●分担額算定の基準となる額（商法810条1項）

共同海損は次の(1)から(4)に掲げる者（船員及び旅客を除く）が，それぞれに定められた額の割合に応じて分担する。

(1)船舶の利害関係人　到達の地及び時における当該船舶の価格
(2)積荷の利害関係人　下記a）の額からb）の額を控除した額
　a）陸揚げの地及び時における当該積荷の価格
　b）共同危険回避処分の時にa）にいう積荷全部が滅失したとした場合に支払うことを要しないこととなる運送費その他の費用の額
(3)積荷以外の船舶内の物の利害関係人　到達の地及び時における当該物の価格
(4)運送人　下記c）の額からd）の額を控除した額
　c）b）にいう運送費のうち，陸揚げの地及び時において現存する債権の額
　d）船員の給料その他航海に必要な費用（共同海損となる費用を除く）のうち，共同危険回避処分の時に船舶及びa）にいう積荷の全部が滅失したとした場合に運送人が支払うことを要しないこととなる額

船舶及び積荷等が，共同危険回避処分のうち，到達または陸揚げの前に修繕を受けるなど必要費または有益費を支出したときは，これによる船価などの上昇分は共同危険回避処分と無関係であるため，共同海損分担額の基礎となる船価等から費用の額が控除される（商810条2項）。

公平を期すため，共同海損である損害それ自体も共同海損を分担する。すなわち，共同海損を分担する者が共同危険回避処分による損害を受けた者である場合，分担割合の基礎となる額の算定においては，船舶・積荷等の陸揚げ地・到達地価格に共同海損となる損害，費用を加算した額となる（商810条3項）。また，船荷証券などの価格評定書類に積荷の実価を超える額を記載したときは，その積荷の利害関係人は記載した価額に応じて共同海損を分担しなければならない（商810条4項）。この場合は，実価を正しく記載した場合に比べ，利害関係人の分担額が大きくなる。

共同海損を分担すべき者は，船舶の到達の時に現存する価額の限度において

のみ責任を負う（商811条）。したがって，共同危険の原因となった事故や共同危険回避処分後に生じた事故などで陸揚げの時に全損と評価された積荷利害関係人の分担額は0となる。

5 共同海損の計算（精算手続）

共同海損を生じさせる事故が起こり，これを共同海損として精算する場合，実務においては，まず船主が共同宣言書を利害関係人に送付する。そして，荷主に対して共同海損盟約書及び積荷価額明細書の提出を求める。商法は，共同海損の分担金の支払いを受けるまで運送人は運送品を留置することができると定めている（商741条2項）が，実際上，共同海損の精算には長期間を要するので，積荷の保険者による共同海損分担保証状を提出させて，運送品の引き渡しがされている。共同海損精算書の作成など，実際の精算実務は専門の業者である海損精算人により行われる。

また，共同海損の分担に基づく債権はその計算が終了したときから1年間行使しないときは時効によって消滅する（商812条）。

第2節 衝　　突

1 衝突船舶所有者間の損害賠償関係

船舶衝突の要件としては，商行為をする目的で航海の用に供する船舶（商684条，船主責任制限法2条1項1号および船舶法附則35条1項）同士の衝突であることが原則である。

改正前商法は，船舶の衝突について，双方の船員に過失がある場合，その過失軽重を判定できないときは，損害は平等に負担されるとの規定（改正前商797条）と，衝突によって生じた債権の短期消滅時効を定めた規定（改正前商798条）の二つしか設けていなかった。

過失の軽重が判定できるときは，その軽重に応じて負担し，船舶の一方にのみ過失のある場合は，民法の一般原則に従い，過失船は他船の蒙った損害の賠償をしなければならない（民709条）。なお，衝突が不可抗力による場合又は原因不明の場合は，各船舶がその蒙った損害を負担する。

これに対し，国際的な船舶衝突事故に関しては，「船舶衝突についての規定の統一に関する条約」が1910年に成立している。日本もこれを批准しているため（1913年発効），日本船舶と他の条約批准国の船舶の衝突の場合にはこの条約が適用される。商法改正にあたり，船舶衝突規定に関して見直しが行われたが，制定から100年以上経過した船舶衝突統一条約を取り入れることも適当ではなく，改正商法は条約の規定のいくつかを採用しなかった。それにより，商法が

適用される場合と条約が適用される場合での差異は完全には解消されていないが，これらは改正の検討を経た結果としての差異であり，不合理な差異とみることはできない。

改正後の商法では，船舶の衝突が，衝突船舶の一方または双方の船員の過失によって生じた場合，被害者は，船舶所有者に対して使用者責任を追及して損害賠償を請求できる（商690条）。また，実際にはまれであろうが，理論上は過失のある船員に対して不法行為に基づく損害賠償を請求することもできる。さらに，過失のある船舶が運送船である場合，当該船舶が運送する輸送品または旅客に生じた損害については，運送契約に基づく損害賠償責任が問題になりうる。

船舶の衝突により損害を受けた者が，不法行為（民法709条，商690条）に基づく運送人の損害賠償責任を追及するときは，一般原則に従って，損害賠償を請求する者において相手方の過失によって衝突が生じたこと，及び，その結果として損害が発生したことを立証しなければならない。

船舶の衝突によって生じる私法上の問題の中心となるのは，いかにして損害を分担するかの問題である。2船の船舶のうち一方の船舶にだけ過失がある場合は，その過失船の船舶所有者が被害を受けた相手船などの損害を賠償するのであり，この場合には損害の分担は問題とならない。損害の分担が問題となるのは，船舶衝突の双方に過失がある場合である。

(1) 船舶所有者間の損害の分担

船舶衝突による損害の分担については，歴史的にみても各国において立法主義が異なり，過失の軽重にかかわらず関係する船舶所有者の自己負担とするなどの立法例もみられていた。商法では，双方の衝突船の船舶所有者または船員に過失がある場合について，裁判所は，これら過失の軽重を考慮して，各船舶所有者について衝突による損害賠償の責任及びその額を定めるとしている（商788条）。この過失の軽重を定めることができないときは，損害賠償の責任及びその額は各船舶所有者が等しい割合で負担する（商788条後段）。船舶衝突統一条約も，これと同趣旨の規定を設けている（条約4条1項）。

(2) 損害賠償請求権の性質

双方の過失による船舶の衝突の場合には，双方船員の過失の割合によって損害を分担することになるが，この損害賠償請求権の性質については，いわゆる単一責任説と交叉責任説との対立がある。

単一責任説は，各船舶の損害額と過失の割合とを基準として差し引き計算したのち，受け取り勘定となる一方の船主のみが相手船の船主に対して1個の損

害賠償請求権を有するとみる立場である。例えば，A 船と B 船の衝突で A 船に 6 億円，B 船に 4 億円の損害が発生して，双方の過失が平等の割合である場合，A 船の船主が B 船の船主に対して 1 億円を請求できる債権だけが発生する。

これに対して，交叉責任説は，各船舶の所有者がその分担すべき損害の割合において相互に不法行為に基づく損害賠償債務を負担すると解する立場である。これによれば，同じ設例で，A 船の船主は B 船の損害のうち 2 億円を分担し，B 船の船主は A 船の損害のうち，3 億円を分担して，それぞれが相手方にその支払いを請求することができる。

単一責任説は，船舶の衝突という事実は 1 個であるから，これから生じる損害も合算して一団としての損害とみる。だが，衝突という事実は 1 個であっても双方の船員の過失が競合して発生したものであり，理論上は 2 つの不法行為に基づく損害賠償請求権が存在するものと考えられるから，交叉責任説が正当である。

交叉責任説に対しては，一方の船主が破産した場合に，対等額について相殺できないという不公平な結果が生じ，また債務が不法行為によって生じたときは，その債務者は相殺をもって債権者に対抗することができないとした民法509条の相殺禁止の規定（2017年改正前。改正後の民法509条 1 号では，物損の場合には悪意による不法行為に限定している）の適用を受ける不都合があると指摘されてきた。しかし，破産前に発生した衝突に基づく債務については相殺が認められている（破産法67条）。また，民法509条は，不法行為による損害賠償請求権について相殺を禁止し，不法行為の誘発を防止して，不法行為者にはその賠償義務の現実の履行をさせようとする趣旨の規定であるため，双方過失による船舶の衝突という 1 個の同時的現象において双方に発生した同質的な損害賠償の関係については適用を認めるべきではないと反論されている。

2　衝突船舶の第三者に対する損害賠償関係

船舶衝突統一条約が適用される場合と適用されない場合とで，取り扱いが異なっている。

(1)　船舶衝突統一条約の適用がある場合

まず，条約が適用される場合，船舶衝突統一条約は，船舶，積荷または船舶内にある者（船員，旅客等）の手荷物その他の財産に生じた損害について，船舶所有者は連帯することなく，過失割合に応じた分割責任を負うものとしている（条約 4 条 2 項）。他方で，人の死傷といった人的損害については，船舶所有者は，連帯して損害賠償責任を負うものとしている（条約 4 条 3 項）。条約の規

定は，船舶及び船舶内の物の損害について，船舶所有者の連帯責任ではなく，分割責任を採用していることに最大の特徴がある。これは，20世紀の初頭に各国で一致していなかったこの場合の責任関係について，物損については積荷を念頭に，相互の船舶の損害と同一の取り扱いとする方針がとられたことと，運送船の船舶所有者の荷主に対する責任が一般に契約により免除されていることを考慮したためであるといわれている。
(2) 条約が適用されない場合

商法には第三者の被った損害の分担について規定がなく（商788条は船主間の内部関係を定めたものに過ぎない），これについては，共同不法行為について定める民法719条により，双方の船舶所有者は第三者に対して連帯して損害賠償責任を負うとされている（通説・判例）。

そこで，積荷その他の船舶内の財産に生じた損害については，両船舶所有者の責任を分割債務とする条約と連帯債務とする商法では異なった扱いとならざるをえない。改正商法が，あえてこうした相違を残した理由として，不法行為の被害者保護を重視したこと，また商法の中心的な適用対象が内航船の衝突であり，内航運送船については航海過失免責を定める国際海上物品運送法が適用されないことなどがあげられる。船舶衝突統一条約は1世紀以上前に制定された条約であり，条約4条2項の規定も便宜的な規定であり，現代的な立法としてもはや模範になりにくかったといえよう。

3 衝突によって生じた債権の時効
(1) 財産損害の場合

船舶の衝突を原因とする不法行為による損害賠償請求権は，財産権が侵害されたものであるときは，船舶の衝突の時から2年時効によって消滅する（商789条）。

改正前の商法は，時効期間を1年としていたが，船舶衝突統一条約にあわせて改正された（条約7条1項参照）。民法の不法行為の場合（民724条）と異なり，商法がこのような消滅時効を定めたのは，衝突による損害を早期に特定する必要性と，衝突の原因に関する証拠の保全が困難であるという海上危険の特異性を考慮したものと一般に解されている。また，改正前の商法は，消滅時効の起算点について明文規定を欠いていた。学説は，この起算点を原則として船舶の衝突時であるとほぼ一致して解してきたが，近時，商法は，消滅時効の期間について，民法724条の特則を設けたに過ぎないと解して，起算点については民法724条の規定によるとする判例が現れていた（最判平17・11・21民集59巻9号2558頁）。そこで，改正商法では，時効の期間と起算点のいずれについても条

約に合わせることとして，明文で規定された。
(2) 人身損害の場合
　人身損害の場合の損害賠償請求権の消滅時効について，商法は特則を設けていない。そこで，一般法である民法724条の2により，時効の期間は5年であり，起算点は被害者または法定代理人が損害及び加害者を知った時となる。
　先に紹介した船舶衝突統一条約の時効規定は，財産上の損害のみならず人身損害についても適用があり，改正前の商法規定についても同様に解するのが多数説であった。これに対して，改正前商法で定められていた1年の時効によって消滅する債権は財産上の損害に限られ，人の生命・身体による債権を含まないとする判例があった（大判大正4・4・20民録21帳530頁）。立法趣旨からすれば，多数学説が説く通りであるが，1年の時効期間はいかにも短いといえ，とりわけ生命・身体に生じた損害に関する債権についてはもはや現実的な合理性を欠いていた。これは，条約にあわせて期間を2年としても，なお短すぎるというべきであろう。2017年の民法改正により，人身損害の場合の一般法の時効期間が5年に延長されていることもあり（民法724条の2の新設），この改正を念頭に，改正商法では特則を設けないものとしたのである。これも条約との相違点となるが，ここでもより合理的な選択がなされたものといえるだろう。

第3節　海　難　救　助

1　海難救助の意義

　商法における海難救助とは，船舶又は積荷の全部又は一部が海難に遭遇した場合に，義務なくしてこれを救助することである。したがって，契約（民632条の請負契約など）に基づいて行われる海難救助は含まれない。
　また，海難救助の対象となる船舶は，商法典「海商」編の適用あるいは準用のある船舶である（商684条，船舶法附則35条1項）。したがって，内水船及び公用船は適用除外されていた。ただし，国際海事機関（IMO）において採択された海難救助に関する条約（1989年，日本未批准）においては内水船についても適用が認められていて，改正商法も，非航海船または積荷等の救助の場合に海難救助に関する商法の規定を準用することを明文をもって規定した（商807条）。なお，商法上の海難救助の対象は，財産救助であり，人命救助は直接には対象となっておらず，これは無償が原則である。

2　海難救助の要件

　商法における海難救助の要件は，次のとおりである（商792条）。
　①　船舶又は積荷等が海難に遭遇したこと。

② 船舶又は積荷等の全部又は一部が救助されたこと。
③ 契約に基づかないで救助されたこと。

①に関しては，停泊中の船舶の火災も海難に含まれる。海難とは，被救助船舶が孤立無援の状況にあることが求められるのではなく，船舶（船員）の自力をもっては防止できない程度の危険をいうと解されている（大審院判昭11.3.28民集15巻565頁（隠岐丸事件））。②を充足するためには，救助が成功することを必要とする。③については，私法上の義務がないことを意味し（最判昭49.9.26民集28巻6号1331頁），遭難船の船員が自船又はその積荷を救助した場合や水先人が自ら乗り組んだ船舶を救助した場合はこれに含まれない。ただし，私法上の義務がなければ，船員法（13条，14条）や水難救護法（3条，6条）に基づいて公法上の救護義務を負った者が救助しても要件は充足される。

3 海難救助の効果

(1) 救助料請求権

海難救助の要件が備わったときは，救助料請求権が発生する（商792条1項）。救助のために支出した費用も含まれる（商793条）。人命救助のみの場合は，救助者は，救助料は与えられない。救助料請求権には，船舶先取特権（商802条，842条2号，843条1項）及び留置権（民295条）が認められる。救助料の請求権の時効期間は，商法改正によって2年とした（商806条）。しかし，一定の場合には，救助料を請求できない。まず，①救助者が故意に海難を発生させた場合である（商801条1号）。また，②正当な事由により救助を拒まれたにもかかわらず，救助したときも救助料を請求できない（商801条2号，1910年条約3条を参照）。

救助料の額は，特約がなく，その額につき争いがあるときは，危険の程度，救助の結果，救助のために要した労力及び費用（海洋の汚染の防止又は軽減のためのものを含む。）その他一切の事情を考慮して裁判所がこれを定める（商793条）。

海難に際して契約で救助料を定めた場合であっても，その額が著しく不相当であるときは，当事者はその増減を請求することができる（商794条，1910年条約7条1項，1989年条約7条を参照）。この場合に，商法793条が適用されており，裁判所は上述のいっさいの事情を考慮して，その額を定める。なお，実際に広く使われているLOF書式には，ロイズ仲裁によるべきことが定められている。

救助料の額は，特約がないときは，救助された物の価額の合計額を超えることができない（商795条）。積荷等の所有者は救助された物をもって，救助

料にかかる債務を弁済する責任を負うものとされている（商804条）。
(2) 共同救助・人命救助
　　数人の独立の救助者が共同して救助をした場合には，各救助者に支払うべき救助料の割合が問題となるが，この割合についても商法793条が準用されており，裁判所が一切の事情を斟酌して定める（商796条1項）。
　　人命の救助に従事した者も，財産救助の奏功を前提として共同救助の規定に従って，救助料の支払いを受けることはできる（商796条2項）。人命救助は海難救助制度の対象ではなく，救助料債権は生じないが，船舶または積荷の救助がなされた場合に，人命救助に従事した者は，救助料債務者から独立的に救助料の支払いを受けることができると解されている。なお，1910年条約及び1989年条約は，人命救助を受けた者に報酬支払義務がないことを確認し，人命を救助した者は救助者に支払われる報酬から相当の配分を受けられるとしている（1910年条約9条2項，1989年条約16条2項）
(3) 船舶所有者と船員の間での配分割合
　　船舶所有者と船員の間での救助料の配分については，救助料の3分の2を船舶所有者に支払い，3分の1を船員に支わなければならない（商797条1項）。この規定に反する特約で船員に不利なものは無効となる（商797条2項）。また，救助料の割合が著しく不相当であるときは，船舶所有者及び船員は，それぞれ他方に増減を請求することができる（商797条3項）。この場合についても商法793条が準用されている。
　　さらに，商法は，各船員に支払うべき救助料の割合は，救助に従事した船舶の船舶所有者が決定するものとして（商797条4項），船舶所有者は航海が終了するまでに割合の案を作成し，これを船員に示さなければならない（商798条。割合案作成については商800条）。船員がこの割合案に対して異議の申し立てをしようとするときは，申し立てができる最初の港の管海官庁にしなければならない（商799条1項）。管海官庁は，その異議の理由があるときは割合案を更正することができる（商799条2項）。船舶所有者は，この管海官庁の決定があるまでは，船員に対して救助料の支払いをすることができない（商799条3項）。
(4) 特別補償料
　　船舶の衝突や座礁といった海難事故が発生すると，船舶の燃料油，積荷の有害物質などが流出することにより，海洋汚染を生じさせることがある。ところが，伝統的な海難救助制度により，救助料について不成功報酬の原則を貫き，また救助料の限度を救助された物の価格とすれば，多額の費用をかけ

て，あえて海洋汚染防止軽減措置を講じることを救助者に期待するのは難しい。そこで，1989年条約やLOFなどの救助契約書式では，一定の場合に救助が不成功または一部成功の場合にも，救助者に損害防止軽減措置について特別補償の請求権を認めており，改正商法もこれを採用している（商805条）。

(5) 救助料の支払いに関する船長の権限

被救助船の船長は，救助料債務者に代わって，救助料の支払いに関するいっさいの裁判上または裁判外の行為をする権限を有する（商803条1項）。また，救助料に関する訴えにおいては，船長は救助料の債務者のために，原告または被告になることができる（商803条2項）。他方，救助船の船長も，救助料の債権者のために同様の権限を有する（商803条3項）。被救助船及び救助船の船長のこれらの権限は，任意救助の場合に認められるものであって，契約救助の場合にはこれらの規定の適用はない（商803条4項）。

第4節 海上保険

1 海上保険契約の意義

海上保険契約とは，航海に関する事故によって生ずる損害をてん補することを目的とする損害保険契約である（商815条）。海上保険契約における保険事故は，航海に固有のものに限らず，航海に関する一切の事故（沈没，座礁，暴風雨，火災，盗難，船員の非行，海賊等）を含む。

海上保険は，後述する被保険利益の相違によって，船舶保険，ＰＩ保険及び貨物海上保険などに分類される。船舶保険とは，船舶所有者がその所有船舶について有する利益を対象とする保険である。イギリスのロンドン保険業者協会（Institute of London Underwriters）の制定した「新協会期間保険約款—船舶」（New Institute Time Clause-Hulls）は国際的に利用され，各国の標準約款に採り入れられている。

ＰＩ保険（Protection and Indemnity Insurance）とは，船舶所有者又は運航者が船舶の運航に伴って他の船舶や人に損害を与えた場合に負う賠償責任等を担保する保険である。ＰＩ保険を専門に扱う保険者はＰＩクラブと呼ばれるが，国際的にはＵＫクラブなどが存在し，日本では船主相互保険組合法に基づいて設立された日本船主責任相互保険組合が唯一のＰＩクラブである。

貨物海上保険とは，貨物の所有者がその貨物について有する利益を対象とする保険である。外航貨物海上保険と沿岸輸送貨物を対象とする内航貨物海上保険に大別されるが，後者は現在通常の運送保険に包摂されている。前者の特別約款としては，ロンドン保険業者協会の制定した協会貨物約款（Institute Cargo

Clauses〔ICC〕）が使用され，責任の有無や精算については，イギリスの法律や慣習に依拠して処理されることが多い。

2 海上保険の種類
(1) 被保険利益による分類

　海上保険を被保険利益の観点から分類すれば，以下のように分類できる。
① 船舶保険：船舶を保険の目的物とする海上保険契約。保険期間の始期における当該船舶の価額を保険価額とする（商818条）。
② 貨物保険：貨物を保険の目的物とする海上保険契約。その船積みがされた地及び時における当該貨物の価額，運送賃並びに保険に関する費用の合計額を保険価額とする（商819条）。

(2) 保険期間による分類

　海上保険を保険期間の観点から分類すれば，以下のようなものがある。
① 定時保険：保険期間が一定の時をもって定められるものである。船舶保険に多い。
② 予定保険：保険期間が一航海をもって定められるものである。保険契約の要素が一部未確定のまま契約を成立させる。貨物保険に多い。貨物保険においては，始期及び終期に関しては特に規定がある（商825条）。
③ 混合保険：保険期間が一定の時及び一航海をもって定められるものである。

(3) 保険目的の確定性による分類

　契約締結当時に積荷の種類，保険金額又は積み込むべき船舶が確定されないか又は当事者に知られていない保険を，予定保険という。主として貨物保険で利用されている。

3 海上保険契約の締結

　海上保険契約は，諾成かつ無方式の契約であるが，保険契約者は，保険者に対して海上保険証券の交付を請求することができる（商821条，保険法6条1項）。記載事項については規定があり，船舶保険については，保険法で掲げた事項のほか，船舶の名称，国籍，船舶所有者の氏名又は名称，発航港，到達港及び寄航港などを記載しなければならない（商821条1号）。貨物保険については，船舶の名称並びに貨物の発送地，船積港，陸揚港及び到達地を記載しなければならない（商821条2号）。

4 海上保険の義務
(1) 保険証券交付の義務

　保険者は上記の記載事項が記載された書面を交付する義務を負う（商821条，

(2) 損害てん補の義務
　① 損害てん補の義務がある場合
　　　保険者は，免責事由に該当する場合を除き（商829条），保険期間中，保険の目的につき，航海に関する事故によって生じた一切の損害をてん補する義務がある（商816条）。被保険者の支払うべき海難救助又は共同海損の分担額についても，てん補する義務がある（商817条）。
　② 損害てん補額
　　　損害てん補額は，保険価額を標準として決定される。船舶保険については，保険者の責任が始まる時におけるその価額であり（商818条），貨物保険については，その船積の地及び時におけるその価額及び船積並びに保険に関する費用の合計額である（商819条）。
　③ 一部損害の場合の損害額
　　(イ) 船舶保険については，分損担保の場合，約款をもってその損害額の算定方法を定める。
　　(ロ) 貨物保険については，商法827条に規定がある。保険の目的物である貨物が損傷し，又はその一部が滅失して到達地に到着したときは，保険者は，次の第1号に掲げる額の第2号に掲げる額に対する割合を保険価額（約定保険価額があるときは，当該約定保険価額）に乗じて得た額を填補する責任を負う。
　　　　第1号　当該貨物に損傷又は一部滅失がなかったとした場合の当該貨物の価額から損傷又は一部滅失後の当該貨物の価額を控除した額
　　　　第2号　当該貨物に損傷又は一部滅失がなかったとした場合の当該貨物の価額
　④ 共同海損と損害額
　　　共同海損処分により保険の目的に損害が生じたときは，保険者は，その損害の全額をてん補する。
　5　危険の変更
　　損害保険においては，危険の増加が保険の効力に影響する。改正商法は，保険契約者または被保険者になる者は，海上保険契約の締結に際し，海上保険契約によりてん補することとされる損害の発生の可能性（「危険」という）に関する重要な事項について，事実の告知をしなければならないと明記し（商820条），不実のことを告げてはならないとした。保険契約者の故意または重大な過失に

よる告知義務違反が判明した場合，保険会社は，保険契約を解除することが認められている（商829条）。
(1) 航海の変更

航海の変更があった場合，保険者の責任開始前に保険契約は失効し（商822条1項），責任開始後は変更後の事故につき保険者は責任を負わない（商822条2項）。ただし，保険契約者，被保険者の責に帰すべからざる事由による場合はこの限りでない（同項但書）。なお，到達港を変更し，その実行に着手したときは，保険した航路を離れなくとも航海を変更したものとみなされる（同条3項）。

(2) 航路の変更

被保険者が発航又は航海の継続を怠った場合や航路を変更した場合などは，これを危険の増加と認め，保険者は原則としてこの変更後の事故について責任を負わない（商823条）。ただし，事故の発生に影響を及ぼさないとき，不可抗力によるとき，正当事由によって生じたときは保険者が責任を負う。

(3) 船舶の変更

貨物保険の場合，保険者は，船舶の変更以後の事故について責任を負わない（商824条）。ただし，保険契約者，被保険者の責に帰すべからざる事由による場合はこの限りでない（同条但書）。

6　保険委付

改正前商法においては，保険の目的が全部滅失したとみなされる場合に，被保険者が自己の保険の目的について有する一切の権利を保険者に取得させ，保険者に保険金額を支払わせることができる規定があった（保険委付）。しかし，このような場合には，船骸撤去等の付随的な義務の履行のために多大な費用を要することがあるため，実務上，保険者は，保険の目的物についての権利を取得せずに，全損として保険金を支払っており，平成初期以降，約款において保険委付をすることができない旨が明記されている。そこで，改正後の商法では，保険委付に関する規定（改正前商833条から841条まで）が削除された。

第14編　海事国際法

第1章　国際法の特徴

　国際法では専門的な国際組織を設立し，問題を国際社会全体で協調して解決している。国際社会の平和と安全の維持を担う国際連合はもとより途上国の発展・開発を目的とする国連貿易開発会議（UNCTAD），海上航行の安全と船舶起因の環境汚染の規制保護を図る国際海事機関（IMO）など多くの国際組織が設立され国際社会の問題が議論されているのが特徴である。

第1節　法　　源

　国際司法裁判所規程38条1項は，裁判所が裁判において以下のものを適用すると規定している。

 a　一般又は特別の国際条約で係争国が明らかに認めた規則を確立しているもの
 b　法として認められた一般慣行の証拠としての国際慣習
 c　文明国が認めた法の一般原則
 d　法則決定の補助手段としての裁判上の判決及び諸国の最も優秀な国際法学者の学説

　このうち国際法に固有の法源は条約と国際慣習法である。条約は原則として二国あるいは多数国間で文章の形で締結され，条約に加盟した国家のみを拘束する特別法である。条約には，「国連憲章」，「日韓漁業協定」，「国際刑事裁判所規程」，「国際連盟規約」など「条約」以外の名称が使われているものも多くあるが，条約としての効果は変わらない。
　国際慣習法は，すべての国を拘束する一般法であり，国家の行為（作為・不作為）が積み重ねられ（慣行），かつそれが法であると国家によって認識されること（法的信念）によって成立するといわれている。しかし，成文ではないために詳細な点について国家間で意見の相違があるなどの問題があるため，とり

わけ第二次世界大戦後は条約として成文化する努力が重ねられ「外交関係に関するウィーン条約」,「条約法条約」などが締結されている。

第2節　国際法と国内法の相違

　第一として，国際社会には，例えば日本の国会のようにあらゆる事柄を審議して法を制定する常設的な機関は存在しない。しかし，常設的な機関で条約の検討がされていないわけではなく，IMOのような機関が設立され，専らその専門に特化して，扱う問題が限定されて審議されている。したがって，新たに法が必要となったときにその問題を検討するための適当な専門機関がない場合もあり，国内社会に比べ対応が遅れることがある。

　第二として国内法と異なることは，国際社会では当事者の合意がなければ裁判を開くことができないという点である。これは国際法が国家の合意を基礎としているからである。しかし，裁判は紛争を平和的に解決する手段の一つとして有効であって，それを行うことが容易でないとすれば国際社会の平和や安全が脅かされる危険も出てくる。そこで国際司法裁判所規程36条2項では以下のような規定を置いて裁判が行われやすくしている。

　この規程の当事国である国は，次の事項に関するすべての法律的紛争についての裁判所の管轄を同一の義務を受諾する他の国に対する関係において当然に，かつ特別の合意なしに義務的であると認めることを，いつでも宣言することができる。
　　a　条約の解釈
　　b　国際法上の問題
　　c　認定されれば国際義務の違反となるような事実の存在
　　d　国際義務の違反に対する賠償の性質又は範囲

　これは一般に義務的管轄権といわれ，これを受け入れる宣言をしている国同士の間で紛争が発生した場合には，一方が国際司法裁判所に訴えることによって裁判を行うことができるという規定であり，宣言をしている国は少なくない。しかし，この宣言には留保をつけて自国の紛争を裁判で解決することを拒否する国もある。国際法は国家の合意に基づいているので，このように紛争の解決を裁判で行うことにも国家の合意が必要となる。

　第三として強制力という点でも国内法とは異なる。何らかの違法行為があった場合，国内法では当事者を越えた絶対的力を持つ国家がその違法行為をやめ

させたり，賠償を支払わせたりする。国際社会では，特に平和と安全にかかわるような問題であれば安全保障理事会で議論され非軍事的措置，軍事的措置がとられる場合もあるが，そうではない問題については当事者間で解決が試みられるのが一般的である。例えば，条約の違反については条約の終了又は条約の全部若しくは一部の運用停止を行うことができる（条約法条約60条）。また違法行為に対しては対抗措置をとることができる。対抗措置とはその違法行為と釣り合いが取れる範囲で加害国に対する国際義務の履行を停止し，相手の違法行為をやめさせ，賠償を求めることである。しかし，実際上は対抗措置をとることのできる国は限定されている。というのは，加害国が経済的軍事的に圧倒的に強い場合，被害国が有効な対抗措置をとれるかといえば現実としては疑問であるからである。したがって，国際法は強制力という点で劣るといえる。

第2章　沿岸国の主権の拡大と海洋の区分

　伝統的国際法において海洋は，沿岸国の管轄権の及ぶ領海とその外にあってどの国にも属さない公海に二分されていた（二元的構造）。しかし，第二次世界大戦後，アメリカ合衆国大統領トルーマンによるトルーマン宣言に端を発し，海洋に対する沿岸国の管轄権拡大の主張が強くなっていき，海洋は法的に多元的な構造を持つようになった。

　トルーマン宣言後に出されたサンチャゴ宣言（表1）は特に従来の海上航行のあり方にも影響するものであったため，国際社会に大きな議論をよびおこした。そのためこうした海洋に関する法の動揺について議論し，法制度を再検討するために1958年第一次国連海洋法会議が開催された。そこでは，ジュネーブ海洋法四条約（「領海及び接続水域に関する条約」，「公海に関する条約」，「漁業及び公海の生物資源の保存に関する条約」，「大陸棚に関する条約」）が締結された。しかし，領海の幅については各国の意見を調整できず，第三次国連海洋法会議において締結された「海洋法に関する国際連合条約（国連海洋法条約，United Nations Convention on the Law of the Sea, 1982年採択，1994年発効）」によってようやく決着をみるにいたった。これらの条約は，大陸棚の資源に対する沿岸国の主権が規定されるなど海洋制度に関する大きな法的変更を示すものであった。それは一つには科学技術の発達によりそれまで不可能であった海底の資源開発が可能になったこと，さらにそうした海底の資源だけではなくその上部水域を含めた海洋資源に対する管轄権を，沿岸国，なかでも途上国が主張するようになったことによる（表1）。

表1 沿岸国の主権の拡大

年	宣言・会議	国　名	事　項
1945	トルーマン宣言	米国	大陸棚資源に対する沿岸国の主権等
1952	サンチャゴ宣言	チリ・ペルー・エクアドル	沿岸から200カイリまでの沿岸国の主権
1958	第一次国連海洋法会議		ジュネーブ4条約 ・領海条約 ・公海条約 ・大陸棚条約 ・生物資源保存条約
1960	第二次国連海洋法会議		
1958〜1970		英国・デンマーク・仏・米国・ブラジルなど	12カイリ領海・漁業水域設定
1970	モンテビデオ宣言	チリ・ペルー・エクアドル・アルゼンチン・ブラジル・エルサルバドル・ニカラグア・パナマ・ウルグアイ	サンチャゴ宣言を9カ国に拡大
1972	サント・ドミンゴ宣言・カリブ海諸国特別会議	カリブ海諸国（コロンビア・コスタリカ・ドミニカ・グァテマラ・ハイチ・ホンジュラス・メキシコなど）	領海の幅：12カイリ パトリモニアル海（父祖伝来の海）：200カイリ 　海洋汚染の防止・資源に対する主権
1972	国連海底平和利用委員会		排他的経済水域（200カイリ） 沿岸国の権限：生物資源の排他的・優先的開発・保護 　環境汚染防止
1973〜1982	第三次国連海洋法会議		国連海洋法条約 領海の幅：12カイリ以内 排他的経済水域：200カイリ

　この沿岸国による管轄権の拡大の主張に対しては，遠洋漁業や軍事活動が制限されることから反対する国もあった。しかし，長い沿岸を有する国々は漁業水域の設定や大陸棚制度を導入することによって豊富な資源を得ることができるため，海洋区分の見直しに理解を示し，あるいは積極的になった。ただし，従来公海上で船舶・航空機が有していた航行・飛行の自由が制限されることには反対があった。そこで沿岸国に海洋資源及び環境保全の権限を認めながら，航行・飛行の自由を確保する排他的経済水域という新しい制度が検討されたのである。こうして海洋の境界区分と沿岸国の管轄権は大きく変わり，海洋の区分は多元的構造を持つようになったのである。

第1節　領　海

〔1〕　領海の幅員

　領海の幅は基線から測定される。基線とは通常沿岸国が公認する大縮尺海図に記載されている海岸の低潮線（国連海洋法条約5条，領海条約3条）である。しかし，海岸線が著しく曲折しているか又は海岸に沿って至近距離に一連の島がある場合，沿岸国は適当な線を結ぶ直線基線を引くことができる。この基線は，海岸の全般的な方向から著しく離れて引くことはできない。また，その内側の水域は内水として規制を受けるため陸地と十分に密接な関連がある必要があるが，その地域に特有な経済的利益で長期間の慣行によって明白に証明されているものを考慮に入れることができる（国連海洋法条約7条，領海条約4条，ノルウェー漁業管轄権事件）。

　国連海洋法条約では，領海の幅は基線から測定して12カイリを超えない範囲で決定することができる（3条）。伝統的国際法では領海3カイリをとる国が多かったが，第二次世界大戦後，海洋資源の開発，保護の観点から領海は3カイリ，その外は公海という区分は変更を余儀なくされ，沿岸国の管轄権が及ぶ範囲が拡大したのであった。

〔2〕　領海内の船舶の通航

　すべての船舶は他国の領海において無害通航権を有する（国連海洋法条約17条，領海条約14条）。このとき，通航は継続的かつ迅速に行わなければならず，停船及び投錨は航行に通常付随するものである場合，不可抗力もしくは遭難によって必要な場合，又は遭難などをした人，船舶，航空機を援助するために必要な場合以外は，無害とはみなされない。

　この無害通航権について領海条約では，沿岸国の平和，秩序又は安全を害しない限り無害とされたが（領海条約14条4項），国連海洋法条約19条ではさらに以下のような無害とされない行為が列挙されている。

　(a)武力による威嚇，武力の行使，（国連憲章に違反するものは沿岸国に対してはもちろんのこと他国に対するものも無害とされない），(b)軍事訓練，演習，(c)沿岸国の防衛・安全を害する情報収集，(d)沿岸国の防衛・安全に影響を与える宣伝行為，(e)航空機の発着又は積込み，(f)軍事機器の発着又は積込み，(g)沿岸国の通関上，財政上，出入国管理上又は衛生上の法令違反物品，通貨又は人の積込み又は積卸し，(h)海洋法条約違反の故意かつ重大な汚染行為，(i)漁業活動（領海条約では沿岸国の漁業に関する法令に従わない場合無害とみなされていたが，その限定が削除され，漁業活動そのものが有害とされるようになった），(j)調査

活動，測量活動，(k)沿岸国の通信又は他施設への妨害行為。

このように国連海洋法条約では具体例を挙げたことにより沿岸国の恣意的な規制を緩和できるということもできるが，上記に加え(1)項に「通航に直接関係しない活動」が無害ではないと規定されることによって(a)～(k)項に含まれない活動であっても通航に直接関係しないと判断されれば沿岸国にとっては有害とされ，沿岸国の平和秩序を害しているという立証責任を沿岸国の側が負わないことになるという指摘がされている。

〔3〕 沿岸国の権利・義務

沿岸国は無害通航に関し，法令を制定したり，必要な場合には一定の規制を加えたりする権限が与えられている。

(1) 法令の制定

沿岸国は，以下の事項について法令を制定できる（国連海洋法条約21条1項）。

(a) 航行の安全及び海上交通の規制
(b) 航行援助施設及び他の施設の保護
(c) 電線及びパイプラインの保護
(d) 海洋生物資源の保存
(e) 沿岸国の漁業に関する法令違反の防止
(f) 沿岸国の環境の保全並びにその汚染の防止，軽減及び規制
(g) 海洋の科学的調査及び水路測量
(h) 沿岸国の通関上，財政上，出入国管理上又は衛生上の法令の違反の防止

これら法令は，外国船舶の設計，構造，乗組員の配乗又は設備について一般的に受け入れられている国際的な規則や基準を実施する場合以外適用してはならない（21条2項）。この国際基準とは，IMOで締結された条約に規定されたものであると一般的にいわれている。近年タンカーの大型化，便宜置籍船の増加によって大量の油が流出する海難事故による環境被害が問題となっており，船舶の構造等に関し国際的基準の設定がIMOを中心にして進められ，また規制も強化されてきている（参照：第3章第2節 海上航行の安全のための国際的規制）。

無害通航権を行使する外国船舶は，上記21条1項の法令及び海上における衝突の予防に関する一般的な国際的規則すべてを遵守しなければならない（4項）。

(2) 航路帯・分離通航帯の指定

　　沿岸国は，船舶の安全航行のため必要な場合には，外国船舶に対し沿岸国が指定する航路帯・分離通航帯を航行するよう要求できる（国連海洋法条約22条1項）。特にタンカー，原子力船，核物質等有害物質を運搬する船舶に対しては航路帯のみを通航するよう要求できる（2項）。しかし，沿岸国は航路帯・分離通航帯の設定にあたり，(a)権限のある国際機関の勧告，(b)国際航行のために慣習的に使用されている水路，(c)特定の船舶及び水路の特殊な性質，(d)交通のふくそう状況，を考慮しなければならない（4項）。したがって，沿岸国は，一方的に航路帯・分離通航帯の指定を行うことはできず，IMOのような国際機関の勧告，これまでの慣行，交通状況，水路の性質などを考慮しなければならない。また，沿岸国は，こうした航路帯・分離通航帯を海図上に明確に表示し，かつその海図を適当に公表しなければならない（4項）。

(3) 無害通航権の一時停止

　　沿岸国の安全保護上必要であれば，特定水域について外国船舶の通航を規制することができる。その規制はすべての外国船舶に対して差別なく適用され，かつ，それは一時的でなければならない。また適当な方法で公表された後でなければ効力を持たない（国連海洋法条約25条3項）。

(4) 沿岸国の義務

　　沿岸国は，領海における無害通航を国連海洋法条約に規定された場合以外に妨害してはならず，事実上無害通航権を否定し又は害する効果をもつ要件を外国船舶に課し，特定の国の船舶，その国に向かう又はそこから出港した船舶，若しくはその国のために貨物を運搬する船舶を法律上，事実上差別してはならない（国連海洋法条約24条1項）。さらに，領海内の航行上の危険で自国が知っているものは適当に公表する義務を負っている（2項）。また，外国船舶に対し，単に領海内の通航を理由に課徴金をとることはできない（26条1項）が，特定の役務の対価として差別なく課徴金を課すことはできる（2項）。

〔4〕　領海内での裁判権

　船舶は通常旗国の管轄権の下に置かれるので，沿岸国はその船舶に対し刑事裁判権，民事裁判権を一定の場合以外には及ぼすことを禁じられている。沿岸国が外国船舶に対し管轄権を行使できるのは以下の場合である。

(1) 刑事裁判権

　　沿岸国はその領海を航行中の外国船舶内で行われた犯罪が次のような場合

にはいずれかの者を逮捕し，又は捜査を行い，刑事裁判権を行使することができる（国連海洋法条約27条1項）。

(a) 犯罪の結果が当該沿岸国に及ぶ場合
(b) 犯罪が沿岸国の安寧又は領海の秩序を乱す性質のものである場合
(c) その外国船舶の船長，旗国の外交官又は領事官が沿岸国の当局に援助を要請した場合
(d) 麻薬又は向精神薬の不正取引防止のため必要な場合

　また，外国船舶がその沿岸国の内水から出て領海を航行している場合には，1項の制限を受けることなく沿岸国の法令で認められている措置をとってその船舶内で逮捕又は捜査をすることができる（2項）。

　ただし，1項及び2項にしたがって刑事裁判権を行使しようとするときに船長から要請があれば措置をとる前に外国船舶の旗国の外交官又は領事官に通報し，かつ，それら外交官又は領事官と乗組員との間の連絡をしやすいようにする。緊急の場合にその通報は，措置をとっている間に行うことができる（3項）。

　なお，領海に入る前に船内で行われた犯罪に関しては，海洋環境保全に関する措置及び排他的経済水域に関して制定した法に違反する場合を除いて，沿岸国は外国の港を出て沿岸国の内水に入ることなくただ単に領海内を通航する外国船舶に対し，逮捕や捜査のための措置をとってはならない（5項）。

(2) 民事裁判権（国連海洋法条約28条）

　沿岸国は，領海内の外国船舶に乗船中の者に対して民事裁判権を行使するためにその船舶に停止を求めたり，航路を変更させたりしてはならない（1項）。また，沿岸国が外国船舶に対し民事上の強制執行又は保全処分を行うことができるのは，その船舶が沿岸国の水域を航行している間に，又はその水域を航行するために生じた債務又は責任に関してのみである（2項）。しかし，領海内に停泊しているか，沿岸国の内水を出て領海を通航している外国船舶に対しては，沿岸国の法令に従って民事上の強制執行又は保全処分を行う権利を沿岸国は有している（3項）。

(3) 軍艦及び非商業的目的のために運航する政府船舶

　軍艦及び非商業的目的のために運航する政府船舶に対しては，主権免除が与えられている。したがって，軍艦の場合，沿岸国による強制捜査等は認められていない。しかし，軍艦が領海の通航に関する沿岸国の法令を遵守せず，

かつ，その法令遵守の要請を無視する場合には，沿岸国はその軍艦に対し領海から直ちに退去することを要求できる（国連海洋法条約30条）。また，軍艦及び非商業的目的のために運航する政府船舶が領海の通航に関する沿岸国の法令，国連海洋法条約又は国際法の他の規則に違反した結果沿岸国に損失又は損害を与えた場合には国際責任を負う（31条）。したがって，当該船舶の政府は，賠償などの責任を負うことになる。

第2節　国際海峡

　国際航行に使用される重要な海峡については，国際海峡として領海内にあっても領海とは異なる地位を与えられてきた。とりわけ第二次世界大戦後は国際司法裁判所の判決（コルフ海峡事件），領海条約及び国連海洋法条約の起草過程などにおいてその法的地位について議論が重ねられてきた。

　特に国連海洋法条約では，領海の幅を12カイリ以内としたため領海内に含まれる海峡が増える可能性が大きくなり，それによって船舶，航空機の海峡通航が問題とされた。そのため国連海洋法条約では，以下のように国際海峡を定義し，通航権を確保している。

〔1〕 通過通航権

　国際海洋法条約では，公海又は排他的経済水域の一部分と公海又は排他的経済水域の他の部分とを結ぶ海峡で，国際海峡に使用されているもの（37条）において，すべての船舶及び航空機は，通過通航権をもち，この通過通航権は害されず（38条1項），海峡沿岸国によって停止してはならない（44条）と規定している。したがって，海峡沿岸国は，航路帯・分離通航帯の指定はできるものの（41条），自国の安全の保護を理由に一時的に無害通航を停止できる通常の領海（25条3項）とは異なり，通過通航を停止することはできない。その意味で領海内の無害通航権よりも「強化された通航権」が船舶に与えられている。ただし，海峡内に航行するのに便利な公海又は排他的経済水域の航路が別に存在する場合には国際海峡の規定は適用されない（36条）。また，海峡が沿岸国の本土及び島で構成されており，島の海側に航行及び水路上同様に便利な公海又は排他的経済水域の航路が存在するときは通過通航は認められず（38条1項），領海における無害通航権が船舶に認められる。

　無害通航権が船舶のみに与えられているのに対し，通過通航権は，すべての船舶及び航空機にも認められている。ただし，航行及び上空飛行の自由は，継続的かつ迅速な通過に対してのみ認められる（38条2項）のであって，船舶及び航空機は海峡又はその上空を遅滞なく通過すること，不可抗力又は遭難に

よって必要とされる場合以外は，継続的かつ迅速な通過以外の活動は行ってはならない。もとより，海峡沿岸国の主権，領土保全，政治的独立を侵害するような武力による威嚇又は武力の行使をしてはならず，さらに，国連憲章に違反するような他国に対するそうした行為も国際海峡においてはしてはならない（39条1項）。また，通過通航中の船舶は，一般的に受け入れられている安全航行，及び汚染の防止に関する国際的な規則，手続き及び方式に従わなければならない（2項）。さらに，通過通航中，外国船舶は海峡沿岸国の事前の許可を得ることなしに調査活動又は測量活動を行うことはできない（40条）。

〔2〕 **海峡沿岸国の権利・義務**

海峡沿岸国は以下の事項の全部又は一部について通過通航に係わる法令を制定することができる。(a)国連海洋法条約41条に定められている航路帯及び分離通航帯の航行の安全及び海上交通の規制，(b)海峡における油性廃棄物などの有害な物質の排出に対して適用される国際的な規制を実施するための汚染の防止，軽減及び規制，(c)漁船に対する漁獲の防止，(d)海峡沿岸国の通関上，財政上，出入国管理上又は衛生上の法令に違反する物品，通貨又は人の積込み又は積卸し（42条1項）。これらの法令は，法律上又は事実上特定の外国船舶を差別してはならず，また適用するにあたって通過通航権を否定し，妨害し又は害する実際上の効果をもたせてはならない（2項）。

主権免除をもつ船舶又は航空機がこれらの法令，又は国連海洋法条約第三部に違反して行動した場合には，その旗国又は登録国は，その損失又は損害に対する国際責任を負う（5項）。

海峡沿岸国は，通過通航を妨害してはならない。また，航行上，飛行上の危険で自国の知っているものを適当に公表しなければならず，通過通航を停止してはならない（44条）。

特定海域

日本は，「領海及び接続水域に関する法」を制定し，領海の幅を12カイリとしたが，同時に，国際航行に使用されている宗谷海峡，津軽海峡，対馬海峡東水道，対馬海峡西水道及び大隅海峡を特定海域としてそれらの海峡の領海の幅を3カイリとした。そのためこれらの海峡は領海と排他的経済水域で構成されることになった。

第3節　群島水域
〔1〕　群　島　国

　群島水域の理論は以前より群島国家から出されていたが，排他的経済水域の議論にみられるように沿岸国の資源に対する主権的権利が及ぶ範囲を拡大しようとする中で認められるようになったものである。

　全体が1又は2以上の群島からなる国を群島国というが（国連海洋法条約46条），群島国家と認められるためには，島が密接に関係し，本質的に一つの地理的，経済的及び政治的単位を構成しているか，歴史的にそのような単位として認識されている必要がある（46条）。群島国家の主権は，群島の水域，その上空，海底，地下及びその資源に対し及ぶ。

〔2〕　群　島　水　域

　群島のもっとも外側にある島及び低潮時に水面上にある礁の最も外側にある点を結ぶ直線（群島基線，47条）の内側を群島水域という（49条）。

　群島基線の引き方は以下の通り（47条）
- 群島基線の長さ　原則として100海里以下
- 群島をとりまく基線全体の3％まで　最長125海里まで延長が可能
- 群島基線群島の一般的な輪郭から著しく離れてひいてはならならい
- 群島基線の内側の水域の面積と陸地（環礁を含む）の面積との割合　1対1ないし9対1の間

　領海は，群島基線から測定されるが，群島基線の内側は，群島水域として内水，領海とも異なり，新たな法的地位を持った水域となった。

　群島水域内で群島国は，他国との既存の協定，隣接国の伝統的な漁業権，他国の既設の海底電線について尊重しなければならない（51条）が，新たに他国が漁業を開始したり，海底電線を敷設したりすることは一般にできない。また領海と同様に船舶は無害通航権が保障される（52条）が，航空機も群島航路帯を通航できる。群島航路帯とは，群島国家によって指定された群島水域と，これに接続する領海及び上空において外国船舶及び航空機の継続的かつ迅速な通航に適した航路帯及び航空路であり（53条1項），船舶，航空機は群島航路通航権をもつ（2項）。群島国が航路帯又は航空路を指定しない場合には，群島航路帯通航権は，通常国際航行に使用されている航路において行使できる（12項）。したがって，群島国家が認められる以前に他国の船舶，航空機が行ってきた航行，上空飛行の自由は群島水域に指定された後も確保されている。

　このように群島水域では，既存条約上の他国の権利，及び伝統的漁業，航行，

上空飛行といった従来認められていた権利は尊重される。しかし，基本的には群島を囲む形で群島基線を引いて，領海及び排他的経済水域を群島水域から測ることができるため群島国家の海洋資源に対する管轄権は大きく拡大したといえる。

第4節　接続水域

　接続水域とは，沿岸国の管轄圏内で発生するであろう法令違反あるいは発生した法令違反に対して，沿岸国が領海を越えた一定の水域において必要な規制を行うことのできる水域のことをいう。国連海洋法条約では，沿岸国は基線から24カイリの範囲内で接続水域を設定し，自国の領土又は領海内における通関上，財政上，出入国管理上又は衛生上の法令を防止し，又はそれらの法令の違反を処罰することができる（33条）。

第5節　排他的経済水域（Exclusive Economic Zone：EEZ）

　排他的経済水域は，領海に接続する水域であって基線から200カイリまでに設定できる水域である（国連海洋法条約55, 57条）。

　この排他的経済水域は，資源開発に関する沿岸国の主権拡大の議論の中で出てきた概念（表1参照）であるが，もっぱら生物資源及び海洋環境の保護に限定してその水域に対する沿岸国の主権の拡大を認めたもので，沿岸国は以下の権利を有している（56, 60条）。

- 海底の上部水域並びに海底及びその下の天然資源の探査，開発，保存及び管理のための主権的権利並びに排他的経済水域における経済的な目的で行われる探査及び開発のためのその他の活動
- 人工島，施設及び構築物の設置及び利用
- 海洋の科学的調査
- 海洋環境保護及び保全

　さらに，沿岸国は生物資源を保護し最適利用をはかる目的でこの水域における漁獲可能量（61条），及び自国の漁獲能力の決定を行い，漁獲余剰分が出た場合には他国にも漁獲を認める（62条）。この水域では，沿岸国の漁業権が強化されており，資源保護の観点から他国の漁獲を認めないことも可能となっている。このようにこれまで公海であった水域が資源保護・環境保護の目的で沿岸国の規制の下におかれることになったが，沿岸国がどのような規制を行い，

どのような資源保護・環境保護を行っているかを検討する制度は国連海洋法条約のもとでは作られておらず，沿岸国の生物資源管理の権限が拡大・強化したといえる。

それに対し，外国船舶・航空機の航行及び上空飛行の自由はこれまで通り確保されており，また，沿岸国以外の国も，海底電線，パイプラインの敷設の自由も有している（58条）。

第6節　大　陸　棚

〔1〕　沿岸国主権が及ぶ大陸棚の範囲

　大陸棚は石油などの資源が埋蔵されており，かつ，その掘削が技術的に可能になったことから1945年の米国トルーマン大統領による宣言（「大陸棚の地下及び海床の天然資源に関する合衆国の政策」；「公海の一定水域における沿岸漁業に関する合衆国の政策」；トルーマン宣言）のように沿岸国がその管轄権の拡大を主張するようになった。この大陸棚制度は比較的早い時期に国際社会でも認められるようになり，第一次国連海洋法会議（1958年）では大陸棚条約が締結され，開発可能な水域までの大陸棚の探査及びその天然資源の開発の主権的権利が沿岸国に与えられた。しかし，その後の技術革新よって深海底まで開発が可能になったことにより，国連海洋法条約では沿岸国が大陸棚に対してもつ管轄権の範囲を限定している。基本的に沿岸国はその基線から測って200カイリまで大陸棚に関する管轄権を有する（国連海洋法条約76条1項）。したがって，地質学上200カイリまで大陸棚が延びていなくても沿岸国は200カイリまでの海底資源については管轄権をもつことができる。他方で，大陸棚が地質学上200カイリ以上延びている場合には大陸棚縁辺部の外縁までを沿岸国の管轄権の及ぶ範囲とした。ただし，基線から350カイリを超えてはならず，また水深2500メートルの等深線から100カイリを超えてはならない（4項）。そして，200カイリを超える場合には国連海洋法条約附属書Ⅱによって設立された大陸棚限界委員会（CLCS：Commission on the Limits of the Continental Shelf）に200カイリを超える大陸棚の情報を提出し勧告を受けることによって沿岸国は開発が可能となる。その勧告が最終的な大陸棚の限界となって拘束力を持つことになる（8項）。

日本の大陸棚延伸申請
　日本は2008年7つの海域について大陸棚限界委員会に情報を提出し大陸棚延伸を申請した。この日本の申請に対し，中国及び韓国は沖ノ鳥島を島ではなく岩であるとして日本による大陸棚延伸に反対をし，審査を行わないよう口上書を提出した。これは，国連海洋法条約で排他的経済水域又は大陸棚を認められるのは「島」であり，人間の居住又は独自の経済生活を維持することができない

「岩」は排他的経済水域又は大陸棚をもたない（121条3項）とされているからである。日本は，2012年に大陸棚延伸申請に対する勧告を大陸棚限界委員会から受領したが，申請した7つのうち沖ノ鳥島を基点とする九州・パラオ海嶺南部海域を除く6つが認められた。認められなかった水域については，中国と韓国による事案が解決するまで勧告を出す状況にないとして意見を先延ばしにされた。

〔2〕 大陸棚の境界画定

　大陸棚制度は，領海の幅や排他的経済水域に比べ比較的早く国際社会で認められたものの，その境界画定については天然資源の開発の権利がかかっているだけに利害関係国間の調整は難しい。隣接する国家間あるいは相対した海岸を有する国家間における大陸棚の境界画定については，大陸棚制度の確立とともに多くの紛争が生じ，国際司法裁判所などの国際裁判によって解決が図られている（北海大陸棚事件，チュニジア・リビア大陸棚事件，チュニジア・マルタ大陸棚事件，英国・フランス大陸棚事件，黒海海洋境界画定事件など）。これらの国際裁判では，大陸棚の境界画定に当たり「衡平の原則」に従って行うことが確認されたが，裁判を重ねることによって等距離中間線を基本としながら，「衡平の原則」の観点から関連事情を考慮し調整した線と海岸線の長さに著しい不均衡がないかを検討するアプローチがとられるようになっている。

第7節　公　　海

　沿岸国の管轄権の及ばない海洋は公海として位置づけられ，どの国もその領有を主張することはできず，またすべての国がその使用の自由を有している（国連海洋法条約86，89条）。このような「公海自由の原則」は，特に19世紀における自由貿易主義の進展とともに通商，航行の自由の確保が図られる中で成立したものである。

　公海自由の原則の下で船舶は，航行の自由を有し，旗国以外の国家の介入は原則として許されない（旗国主義）。またすべての国が公海の使用の権利を有するため船舶の航行の他にも漁獲，海底電線，海底パイプラインの敷設，上空飛行の自由，さらには海洋構築物の建設，科学的調査の自由が認められている。軍事利用についても国連憲章2条4項に違反していない限り原則として自由であるといわれている。ただし，すべての国に公海使用の自由が認められているといっても，他国の利益には「合理的な考慮」を払わなければならない（国連海洋法条約87条2項）。

第8節　船舶起因の汚染に対する沿岸国の管轄権

　船舶については旗国が原則的に管轄権を有し，船舶の構造，配乗，排出等も旗国が規則・基準等の法令を制定する。しかし，それらの基準値や規則が緩やかであれば船舶の運航費を低く抑えられるため，そうした国に登録される船舶（便宜置籍船）は多く，それは船舶起因の海洋汚染を誘発することがある。そのため国際社会はその規制に取り組んできた。

　国連海洋法条約では，自国を旗国とする，あるいは自国に登録された船舶が海洋環境汚染を起こさないよう，一般的に受け入れられた国際的規則及び基準と同等の効果を有する法令を制定することが義務づけられている（211条2項，船舶の登録と旗国の関係については3章1節参照）。さらに他国の船舶であっても自国の領海を航行する船舶が国連海洋法条約に従って制定された船舶起因汚染の防止，軽減及び規制のための法令又は適用可能な国際的規則・基準に違反したと信じる明白な証拠がある場合には，当該船舶の物理的検証を行うことができる（220条2項）。排他的経済水域航行中の船舶についても同様に明白な違反の証拠があればそれについての情報提供を要請できる（220条3項）。また領海，排他的経済水域を問わず上記法令，規則，基準に違反し，その結果著しい海洋汚染をもたらす，あるいはもたらす危険があると正当に認められるときは，物理的な検査を行うことができる（220条5項）。そして，自国の領海，排他的経済水域に著しい損害をもたらし，あるいはもたらすおそれのある排出がされた場合自国の法令に従って抑留を含む手続を開始できる（220条6項）。

　さらに沿岸国の港に入る船舶に対して，沿岸国は海洋汚染防止のための規則・基準の遵守を求めることができるが，それを公表し，IMOなどの国際機関に通報していれば国際的に認められた規則・基準よりも厳しいものを適用できる（211条3項）。

　旗国ではなく寄港国によるこうした船舶の規制・管理は一般にポートステートコントロール（PSC）といわれるが，これは寄港国の管轄権外で，かつどの国の管轄権にも属さない水域において行われた船舶の排出が国際的規則・基準に違反する場合にも適用され，寄港国はそれについて調査をし，証拠がある場合には執行手続きを開始できる（218条）。

　このようにPSCは寄港国の管轄権内であれば排他的経済水域であっても国際基準よりも厳しいものを適用でき，また公海においては国際基準が適用されているかどうかを寄港国が監督することによって海洋汚染の防止をはかるものである。タンカー事故の被害は深刻になっており，PSCは旗国主義の不備を補い，海洋汚染防止のための規則・基準がすべての船舶に及ぶように働くこと

からEUなどでは一層その機能の強化を行っている（第3章第2節 海上航行の安全のための国際的規制参照）。

　また，PSCを世界の各地域で協力して行う体制も構築されている。この体制を最初に導入したのはヨーロッパであり，AMOCO Cadiz号事件による甚大な環境被害に対し，Paris Memorandum of Understanding on Port State Control（Paris MOU）が設立された。これは，船員の労働条件，船舶の構造などの包括的な安全基準を地域的PSCネットワークの構築によって適用していくものである。こうした取り組みはParis MOUにとどまらず，世界各地に広がっていき，現在ではアジア太平洋地域（「アジア太平洋地域におけるPSCの協力体制に関する覚え書き（東京MOU）」），南米地域（Latin-America Agreement），カリブ海沿岸地域（Caribbean MOU）など9つのMOUが設立されている。東京MOUでは，域内の途上国のPSC検査官の養成のための研修，先進国間でのPSC検査官の相互派遣によるPSCの調和などをはかるとともに，2014年から域内におけるハイリスク船舶に重点化したPSCの実施を行っている。

第9節　深　海　底

　深海底にはニッケル，コバルトなどの貴重な鉱物資源がねむっているが，科学技術の発達によってその開発が可能となったことから，開発の権利を誰が持つかについて国家間で意見の対立が激しくなっていった。開発可能な技術を有する先進国は自由な開発を主張したのに対し，途上国は深海底の資源は人類の共同財産であるとして国際制度の下に置くべきだとした。この人類の共同財産という考えは，1967年にマルタの国連代表パルドが国連総会において提唱したものである。総会はこれを受け「海底平和利用委員会」を設置し，さらに1970年には総会決議「深海底原則宣言」を採択した。こうした動きは国連において途上国が発言権を増し資源に対する主権など自分たちの開発・発展の権利を主張していったことと呼応している。国連海洋法条約はこの人類の共同財産の概念を基に深海底及びその資源は人類の共同財産であること（136条），深海底又はその資源に対する主権又は主権的権利の主張，行使及び資源の専有は認められないこと（137条1項），資源に関するすべての権利は人類全体に付与され，深海底のために設立される機構は人類全体のために行動し，当該資源は条約上の規定，機構の規則，手続きに従うことによってのみ譲渡が可能であること（137条2項）を規定している。

　しかし，このように私企業による開発活動を制限する制度は先進国から強い反発を受け，国連海洋法条約そのものの批准，加盟が進まないという事態を招

いた。そのためこの深海底制度は大幅な変更を余儀なくされ，1994年7月に「1982年12月10日の海洋法に関する国際連合条約第11部の規定の実施に関する協定（国連海洋法条約第11部実施協定）」が採択され，海洋法条約発効（1994年11月）前に実質的な改訂が行われたのであった。

この改訂によって，深海底の開発によって鉱物資源の価格の下落を抑制するためにとられていた生産政策（150条）は「健全な商業上の原則（実施協定第6節1）」の下に置かれ，深海底開発によって影響を受ける途上国に対しては援助を行うこと（実施協定第7節），さらに途上国への技術移転への協力義務（144条）については「知的所有権の有効な保護と両立する公正かつ妥当な商業的条件（実施協定第5節）」の下での協力となり，「経済活動の自由」を原則とする制度へと転換したのであった。

第10節　日本の海洋政策

海洋資源については，前節まででみたように科学技術の発達によりその開発，取得が可能となったこと，また環境に対する国際的な関心が高まり環境保護が重要な国際社会の問題と認識されるようになったことに伴い，開発・取得の権利は誰が持つのか，開発・取得による環境の悪化に対し誰が保護を行うかが問題となり，国連，IMO を中心にして多くの条約が締結されるようになった。

日本はこうした国際的な動向を受け法の整備を行い，2008年海洋基本法を制定した。この基本法は，日本が海に囲まれた国として国際協調の下に海洋の平和的積極的開発及び利用と海洋環境保全との調和を図り，新しい海洋立国を実現することを目的とし，そのために海洋基本計画を策定し，総合海洋政策本部を設置して総合的かつ計画的に海洋政策を推進する（1条）ものである。

基本法では，基本的施策として以下のものが挙げられている。

①海洋資源の開発及び利用の推進（17条），②海洋環境の保全（18条），③排他的経済水域等の開発等の推進（19条），④海上輸送の確保（20条），⑤海洋の安全の確保（21条），⑥海洋調査の推進（22条），⑦海洋科学技術に関する研究開発の推進等（23条），⑧海洋産業の振興及び国際競争力の強化（24条），⑨沿岸域の総合的管理（25条），⑩離島の保全等（26条），⑪国際的な連携の確保及び国際協力の推進（27条），⑫海洋に関する国民の理解の増進等（28条）

これらの施策を行うために設置された「総合海洋政策本部（29条）」は資源に恵まれない日本が大陸棚開発を国の主導で行っていくことが重要であるという認識を示し，それにあたって大陸棚の境界画定など周辺国との関係で重要な

問題が残されていることから法整備を含めて検討を行っていくこと，これまで省庁ごとに行っていた排他的経済水域の調査を効果的・効率的に行うために情報の収集・整備，調査等の調整を行うなど積極的な海洋資源の活用を進めることを目指している。

　日本の領海及び管轄する大陸棚にメタンハイドレートなどの豊富なエネルギー資源があり，東日本大震災以降 LNG などの化石燃料の輸入が急増していることからそれら資源の開発が注目され，鉱物資源の探査・生産技術等の開発が急がれている。そこで，2013年に日本政府は海洋基本計画を新たに策定し，「海洋エネルギー・鉱物資源の開発の推進」，「海洋産業の振興と創出」を日本が取り組む方針として掲げている。

第3章　海上航行に関する国際規制

　資本主義の発達とともに世界の貿易量は増大していったが，とりわけ第二次世界大戦後諸国が戦争の痛手から復興すると貿易量は飛躍的に増加していった。こうした経済発展は海上輸送なしには実現されなかったのであり，世界の経済発展に対するその重要性は大きなものであるが，同時に輸送量の増大は大規模な海難事故とそれに伴う深刻な海洋汚染をもたらした。そこで国際社会は事故防止のため以下のような規制を行っている。第1は船舶の登録要件を国際的に規制して旗国による船舶の監督を強化しようとするものである。第2には，船舶の構造，運航，船員の資格を国際的に規制することによって事故を未然に防ごうとするものである。

第1節　船舶の登録と旗国

　船舶は登録された国（旗国）の管轄権の下に置かれ，原則として他国の介入を受けない。船舶の登録要件は，各国家により異なり，船舶所有者，会社の社員・役員あるいは船長・高級船員の国籍が自国であることを登録の要件とする国もあれば，船舶登録税を納入しさえすれば国籍を付与する国もある。

　したがって，船舶所有者の国籍や居住地に関係なく，税金，労働条件，社会保障，船舶の運航・構造基準などが緩やかなところに船舶を登録することが可能であり，それによって運航費を抑えようとする船舶所有者は多い。2章8節で述べたように，このような便宜置籍船は船員の資格などの基準が緩やかであったりするため海難事故も多く，また船員の労働条件の悪化も招くことからこれまで国際社会においてその規制が検討されてきた。

公海条約，国連海洋法条約では，船舶と旗国の関係を，人と国籍国の関係に適用される国際的な規制を援用して「真正な関係」がなければならないとした（公海条約 5 条 1 項，国連海洋法条約94条，国際司法裁判所判決ノッテボーム事件参照）。公海条約には真正な関係が規定されたものの，船舶と国家との間にどのような関係があれば良いのかが必ずしも明らかではなかった。そのため国連海洋法条約では自国を旗国とする船舶に対し，行政上，技術上及び社会上の事項について有効に管轄権を行使し及び有効に規制を行うこととし，特に次のことを規定している。

・自国を旗国とする船舶の名称及び特徴を記載した登録簿を保持すること。ただし，国際的規則から除外される小さな船舶を除く。
・自国を旗国とする船舶並びにその船長，職員及び乗組員に対し，当該船舶に関する行政上，技術上及び社会上の事項について国内法に基づく管轄権を行使すること。

また船舶の構造・設備・堪航性，労働条件・訓練及び信号の使用，通信の維持及び衝突の予防については安全の確保のため必要な措置をとるよう規定されている。さらに船舶の検査が資格のある検査委員によって行われること，船長，職員及び乗組員の資格が適当であることが求められている。これらは国際的な規則，手続き及び慣行を遵守していなければならない。

こうした措置が適正にとられていない船舶がある場合にはいずれの国もその旗国に対して，その事実を通報し，旗国はそれについて調査し，適当な場合には是正のための措置をとる。

さらに1986年に採択された国連船舶登録要件条約（UN Convention on Conditions for Registration of Ships，未発効）では，船舶の所有，配乗，管理といった経済的な観点を真正な関係を考慮する要素として取り入れ旗国と船舶の関係の実質化が図られた。しかし，この条約では，例えば船舶の所有会社と旗国の関係などの規定が曖昧，あるいは緩やかであって便宜置籍船を結果的に容認してしまっている。そのため船舶の構造などについて PSC が強化される傾向が先進国においてみられる。

第 2 節　海上航行の安全のための国際的規制

海上航行の安全のため国際海事社会では，比較的早い時期から国際的な取極を行い，船舶に対する規制を強めてきた。

〔1〕第二次世界大戦前にとられた国際的規制
① 海上における人命の安全のための国際条約（SOLAS 条約）

1912年に起こったタイタニック号事件は，乗員約2200人中約1500人が犠牲となった大惨事であり，事故が国際社会に与えた衝撃は大きく，海上航行の安全確保は急務の課題とされた。そのため1914年にロンドンにおいて国際会議が開催され，「海上における人命の安全のための国際条約（the International Convention for the Safety of Life at Sea, SOLAS 条約）」が採択された。この条約では，タイタニック号の反省から①船舶は乗員すべてが乗船できる救命艇を備え，航海中救命訓練を実施すること，②無線を設置して通信士を乗船させ，24時間聴取する無線当直を行うこと，③北大西洋の航路で流氷の監視を行うこと，④船客の等級による救出順序を廃止すること，が規定された。この条約は第一次世界大戦勃発のため英国，スペイン，オランダ，スウェーデン，ノルウェーの5カ国しか批准せず未発効に終わったが，1929年には「1929年の海上における人命の安全のための国際条約」が採択された（1933年発効）。これは，1914年 SOLAS 条約採択時からさらに進んだ造船技術を考慮して起草されたものであるが，海上における人命の安全に対して国際的基準を設定し，発効した初めての条約であった。その後も SOLAS 条約は技術革新，航海技術の進歩，海上輸送構造の変化などに対応し，1948年，1960年に締結された。さらに，1974年には政府間海事協議機関（Inter-governmental Maritime Consultative Organization, IMCO）によって開催された「1974年の海上における人命の安全のための国際会議」において「1974年 SOLAS 条約」が採択された。この条約は，安全面での規制強化だけでなく，今後の技術革新に素早く対応するため条約改正手続きを簡素化したためその後 SOLAS 条約は新しい技術や社会情勢に適宜対応し改正を重ねて今日に至っている。

② 満載喫水線に関する国際条約（LL 条約）

1920年代に過載を原因とする事故が多発し，それに対処するために「1930年の満載喫水線に関する国際条約（International Convention on Load Line, 11933年発効）」が採択された。この条約では，載貨の限度を決めること，乾舷（満載喫水線から上甲板の舷側までの高さ）を船舶の形状から決定すること，満載喫水線の算定及び表示を統一的な方法によって行うことなどを規定した。この条約は，造船技術の発達による船舶の大型化が進み，再検討が求められ，1966年満載喫水線に関する国際会議が IMCO によって開催され，条約適用対象船の拡大，基本乾舷表の改正（船舶の大型化に対応）などが行われた。

③ 海上における衝突の予防のための国際規則に関する条約（COLREG 条約）

1889年ワシントンにおいて開催された国際海事会議で「海上における衝突の予防のための国際規則（International Regulation for Preventing Collision at Sea

(COLREG)」が採択された。これは，船舶の衝突を予防するために船舶がとるべき航法及び航行に関する通信，信号の国際的な共通規則を策定するものであり，それまでの様々な船舶の航法に関係する規則を統一することにより船舶の衝突を防ぐための規則であった。

第二次世界大戦後には COLREG は航海機器の発達や普及に伴い幾度か改正されているが，1972年には「1972年の海上における衝突の予防ための国際規則に関する条約（COLREG 条約，1977年発効）」として採択され，技術革新に対応できるような体制が整備された。

〔２〕 IMCO, IMO による海上航行の安全の確保の取組

第二次世界大戦後 SOLAS 条約以外にも国際的な取組は一層進んだが，その牽引役となったのが，IMCO である。これは，1948年にジュネーブで開催された国連海事会議において「政府間海事協議機関（Inter-governmental Maritime Consultative Organization, IMCO）設立条約」が採択されたことによって船舶輸送の技術面での検討のための常設機関が国連の下に1958年に設立された（1982年に「国際海事機関（International Maritime Organization, IMO）」と改称）。

IMCO, IMO では，多くの条約を議論し，国際海上輸送の安全をはかり，強化してきた。一般に海上輸送では，船員の雇用費を安く抑え，船舶の設備，構造などの費用を抑えることによって利益を一層あげることができる。しかし，そうした措置は海難事故を誘発する危険性が大きく，実際にそうした船舶による海難事故による環境汚染が大きな国際問題となってきた。そこで，IMCO, IMO では国際的な規制を行うための条約づくりを行ってきたが，実際にはそうした条約は大きな事故がおこって初めて締結されたり，改正されたものが多い。

以下は大きなタンカー事故とその後にとられた規制である。

① トリー・キャニオン（Torrey Canyon），1967年3月18日座礁
　・油流出量119,000トン
　・リベリア船籍，英国南西部シリー島とランズエンド間で座礁
　・英国南西部とフランス北西部沿岸に深刻な被害

英国政府は船内に残った油の流出を防ぐためトリー・キャニオン号を爆撃し油を燃焼させた。しかし，このように自国の海洋汚染を防止するため公海上にある他国の船舶に対し沿岸国が何らかの措置を取ることについては，それまで国際法上の議論がされておらず，英国のこの行為が法的に妥当であったかどうか問題となった。その後公法条約が締結され，公海上でタンカー事故などが発生した場合，沿岸国が自国の利益を守るために一定

の範囲内で必要な措置をとることができることとなった（「油濁事故の際の公海上における介入権に関する条約」）。また，海洋汚染防止のため船舶の構造設備等に関する基準を定めた「船舶による汚染の防止のための国際条約（International Convention for the Prevention of Pollution from Ships, MARPOL73/78)」も締結されている。また，1969年「油による汚染損害についての民事責任に関する国際条約（民事責任条約，1975年発効）」が採択された。しかし，この民事責任条約でカバーできない損害が起こる可能性もあることから，IMCO外交会議において「油による汚染損害の補償のための国際基金の設立に関する国際条約（国際基金条約，1978年発効）」が採択され，補償制度を運営するための国際油濁補償基金が設立され，民事責任条約の責任範囲を超える損害についてもカバーできるようになった。

② エクソン・バルディス（Exxon Valdez），1989年3月24日座礁
　　・油流出量　37,000トン
　　・米国船籍，アラスカ・プリンス・ウィリアム湾で座礁

米国沿岸で最大規模の海洋汚染となったことから「油汚染準備対応協力国際条約」(International Convention on Oil Pollution Preparedness, Response and Cooperation, OPRC条約，1990年）が締結された。この条約では，船舶及び港湾施設は油汚染事故への対応マニュアルを備え付けること，沿岸国は油汚染事故への準備のために国内体制を確立すること，締約国は相互に技術協力を行うこと，などが取り決められた。

またMARPOL条約が改正され（1992年），タンカーの二重船殻構造の強制が規定された。

③ ブレア（Braer），1993年1月5日座礁
　　・油流出量　85,000トン
　　・リベリア船籍，英国北部シェットランド諸島で座礁

この事故によりSOLAS条約が1994年に改正され，燃料管の二重化，タンカーへの非常用曳航装置等が義務づけられた。

④ ナホトカ（Nakhodka），1997年1月2日，船体折損，船尾沈没
　　・油流出量　6,200トン
　　・ロシア船籍，島根県隠岐島沖

事故原因が船体強度の大幅な低下であったため，被害国であった日本がPSCの強化をIMOに提案し，以下の改正及び決議がなされた。

　・1997年SOLAS条約改正　板厚測定報告書に板厚衰耗限度を記載すること

- 1999年11月 IMO 総会決議　船体構造の健全性の確保のため PSC を強化すること
- 2000年 SOLAS 条約改正　長さ130メートル以上で船齢が10年を越えるタンカーについてはその旗国が船舶検査に縦強度評価を盛り込むこと

⑤　エリカ（Erika），1999年12月12日，折損，沈没
- 油流出量　10,000トン
- マルタ船籍，フランス西北西部ブレスト沖

事故原因が腐食による強度不足であったため MARPOL 条約（2001年改正，2003年発効）が改正され，シングルハルタンカーのフェーズアウトを促進することとなった。

⑥　プレステージ（Prestige），2002年11月13日，折損
- 流出量　20,000〜30,000トン
- スペイン・ガルシア地方
- MARPOL 条約改正（2003年改正，2005年発効）
- シングルハルタンカーのフェーズアウトの期限が早められた。
- 船齢が26年であったことから，油を積んだ高船齢船舶の入港禁止等の措置をヨーロッパ諸国が行うようになった。

　IMCO，IMO では，その他に著しい技術革新と海洋輸送形態の変化に対応するための国際的な取り決めの策定を行ってきた。例えばコンテナ専用船が1966年にアメリカ−ヨーロッパで就航すると，新しい形態の海上輸送の安全を確保するため，コンテナの試験，検査，構造安全要件，荷役などに関して基準を設け，手続きを統一する「1972年の安全なコンテナーに関する国際条約（the International Convention for Safe Containers, CSC 条約）」を締結している。その他に，海洋環境の保全のための「船舶バラスト水及び沈殿物の管制及び管理のための国際条約（International Convention for the Control and Management of Ships' Ballast Water and Sediments, 2004年採択，2017年発効）」，「2009年の船舶の安全かつ環境上適正な再生利用のための香港国際条約（Hong Kong International Convention for the Safe and Environmentally Sound Recycling of Ships, 2009年採択）」などを主導したり，他の国際機関とともに議論するなど積極的な役割を果たしている。

〔3〕　Ｐ　Ｓ　Ｃ
　こうした国際的な動きとは別に EU は規制強化政策を進め，2002年12月に欧州海上安全局（European Maritime Safety Agency, EMSA）を設置し，寄港国による検査を強化することを EU 加盟国に求めている。また加盟国自身は，船

齢・船種を問わずシングルハル船の入港禁止（スペイン，2003年11月～）など独自の規制を進めており，PSC を強化する動きはヨーロッパ諸国を中心として進められている。

さらに船舶の航行の安全といった観点から「船員の訓練・資格証明・当直基準条約（the International Convention on Standards of Training, Certification and Watchkeeping for Seafarers, STCW 条約，1984年発効）」が締結され，船員の訓練，資格および当直基準に関する国際基準が定められ，この基準を満たすと IMO に認められた国は，いわゆるホワイトリストに掲載されることになった。他方で，旗国政府による監督が十分行われず国際基準以下のサブスタンダード船による海難事故が多発していることから，船員に関しても資格要件，操作用件，船舶の保安のための措置の実施等について PSC が実施され，旗国の管理が十分でない船舶に対しても寄港国が国際的な規制を行うことができるようになっている。

第4章　海上保安確保のための国際的規制

船舶は積荷を奪うことを目的とする海賊だけでなく，近年テロの対象となる可能性も大きくなっており，その保安対策は急務の課題となっている。ここでは，まず海賊に対する国際的規制をみた後，第二次世界大戦後問題となってきた海事テロに対する国際的規制と保安対策をみていく。

〔1〕　海　　賊

海賊の歴史は古いが，とりわけ中世から近代にかけてのヨーロッパにおいては国家と海賊が結びつき他の国家の船舶を襲うということがしばしば起こった。例えば海賊ドレイクとエリザベス1世統治下の英国との結びつきは有名であり，ドレイクは当時ヨーロッパにおいて新大陸として脚光を浴びていたアメリカ大陸から金・銀などの大陸産品をスペインに運ぶスペイン船を襲撃し，それらの収奪品を英国に持ち帰ったのであった。しかし，英国などの新興国がスペインからアメリカ大陸の土地を割譲され「新大陸」に勢力を伸ばしていくと次第に海賊は「取締りの対象」となっていった。さらに産業革命によって大量の製品を加工し輸出するという産業・貿易形態ができてくると，国家はもはや珍しい産品の売買よりも原材料の輸入及びその加工・輸出によって利益をあげることに力を注ぐようになった。そうなると海賊は貿易を阻害するものとして規制の対象でしかなくなった。そのため伝統的国際法では，たとえ公海上であっても海賊船には旗国主義は適用されず，国際社会の共通の敵としていかなる国家も

それを取り締まる権限があるとされた。これは現代国際法においても変わらず，国連海洋法条約ではすべての国がいずれの国の管轄権にも服さない場所における海賊行為の抑止に協力すること（100条），海賊行為を理由として海賊船，海賊航空機及びそれらによって奪取され海賊の支配下にある船舶あるいは航空機を拿捕し又は海賊を逮捕し，財産を押収することができる（105条）とし，海賊の規制を行っている。

　このように国際社会において海賊行為は違法であり，取締りの対象とされているが，その数は多い時には450件近くにのぼり，2018年201件，2019年162件，2020年195件と200件近い事案が発生している。とりわけ東南アジア地域での発生率は高く，犯罪の凶悪化，組織化が問題となっている。1999年にはアロンドラ・レインボー号がインドネシアのクアラタンジュン港を出港した直後に行方不明となり10日ほど経ってからボートに乗せられて漂流していた乗組員が発見されたという事件も起こっている。アロンドラ・レインボー号はインドネシア領海内で「海賊」（領海内のこうした行為は通常武装強盗とよばれる）に襲撃されたが，通常領海内は沿岸国が取り締まる海域である。しかし，沿岸国の警備体制が弱体化している場合などは武装強盗の横行を許してしまう。そのため東南アジアでの国際協力体制の整備が日本を中心として進められ，2000年4月には「海賊対策国際会議」が東京で開催され，「海賊対策モデルアクションプラン」，「アジア海賊対策チャレンジ2000」が採択された。さらに2004年11月には「アジアにおける海賊行為及び船舶に対する武装強盗との戦いに関する地域協定（アジア海賊対策地域協力協定，2006年9月4日発効）」が採択され，シンガポールに海賊情報共有センターの設置が規定された（なお，この条約の加盟国は2008年10月現在以下の諸国：インド，韓国，カンボジア，シンガポール，スリランカ，タイ，日本，フィリピン，ベトナム，ミャンマー，ラオス，中国，バングラデシュ，ブルネイ。交渉参加国で未加盟国は以下の諸国：インドネシア，マレーシア）。

　さらに日本政府は，インドネシア政府からの海上警備能力強化のための船舶整備資金への協力要請に応じ，「海賊，海上テロ及び兵器拡散の防止のための巡視船艇建造計画（the Project for Construction of Patrol Vessels for the Prevention of Piracy, Maritime Terrorism and Proliferation of Weapons）」のため総額19億2100万円を限度とする無償資金協力を行うことを2006年6月に約束し，交換公文を交わした（なお，これは政府開発援助をテロ・海賊等の取締り・防止支援に供与する第1号案件である）。

　しかし，日本関係船舶が海賊に襲撃される事案は東南アジア海域に限定されているわけではない。2007年10月にはソマリア沖で日本関係船舶が襲撃される

など同海域の危険度は増している。そのためIMOでは2007年11月に「ソマリア沖における海賊及び武装強盗に関するIMO総会決議」を採択し，旗国及び近隣沿岸国の情報提供，防止のための支援などの国際協力を求めるとともにソマリア暫定連邦政府に対し，海賊の防止，海賊に遭遇した船舶の早期解放，艦船等による人道支援物資運搬船舶の警護の同意等を求めた。さらに国連安全保障理事会は2008年12月にソマリアが暫定政府しかなく取締り能力に欠けるため1年と期間を限定してソマリア領海内において各国が海賊の取締りを行うことを許可する決議（安保理決議1846）を採択した，（その後1年ごとの更新）それは2009年11月にさらに1年延長された（決議1897）。こうした対策にもかかわらず2010年以降ソマリア海賊の発生海域は，インド洋やアラビア海にまで拡大する傾向にあり，その対策は急務の課題となっている。東南アジアもアフリカも貧困な国が多く，また内政が不安定な地域も多い。そうした状況下において海賊の取締りだけを強化しても「もぐらたたき」になってしまう可能性も高い。海賊・武装強盗の撲滅のためには貧困の解消，政情の安定化といった抜本的な解決策を国際社会が協力して行っていくことが肝要である。

〔2〕　テ　　ロ

船舶に対するテロが問題となったのは1985年にパレスチナ解放戦線の構成員によって公海上でアキレ・ラウロ（Achille Lauro）号が乗っ取られた事件が起きたことによる。それまで海賊の取締りのための国際法は存在したが，このような乗っ取りは想定外であり，IMOで検討された結果「航空機の不法奪取に関する条約」にならって「海上航行の安全に対する不法な行為の防止に関する条約（Convention for the Suppression of Unlawful Acts Against the Safety of Maritime Navigation, SUA1988年）」が採択された。これは，船舶に対するテロ行為を国際犯罪として位置づけ，それらの行為を行った者に対し，旗国，犯行地国，犯人の国籍国が裁判を義務づけられ，また犯人が滞在している国はそれらの国に犯人を引き渡さない場合にはその国で裁判を行わなければならない。

SUA条約は，このように犯罪が起こった後に適用されるものであるが，2001年9月に起こった米国同時多発テロに大きな衝撃を受けた，米国はテロを未然に防ぐための国際管理体制の確立を強く求めた。この要請を受けてIMOはSOLAS条約を改正し「船舶及び港湾施設の保安に関する国際規則（International Ship and Port Facility Security Code, ISPSコード）」を採択した。これは船舶及び寄港国の港の両方が保安レベルを設定し，そのレベルに従った保安対策をとるものである。この保安対策は，会社保安職員，船舶保安職員及び港湾保安職員が責任をもって策定・適用するが，運航費の関係から迅速な積荷・荷下

ろし作業を強いられる船舶の負担は大きく，船舶保安職員（だいたいが船長）には過重な責任がかけられているという指摘もある。また上記テロ後にPSCを一層強化する国もあり，それにより例えば船員の上陸拒否等労働環境の悪化も報告されている。

第15編　国際航海船舶及び国際港湾施設の保安の確保等に関する法律

第1章　総　　説

海上人命安全条約（SOLAS 条約）の改正及び ISPS Code の採択

　2001年9月11日の米国における同時多発テロ発生後，国際海事機関（IMO）本部（ロンドン）で開催された IMO 総会（2001年11月19日から30日）において，海上安全及び海洋環境保護のみならず，海事保安対策の強化の検討がなされ，同会議において，IMO 事務局長より提出された総会決議「旅客及び乗員の保安並びに船舶の安全に脅威を及ぼすテロ活動防止のための措置及び手順の見直し」が賛成多数で可決された（総会決議第924号）。

　これを受けて，海上安全委員会において，2002年2月から計4回にわたり海上保安対策の強化が検討された結果，2002年12月12日，第5回 SOLAS 条約締約国政府会議（ロンドン）において，国際航海に従事する貨物船等及び国際港湾施設の保安対策強化を目的とした SOLAS 条約の改正並びに「国際船舶・港湾保安コード」（International Ship and Port Facility Security Code：ISPS コード）が採択された。

　この改正では，①船舶自動識別装置（Automated Identification System：AIS）の早期導入，②船体外板，水密障壁等における船舶認識番号の表示，③履歴記録（旗国名称，登録日付，船名，船籍港等）の船内への備付，④船舶及び港湾施設保安計画の策定，さらには，船舶及び会社，港湾施設への保安職員の配置，⑤船舶の危険状況を通報する警報装置の導入の義務づけ等がなされた。また，寄港国には，船舶が上記要件を満たしていることを監督する義務を課すとともに，寄港国が要件を満たしていない船舶を発見した場合は，ポートステートコントロール（PSC）によって，出港差し止め等の措置に加え，港から当該船舶を排除する措置をとることも可能になった。さらに，要件を満たしていない船舶が領海内で入港しようとした場合には，入港拒否を含む強制措置を執ることも認められている。

　また，本改正において，旧 SOLAS 条約第 XI 章（海上の安全を高めるための

特別措置)を第XI—1章と改め，さらに第XI—2章として「海事保安を高めるための特別措置」とISPSコードを追加した。ISPSコードは，船舶及び港湾施設における危機管理のための指針であり，国際貿易に使用する船舶若しくは港湾施設の保安に多大な影響を及ぼす事件に対して，脅威を予見し，予防措置を講じるため，締約国政府当局，地方行政機関，海運業界及び港湾関連企業間の協力，国際的枠組みを構築することを目的としている。ISPSコードパートAでは，条約国政府の責任，会社の義務，船舶保安評価，船舶の保安，船舶の記録簿，港湾保安職員，港湾施設保安評価，港湾施設の保安，港湾施設保安職員，承認証の発行等について強制規定を定めている。パートBでは，条約国政府，会社，船舶，港湾施設が，パートAにおける強制規定との適合性を達成し，維持するための指針とプロセスを概説している。

我が国においては，上記SOLAS条約の改正を受けて，平成16 (2004) 年4月14日に「国際航海船舶及び国際港湾施設の保安の確保等に関する法律」が公布，同年7月1日から施行された。

第2章　法の目的等

第1節　法の目的（保安法1条）

　この法律は，国際航海船舶及び国際港湾施設についてその所有者等が講ずべき保安の確保のために必要な措置を定めることにより，国際航海船舶及び国際港湾施設に対して行われるおそれがある危害行為の防止を図るとともに，保安の確保のために必要な措置が適確に講じられているかどうか明らかでない国際航海船舶の本邦の港への入港に係る規制に関する措置を定めることにより，当該国際航海船舶に係る危害行為に起因して国際航海船舶又は国際港湾施設に対して生ずるおそれがある危険の防止を図り，併せてこれらの事項に関する国際約束の適確な実施を確保し，もって人の生命及び身体並びに財産の保護に資することを目的とする。

第2節　用語の定義（保安法2条）

〔1〕　国際航海船舶

　国際航海（一国の港と他の国の港との間の航海をいう。以下同じ。）に従事する以下に掲げる船舶をいう。

(1)　日本船舶（船舶法（明治32年法律46号）1条に規定する日本船舶をいう。以下同じ。）であって，旅客船（13人以上の旅客定員を有するものをいう。以下同じ。）又

は総トン数500トン以上の旅客船以外のもの（漁船法（昭和25年法律178号）2条1項1号に規定する漁船その他の国土交通省令で定める船舶を除く（保安則2条1項）。）
(2) 日本船舶以外の船舶のうち，本邦の港（東京湾，伊勢湾（伊勢湾の湾口に接する海域及び三河湾を含む。）及び瀬戸内海その他の国土交通省令で定める海域（以下この号において「特定海域」という（保安則3条）。）を含む。以下同じ。）にあり，又は本邦の港に入港（特定海域への入域を含む。以下同じ。）をしようとする船舶であって，旅客船又は総トン数500トン以上の旅客船以外のもの（専ら漁業に従事する船舶その他の国土交通省令で定める船舶を除く（保安則2条2項）。）

〔2〕 国際港湾施設

国際埠頭施設及び国際水域施設をいう。

〔3〕 国際埠頭施設

国際航海船舶の係留の用に供する岸壁その他の係留施設（当該係留施設に附帯して，当該係留施設に係留される国際航海船舶に係る貨物の積込み若しくは取卸しのための荷さばきの用に供する施設又は当該係留施設に係留される国際航海船舶に係る旅客の乗船若しくは下船の用に供する施設がある場合には，これらの施設を含む。）をいう。

〔4〕 国際水域施設

国際航海船舶の停泊の用に供する泊地その他の水域施設をいう。

〔5〕 危 害 行 為

船舶又は港湾施設を損壊する行為，船舶又は港湾施設に不法に爆発物を持ち込む行為その他の船舶又は港湾施設に対して行われる行為であって，船舶又は港湾施設の保安の確保に著しい支障を及ぼし，又は及ぼすおそれがあるものをいう。なお，国土交通省令（保安則4条）では，以下のように定めている。

① 船舶又は港湾施設を損壊する行為
② 船舶又は港湾施設に不法に武器又は爆発物その他の危険物を持ち込む行為
③ 正当な理由なく船舶又は港湾施設に立ち入る行為
④ 船舶の運航を不法に支配する行為

〔6〕 国際海上運送保安指標

国際航海船舶及び国際港湾施設の保安の確保のために必要な措置の程度を示すものとして設定される指標をいう。

第3節 国際海上運送保安指標の設定等 (保安法3条)

国土交通大臣は，国際航海船舶及び国際港湾施設について，以下に掲げる事

項を勘案して国際海上運送保安指標を設定し，公示しなければならない。また，国土交通大臣は，国際海上運送保安指標を設定するため必要があると認めるときは，関係行政機関の長（関係行政機関が国家公安委員会である場合にあっては，国家公安委員会。次項において同じ。）の意見を求めることができる。一方，関係行政機関の長は，国際海上運送保安指標の設定について，国土交通大臣に意見を述べることができる。

① 国際航海船舶又は国際港湾施設に対して行われるおそれがある危害行為の内容
② 国際航海船舶又は国際港湾施設に対して危害行為が行われるおそれがある地域
③ 国際航海船舶又は国際港湾施設に対して危害行為が行われるおそれの程度

国際海上運送保安指標の設定は，当該国際海上運送保安指標を国際航海船舶及び国際港湾施設の保安の確保のために必要な措置の程度に応じて低いものから順に保安レベル1，保安レベル2又は保安レベル3とし，それらのいずれかを定めることにより行われる（保安則5条1項）。

国際海上運送保安指標の公示は，地方整備局，北海道開発局，地方整備局の事務所等，地方運輸局（運輸監理部を含む。）及び運輸支局等の掲示板における掲示並びにインターネットの利用その他の適切な方法により行われる（保安則5条2項）。

第3章　国際航海船舶の保安の確保

第1節　日本船舶に関する措置

　国際航海船舶のうち，法2条1項1号に掲げる船舶（以下「国際航海日本船舶」という。）の所有者（当該国際航海日本船舶が共有されているときは管理人，当該国際航海日本船舶が貸し渡されているときは借入人）は，当該国際航海日本船舶に対して行われるおそれがある危害行為を防止するため，当該国際航海日本船舶の保安の確保のために必要な措置を適確に講じなければならない（保安法4条）。

〔1〕　**船舶警報通報装置等**（保安法5条）

　国土交通省令で定める船舶警報通報装置の設置に関する技術上の基準は，以下に掲げる基準とする（保安則6条）。

(1)　以下の情報を速やかに海上保安庁に送信できるものであること。

① 国際航海日本船舶の船名，国際海事機関船舶識別番号その他の当該国際

航海日本船舶を特定することができる情報
② 国際航海日本船舶に対する危害行為が発生したことを示す情報
③ 国際航海日本船舶の位置を示す情報
(2) 船舶警報通報装置の作動を停止させるまで船舶の位置情報を継続的に送信するものであること。
(3) 航海船橋及びそれ以外の適当な場所において(1)に掲げる情報の送信を操作できるものであること。
(4) 誤操作による(1)に掲げる情報の送信を防止するための措置が講じられているものであること。
(5) 他の船舶に(1)に掲げる情報を送信しないものであること。
(6) 可視可聴の警報を発しないものであること。

〔2〕 **船舶指標対応措置**（保安法6条，保安則7条）

　国際航海日本船舶の所有者は，国土交通大臣が国際航海日本船舶について，国際海上運送保安指標を設定し，かつ，これを公示した場合，速やかに，船舶保安規程に定めるところにより，国土交通大臣が設定する国際海上運送保安指標（当該国際海上運送保安指標が変更されたときは，その変更後のものに対応して当該国際航海日本船舶の保安の確保のためにとるべき国土交通省令で定める措置をいう。）を実施しなければならない。

　また，国際航海日本船舶が条約国の港にあり，又は条約締約国の港に入港しようとする場合で，当該港の国際海上運送保安指標の設定が，国土交通大臣が設定する国際海上運送保安指標と異なる場合は，当該政府の設定した指標を国土交通大臣が設定したものとみなして，これに対応する措置を行わなければならない。

国際海上運送保安指標	措　　　置
保安レベル1	① 制限区域を設定し，施錠その他の措置を講ずること。 ② 国際航海日本船舶に人又は車両が正当な理由なく立ち入ることを防止するため，本人確認その他の措置を講ずること。 ③ 積荷，船用品その他の国際航海日本船舶に持ち込まれる物（以下この表において「積荷等」という。）について点検をすること。 ④ 船内の巡視又は監視をすること。 ⑤ 国際航海日本船舶の周囲の監視をすること。 ⑥ 関係行政機関及び埠頭保安管理者その他の関係者との連絡及び調整を図ること。 ⑦ その他国土交通大臣が特に必要と認めた措置を講ず

	ること。
保安レベル2	① 制限区域を設定し，施錠その他の措置を講ずること。 ② 国際航海日本船舶に人又は車両が正当な理由なく立ち入ることを防止するため，本人確認その他の措置を強化すること。 ③ 積荷等について点検を強化すること。 ④ 船内の巡視又は監視を強化すること。 ⑤ 国際航海日本船舶の周囲の監視を強化すること。 ⑥ 関係行政機関及び埠頭保安管理者その他の関係者との連絡及び調整を図ること。 ⑦ その他国土交通大臣が特に必要と認めた措置を講ずること。
保安レベル3	① 制限区域を設定し，施錠その他の措置を講ずること。 ② 国際航海日本船舶に当該国際航海日本船舶における業務の関係者以外の者又は当該関係者に係る車両以外の車両が立ち入ることを禁止すること。 ③ 積荷等の積卸しを一時停止すること。 ④ すべての照明の点灯，監視設備の作動等により国際航海日本船舶の船内及びその周囲の監視を徹底すること。 ⑤ 船内の巡視を強化すること。 ⑥ 関係行政機関及び埠頭保安管理者その他の関係者との連絡及び調整を図ること。 ⑦ その他国土交通大臣が特に必要と認めた措置を講ずること。

　国際航海日本船舶であって国際不定期旅客船（海上運送法（昭和24年法律87号）2条6項に規定する不定期航路事業に使用する旅客船をいう。以下この条において「国際不定期日本旅客船」という。）であるものが重要国際埠頭施設及び承認を受けた埠頭保安規程に相当する規程に係る重要国際埠頭施設以外の国際埠頭施設（以下「重要国際埠頭施設等」という。）に係留される場合における国土交通省令で定める措置は，保安確認書（当該国際不定期日本旅客船の船長又はその船舶保安管理者と当該重要国際埠頭施設等の埠頭保安管理者又は埠頭保安管理者に相当する者との間で当該国際不定期日本旅客船及び重要国際埠頭施設等の保安の確保のために必要な措置について協議した結果を国土交通大臣が告示で定めるところにより相互に確認する書面をいう。）の作成及び当該保安確認書において確認された事項の実施とする。保安確認書は，作成した日から3年間保存するものとする。

〔3〕 **船舶保安統括者**（保安法7条，保安則8条）
(1) 船舶保安統括者の知識及び能力（保安法7条1項）

　　国際航海日本船舶の所有者は，当該国際航海日本船舶に係る保安の確保に関する業務を統括管理させるため，当該国際航海日本船舶の乗組員以外の者であって，以下に掲げる船舶の保安の確保に関する知識及び能力（保安則8条1項）を有し，国際航海日本船舶の保安の確保に関する業務を適切に遂行することができる管理的又は監督的地位にある者のうちから，船舶保安統括者1人を選任しなければならない。

① 本法及び本法に基づく命令並びにSOLAS条約附属書第11章の2及び国際規則に規定する事項
② 船舶警報通報装置に関する事項
③ 船舶指標対応措置に関する事項
④ 操練その他教育訓練の実施に関する事項
⑤ 船舶保安記録簿に関する事項
⑥ 船舶保安規程及び船舶保安評価書に関する事項
⑦ 危害行為に用いられるおそれのある武器及び爆発物その他の危険物に関する事項
⑧ 危害行為が発生した場合の対処方法に関する事項
⑨ 船舶の保安に関する情報の管理方法に関する事項
⑩ 船舶の運航に関する事項
⑪ 港湾施設の運営に関する事項

(2) 船舶保安統括者の選解任（保安法7条2項）

　　国際航海日本船舶の所有者は，船舶保安統括者を選任したときは，遅滞なく，その旨を国土交通大臣に届け出なければならない。また，解任したときも，同様に届け出なければならない。

(3) 船舶保安統括者の解任等（保安法7条3項，4項）

　　船舶保安統括者は，誠実にその業務を遂行しなければならない。
　　国土交通大臣は，船舶保安統括者がこの法律又はこの法律に基づく命令の規定に違反したときは，国際航海日本船舶の所有者に対し，当該船舶保安統括者の解任を命ずることができる。

(4) 船舶保安統括者不適格者（保安則8条2項）

　　以下に掲げる事項に該当する者は，船舶保安統括者に選任できない。

① 法又は法に基づく命令の規定に違反して罰金以上の刑に処せられ，その執行を終わり，又は執行を受けることがなくなった日から2年を経過しな

い者
② 国土交通大臣の命令により解任（保安法7条4項）され，解任された日から2年を経過しない者
(5) 船舶保安統括者の業務（保安法7条5項，保安則8条5項）
① 船舶保安規程の作成及びその変更に関すること。
② 船舶保安評価書の作成に関すること。
③ 船舶保安規程の承認，法定検査，船級協会の審査及び検査並びに船級協会の検査に係る申請その他の行為に関すること。
④ 船舶保安管理者その他当該国際航海日本船舶に係る保安の確保に関する業務に従事する者（以下「船舶保安従事者」という。）に対する教育訓練の実施の管理に関すること。
⑤ 行われるおそれのある危害行為に関する情報の提供に関すること。
⑥ 国際航海日本船舶に係る保安の確保に関する業務に関する監査に関すること。
⑦ 船舶保安管理者その他の関係者との連絡及び調整に関すること。

〔4〕 **船舶保安管理者**（保安法8条）
(1) 船舶保安管理者の知識及び能力

国際航海日本船舶の所有者は，国際航海日本船舶に係る保安の確保に関する業務を当該国際航海日本船舶において管理させるため，当該国際航海日本船舶の乗組員であって，国土交通大臣の行う船舶の保安の確保に関する講習（保安則10条，11条）を修了したもので，国際航海日本船舶の保安の確保に関する業務を適切に遂行することができる管理的又は監督的地位にある者のうちから，船舶保安管理者1人を選任しなければならない。

国土交通大臣は，独立行政法人海技教育機構海技大学校に船舶保安管理者講習の実施に関する業務の全部を行わせるものとする（保安則10条1項）。講習の内容は，以下に掲げる事項について行う（保安則11条）。
① 本法及び本法に基づく命令並びにSOLAS条約附属書第11の2章及び国際規則に規定する事項
② 船舶警報通報装置に関する事項
③ 船舶指標対応措置の実施に関する事項
④ 操練その他教育訓練の実施に関する事項
⑤ 船舶保安記録簿の記載に関する事項
⑥ 船舶保安規程に定められた事項の実施に関する事項
⑦ 危害行為に用いられるおそれのある武器及び爆発物その他の危険物に関

する事項
⑧　危害行為が発生した場合の対処方法に関する事項
⑨　船舶の保安に関する情報の管理方法に関する事項
⑩　船舶保安管理者の業務の遂行について国土交通大臣が必要と認める知識及び能力に関する事項
(2)　船舶保安管理者の選解任（保安法8条3項）
　　国際航海日本船舶の所有者は，船舶保安管理者を選任したときは，遅滞なく，その旨を国土交通大臣に届け出なければならない。また，解任したときも，同様に届け出なければならない。
(3)　船舶保安管理者の解任等（保安法8条4項）
　　船舶保安管理者は，誠実にその業務を遂行しなければならない。
　　国土交通大臣は，船舶保安管理者がこの法律又はこの法律に基づく命令の規定に違反したときは，国際航海日本船舶の所有者に対し，当該船舶保安管理者の解任を命ずることができる。
(4)　船舶保安管理者不適格者（保安則9条1項）
　　以下に掲げる事項に該当する者は，船舶保安管理者に選任できない。
　① 法又は法に基づく命令の規定に違反して罰金以上の刑に処せられ，その執行を終わり，又は執行を受けることがなくなった日から2年を経過しない者
　② 国土交通大臣の命令により解任（保安法8条4項）され，解任された日から2年を経過しない者
(5)　船舶保安管理者の業務（保安法8条4項，保安則9条4項）
　① 船舶警報通報装置の保守点検又は較正の実施に関すること。
　② 船舶指標対応措置の実施に関すること。
　③ 乗組員に対する操練その他教育訓練の実施に関すること。
　④ 行われた危害行為に関する情報の船舶保安統括者への報告に関すること。
　⑤ 船舶指標対応措置の実施に関し，船舶保安統括者その他の関係者との連絡及び調整に関すること。

〔5〕　操　　練（保安法9条）
(1)　国際航海日本船舶の所有者は，船長（船長以外の者が船長に代わってその職務を行うべきときは，その者）に，当該国際航海日本船舶の乗組員について，船舶指標対応措置の実施を確保するために必要な操練（以下単に「操練」という。）を，船舶保安規程に定めるところにより，少なくとも3月に1回実施させなければならない。ただし，過去3月間に実施された操練に参加した乗

組員の数が乗組員の数の4分の3を下回った場合は、その日から1週間以内に実施しなければならない（保安則14条1項）。

(2) 国際航海日本船舶の船舶保安統括者は、少なくとも毎年1回、かつ、18月を超えない間隔で、操練の実施に際し、船舶保安管理者その他の関係者との連絡及び調整を実施しなければならない（保安則14条2項）。

〔6〕 **船舶保安記録簿**（保安法10条、保安則15条）

　国際航海日本船舶の所有者は、船舶保安記録簿を当該国際航海日本船舶内に備え付けなければならない。国際航海日本船舶の船舶保安管理者は、当該国際航海日本船舶について国土交通大臣が設定した国際海上運送保安指標の変更その他の国土交通省令で定める以下に掲げる事由があったときは、その都度、船舶保安記録簿への記載を行わなければならない。国際航海日本船舶の所有者は、船舶保安記録簿をその最後の記載をした日から3年間当該国際航海日本船舶内に保存しなければならない。

事　由	事　項
国際航海日本船舶についての国際海上運送保安指標の設定及び変更	① 当該国際海上運送保安指標が設定され、又は変更された年月日 ② 設定され、又は変更された当該国際海上運送保安指標
国際航海日本船舶の保安の確保に関する設備の保守点検及び較正の実施	① 保守点検又は較正を実施した年月日 ② 保守点検又は較正を実施した設備の名称 ③ 保守点検又は較正の内容
操練その他教育訓練の実施	① 操練その他教育訓練の参加者の氏名 ② 操練その他教育訓練を実施した年月日 ③ 操練その他教育訓練の内容
船舶保安規程の見直し	① 見直しの年月日 ② 見直しの結果に基づく変更の有無
船舶保安評価書の見直し	① 見直しの年月日 ② 見直しの結果に基づく作成の有無
国際航海日本船舶に係る保安の確保に関する業務に関する監査	① 監査を行った年月日 ② 監査の結果に基づき講じた措置
国際航海日本船舶の保安に関する情報に関する通信	① 通信の内容 ② 通信を行った年月日 ③ 通信を行った相手
危害行為の発生	① 危害行為が発生した年月日 ② 危害行為が発生した時における当該国際航海日本船舶の位置 ③ 危害行為の内容及び講じた措置

船舶保安記録簿の記載は，船員法（昭和22年運輸省令23号）3条の16の規定により決定した作業言語で行うものとする。この場合において，作業言語が英語でないときは，英語による訳文を付さなければならない。船舶保安記録簿に記載しなければならない事項が，電子計算機（入出力装置を含む。）に備えられたファイル又は磁気ディスク（これに準ずる方法により一定の事項を確実に記録しておくことができる物を含む。）に記録され，電子計算機その他の機器を用いて明確に紙面に表示される場合は，当該記録をもって船舶保安記録簿への記載に代えることができる（保安則15条）。

〔7〕　**船舶保安規程**（保安法11条，保安則17条，20条）

(1)　船舶保安規程

　国際航海日本船舶の所有者は，当該国際航海日本船舶に係る船舶保安規程を定め，当該船舶保安規程を当該国際航海日本船舶内に備え置き，かつ，船舶保安規程に定められた事項を適確に実施しなければならない。船舶保安規程とは，当該国際航海日本船舶に係る船舶警報通報装置等の設置に関する事項，船舶指標対応措置の実施に関する事項，船舶保安統括者の選任に関する事項，船舶保安管理者の選任に関する事項，操練の実施に関する事項及び船舶保安記録簿の備付けに関する事項その他の当該国際航海日本船舶の保安の確保のために必要な国土交通省令で定める以下に掲げる事項について記載した規程をいう。国際航海日本船舶の船舶保安管理者は，船舶保安規程に定められた事項を，当該国際航海日本船舶の乗組員に周知させなければならない。

① 　船舶警報装置に関する事項
② 　船舶指標対応措置の実施に関する事項
③ 　船舶保安統括者の選任に関する事項
④ 　船舶保安管理者の選任に関する事項
⑤ 　操練その他教育訓練の実施に関する事項
⑥ 　船舶保安記録簿の備付けに関する事項
⑦ 　船舶保安従事者の職務及び組織に関する事項
⑧ 　国際航海日本船舶の保安の確保に関する設備に関する事項
⑨ 　国際航海日本船舶に係る保安の確保に関する業務に関する監査に関する業務
⑩ 　国際航海日本船舶の保安に関する情報の管理方法に関する事項
⑪ 　危害行為が発生した場合の対処方法に関する事項
⑫ 　国際航海日本船舶の保安の確保のために必要な事項として国土交通大臣が告示で定める事項

(2) 船舶保安規程の承認

　船舶保安規程は，国土交通大臣の承認を受けなければ，その効力を生じない。その変更（操練の実施に際しての関係者との連絡及び調整に関する事項に係る変更その他の国土交通省令で定める軽微な変更を除く。）をした場合も，国土交通大臣の承認を受けなければならない。

　船舶保安規程の承認の申請書には，国際航海日本船舶の所有者が作成した船舶保安評価書（当該国際航海日本船舶について，その構造，設備等を勘案して，当該国際航海日本船舶に対して危害行為が行われた場合に当該国際航海日本船舶の保安の確保に及ぼし，又は及ぼすおそれがある支障の内容及びその程度について国土交通省令で定めるところによりあらかじめ評価を行った結果を記載した書面をいう。）及び以下に掲げる書類（保安則17条）を添付しなければならない。

① 一般配置図
② 船体中央横断面図
③ 船舶警報通報装置の構造及び配置を示す図面
④ 制限区域を示す図面

(3) 船舶保安規程の軽微な変更

　国際航海日本船舶の所有者は，国土交通省令で定める軽微な変更（保安則20条）をしたときは，遅滞なく，その旨を国土交通大臣に届け出なければならない。

① 操練の実施に際しての関係者との連絡及び調整に関する事項に係る変更
② 船舶保安統括者の選任に関する事項
③ 船舶保安管理者の選任に関する事項
④ 国際航海日本船舶の保安の確保に支障がないと国土交通大臣が認める事項の変更

(4) 船舶保安規程の変更命令

　国土交通大臣は，国際航海日本船舶の保安の確保のために必要があると認めるときは，当該国際航海日本船舶の所有者に対し，船舶保安規程の変更を命ずることができる。

(5) 船舶保安評価書

　国際航海日本船舶の所有者は，船舶保安評価書を主たる事務所に備え置かなければならない。船舶保安評価書は，以下に掲げるところにより評価を行った結果を記載したものとする。

① 国際航海日本船舶の構造，設備等について実地にその状況を調査すること。

②　船舶保安評価書の作成に関する知識及び能力を有する者により評価が行われること。

第2節　船舶保安証書等

〔1〕　**船舶保安証書**（保安法13条，19条）

　国土交通大臣は，国際航海日本船舶が，以下に掲げる要件を満たしていると認めるときは，当該国際航海日本船舶の船舶所有者に対し，船舶保安証書（保安則第7号様式）を交付しなければならない（保安法13条1項）。
　①　技術上の基準に適合する船舶警報通報装置等（保安法5条）が設置されていること。
　②　船舶指標対応措置（保安法6条）が実施されていること。
　③　船舶保安統括者（保安法7条）が選任されていること。
　④　船舶保安管理者（保安法8条）が選任されていること。
　⑤　操練（保安法9条）が実施されていること。
　⑥　船舶保安記録簿（保安法10条）が船舶内に備え付けられていること。
　⑦　承認を受けた船舶保安規程（保安法11条）が船舶内に備え付けられていること。
　⑧　船舶保安規程に定められた事項が確実に実施されていること。

　船舶保安証書の交付を受けた国際航海日本船舶の所有者は，当該国際航海日本船舶内に，これらの証書を備え置かなければならない（保安法19条）。

　船舶保安証書の有効期間は5年とする。ただし，その有効期間が満了するときにおいて，国土交通省令で定める事由がある国際航海日本船舶については，国土交通大臣は，3月を限りその有効期間を延長することができる（保安法13条2項）。

〔2〕　**船舶保安証書の効力停止**（保安法16条）

　国土交通大臣は，以下に掲げる場合に該当すると認める場合は，それぞれに定める措置が講じられたと認めるまでの間，当該船舶保安証書の効力を停止する。
　①　技術上の基準に適合する船舶警報通報装置等が設置されていない場合
　②　船舶指標対応措置が実施されていない場合
　③　船舶保安統括者が選任されていない場合
　④　船舶保安管理者が選任されていない場合
　⑤　操練が実施されていない場合
　⑥　船舶保安記録簿が船舶内に備え置かれていない場合

⑦　承認を受けた船舶保安規程が船舶内に備え置かれていない場合
⑧　船舶保安規程に定められた事項が適確に実施されていない場合

〔3〕　**臨時船舶保安証書**（保安法17条）

　国際航海日本船舶の所有者は，当該国際航海日本船舶について所有者の変更があったことその他の国土交通省令で定める事由により有効な船舶保安証書の交付を受けていない当該国際航海日本船舶を臨時に国際航海に従事させようとするときは，当該国際航海日本船舶に係る船舶警報通報装置等の設置，船舶指標対応措置の実施，船舶保安統括者の選任，船舶保安管理者の選任，操練の実施，船舶保安記録簿の備付け並びに承認を受けるべき船舶保安規程の写しの備置き及びその適確な実施について国土交通大臣の行う臨時航行検査を受けなければならない。国土交通大臣は，検査の結果，当該国際航海日本船舶が以下の要件を満たしていると認めるときは，当該国際航海日本船舶の所有者に対し，臨時船舶保安証書を交付しなければならない。

①　技術上の基準に適合する船舶警報通報装置等（保安法5条）が設置されていること。
②　船舶指標対応措置（保安法6条）が実施されていること。
③　船舶保安統括者（保安法7条）が選任されていること。
④　船舶保安管理者（保安法8条）が選任されていること。
⑤　操練（保安法9条）が実施されていること。
⑥　船舶保安記録簿（保安法10条）が船舶内に備え付けられていること。
⑦　承認を受けるべき船舶保安規程の写しが船舶内に備え置かれていること。
⑧　承認を受けるべき船舶保安規程の写しに定められた事項が適確に実施されていること。

　臨時船舶保安証書の有効期間は，6月とする。ただし，その有効期間は，当該国際航海日本船舶の所有者が当該国際航海日本船舶について船舶保安証書の交付を受けたときは，満了したものとみなす。

〔4〕　**国際航海日本船舶の航行**（保安法18条）
(1)　国際航海日本船舶は，有効な船舶保安証書又は臨時船舶保安証書の交付を受けているものでなければ，国際航海に従事させてはならない。
(2)　国際航海日本船舶は，船舶保安証書又は臨時船舶保安証書に記載された条件に従わなければ，国際航海に従事させてはならない。

〔5〕　**定期検査等**
(1)　定期検査（保安法12条）
　　国際航海日本船舶の所有者は，当該国際航海日本船舶を初めて国際航海に

従事させようとするときは，当該国際航海日本船舶に係る船舶警報通報装置等の設置，船舶指標対応措置の実施，船舶保安統括者の選任，船舶保安管理者の選任，操練の実施，船舶保安記録簿の備付け並びに船舶保安規程の備置き及びその適確な実施について国土交通大臣の行う定期検査を受けなければならない。また，船舶保安証書又は臨時船舶保安証書の交付を受けた国際航海日本船舶をその有効期間満了後も国際航海に従事させようとするときも，国土交通大臣の行う定期検査を受けなければならない。

(2) 中間検査（保安法14条）

　船舶保安証書の交付を受けた国際航海日本船舶の所有者は，当該船舶保安証書の有効期間中において国土交通省令で定める時期に，当該国際航海日本船舶に係る船舶警報通報装置等の設置，船舶指標対応措置の実施，船舶保安統括者の選任，船舶保安管理者の選任，操練の実施，船舶保安記録簿の備付け並びに船舶保安規程の備置き及びその適確な実施について国土交通大臣の行う中間検査を受けなければならない。

(3) 臨時検査（保安法15条）

　船舶保安証書の交付を受けた国際航海日本船舶の所有者は，当該国際航海日本船舶に設置された船舶警報通報装置等について国土交通省令で定める改造又は修理を行ったとき，当該国際航海日本船舶に係る船舶保安規程の変更（11条4項に規定する国土交通省令で定める軽微な変更を除く。）をしたとき，その他国土交通省令で定めるときは，当該船舶警報通報装置等の設置，当該船舶保安規程の備置き及びその適確な実施その他国土交通省令で定める事項について国土交通大臣の行う臨時検査を受けなければならない。

〔6〕 再　検　査（保安法21条）

① 定期検査の結果に不服がある者は，当該検査の結果に関する通知を受けた日の翌日から起算して30日以内に，その理由を記載した文書を添えて国土交通大臣に再検査を申請することができる。

② 再検査の結果に不服がある者は，その取消しの訴えを提起することができる。

③ 再検査を申請した者は，国土交通大臣の許可を受けた後でなければ関係部分の現状を変更してはならない。

④ 法定検査の結果及び再検査の結果のみ争うことができる。

〔7〕 船級協会の審査及び検査（保安法20条）

(1) 審査機関の登録

　国土交通大臣は，船級の登録に関する業務を行う者の申請により，その者

を船舶保安規程の審査並びに船舶警報通報装置等の設置，船舶指標対応措置の実施，船舶保安統括者の選任，船舶保安管理者の選任，操練の実施，船舶保安記録簿の備付け並びに船舶保安規程の備置き及びその適確な実施についての検査を行う者として登録する。国土交通大臣は，登録の申請をした者（以下「登録申請者」という。）が以下に掲げる要件のすべてに適合しているときは，その登録をしなければならない。

① 電圧計，電流計，周波数計，高周波電力計，シンクロスコープ，スペクトル分析器，絶縁抵抗器等，その他の設備を用いて定期検査，中間検査，臨時検査等を行うものであること。
② 以下の条件のいずれかに適合する知識経験を有する者が定期検査等を行うものであること。
  ◦ 船舶に係る保安の確保に関する業務について，別表第2の上欄に掲げる学歴の区分に応じ，それぞれ同表の下欄に掲げる年数以上の実務の経験を有すること。
  ◦ 船舶に係る保安の確保に関する業務について6年以上の実務の経験を有すること。
  ◦ 上記に掲げる者と同等以上の知識経験を有すること。
③ 登録申請者が，船舶の所有者又は船舶若しくは船舶警報通報装置等の製造，改造，修理，整備，輸入若しくは販売を業とする者（船舶関連事業者）に支配されているものとして，以下のいずれかに該当するものでないこと。
  ◦ 登録申請者が株式会社又は有限会社である場合にあっては，船舶関連事業者がその親会社（商法（明治32年法律第48号）211条の2・1項の親会社）であること。
  ◦ 登録申請者の役員（合名会社又は合資会社にあっては，業務執行権を有する社員）に占める船舶関連事業者の役員又は職員（過去2年間に当該船舶関連事業者の役員又は職員であった者を含む。）の割合が2分の1を超えていること。
  ◦ 登録申請者（法人にあっては，その代表権を有する役員）が，船舶関連事業者の役員又は職員（過去2年間に当該船舶関連事業者の役員又は職員であった者を含む。）であること。
④ 登録申請者が，以下のいずれかに該当するものでないこと。
  ◦ 日本の国籍を有しない者
  ◦ 外国又は外国の公共団体若しくはこれに準ずるもの
  ◦ 外国の法令に基づいて設立された法人その他の団体

。法人であって，上記に掲げる者がその代表者であるもの又はこれらの者がその役員の3分の1以上若しくは議決権の3分の1以上を占めるもの
(2) 船級協会の審査及び検査

　　船級協会が船舶保安規程についての審査並びに船舶警報通報装置等の設置，船舶指標対応措置の実施，船舶保安統括者の選任，船舶保安管理者の選任，操練の実施，船舶保安記録簿の備付け並びに船舶保安規程の備置き及びその適確な実施についての検査を行い，かつ，船級の登録をした国際航海日本船舶（旅客船を除く。）は，当該船級を有する間は，国土交通大臣による船舶保安規程の承認を受け，かつ，定期検査，中間検査，臨時検査等の要件を満たしていると認められたものとみなす。
(3) 国土交通大臣への提出書類

　　船級協会による審査及び検査を受けた国際航海日本船舶の所有者は，船舶保安証書又は臨時船舶保安証書の交付を受けようとするときは，当該国際航海日本船舶に係る船舶保安規程の写しを添付した申請書を，国土交通大臣に提出しなければならない。
(4) 守秘義務

　　船級協会の役員若しくは職員又はこれらの職にあった者は，審査及び検査に関して知り得た秘密を漏らしてはならない。

〔8〕　改善命令等（保安法22条）
(1) 国土交通大臣は，船舶保安証書の交付を受けた国際航海日本船舶が保安法16条各号に掲げる船舶保安証書の効力停止の条件に該当すると認めるときは，当該国際航海日本船舶の所有者に対し，それぞれ当該各号に定める措置，船舶保安証書の返納その他の必要な措置をとるべきことを命ずることができる。
(2) 国土交通大臣は，臨時船舶保安証書の交付を受けた国際航海日本船舶が以下に掲げる場合に該当すると認めるときは，当該国際航海日本船舶の所有者に対し，それぞれ該当する事項に定める措置，臨時船舶保安証書の返納その他の必要な措置をとるべきことを命ずることができる。
　① 国際航海日本船舶に，保安法5条2項の技術上の基準に適合する船舶警報通報装置等が同条1項の規定により設置されていない場合
　② 船舶指標対応措置が実施されていない場合
　③ 船舶保安統括者が選任されていない場合
　④ 船舶保安管理者が選任されていない場合
　⑤ 操練が実施されていない場合
　⑥ 船舶保安記録簿が備え付けられていない場合

⑦ 承認を受けるべき船舶保安規程の写しが国土交通省令で定めるところにより備え置かれていない場合
⑧ 船舶保安規程の写しに定められた事項が適確に実施されていない場合
(3) 国土交通大臣は，以下に掲げる事項に該当する事項の実施を命令したにもかかわらず当該国際航海日本船舶の所有者がその命令に従わない場合において，当該国際航海日本船舶の保安の確保のためにこれらの規定に規定する措置を確実にとらせることが必要と認めるときは，当該国際航海日本船舶の所有者又は船長に対し，当該国際航海日本船舶の航行の停止を命じ，又はその航行を差し止めることができる。国土交通大臣があらかじめ指定する国土交通省の職員は，以下に掲げる事項に該当する場合，当該国際航海日本船舶の保安の確保のために，以下の事項を改善する措置を確実にとらせることが緊急に必要と認めるときは，国土交通大臣の権限である当該国際航海日本船舶の航行の停止を命じ，又はその航行を差し止めることを即時に行うことができる。
① 承認を受けるべき船舶保安規程の写しを国土交通省令で定めるところにより備え置くこと。
② 船舶保安規程の写しに定められた事項を適確に実施すること。
③ 船舶保安統括者がこの法律又はこの法律に基づく命令の規定に違反したとき，国際航海日本船舶の所有者が，当該船舶保安統括者を解任すること。
④ 船舶保安管理者がこの法律又はこの法律に基づく命令の規定に違反したとき，国際航海日本船舶の所有者が，当該船舶保安管理者を解任すること。
⑤ 船舶保安規程を変更すること。

〔9〕 **報告の徴収等**（保安法23条）
(1) 国土交通大臣は，本法の規定（4条～22条）の施行に必要な限度において，国際航海日本船舶の所有者に対し，当該国際航海日本船舶の保安の確保のために必要な措置に関し報告をさせることができる。
(2) 国土交通大臣は，本法の規定（4条～22条）の規定の施行に必要な限度において，その職員に，国際航海日本船舶又は国際航海日本船舶の所有者の事務所に立ち入り，当該国際航海日本船舶の保安の確保のために必要な措置が適確に講じられているかどうかについて船舶警報通報装置等その他の物件を検査させ，又は当該国際航海日本船舶の乗組員その他の関係者に質問させることができる。ただし，立入検査の権限は，犯罪捜査のために認められたものと解釈してはならない。

第3節　外国船舶に関する措置

〔1〕　**国際航海外国船舶の保安の確保のために必要な措置**（保安法24条）

　国際航海外国船舶の所有者は，当該国際航海外国船舶に対して行われるおそれがある危害行為を防止するため，以下に掲げるところにより，当該国際航海外国船舶の保安の確保のために必要な措置を適確に講じなければならない。

①　技術上の基準に適合する船舶警報通報装置等に相当する装置を設置すること。
②　船舶指標対応措置に相当する措置を実施すること。
③　乗組員以外の者のうちから，船舶保安統括者に相当する者を選任すること。
④　乗組員であって，国土交通大臣の行う船舶の保安の確保に関する講習を修了した者と同等以上の知識及び能力を有するものを，船舶保安管理者に相当する者として選任すること。
⑤　船長に，当該国際航海外国船舶の乗組員について，操練に相当するものを実施させること。
⑥　船舶保安記録簿に相当する記録簿を備え付けること。
⑦　船舶保安規程に相当する規程を備え置くこと。
⑧　船舶保安規程に定められた事項を適確に実施すること。

〔2〕　**改善命令等**（保安法25条）

(1)　国土交通大臣は，国際航海外国船舶について保安の確保のために必要な措置が適確に講じられていないと認めるときは，当該国際航海外国船舶の船長に対し，必要な措置をとるべきことを命ずることができる。

(2)　国土交通大臣は，以下に掲げる事項に該当する事項の実施を命令したにもかかわらず当該国際航海外国船舶の所有者がその命令に従わない場合において，当該国際航海外国船舶の保安の確保のためにこれらの規定に規定する措置を確実にとらせることが必要と認めるときは，当該国際航海外国船舶の所有者又は船長に対し，当該国際航海外国船舶の航行の停止を命じ，又はその航行を差し止めることができる。国土交通大臣があらかじめ指定する国土交通省の職員は，以下に掲げる事項に該当する場合，当該国際航海外国船舶の保安の確保のために，以下の事項を改善する措置を確実にとらせることが緊急に必要と認めるときは，国土交通大臣の権限である当該国際航海外国船舶の航行の停止を命じ，又はその航行を差し止めることを即時に行うことができる。

①　承認を受けるべき船舶保安規程に相当する規定の写しを国土交通省令で

定めるところにより備え置くこと。
② 船舶保安規程に相当する規定の写しに定められた事項を適確に実施すること。
③ 船舶保安統括者に相当する者がこの法律又はこの法律に基づく命令の規定に違反したとき，国際航海外国船舶の所有者が，当該船舶保安統括者に相当する者を解任すること。
④ 船舶保安管理者に相当する者がこの法律又はこの法律に基づく命令の規定に違反したとき，国際航海外国船舶の所有者が，当該船舶保安管理者に相当する者を解任すること。
⑤ 船舶保安規程に相当する規定を変更すること。

〔3〕 **条約締約国の船舶に対する証書**（保安法26条）
　国土交通大臣は，SOLAS 条約の締約国である外国（条約締約国）の政府から当該条約締約国の船舶（旅客船その他の国土交通省令で定める船舶に限る。）について船舶保安証書に相当する証書を交付することの要請があった場合には，当該船舶に係る船舶警報通報装置等に相当する装置の設置，船舶指標対応措置に相当する措置の実施，船舶保安統括者に相当する者の選任，船舶保安管理者に相当する者の選任，操練に相当するものの実施，船舶保安記録簿に相当する記録簿の備付け並びに船舶保安規程に相当する規程の備置き及びその適確な実施について定期検査に相当する検査を行うものとし，その検査の結果，当該船舶が以下に掲げる要件を満たしていると認めるときは，当該船舶の所有者又は船長に対し，船舶保安証書に相当する証書を交付するものとする。
① 技術上の基準に適合する船舶警報通報装置等に相当する装置が設置されていること。
② 船舶指標対応措置に相当する措置が実施されていること。
③ 船舶保安統括者に相当する者が選任されていること。
④ 船舶保安管理者に相当する者が選任されていること。
⑤ 操練に相当するものが実施されていること。
⑥ 船舶保安記録簿に相当する記録簿が備え付けられていること。
⑦ 船舶保安規程に相当する規程が備え置かれていること。
⑧ 船舶保安規程に相当する規定に定められた事項が適確に実施されていること。

〔4〕 **報告の徴収等**（保安法27条）
(1) 国土交通大臣は，本法の規定（4条～22条）の施行に必要な限度において，国際航海外国船舶の所有者に対し，当該国際航海外国船舶の保安の確保のた

めに必要な措置に関し報告をさせることができる。
(2) 国土交通大臣は，本法の規定（4条〜22条）の規定の施行に必要な限度において，その職員に，国際航海外国船舶又は国際航海外国船舶の所有者の事務所に立ち入り，当該国際航海外国船舶の保安の確保のために必要な措置が適確に講じられているかどうかについて船舶警報通報装置等その他の物件を検査させ，又は当該国際航海外国船舶の乗組員その他の関係者に質問させることができる。ただし，立入検査の権限は，犯罪捜査のために認められたものと解釈してはならない。

第4章　国際港湾施設の保安の確保

第1節　国際埠頭施設に関する措置

〔1〕　国際埠頭施設の保安（保安法28条）

国際埠頭施設の設置者及び管理者（当該国際埠頭施設の管理者が複数あるときは，当該複数の管理者）は，当該国際埠頭施設に対して行われるおそれがある危害行為を防止するため，当該国際埠頭施設の保安の確保のために必要な措置を適確に講じなければならない。

〔2〕　埠頭指標対応措置（保安法29条，保安則53条，55条）

(1) 重要港湾（港湾法（昭和25年法律218号）2条2項に規定する重要港湾）における国際埠頭施設（国際航海船舶の利用の状況その他の事情を勘案して国土交通省令で定める基準（保安則53条）に該当しないものを除く。以下「重要国際埠頭施設」という。）の管理者は，国土交通省令で定めるところにより，埠頭指標対応措置を実施しなければならない。

国際海上運送保安指標	措　　　置
保安レベル1	①　制限区域を設けること。 ②　制限区域に人又は車両が正当な理由なく立ち入ることを防止するため，本人確認その他の措置を講ずること。 ③　貨物，船用品その他の制限区域に持ち込まれる物（以下この表において「貨物等」という。）について点検をすること。 ④　重要国際埠頭施設内の巡視又は監視をすること。 ⑤　重要国際埠頭施設の前面の水域の監視をすること。 ⑥　関係行政機関及び船舶保安管理者その他の関係者との連絡及び調整を図ること。 ⑦　その他国土交通大臣が特に必要と認めた措置を講ずること。

保安レベル2	① 制限区域を設定すること。 ② 制限区域に人又は車両が正当な理由なく立ち入ることを防止するため，本人確認その他の措置を強化すること。 ③ 貨物等について点検を強化すること。 ④ 重要国際埠頭施設内の巡視又は監視を強化すること。 ⑤ 重要国際埠頭施設の前面の水域の監視を強化すること。 ⑥ 関係行政機関及び船舶保安管理者その他の関係者との連絡及び調整を図ること。 ⑦ その他国土交通大臣が特に必要と認めた措置を講ずること。
保安レベル3	① 制限区域を設定すること。 ② 制限区域に重要国際埠頭施設における業務の関係者以外の者又は当該関係者に係る車両以外の車両が立ち入ることを禁止すること。 ③ 貨物等の制限区域への受入れを一時停止すること。 ④ 重要国際埠頭施設内を常時監視すること。 ⑤ 重要国際埠頭施設の前面の水域を常時監視すること。 ⑥ 関係行政機関及び船舶保安管理者その他の関係者との連絡及び調整を図ること。 ⑦ その他国土交通大臣が特に必要と認めた措置を講ずること。

(2) 重要国際埠頭施設の管理者は，以下に示す基準に従って，埠頭指標対応措置を講ずるために必要な設備（埠頭保安設備）を設置し，及び維持しなければならない。重要国際埠頭施設の設置者が埠頭保安設備を設置し，及び維持する場合も，同様とする。

国土交通省令で定める技術上の基準（保安則55条）
① 制限区域をさく，壁その他の障壁（以下「障壁」という。）で明確に区画し，かつ，見やすい位置に当該制限区域を示す標識を設けること。
② 障壁は人が容易に侵入することを防止できる十分な高さ及び構造を有するものであること。
③ 制限区域の出入口にある扉には，容易に開けることができず，かつ，壊されることがない構造を有するかぎ又は錠を施すこと。
④ 重要国際埠頭施設の内外の監視のために十分な照度を確保した照明設備を設けること。
⑤ 車両が制限区域に容易に侵入できないように車止めを設けること。

⑥ 重要国際埠頭施設が国際コンテナ埠頭施設，国際車両航送施設又は国際旅客施設を含む場合にあっては，以下に掲げる基準に適合する監視装置を設けること。
　　○ 国際コンテナ埠頭施設又は国際車両航送施設を含む場合にあっては，重要国際埠頭施設の内外の監視ができること。
　　○ 国際旅客施設を含む場合にあっては，国際旅客施設内の制限区域の監視ができること。
　　○ 一定期間記録を保存できる機能を備えていること。
(3) 重要国際埠頭施設の管理者は，埠頭指標対応措置の実施に際し，相互に，情報の提供その他必要な協力を行わなければならない。

〔3〕 **埠頭保安管理者**（保安法30条，保安則56条）
(1) 重要国際埠頭施設の管理者は，当該重要国際埠頭施設に係る保安の確保に関する業務を管理させるため，国際埠頭施設の保安の確保に関する知識及び能力について国土交通省令で定める要件を備える者で，重要国際埠頭施設に係る保安の確保に関する業務を適切に遂行することができる管理的又は監督的地位にある者のうちから，重要国際埠頭施設について埠頭保安管理者1人を選任しなければならない（保安則56条）。

保安に関する知識と能力
① 法及び法に基づく命令並びにSOLAS条約附属書第11章の2及び国際規則に規定する事項
② 埠頭指標対応措置に関する事項
③ 埠頭保安設備に関する事項
④ 埠頭訓練その他教育訓練の実施に関する事項
⑤ 埠頭保安規程及び埠頭施設保安評価準備書に関する事項
⑥ 危害行為に用いられるおそれのある武器及び爆発物その他の危険物に関する事項
⑦ 危害行為が発生した場合の対処方法に関する事項
⑧ 港湾施設の保安に関する情報の管理方法に関する事項
⑨ 船舶の運航に関する事項
⑩ 港湾施設の運営に関する事項

(2) 重要国際埠頭施設の管理者は，前項に規定する埠頭保安管理者を選任したときは，遅滞なく，その旨を国土交通大臣に届け出なければならない。これを解任したときも，同様とする。
(3) 埠頭保安管理者は，誠実にその業務を遂行しなければならない。

(4) 国土交通大臣は，埠頭保安管理者がこの法律又はこの法律に基づく命令の規定に違反したときは，重要国際埠頭施設の管理者に対し，埠頭保安管理者の解任を命ずることができる。
(5) 埠頭保安管理者の業務の範囲（保安則56条5項）を以下に示す。
　① 埠頭指標対応措置の実施に関すること。
　② 埠頭保安設備の保守点検の実施に関すること。
　③ 重要国際埠頭施設に係る保安の確保に関する業務に従事する者（以下「埠頭保安従事者」という。）に対する埠頭訓練その他教育訓練の実施に関すること。
　④ 埠頭保安規程の作成及びその変更に関すること。
　⑤ 埠頭施設保安評価準備書の作成に関すること。
　⑥ 埠頭保安規程の承認に係る申請その他の行為に関すること。
　⑦ 行われるおそれのある危害行為に関する情報の提供に関すること。
　⑧ 重要国際埠頭施設に係る保安の確保に関する業務に関する監査に関すること。
　⑨ 船舶保安管理者その他の関係者との連絡及び調整に関すること。

〔4〕 埠 頭 訓 練（保安法31条）
　重要国際埠頭施設の管理者は，当該重要国際埠頭施設に係る保安の確保に関する業務に従事する者について，埠頭指標対応措置の実施を確保するために必要な訓練（以下「埠頭訓練」という。）を少なくとも3月に1回行うものとする。この場合において，水域保安管理者その他の関係者との連携に係る埠頭訓練は，少なくとも毎年1回，かつ，18月を超えない間隔で実施しなければならない（保安則57条）。

〔5〕 埠頭保安規程（保安法32条）
(1) 埠頭保安規程（保安則58条）
　重要国際埠頭施設の管理者は，当該重要国際埠頭施設に係る保安について必要な以下に掲げる事項について記載した埠頭保安規程を定めなければならない。埠頭保安規程は，国土交通大臣があらかじめ交付する港湾施設保安評価書（当該重要国際埠頭施設について，その構造，設備等を勘案して，当該重要国際埠頭施設に対して危害行為が行われた場合に当該重要国際埠頭施設の保安の確保に及ぼし，又は及ぼすおそれがある支障の内容及びその程度について国土交通省令で定めるところによりあらかじめ評価を行った結果を記載した書面をいう。）を踏まえて定めなければならない。
　① 埠頭指標対応措置の実施に関する事項

② 埠頭保安設備の設置及び維持に関する事項
③ 埠頭保安管理者の選任に関する事項
④ 埠頭訓練その他教育訓練の実施に関する事項
⑤ 埠頭保安従事者の職務及び組織に関する事項
⑥ 重要国際埠頭施設に係る保安の確保に関する業務に関する監査に関する事項
⑦ 危害行為が発生した場合の対処方法に関する事項
⑧ 重要国際埠頭施設の保安の確保のために必要な事項として国土交通大臣が告示で定める事項

　重要国際埠頭施設の設置者（国を除く。）と管理者とが異なり，かつ，重要国際埠頭施設の設置者が埠頭保安設備を設置し，及び維持するときは，埠頭保安規程のうち当該埠頭保安設備の設置及び維持に係る部分については，当該重要国際埠頭施設の設置者及び管理者が共同して定めなければならない。また，重要国際埠頭施設が複数あるときは，当該複数の重要国際埠頭施設に係る同項の埠頭保安規程を一体のものとして定めることができる。

　重要国際埠頭施設の管理者又は設置者及び管理者は，埠頭保安規程に定められた事項を適確に実施しなければならない。

(2) 国土交通大臣の承認

　埠頭保安規程は，国土交通大臣の承認を受けなければ，その効力を生じない。その変更（埠頭訓練の実施に際しての関係者との連絡及び調整に関する事項に係る変更その他の国土交通省令で定める軽微な変更を除く。）をしたときも，同様とする。

　国土交通大臣は，埠頭保安規程が当該重要国際埠頭施設の保安の確保のために十分でないと認めるときは，埠頭保安規程の承認をしてはならない。

(3) 軽微な変更

　承認を受けた埠頭保安規程に係る重要国際埠頭施設の管理者又は設置者及び管理者は，以下に掲げる軽微な変更をしたときは，遅滞なく，その旨を国土交通大臣に届け出なければならない。

① 埠頭訓練の実施に際しての関係者との連絡及び調整に関する事項に係る変更
② 埠頭保安管理者の選任に関する事項の変更
③ 前2号に掲げるもののほか，重要国際埠頭施設の保安の確保に支障がないと国土交通大臣が認める事項の変更

(4) 承認の取消し

国土交通大臣は，以下のいずれかに該当するときは，埠頭保安規程の承認を取り消すことができる。
① 承認を受けた埠頭保安規程に係る重要国際埠頭施設の管理者又は設置者及び管理者が，この節の規定又は当該規定による命令若しくは処分に違反したとき。
② 重要国際埠頭施設の管理者又は設置者及び管理者が，不正な手段によって埠頭保安規程の承認を受けたとき。

〔6〕 **重要国際埠頭施設以外の国際埠頭施設の保安**（保安法33条）
　重要国際埠頭施設以外の国際埠頭施設の管理者は，当該国際埠頭施設に係る埠頭指標対応措置に相当する措置の実施に関する事項，埠頭保安設備に相当する設備の設置及び維持に関する事項，埠頭保安管理者に相当する者の選任に関する事項並びに埠頭訓練に相当するものの実施に関する事項その他の当該国際埠頭施設の保安の確保のために必要な以下に掲げる事項について記載した埠頭保安規程に相当する規程を定め，国土交通大臣の承認を受けることができる。保安法29条から32条まで（32条1項を除く。）の規定は，承認を受けた埠頭保安規程に相当する規程に係る重要国際埠頭施設以外の国際埠頭施設について準用する。
① 埠頭指標対応措置に相当する措置の実施に関する事項
② 埠頭保安設備に相当する設備の設置及び維持に関する事項
③ 埠頭保安管理者に相当する者の選任に関する事項
④ 埠頭訓練に相当する訓練その他教育訓練の実施に関する事項
⑤ 埠頭保安従事者に相当する者の職務及び組織に関する事項
⑥ 重要国際埠頭施設以外の国際埠頭施設に係る保安の確保に関する業務に関する監査に関する事項
⑦ 重要国際埠頭施設以外の国際埠頭施設の保安に関する情報の管理方法に関する事項
⑧ 危害行為が発生した場合の対処方法に関する事項
⑨ 前各号に掲げるもののほか，重要国際埠頭施設以外の国際埠頭施設の保安の確保のために必要な事項として国土交通大臣が告示で定める事項

〔7〕 **改善勧告等**（保安法34条）
　国土交通大臣は，重要国際埠頭施設が以下に掲げる場合に該当すると認めるときは，当該重要国際埠頭施設の管理者又は設置者及び管理者に対し，それぞれに定める措置その他の必要な措置をとるべきことを勧告することができる。また，国土交通大臣は，勧告をしたにもかかわらず当該重要国際埠頭施設の管

理者又は設置者及び管理者がその勧告に従わない場合において，当該重要国際埠頭施設の保安の確保のために以下に掲げる状態を改善する措置を確実にとらせることが必要と認めるときは，当該重要国際埠頭施設の管理者又は設置者及び管理者に対し，これらの状態を改善する措置をとるべきことを命ずることができる。
　① 埠頭指標対応措置が実施されていない場合
　② 技術上の基準に従って埠頭保安設備が設置，又は維持されていない場合
　③ 埠頭保安管理者が選任されていない場合
　④ 埠頭訓練が実施されていない場合
　⑤ 埠頭保安規程が定められていない場合又はこれらの規定により定められた埠頭保安規程について承認を受けていない場合
　⑥ 埠頭保安規程に定められた事項が適確に実施されていない場合

〔8〕　**報告の徴収**（保安法35条）
(1)　国土交通大臣は，この節の規定の施行に必要な限度において，承認を受けた埠頭保安規程に係る重要国際埠頭施設の管理者又は設置者及び管理者並びに承認を受けた埠頭保安規程に相当する規程に係る者に対し，当該国際埠頭施設の保安の確保のために必要な措置に関し報告をさせることができる。
(2)　国土交通大臣は，規定の施行に必要な限度において，その職員に，承認を受けた埠頭保安規程又は承認を受けた埠頭保安規程に相当する規程により国際埠頭施設の保安の確保のために必要な措置を講ずべき場所に立ち入り，当該国際埠頭施設の保安の確保のために必要な措置が適確に講じられているかどうかについて埠頭保安設備その他の物件を検査させ，又は当該国際埠頭施設に係る保安の確保に関する業務に従事する者その他の関係者に質問させることができる。ただし，立入検査の権限は，犯罪捜査のために認められたものと解釈してはならない。

第2節　国際水域施設に関する措置

〔1〕　**国際水域施設の保安**（保安法36条）
　国際水域施設の管理者は，当該国際水域施設に対して行われるおそれがある危害行為を防止するため，当該国際水域施設の保安の確保のために必要な措置を適確に講じなければならない。

〔2〕　**水域指標対応措置**（保安法37条，保安則65条）
　特定港湾管理者（重要港湾（重要国際埠頭施設のある重要港湾に限る。）における国際水域施設の管理者である港湾管理者（港湾法2条1項に規定する港湾管理者をい

う。）をいう。）は，国土交通省令で定めるところにより，水域指標対応措置を実施しなければならない。

国際海上運送保安指標	措 置
保安レベル1	① 重要国際埠頭施設の前面の泊地において，制限区域を設定すること。 ② 制限区域に人又は船舶が正当な理由なく立ち入ることを防止するため，警告その他の措置を講ずること。 ③ 関係行政機関及び船舶保安管理者その他の関係者との連絡及び調整を図ること。 ④ その他国土交通大臣が特に必要と認めた措置を講ずること。
保安レベル2	① 重要国際埠頭施設の前面の泊地において，制限区域を設定すること。 ② 制限区域に人又は船舶が正当な理由なく立ち入ることを防止するため，警告その他の措置を講ずること。 ③ 重要国際埠頭施設の前面の泊地及びこれに接続する主な航路の巡視又は監視をすること。 ④ 関係行政機関及び船舶保安管理者その他の関係者との連絡及び調整を図ること。 ⑤ その他国土交通大臣が特に必要と認めた措置を講ずること。
保安レベル3	① 重要国際埠頭施設の前面の泊地において，制限区域を設定すること。 ② 制限区域に人又は船舶が正当な理由なく立ち入ることを防止するため，警告その他の措置を講ずること。 ③ 重要国際埠頭施設の前面の泊地及びこれに接続する主な航路の巡視又は監視を強化すること。 ④ 関係行政機関及び船舶保安管理者その他の関係者との連絡及び調整を図ること。 ⑤ その他国土交通大臣が特に必要と認めた措置を講ずること。

〔3〕 **水域保安管理者**（保安法38条，保安則66条）
(1) 特定港湾管理者は，当該国際水域施設に係る保安の確保に関する業務を管理させるため，国際水域施設の保安の確保に関する知識及び能力について国土交通省令で定める要件を備える者で，国際水域施設に係る保安の確保に関する業務を適切に遂行することができる管理的又は監督的地位にある者のうちから，水域保安管理者1人を選任しなければならない。
(2) 特定港湾管理者は，水域保安管理者を選任したときは，遅滞なく，その旨を国土交通大臣に届け出なければならない。これを解任したときも，同様と

(3) 水域保安管理者は，誠実にその業務を遂行しなければならない。
(4) 国土交通大臣は，水域保安管理者がこの法律又はこの法律に基づく命令の規定に違反したときは，特定港湾管理者に対し，水域保安管理者の解任を命ずることができる。
(5) 水域保安管理者の業務の範囲（保安則66条5項）を以下に示す。
① 水域指標対応措置の実施に関すること。
② 国際水域施設に係る保安の確保に関する業務に従事する者（水域保安従事者）に対する水域訓練その他教育訓練の実施に関すること。
③ 水域保安規程の作成及びその変更に関すること。
④ 水域施設保安評価準備書の作成に関すること。
⑤ 水域保安規程の承認に係る申請その他の行為に関すること。
⑥ 行われるおそれのある危害行為に関する情報の提供に関すること。
⑦ 国際水域施設に係る保安の確保に関する業務に関する監査に関すること。
⑧ 船舶保安管理者その他の関係者との連絡及び調整に関すること。

〔4〕 **水域訓練**（保安法39条）

特定港湾管理者は，当該国際水域施設に係る保安の確保に関する業務に従事する者について，水域指標対応措置の実施を確保するために必要な訓練（水域訓練）を実施しなければならない。少なくとも3月に1回行うものとする。この場合において，埠頭保安管理者その他の関係者との連携に係る水域訓練は，少なくとも毎年1回，かつ，18月を超えない間隔で行うものとする。

〔5〕 **水域保安規程**（保安法40条）

(1) 水域保安規程（保安則68条）

特定港湾管理者は，当該国際水域施設の保安に係る以下に掲げる事項を記載した水域保安規程を定めなければならない。また，特定港湾管理者は，水域保安規程に定められた事項を適確に実施しなければならない。
① 水域指標対応措置の実施に関する事項
② 水域保安管理者の選任に関する事項
③ 水域訓練その他教育訓練の実施に関する事項
④ 水域保安従事者の職務及び組織に関する事項
⑤ 国際水域施設に係る保安の確保に関する業務に関する監査に関する事項
⑥ 国際水域施設の保安に関する情報の管理方法に関する事項
⑦ 危害行為が発生した場合の対処方法に関する事項
⑧ 国際水域施設の保安の確保のために必要な事項として国土交通大臣が告

示で定める事項
(2) 国土交通大臣の承認

　水域保安規程は，国土交通大臣の承認を受けなければ，その効力を生じない。その変更（水域訓練の実施に際しての関係者との連絡及び調整に関する事項に係る変更その他の国土交通省令で定める軽微な変更を除く。）をしたときも，同様とする。

　国土交通大臣は，水域保安規程が当該国際水域の保安の確保のために十分でないと認めるときは，水域保安規程の承認をしてはならない。

(3) 軽微な変更

　承認を受けた水域保安規程に係る特定港湾管理者は，以下に掲げる軽微な変更をしたときは，遅滞なく，その旨を国土交通大臣に届け出なければならない。

　① 水域訓練の実施に際しての関係者との連絡及び調整に関する事項に係る変更
　② 水域保安管理者の選任に関する事項の変更
　③ 前２号に掲げるもののほか，国際水域施設の保安の確保に支障がないと国土交通大臣が認める事項の変更

(4) 承認の取消し

　国土交通大臣は，以下のいずれかに該当するときは，水域保安規程の承認を取り消すことができる。

　① 承認を受けた水域保安規程に係る特定港湾管理者が，この節の規定又は当該規定による命令若しくは処分に違反したとき。
　② 特定港湾管理者が不正な手段によって埠頭保安規程の承認を受けたとき。

〔６〕 **特定港湾管理者が管理する国際水域施設以外の国際水域施設の保安**（保安法41条）

　特定港湾管理者が管理する国際水域施設以外の国際水域施設の管理者は，当該国際水域施設に係る水域指標対応措置に相当する措置の実施に関する事項，水域保安管理者に相当する者の選任に関する事項及び水域訓練に相当するものの実施に関する事項その他の当該国際水域施設の保安の確保のために必要な国土交通省令で定める事項について記載した水域保安規程に相当する規程を定め，国土交通省令で定めるところにより，国土交通大臣の承認を受けることができる。保安法37条から40条まで（40条１項を除く。）の規定は，承認を受けた水域保安規程に相当する規程に係る特定港湾管理者が管理する国際水域施設以外の国際水域施設について準用する。

〔7〕 **改善勧告等**（保安法42条）
　国土交通大臣は，特定港湾管理者が管理する国際水域施設が以下に掲げる場合に該当すると認めるときは，当該特定港湾管理者に対し，それぞれに定める措置その他の必要な措置をとるべきことを勧告することができる。国土交通大臣は，勧告をしたにもかかわらず特定港湾管理者がその勧告に従わない場合において，当該特定港湾管理者が管理する国際水域施設の保安の確保のために以下に掲げる状態を改善する措置を確実にとらせることが必要と認めるときは，当該特定港湾管理者に対し，これらの状態を改善する措置をとるべきことを命ずることができる。
　① 水域指標対応措置が実施されていない場合
　② 水域保安管理者が選任されていない場合
　③ 水域訓練が実施されていない場合
　④ 水域保安規程が定められていない場合又は定められた水域保安規程についての承認を受けていない場合
　⑤ 前号の水域保安規程に定められた事項が適確に実施されていない場合　当該事項を適確に実施すること。

〔8〕 **報告の徴収**（保安法43条）
　国土交通大臣は，この節の規定の施行に必要な限度において，承認を受けた水域保安規程に係る特定港湾管理者及び承認を受けた水域保安規程に相当する規程に係る者に対し，当該国際水域施設の保安の確保のために必要な措置に関し報告をさせることができる。

第5章　国際航海船舶の入港に係る規定

〔1〕 **船舶保安情報**（保安法44条，保安則75条）
　本邦以外の地域の港から本邦の港に入港をしようとする国際航海船舶の船長，当該国際航海船舶の所有者又は船長若しくは所有者の代理人は，あらかじめ，当該国際航海船舶の名称，船籍港，直前の出発港，当該国際航海船舶に係る船舶保安証書又は船舶保安証書に相当する証書に記載された事項その他の国土交通省令で定める事項（船舶保安情報，保安則75条）を本邦の港に入港をする24時間前までに，入港をしようとする本邦の港を管轄する海上保安官署（管区海上保安本部（第11管区海上保安本部に限る。），海上保安監部，海上保安部，海上保安航空基地又は海上保安署をいう。）の長に通報しなければならない。通報した船舶保安情報を変更しようとするときは，当該船舶保安情報の通報を行った海上保安官

署の長に対して行い，この場合においては，当該通報の変更の理由を，併せて通報しなければならない。

　荒天，遭難その他の国土交通省令で定めるやむを得ない事由によりあらかじめ船舶保安情報を通報しないで本邦以外の地域の港から本邦の港に入港をした国際航海船舶の船長は，入港後直ちに，船舶保安情報を海上保安官署に通報しなければならない。

〔2〕　**国際航海船舶の入港規制**（保安法45条）
(1)　立入検査等

　　海上保安庁長官は，通報された船舶保安情報のみによっては当該国際航海船舶の保安の確保のために必要な措置が適確に講じられているかどうか明らかでないときは，当該国際航海船舶に係る危害行為に起因して当該国際航海船舶又は当該本邦の港にある他の国際航海船舶若しくは国際港湾施設に対して生ずるおそれがある危険を防止するため，当該国際航海船舶の船長に対し，必要な情報の提供をさらに求め，又はその職員に，当該国際航海船舶の航行を停止させてこれに立ち入り，当該措置が適確に講じられていないため当該危険が生ずるおそれがあるかどうかについて検査させ，若しくは当該国際航海船舶の乗組員その他の関係者に質問させることができる。

(2)　退去命令等

　　海上保安庁長官は，国際航海船舶の船長が船舶保安情報の提供の求め又は立入検査を拒否したときは，当該国際航海船舶の本邦の港への入港の禁止又は本邦の港からの退去を命ずることができる。

　　海上保安官は，船舶保安情報の通報があった場合において，通報された船舶保安情報の内容，さらに提供された情報の内容，立入検査の結果その他の事情から合理的に判断して，当該国際航海船舶に係る危害行為に起因して当該国際航海船舶又は当該本邦の港にある他の国際航海船舶若しくは国際港湾施設に対して急迫した危険が生ずるおそれがあり，当該危険を防止するため他に適当な手段がないと認めるときは，以下に掲げる措置を講ずることができる。

①　当該国際航海船舶の当該本邦の港への入港を禁止し，又は当該国際航海船舶を当該本邦の港から退去させること。
②　当該国際航海船舶の航行を停止させ，又は当該国際航海船舶を指定する場所に移動させること。
③　乗組員，旅客その他当該国際航海船舶内にある者を下船させ，又は積荷を陸揚げさせ，若しくは一時保管すること。

④　他船又は陸地との交通を制限し，又は禁止すること。
　　⑤　前各号に掲げる措置のほか，海上における人の生命若しくは身体に対する危険又は財産に対する重大な損害を及ぼすおそれがある行為を制止すること。
(3)　船舶所有者等への通知
　　海上保安庁長官が，職員に立入検査をさせようとするとき若しくは退去命令を発しようとするとき，又は海上保安官が(2)各号に掲げる措置を講じようとするときは，あらかじめ，その旨を当該国際航海船舶の所有者又は船長に通知しなければならない。
〔3〕　国際航海船舶以外の船舶への準用
　保安法44条，45条（44条4項及び45条2項を除く。）の規定は，国際航海船舶以外の船舶であって国際航海に従事するもののうち，国土交通省令で定める船舶（保安則77条）について準用する。

第6章　雑　　　則

　この法律は，「雑則」として，国家公安委員会又は海上保安庁長官は，公共の安全の維持又は海上の安全の維持のため特に必要があると認めるときは，国土交通大臣に意見を述べることができると規定している。

第7章　罰　　　則

　この法律の規定に違反した者に対しては，原則として罰則（拘禁刑，罰金，過料等）が課される（保安法55条〜65条）。

参 考 文 献

第2編　船舶法

運輸省海事法規研究会編『海事法規の解説（改訂初版）』（成山堂書店, 1976年）

運輸省海事法規研究会編『最新　海事法規の解説（第18次改訂初版）』（成山堂書店, 1984年）

日本小型船舶検査機構 HP　http://jci.go.jp/jci/pdf/toukei/year_touroku_R02.pdf　2021/12/20

第3編　船舶安全法

有馬光孝他編『船舶安全法の解説―法と船舶検査の制度―（5訂版）』（成山堂書店, 2014年）

国土交通省海事局監修『船舶検査受検マニュアル（増補改訂版）』（成山堂書店, 2012年）

日本海事代理士会編『船舶安全法の解説』（日本海事代理士会, 1998年）

国土交通省海事司安全基準課監修『2003年国際満載喫水線条約』（海文堂出版, 2006年）

国土交通省海事局監修『最新　海事法規の解説（24訂版）』（成山堂書店, 2004年）

デジタル庁 e-Gcv 法令検索（2024/12/1）

　船舶安全法　https://laws.e-gov.go.jp/law/308AC0000000011

　船舶安全法施行令　https://laws.e-gov.go.jp/law/309IO0000000013

　船舶安全法施行規則　https://laws.e-gov.go.jp/law/338M50000800041

　自衛隊法　https://laws.e-gov.go.jp/law/329AC0000000165#Mp-Ch_8-At_109

　自衛隊法施行令　https://laws.e-gov.go.jp/law/329CO0000000179/#Mp-Ch_7

　船舶構造規則　https://laws.e-gov.go.jp/law/410M50000800016

　船舶区画規程　https://laws.e-gov.go.jp/law/327M50000800097#Mp-Pa_5

　船舶防火構造規則
　　https://laws.e-gov.go.jp/law/355M50000800011/21171231_505M60000800008#TOC

　船舶機関規　https://laws.e-gov.go.jp/law/359M50000800028

　船舶設備規程　https://laws.e-gov.go.jp/law/309M10001000006

　船舶救命設備規則　https://laws.e-gov.go.jp/law/340M50000800036

　船舶消防設備規則　https://laws.e-gov.go.jp/law/340M50000800037

　漁船特殊規程　https://laws.e-gov.go.jp/law/309M10011000001

　船舶自動化設備特殊規則　https://laws.e-gov.go.jp/law/358M50000800006

　小型船舶安全規則　https://laws.e-gov.go.jp/law/349M50000800036

　小型漁船安全規則　https://laws.e-gov.go.jp/law/308AC0000000011#Mp-Ch_1-At_2

　船舶安全法第三十二条の漁船の範囲を定める政令
　　https://laws.e-gov.go.jp/law/349CO0000000258

　船舶復原性規則　https://laws.e-gov.go.jp/law/331M50000800076

　漁船特殊規則　https://laws.e-gov.go.jp/law/309M10011000000

　船舶等型式承認規則　https://laws.e-gov.go.jp/law/348M50000800050

船舶安全法の規定に基づく事業場の認定に関する規則
　　https://laws.e-gov.go.jp/law/348M50000800049#Mp-Ch_3-At_24
海上における人命の安全のための国際条約等による証書に関する省令
　　https://laws.e-gov.go.jp/law/340M50000800039#Mp-At_5
危険物船舶運送及び貯蔵規則
　　https://laws.e-gov.go.jp/law/332M50000800030#Mp-Pa_1-At_4
特殊貨物船舶運送規則　https://laws.e-gov.go.jp/law/339M50000800062
船舶安全法施行規則第一条第四項の特殊な構造又は設備を有する船舶を定める告示
　　https://www.mlit.go.jp/maritime/content/001321417.pdf

第4編　船員法

武城正長『海上労働法の研究』（多賀出版，1985年）
石井照久『海上労働の国際統一法運動と海上労働法の推移』（海洋産業研究所，1971年）
住田正二『船員法の研究』（成山堂書店，1973年）
西谷　敏『労働法（第3版）』（日本評論社，2020年）
菅野和夫『労働法（第12版）』（弘文堂，2019年）
野川　忍『労働法』（日本評論社，2018年）
吉田美喜夫・名古道功・根本　到『労働法Ⅱ（第2版）』（法律文化社，2013年）
菅野和夫・荒木尚志・山川隆一『詳説労働契約法（第2版）』（弘文堂，2014年）
野川　忍「国際労働規範の再生」労働法律旬報1626号（2006年）
吾郷眞一『国際労働基準法』（三省堂，1997年）
ILO, *Compendium of Maritime Labour Instruments*, 2008
海事法規研究会編／国土交通省海事局船員政策課協力　『船員法及び関係法令（令和6年9月30日現在）』（成山堂書店，2024）
デジタル庁 e-Gov 法令検索（2024/12/9）
　　船員法　https://laws.e-gov.go.jp/law/322AC0000000100
　　船員法施行規則　https://laws.e-gov.go.jp/law/322M40000800023?tab = compare
　　船員職業安定法　https://laws.e-gov.go.jp/law/323AC0000000130
　　船員労働安全衛生規則　https://laws.e-gov.go.jp/law/339M50000800053?tab = compare
　　指定漁船に乗り組む海員の労働時間及び休日に関する省令
　　　　https://laws.e-gov.go.jp/law/343M50000800049
　　船内における食料の支給を行う者に関する省令
　　　　https://laws.e-gov.go.jp/law/350M50000800007
　　船舶に乗り組む医師及び衛生管理者に関する省令
　　　　https://laws.e-gov.go.jp/law/337M50000800043
　　船員の労働条件等の検査等に関する規則
　　　　https://laws.e-gov.go.jp/law/425M60000800032
　　救命艇手規則　https://laws.e-gov.go.jp/law/337M50000800047
国際労働機関 HP　https://www.ilo.org　（2024/12/9）

第5編　船舶職員及び小型船舶操縦者法

運輸省海事法規研究会編『海事法規の解説（改訂初版）』（成山堂書店，1976年）

運輸省海事法規研究会編『最新 海事法規の解説（第18次改訂初版）』（成山堂書店，1984年）
日本小型船舶検査機構HP　https://jci.go.jp/jci/toukei_jouhou.html　2024/12/10
一般財団法人日本海洋レジャー安全・振興協会HP　https://www.jmra.or.jp/information/information-statistics_successfulexaminee　2021/12/20
国土交通省HP　https://www.mlit.go.jp/maritime/maritime_mn10_000006.html　2024/12/10
　　https://www.mlit.go.jp/maritime/maritime_tk10_000015.html　2024/12/10
デジタル庁 e-Gov 法令検索（2024/12/10）
　船舶職員及び小型船舶操縦者法
　　　　https://laws.e-gov.go.jp/law/326AC0000000149/20250601_504AC0000000068
　船舶職員及び小型船舶操縦者法施行規則
　　　　https://laws.e-gov.go.jp/law/326M50000800091/20250101_506M60000800091

第6編　海難審判法

高等海難審判庁監修『最新 海難審判法及び関係法令』（成山堂書店，2006年）
国土交通省海事局監修『最新 海事法規の解説（24訂版）』（成山堂書店，2004年）
総務省行政管理局ＨＰ法令データ提供システム
https://elaws.e-gov.go.jp/search/elawsSearch/elaws_search/lsg0500/detail?lawId=322AC0000000135（2019/04/16）
https://elaws.e-gov.go.jp/search/elawsSearch/elaws_search/lsg0500/detail?lawId=323CO0000000054（2019/04/16）
https://elaws.e-gov.go.jp/search/elawsSearch/elaws_search/lsg0500/detail?lawId=323M40000800008（2019/04/16）

第7編　海上衝突予防法

藤本昌志『図解 海上衝突予防法（10訂版）』（成山堂書店，2019年）
海上保安庁交通部安全課監修『海上衝突予防法100問100答（2訂版）』（成山堂書店，2007年）
海上保安庁監修『海上衝突予防法の解説（改訂9版）』（海文堂出版，2017年）
松井孝之，赤地　茂，久古弘幸　共訳『1972年国際海上衝突予防規則の解説（第7版）』成山堂書店，2017年
A.N.Cockcroft and J.N.F Lameijer, A GUIDE TO THE Collision Avoidance Rules 7th edition, Butterworth-Heinemann, 2011
福井淡原著・淺木健司改訂『図説海上衝突予防法（第22版）』海文堂出版，2018年
国土交通省海事局監修『最新 海事法規の解説（24訂版）』（成山堂書店，2004年）
IMO, SHIPS' ROUTEING 2017edition, 2017
総務省行政管理局ＨＰ法令データ提供システム
https://elaws.e-gov.go.jp/search/elawsSearch/elaws_search/lsg0500/detail?lawId=352AC0000000062（2019/04/16）
https://elaws.e-gov.go.jp/search/elawsSearch/elaws_search/lsg0500/detail?lawId=352M50000800019（2019/04/16）

第8編　海上交通安全法

藤本昌志『図解　海上交通安全法（8訂版）』（成山堂書店，2018年）
海上保安庁交通部安全課監修『海上交通安全法100問100答（2訂版）』（成山堂書店，2001年）
海上保安庁監修『海上交通安全法の解説（改訂13版）』（海文堂出版，2012年）
福井　淡原著・淺木健司改訂『図説　海上交通安全法（新訂15版）』（海文堂出版，2018年）
国土交通省海事局監修『最新　海事法規の解説（24訂版）』（成山堂書店，2004年）
総務省行政管理局ＨＰ法令データ提供システム

https://elaws.e-gov.go.jp/search/elawsSearch/elaws_search/lsg0500/detail?lawId=347AC0000000115

https://elaws.e-gov.go.jp/search/elawsSearch/elaws_search/lsg0500/detail?lawId=348CO0000000005

https://elaws.e-gov.go.jp/search/elawsSearch/elaws_search/lsg0500/detail?lawId=348M50000800009

いずれも（2019.04.16）
https://www.kaiho.mlit.go.jp/info/kouhou/post-804.html

第9編　港則法

海上保安庁交通部安全課監修『港則法100問100答（3訂版）』（成山堂書店，2008年）
海上保安庁監修『港則法の解説（13版）』（海文堂出版，2008年）
國枝佳明，竹本孝弘『図解　港則法（改訂版）』成山堂書店，2018年
福井淡原著，浅木健司改訂『図説　港則法（改訂15版）』海文堂出版，2018年
国土交通省海事局監修『最新　海事法規の解説（24訂版）』（成山堂書店，2004年）
https://www.kaiho.mlit.go.jp/info/kouhou/post-804.html

第10編　海洋汚染等及び海上災害の防止に関する法律

国土交通省総合政策局海洋政策課監修『最新　海洋汚染等及び海上災害の防止に関する法律及び関係法令』（成山堂書店，2015年）
国土交通省海事局監修『最新　海事法規の解説（24訂版）』（成山堂書店，2004年）
海洋汚染・海上災害防止研究会編『海洋汚染及び海上災害の防止に関する法律の解説』（成山堂書店，1996年）
総務省行政管理局ＨＰ法令データ提供システム

https://elaws.egov.go.jp/search/elawsSearch/elaws_search/lsg0500/detail?lawId=345AC0000000136_20170908_426AC0000000073&openerCode=1

https://elaws.e-gov.go.jp/search/elawsSearch/elaws_search/lsg0500/detail?lawId=346M50000800038

https://elaws.e-gov.go.jp/search/elawsSearch/elaws_search/lsg0500/detail?lawId=346CO0000000201

いずれも2020.01.08
国土交通省 HP
https://www.mlit.go.jp/report/press/sogo11_hh_000049.html　　2020.01.08

第11編　水先法

運輸省海事法規研究会編『海事法規の解説（改訂初版）』（成山堂書店，1976年）
運輸省海事法規研究会編『最新 海事法規の解説（第18次改訂初版）』（成山堂書店，1984年）
藤崎道好『水先法の研究』（成山堂書店，1967年）
東京湾水先区水先人会 HP　http://tokyobay-pilot.jp/guide/yakkan.html　2021/12/20
日本水先人会連合会 HP　https://www.pilot.or.jp/districts/achievements.html　2021/12/20

第12編　検疫法・出入国管理及び難民認定法・関税法

運輸省海事法規研究会編『海事法規の解説（改訂初版）』（成山堂書店，1976年）
運輸省海事法規研究会編『最新 海事法規の解説（第18次改訂初版）』（成山堂書店，1984年）
デジタル庁 e-Gov 法令検索（2024/10/30）
　検疫法　https://laws.e-gov.go.jp/law/326AC0000000201
　検疫法施行令　https://laws.e-gov.go.jp/law/326CO0000000377
　検疫法施行規則　https://laws.e-gov.go.jp/law/326M50000100053
　感染症の予防及び感染症の患者に対する医療に関する法律
　　　https://laws.e-gov.go.jp/law/410AC0000000114
　出入国管理及び難民認定法
　　　https://laws.e-gov.go.jp/law/326CO0000000319
　出入国管理及び難民認定法施行令
　　　https://laws.e-gov.go.jp/law/410CO0000000178
　出入国管理及び難民認定法施行規則
　　　https://laws.e-gov.go.jp/law/356M50000010054
　関税法　https://laws.e-gov.go.jp/law/329AC0000000061
　関税法施行令　https://laws.e-gov.go.jp/law/329CO0000000150
　関税法施行規則　https://laws.e-gov.go.jp/law/341M50000040055
令和2年　検疫所業務年報（2024年3月25日）
　　　https://www.forth.go.jp/ihr/fragment1/000071692.pdf　2024/10/30
国際労働機関 HP　2003年の船員の身分証明書条約（改正）（第185号）
　　　https://www.ilo.org/ja/resource/2003年の船員の身分証明書条約（改正）（185号）
　　　2024/10/30

第13編　海商法

中村眞澄・箱井崇史『海商法（第2版）』（成文堂，2013年）
箱井崇史『基本講義　現代海商法』（成文堂，2014年）
箱井崇史『基本講義　現代海商法（第4版）』（成文堂，2021年）
石井照久『海商法』（有斐閣，1964年）
小林登『新海商法〔増補版〕』（信山社出版，2022年）
デジタル庁 e-Gov 法令検索（2024/12/18）
　商法
　　　https://laws.e-gov.go.jp/law/132AC0000000048?tab=compare#Mp-Pa_3-Ch_3-Se_4
　民法　https://laws.e-gov.go.jp/law/129AC0000000089

船舶法
　　https://laws.e-gov.go.jp/law/132AC0000000046#132AC0000000046-Sp-At_35
船舶の所有者等の責任の制限に関する法律
　　https://laws.e-gov.go.jp/law/350AC0000000094
船舶油濁等損害賠償保障法
　　https://laws.e-gov.go.jp/law/350AC0000000095#Mp-Ch_6
原子力損害の賠償に関する法律
　　https://laws.e-gov.go.jp/law/336AC0000000147#Mp-Ch_2
国際海上物品運送法　https://laws.e-gov.go.jp/law/332AC0000000172/
保険法　https://laws.e-gov.go.jp/law/420AC0000000056#Mp-Ch_2-Se_1-At_6

第14編　海事国際法

山形英郎編『国際法入門（第2版）　逆から学ぶ』（法律文化社，2018年）
国土交通省海事局『海事レポート　2013』
松井芳郎『国際法から世界を見る　市民のための国際法入門』（東信堂，2004年）
太寿堂鼎他編『セミナー国際法』（東信堂，1994年）
薬師寺公夫他編『判例国際法（第3版）』（東信堂，2019年）
小寺彰・森田章夫・岩沢雄司編『講義国際法』（有斐閣，2004年）
小寺彰『パラダイム国際法』（有斐閣，2004年）
山本草二『海洋法』（三省堂，1992年）
㈶日本海運振興会国際海運問題研究会編『海洋法と船舶の通航』（成山堂書店，2002年）
水上千之『日本と海洋法』（有信堂高文社，1995年）
栗林忠男・杉原高嶺編『海洋法の歴史的展開』（有信堂高文社，2004年）
水上千之編『現代の海洋法』（有信堂高文社，2003年）
池島大策・富岡仁・吉田脩訳　パトリシア・バーニー，アラン・ボイル著『国際環境法』
　　（慶應義塾大学出版会，2007年）
水上千之他編『国際環境法』（有信堂高文社，2001年）
国際法学会編『海』（三省堂，2001年）
栗林忠男・秋山昌廣編著『海の国際秩序と海洋政策』（東信堂，2006年）
水上千之『船舶の国籍と便宜置籍』（有信堂高文社，1994年）
栗林忠男・杉原高嶺編『海洋法の主要事例とその影響』（有信堂高文社，2007年）
杉原高嶺『基本国際法』（有斐閣，2018年）
内閣官房総合海洋政策本部事務局『海洋基本計画における主な海洋施策』（海洋基本計
　　画参考資料，平成20年3月），
　　http://www.kantei.go.jp/jp/singi/kaiyou/kihonkeikaku/080318sisaku.pdf
田中則夫『国際海洋法の現代的形成』（東信堂，2015年）
坂元茂樹編著『国際海峡』（東信堂，2015年）
富岡仁『船舶汚染規制の国際法』（信山社，2018年）

第15編　国際航海船舶及び国際港湾施設の保安の確保等に関する法律

国土交通省政策統括官監修『国際船舶・港湾保安法及び関係法令』（成山堂書店，2009
　　年）

執筆者略歴及び担当編

藤本　昌志（ふじもと　しょうじ）　第1編・第2編・第11編・第14編・第15編担当
1991（H3）年神戸商船大学商船学部航海学科卒業，神戸商船大学乗船実習科修了，日本郵船株式会社入社，航海士として海上勤務。1999（H11）年神戸商船大学助手，2005（H17）年大阪大学大学院法学研究科博士後期課程修了。2006（H18）年国立大学法人神戸大学海事科学部助教授，2007（H19）年国立大学法人神戸大学大学院海事科学研究科准教授，2022（R4）年国立大学法人神戸大学大学院海事科学研究科教授，同研究科附属練習船「海神丸」船長。海上交通法，海事行政，海事教育などの教育，研究に従事。
博士（法学）・一級海技士（航海）。

渕　真輝（ふち　まさき）　第3編-第5編・第12編・第13編担当
1995（H7）年神戸商船大学商船学部卒業，日本郵船（株）入社。貨物船，LNG船等の航海士を務める。2003（H15）年神戸商船大学助手。2004（H16）年神戸大学海事科学部助教を経て2013（H25）年より神戸大学大学院海事科学研究科准教授。主に運用学に関する授業や実習を担当。
博士（人間科学）・一級海技士（航海）。

猪野　杏樹（いの　あんじゅ）　第6編-第10編担当
2017（H29）年神戸大学海事科学部グローバル輸送科学科卒業，同年独立行政法人海事教育機構入構，練習船航海士として海上勤務。2021（R3）年神戸大学大学院海事科学研究科助教。2023（R5）年神戸大学大学院海事科学研究博士前期課程修了。
修士（海事科学）・二級海技士（航海）。

海事法規の解説 改訂版

定価はカバーに表示してあります。

2022年3月18日　初版発行
2025年4月8日　改訂初版発行

編著者　神戸大学海事科学研究科 海事法規研究会
　　　　編著者代表　藤本昌志
発行者　小川啓人
印　刷　亜細亜印刷株式会社
製　本　東京美術紙工協業組合

発行所　株式会社　成山堂書店
〒160-0012　東京都新宿区南元町4番51　成山堂ビル
TEL：03(3357)5861　　FAX：03(3357)5867
URL　https://www.seizando.co.jp

落丁・乱丁本はお取り換えいたしますので、小社営業チーム宛にお送り下さい。

© 2025　神戸大学海事科学研究科海事法規研究会
Printed in Japan　　　　　　　　　ISBN 978-4-425-26145-1

定価変更の場合もあります　　　　　成山堂の海事関係図書

❖辞　典・外国語❖

✥辞　典✥

英和 海事大辞典(新装版)	逆井編	17,600円
和英英和 船舶用語辞典(2訂版)	東京商船大辞典編集委員会	5,500円
英和和英 海洋航海用語辞典(2訂増補版)	四之宮編	3,960円
英和和英 機関用語辞典(2訂版)	升田編	3,520円
新訂 図解 船舶・荷役の基礎用語	宮本編著 新日検改訂	4,730円
LNG船・荷役用語集(改訂版)	ダイアモンド・ガス・オペレーション㈱編	6,820円
海に由来する英語事典	飯島・丹羽共訳	7,040円
船舶安全法関係用語事典(第2版)	上村編著	8,580円
最新ダイビング用語事典	日本水中科学協会編	5,940円
世界の空港事典	岩見他編著	9,900円

✥外国語✥

新版英和対訳 IMO標準海事通信用語集	海事局監修	5,500円
英文和文 新訂 航海日誌の書き方	水島著	2,420円
実用 英文機関日誌記載要領	岸本共著 大橋	2,200円
新訂 船員実務英会話	水島編著	1,980円
復刻版 海の英語 ―イギリス海事用語根源―	佐波著	8,800円
海の物語(改訂増補版)	商船高専英語研究会編	1,760円
機関英語のベスト解釈	西野著	1,980円
海の英語に強くなる本 ―海技試験を徹底攻略―	桑田著	1,760円

❖法令集・法令解説❖

✥法　令✥

海事法令シリーズ①海運六法	海事法令研究会編	27,500円
海事法令シリーズ②船舶六法	海事法令研究会編	52,800円
海事法令シリーズ③船員六法	海事法令研究会編	44,000円
海技試験六法	海技課監修	5,500円
実用海事六法	国土交通省監修	48,400円
最新小型船舶安全関係法令	安基課・測度課監修	7,040円
加除式 危険物船舶運送及び貯蔵規則並びに関係告示(加除済み合本)	検査測度課監修	30,250円
危険物船舶運送及び貯蔵規則並びに関係告示(追録23号)	検査測度課監修	29,150円
最新船員法及び関係法令	海事法規研究会編	8,800円
最新 船員職員及び小型船舶操縦者法関係法令	海事法規研究会編	8,800円
英和対訳 2021年STCW条約[正訳]	海事局監修	30,800円
英和対訳 2006年ILO[正訳] 海上労働条約 2021年改訂版	海事局監修	7,700円
船舶油濁損害賠償保障関係法令・条約集	日本海事センター編	7,260円
国際船舶・港湾保安法及び関係法令	政策審議官監修	4,400円

✥法令解説✥

シップリサイクル条約の解説と実務	大坪他著	5,280円
海事法規の解説	神戸大学編著	5,940円
四・五・六級海事法規読本(3訂版)	及川著	3,740円
運輸安全マネジメント制度の解説	木下著	4,400円
船舶検査受検マニュアル(増補改訂版)	海事局監修	22,000円
ISMコードの解説と検査の実際(三訂版)	検査測度課監修	22,000円
船舶安全法の解説(5訂版)	有馬編	5,940円
図解 海上衝突予防法(11訂版)	藤本著	3,520円
図解 海上交通安全法(11訂版)	藤本著	3,520円
図解 港則法(4訂版)	國枝・竹本共著	3,520円
海洋法と船舶の通航(増補2訂版)	日本海事センター編	3,520円
船舶衝突の裁判例と解説	小川著	7,040円
海難審判裁決評釈集	21海事総合事務所編	5,060円
1972年国際海上衝突予防規則の解説(第7版)	松井・赤地・久古共訳	6,600円
新編 漁業法のここが知りたい(2訂増補版)	金田著	3,300円
新編 漁業法詳解(増補5訂版)	金田著	10,890円
概説 改正漁業法	小松監修 有薗著	3,740円
実例でわかる漁業法と漁業権の課題	小松共著 有薗	4,180円
海上衝突予防法史概説	岸本編著	22,407円
航空法(2訂版) ―国際法と航空法令の解説―	池内著	5,500円

2025年1月現在　　　　定価は税込です。